面向“十三五”职业教育精品规划教材

机械基础
（非机械类）

周佩秋　郭佳萍　主编

中央广播电视大学出版社·北京

图书在版编目（CIP）数据

机械基础：非机械类／周佩秋，郭佳萍主编．--
北京：中央广播电视大学出版社，2016.2
面向“十三五”职业教育精品规划教材
ISBN 978-7-304-07713-6

Ⅰ.①机… Ⅱ.①周…②郭… Ⅲ.①机械学-职业
教育-教材 Ⅳ.①TH11

中国版本图书馆CIP数据核字（2016）第026558号

面向“十三五”职业教育精品规划教材
机械基础（非机械类）
Jixie Jichu（Fei Jixie Lei）
周佩秋 郭佳萍 主编

出版·发行：中央广播电视大学出版社
电话：营销中心 010-66490011 总编室 010-68182524
网址：http：//www.crtvup.com.cn
地址：北京市海淀区西四环中路45号 **邮编**：100039
经销：新华书店北京发行所

策划编辑：戈 博 **责任校对**：张 彦
责任编辑：韦 鹏 **责任印制**：赵连生

印刷：北京密云胶印厂
版本：2016年2月第1版 2016年3月第2次印刷
开本：787 mm×1092 mm 1/16 **印张**：15 **字数**：346千字

书号：ISBN 978-7-304-07713-6
定价：34.00元

（如有缺页或倒装，本社负责退换）

编写人员

主　编：周佩秋　郭佳萍

副主编：张继媛　刘雅荣

参　编：王海霞　于　洋　周　嵬　高玉侠

前　　言

机械基础课程作为非机械类专业的一门重要的专业基础课程，在教材建设中，从专业建设和课程建设的具体要求出发，围绕职业岗位能力所需的基本知识和基本技能，建立理论知识与操作技能要求相结合的多元化教材。

本书从专业需要的角度出发，将理论知识与实践应用相结合，既考虑了基础知识面要宽，也注意了学生的职业能力的提高和能力拓展。本书对非机械类专业的基础知识进行精减并做了深度融合，且在编写时考虑到知识传授的先后顺序。全书共5部分。任务1“极限与配合的计算与选用”，主要介绍极限与配合的有关术语及定义、极限与配合的基本规定、极限与配合的选用、形状和位置公差和表面粗糙度等知识。任务2“常用工程材料的分析与选用”，主要介绍金属材料的主要性能、非合金钢、钢的热处理、合金钢、铸铁、其他非金属材料等内容。任务3“机械零部件的识别与选用”，主要介绍常用连接、带传动与链传动、螺旋传动、齿轮传动、轮系、轴系零部件、常用机构等知识。任务4“构件的受力分析与计算”，主要介绍静力学基础知识、平面力系、构件的基本变形等知识。任务5“液压传动的元件识别及回路分析”，主要介绍液压传动的基本原理、常用元件的识别、常用基本回路的分析等知识。

教材特点：

1. 职业性

根据技术领域和职业岗位的任职要求进行教材建设，以利于培养学生的综合职业能力。

2. 综合性

根据专业特点，在教材编写中融合了常用材料与热处理、极限与配合、力学、机械基础知识和液压传动等基础知识，培养学生自主探究性学习的创新思维。

3. 实践性

在教材建设中，从专业的培养目标和职业岗位群的具体要求出发，围绕岗位能力所需的知识、技能，本着浓缩理论、突出重点、强化技能的原则，突出适应性、针对性、应用性和可持续发展等特点，建立理论知识与操作技能要求相结合的教材体系。

4. 实用性

以“适度、够用”为原则，教材的深度和广度适中。

本书由长春职业技术学院周佩秋、郭佳萍任主编，由张继媛、刘雅荣担任副主编。其中，任务1由周佩秋编写，任务2由郭佳萍、周佩秋、刘雅荣共同编写，任务3由郭佳萍编写，任务4由郭佳萍、周佩秋、张继媛编写，任务5由周嵬、王海霞、于洋、高玉侠编写。全书由郭佳萍统稿，由张继媛主审。

本书主要作为高等职业教育非机械类专业的教材，也可作为成人专科教育教材，供有关专业技术人员参考。

尽管我们在编写的过程中做了许多努力，但限于编者的学术水平，书中难免存在一些疏漏和不妥，恳请广大读者批评指正。

编　者

目　　录

任务 1　极限与配合的计算与选用 …… 1

1.1　基础知识 …… 1

1.2　极限与配合的有关术语及相关计算 …… 4

1.3　标准公差及基本偏差的国标规定 …… 8

1.4　几何公差的标注及选择 …… 24

1.5　公差原则 …… 42

1.6　形位公差的选择 …… 48

1.7　表面粗糙度的评定、标注及选用 …… 49

任务 2　常用工程材料的分析与选用 …… 67

2.1　金属材料的使用性能的分析 …… 67

2.2　非合金钢的分析与选用 …… 71

2.3　钢的热处理的分析与选用 …… 75

2.4　合金钢的分析与选用 …… 80

2.5　铸铁的分析与选用 …… 85

2.6　常用有色金属及其合金的分析与选用 …… 89

2.7　轴承合金的分析与选用 …… 93

2.8　常用非金属材料的分析与选用 …… 94

任务 3　机械零部件的识别与选用 …… 99

3.1　机械基本知识 …… 99

3.2　螺纹连接的识别与选用 …… 101

3.3　键连接的识别与选用 …… 109

3.4　花键连接的识别与选用 …… 110

3.5　销连接的识别与选用 …… 111

3.6　带传动的识别和选用 …… 112

3.7　链传动的识别与选用 …… 117

3.8　螺旋传动的识别与选用 …… 121

3.9　齿轮传动的识别与选用 …… 123

3.10　齿轮系的识别与计算 …… 137

3.11　轴承的识别与选用 …… 141

3.12　轴的结构分析 …… 153

3.13 联轴器的识别与选用 …… 156
3.14 离合器的识别与选用 …… 160
3.15 制动器的识别与选用 …… 163
3.16 常用机构的认识与选用 …… 164
任务4 构件的受力分析与计算 …… 177
4.1 静力学基本概念与基本公理 …… 177
4.2 约束与约束反力的分析 …… 179
4.3 受力图的画法 …… 181
4.4 力矩、力偶及力的平移定理的分析与计算 …… 181
4.5 力在直角坐标轴上的投影与分解 …… 185
4.6 平面力系平衡的分析与计算 …… 186
4.7 构件基本变形的分析与计算 …… 190
任务5 液压传动的元件识别及回路分析 …… 203
5.1 液压传动的特点及工作原理 …… 203
5.2 常用液压动力元件的识别 …… 209
5.3 常用液压基本回路的分析 …… 226
参考文献 …… 230

任务1　极限与配合的计算与选用

任务下达

现有一轴与孔配合，轴的直径为 $\phi 30_{-0.014}^{0}$ mm，长 100 mm，要求与孔全长间隙配合，轴的极限边界尺寸不超过 $\phi 30$ mm，为了保证全长配合间隙在 0.005 ~ 0.019 mm，不允许产生过大的轴线弯曲度。试确定轴的公差等级、上下偏差和形位公差，并选择合适的配合代号和标注方法。若该配合要求配合性质稳定，工作时轴承受交变应力，试确定轴的表面粗糙度值，并选择合适的标注方法。

任务要求

熟悉极限与配合、偏差和公差的术语，并会进行相关计算，掌握配合的选择方法；能正确识读几何公差代号并正确选择几何公差值，明确其标注方法；熟悉表面粗糙度的概念、符号表示方法及标注方法；培养踏实认真的学习态度和用于克服学习障碍的意志品质。

知识链接

1.1　基础知识

1.1.1　互换性的概念

互换性是指在同一规格的一批零件或部件中，任取其一，无需经过挑选或修配（如钳工修理）就能装在机器上，并能达到规定的功能要求。互换性是广泛用于产品设计、制造、维修的重要原则。

1. 互换性的分类

互换性按其互换程度可分为完全互换和不完全互换。

（1）完全互换。完全互换是指一批零部件装配前不经选择，装配时也不需修配和调整，装配后即可满足预定的使用要求，如螺栓、圆柱销等标准件的装配大都属此类情况。

（2）不完全互换。不完全互换是指允许零部件在装配前预先分组或在装配时采取调整等措施，这类互换又称为有限互换。当装配精度要求很高时，若采用完全互换将使零件的尺寸公差很小，加工困难，成本很高，甚至无法加工。为了便于加工，可将其制造公差适当放大，在完工后，再用量仪将零件按实际尺寸分组，按组进行装配。此时，仅是组内零件可以互换，组与组之间不可互换，因此叫不完全互换。有时用加工或调整某一特定零件的尺寸，以达到其装配精度要求，称为调整法，也属于不完全互换。不完全互换只限于部件或机构制造厂内装配时使用，对厂外协作，则往往要求完全互换。

2. 互换性生产在机械制造业中的作用

（1）在加工制造过程中，可合理地进行生产分工和专业化协作，以便于采用高效专用设备，尤其对计算机辅助制造（CAM）的产品，不但产量和质量高，且加工灵活性大，生产周期缩短，成本低，便于装配自动化。

（2）在生产设计过程中，按互换性要求设计的产品，最便于采用三化（标准化、系列化、通用化）设计和计算机辅助设计（CAD）。

由此可知，互换性原则是用来发展现代化机械工业、提高生产率、保证产品质量、降低成本的重要技术经济原则，是工业发展的必然趋势。

1.1.2 加工误差和公差

1. 机械加工误差

加工精度是指机械加工后，零件几何参数（尺寸、几何要素的形状和相互间的位置、轮廓的微观不平度等）的实际值与设计的理想值相一致的程度。机械加工误差是指零件实际几何参数对其设计理想值的偏离程度，加工误差越小，加工精度就越高。

机械加工误差主要有以下几类：

（1）尺寸误差。指零件加工后的实际尺寸对理想尺寸的偏离程度。理想尺寸一般指图样上标注的最大、最小两极限尺寸的平均值。

（2）形状误差。指加工后零件的实际表面形状相对其理想形状的差异（或偏离程度），如圆度、直线度等。

（3）位置误差。指加工后零件的表面、轴线或对称平面之间的相互位置相对其理想位置的差异（或偏离程度），如同轴度、位置度等。

（4）表面微观不平度。指加工后的零件表面上由较小间距和峰谷所组成的微观几何形状误差。零件表面微观不平度用表面粗糙度的评定参数值表示。

加工误差是由工艺系统的诸多误差因素造成的，如加工方法的原理误差，工件装夹的定位误差，夹具、刀具的制造误差与磨损，机床的制造、安装误差与磨损，切削过程中的受力、受热变形和摩擦振动，还有毛坯的几何误差及加工中的测量误差等。

2. 几何量公差

几何量公差就是实际几何参数值所允许的变动量。相对于各类加工误差，几何量公差分为尺寸公差、形状公差、位置公差和表面粗糙度允许值及典型零件特殊几何参数的公差等。

1.1.3 优先数和优先数系

在机械产品设计时，需要确定许多技术参数。当选定一个数值作为某产品的参数指标后，这个数值就会按照一定的规律向一切相关的制品、材料等的有关参数指标传播扩散。优先数系是国际上统一的数值分级制度，是一种无量纲的分级数系，适用于各种量值的分级，是对各种技术参数的数值进行协调、简化和统一的一种科学的数值标准。在确定机械产品的技术参数时，应尽可能地选用该标准中的数值。

国家标准《优先数和优先系数》（GB/T 321—2005）规定了5个不同公比的十进制近似等比数列作为优先数系。各数列分别用 *R*5、*R*10、*R*20、*R*40 和 *R*80 表示，依次称为 *R*5 系列、*R*10 系列、*R*20 系列、*R*40 系列和 *R*80 系列，前4个系列是基本系列、常用系列；*R*80 系列为补充系列，仅在参数分级很细或者基本系列中的优先数不能适应实际情况时才考虑采用。它们的公比分别如下：

*R*5 系列　　公比为 $\sqrt[5]{10} \approx 1.60$

*R*10 系列　　公比为 $\sqrt[10]{10} \approx 1.25$

*R*20 系列　　公比为 $\sqrt[20]{10} \approx 1.12$

*R*40 系列　　公比为 $\sqrt[40]{10} \approx 1.06$

*R*80 系列　　公比为 $\sqrt[80]{10} \approx 1.03$

优先数系的五个数列的公比都是无理数，不便于实际应用，因此在实际工程应用中均采用理论公比经圆整后的近似值。根据圆整的精确程度，优先数系可分为计算值和常用值，计算值是对理论值取五位有效数字的近似值，在作参数系列的精确计算时可以代替理论值。优先数基本系列见表1－1。

表1－1　优先数基本系列表（摘自GB/T 321—005）

基本系列（常用值）				基本系列（常用值）			
*R*5	*R*10	*R*20	*R*40	*R*5	*R*10	*R*20	*R*40
1.00	1.00	1.00	1.00				3.35
			1.06			3.55	3.55
		1.12	1.12				3.75
			1.18	4.00	4.00	4.00	4.00
	1.25	1.25	1.25				4.25
		1.40	1.40			4.50	4.50
			1.50				4.75
1.60	1.60	1.60	1.60		5.00	5.00	5.00
			1.70				5.30
		1.80	1.80			5.60	5.60
			1.90				6.00
	2.00	2.00	2.00	6.30	6.30	6.30	6.30
			2.12				6.70

续表

基本系列（常用值）				基本系列（常用值）			
*R*5	*R*10	*R*20	*R*40	*R*5	*R*10	*R*20	*R*40
		2. 24	2. 24			7. 10	7. 10
			2. 36				7. 50
2. 50	2. 50	2. 50	2. 50		8. 00	8. 00	8. 00
			2. 65				8. 50
		2. 80	2. 80			9. 00	9. 00
			3. 00				9. 50
	3. 15	3. 15	3. 15	10. 00	10. 00	10. 00	10. 00

1.2 极限与配合的有关术语及相关计算

1.2.1 孔与轴

1. 孔

孔通常是指工件的圆柱形内表面，也包括非圆柱形内表面（由两平行平面或切面形成的包容面）。孔径用大写字母 *D* 表示，如图 1－1（a）所示。

2. 轴

轴通常是指工件的圆柱形外表面，也包括非圆柱形外表面（由二平行平面或切面形成的被包容面）。轴径用小写字母 *d* 表示，如图 1－1（b）所示。

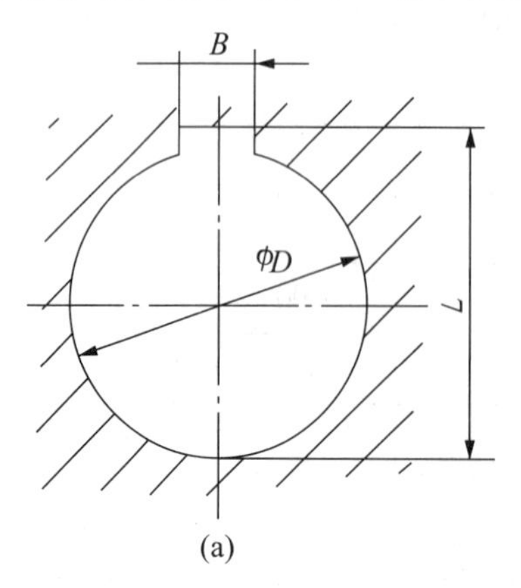

(a)

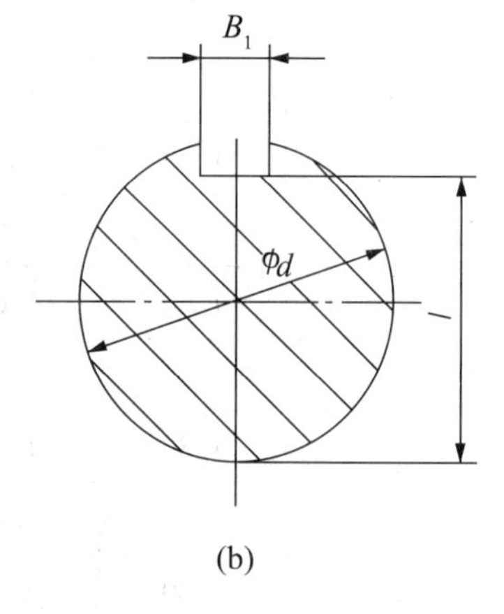

(b)

图 1－1 孔和轴

从装配关系讲，孔为包容面，在它之内无材料；轴为被包容面，在它之外无材料。

1.2.2 尺寸

1. 尺寸

用特定单位表示线性值的数值称为尺寸。在机械制图中，图样上的尺寸通常以毫米（mm）作为单位。在标注时常常将单位省略，仅标注数值。当以其他单位表示时，则应注明相应的长度单位。

2. 公称尺寸（孔 D 、轴 d ）

公称尺寸是设计时给定的尺寸，是设计时根据使用要求，经过强度、刚度计算和结构设计而确定，且按优先数系列选取的尺寸。公称尺寸应是标准尺寸，即为理论值。通常按标准选取，以减少定值刀具、量具、夹具等的规格。

3. 实际尺寸（孔 D_a、轴 d_a）

实际尺寸是指通过测量得到的尺寸。由于存在测量误差，所以实际尺寸并非尺寸的真值。同时由于工件存在形状误差，所以同一个表面不同部位的实际尺寸也不相等。

4. 极限尺寸

极限尺寸是允许尺寸变化的两个界限值。极限尺寸是以公称尺寸为基数确定的。

上极限尺寸（孔 D_{max}、轴 d_{max}）——允许提取组成要素的局部尺寸变动的最大值。

下极限尺寸（孔 D_{min}、轴 d_{min}）——允许提取组成要素的局部尺寸变动的最小值。

5. 最大实体状态（MMC）和最大实体尺寸（MMS）

当提取要素的局部尺寸位于极限尺寸且使其具有实体最大的状态称为最大实体状态，确定要素最大实体状态的尺寸为最大实体尺寸。孔和轴的最大实体尺寸分别用 D_M、d_M 表示。根据定义可知，最大实体尺寸是孔的下极限尺寸和轴的上极限尺寸。

6. 最小实体状态（LMC）和最小实体尺寸（LMS）

当提取要素的局部尺寸位于极限尺寸且使其具有实体最小的状态称为最小实体状态，确定要素最小实体状态的尺寸为最小实体尺寸。孔和轴的最小实体尺寸分别用 D_L、d_L 表示。根据定义可知，最小实体尺寸是孔的上极限尺寸和轴的下极限尺寸。

1.2.3 有关偏差和公差的术语及计算

1. 尺寸偏差（简称偏差）

偏差是某一尺寸减其公称尺寸所得的代数差。

（1）极限偏差：极限尺寸减去公称尺寸得到的代数差。

上极限偏差：上极限尺寸减其公称尺寸所得的代数差，符号为（ES、es）。

下极限偏差：下极限尺寸减其公称尺寸所得的代数差，符号为（EI、ei）。

孔上极限偏差：$ES = D_{max} - D$；孔下极限偏差：$EI = D_{min} - D$。

轴上极限偏差：$es = d_{max} - d$；轴下极限偏差：$ei = d_{min} - d$。

（2）实际偏差（Ea，ea）：实际要素减其公称尺寸所得的代数差。偏差可以为正、负或零。

加工零件的实际尺寸在极限尺寸范围内，或者其误差在极限偏差范围内，即为合格产品，反之为不合格产品。

孔：$D_{min} \leqslant D_a \leqslant D_{max}$；$EI \leqslant Ea \leqslant Es$。

轴：$d_{min} \leqslant d_a \leqslant d_{max}$；$ei \leqslant ea \leqslant es$。

2. 尺寸公差（简称公差）

公差是允许尺寸的变动量。公差数值等于上极限尺寸与下极限尺寸代数差的绝对值，也等于上极限偏差与下极限偏差代数差的绝对值。公差取绝对值没有正、负、零之分。公差大小反映零件加工的难易程度，尺寸的精确程度。公称尺寸、尺寸偏差和尺寸公差三者的关系如图 1－2 所示。

孔公差：$T_h = |D_{max} - D_{min}| = |ES - EI|$

轴公差：$T_s = |d_{max} - d_{min}| = |es - ei|$

表示零件的尺寸相对其公称尺寸所允许变动的范围，叫作尺寸公差带。图解方式为公差带图，如图 1－3 所示。

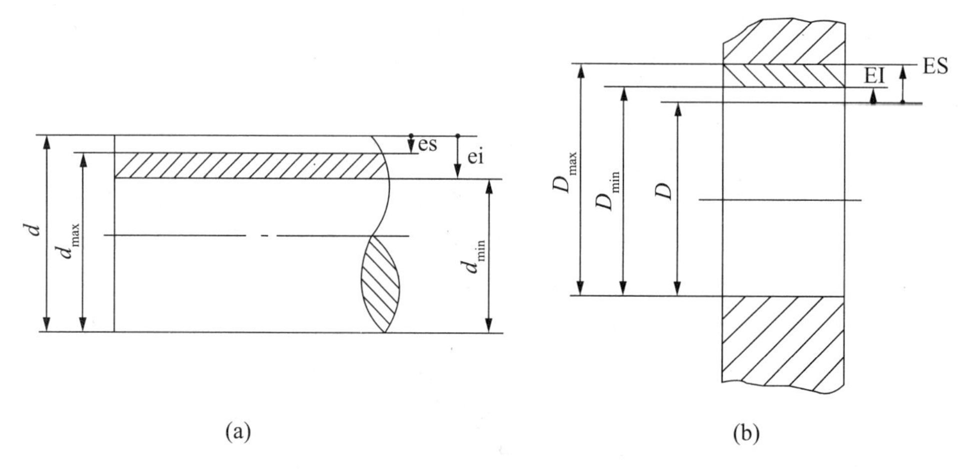

图 1－2　术语图解

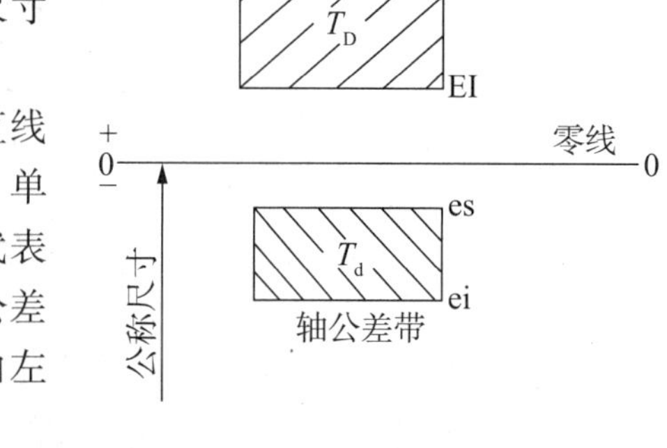

图 1－3　公差带

（1）零线。它是在公差带图中，确定偏差的一条基准直线，即零偏差线。通常以零线表示公称尺寸（图中以毫米为单位标出），标注为“0”。

（2）公差带。公差带图中用与零线平行的直线表示上、下偏差（图中以微米或毫米为单位标出，单位省略不写）。公差带在零线垂直方向上的宽度代表公差值，沿零线方向的长度可适当选取。通常孔公差带用由右上角向左下角的斜线表示，轴公差带用由左上角向右下角的斜线表示。

（3）标准公差。公差与配合国家标准中所规定的用以确定公差带大小的任意一个公差值。

（4）基本偏差。用以确定公差带相对于零线位置的上偏差或下偏差，数值均已标准化，一般为靠近零线的那个极限偏差。当公差带在零线以上时，下偏差为基本偏差，公差带在零线以下时，上偏差为基本偏差，如图 1－4 所示。

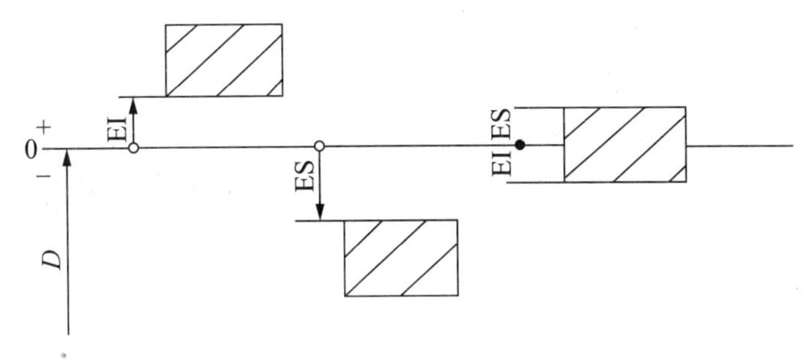

图1－4　基本偏差

【例1－1】　已知孔、轴的公称尺寸为 $\phi60$ mm，孔的上极限尺寸为 $\phi60.030$ mm，下极限尺寸为 $\phi60$ mm；轴的上极限尺寸为 $\phi59.990$ mm，下极限尺寸为 $\phi59.970$ mm。求孔、轴的极限偏差和公差。

解：将已知条件代入相应公式计算得：

孔的上极限偏差：$\mathrm{ES}=D_{max}-D=60.030-60=+0.030(\mathrm{mm})$

孔的下极限偏差：$\mathrm{EI}=D_{min}-D=60-60=0$

轴的上极限偏差：$\mathrm{es}=d_{max}-d=59.990-60=-0.010(\mathrm{mm})$

轴的下极限偏差：$\mathrm{ei}=d_{min}-d=59.970-60=-0.030(\mathrm{mm})$

孔的公差：$T_h=|D_{max}-D_{min}|=|60.030-60|=0.030(\mathrm{mm})$

轴的公差：$T_s=|d_{max}-d_{min}|=|59.990-59.970|=0.020(\mathrm{mm})$

1.2.4　有关配合的基本术语及计算

配合是公称尺寸相同的相互结合的孔和轴公差带之间的位置关系。

间隙或过盈是孔的尺寸减去相配合的轴的尺寸所得的代数差。此差值为正时表示间隙，此差值为负时表示过盈。

1. 配合类型

配合可分为间隙配合、过盈配合和过渡配合三种。

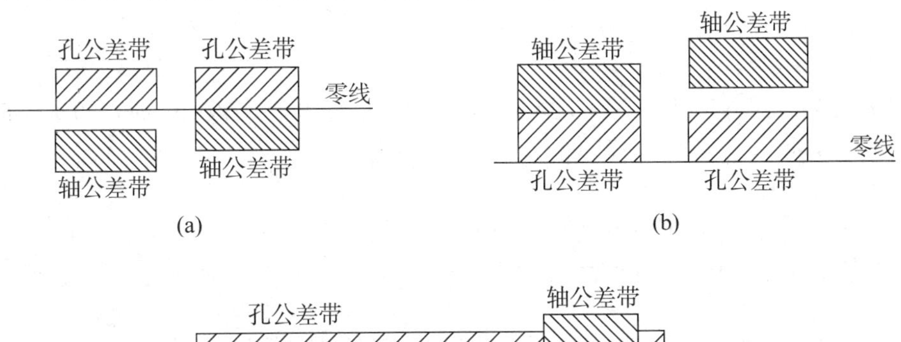

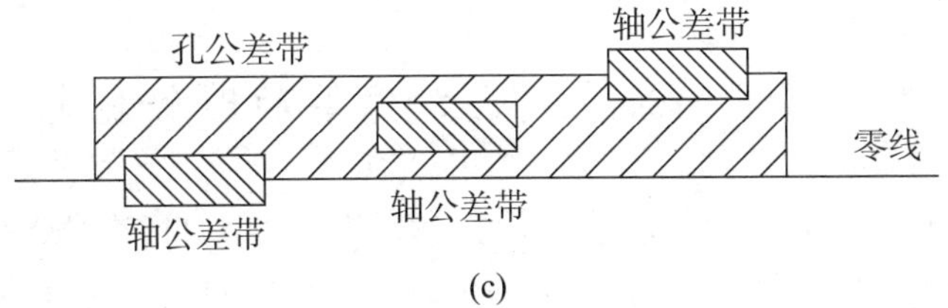

图1－5　配合类型示意图

(a) 间隙配合示意图；(b) 过盈配合示意图；(c) 过渡配合示意图

（1）间隙配合：孔的公差带在轴的公差带之上，具有间隙的配合（包括最小间隙为零的配合），如图1-5（a）所示。

由于孔和轴都有公差，所以实际间隙的大小随着孔和轴的提取组成要素的局部尺寸而变化。孔的上极限尺寸减轴的下极限尺寸所得的差值为最大间隙，也等于孔的上极限偏差减轴的下极限偏差。以 X 代表间隙，则：

最大间隙：$X_{max}=D_{max}-d_{min}=ES-ei$。

最小间隙：$X_{min}=D_{min}-d_{max}=EI-es$。

（2）过盈配合：孔的公差带在轴的公差带之下，具有过盈的配合（包括最小过盈为零的配合），如图1-5（b）所示。

实际过盈的大小也随着孔和轴的提取组成要素的局部尺寸而变化。孔的上极限尺寸减轴的下极限尺寸所得的差值为最小过盈，也等于孔的上偏差减轴的下偏差，以 Y 代表过盈，则：

最大过盈：$Y_{max}=D_{min}-d_{max}=EI-es$。

最小过盈：$Y_{min}=D_{max}-d_{min}=ES-ei$。

（3）过渡配合：孔和轴的公差带相互交叠，随着孔、轴实际尺寸的变化可能得到间隙或过盈的配合，如图1-5（c）所示。

孔的上极限尺寸减轴的下极限尺寸所得的差值为最大间隙。孔的下极限尺寸减轴的上极限尺寸所得的差值为最大过盈。

最大间隙：$X_{max}=D_{max}-d_{min}=ES-ei$。

最大过盈：$Y_{max}=D_{min}-d_{max}=EI-es$。

2. 配合公差

在间隙、过盈和过渡三类配合中，允许间隙或过盈在两个界限内变动，这个允许的变动量为配合公差。配合公差越大，配合精度越低；配合公差越小，配合精度越高。在精度设计时，可根据配合公差确定孔和轴的尺寸公差。

配合公差的大小为两个界限值的代数差的绝对值，也等于相配合孔的公差和轴的公差之和。取绝对值表示配合公差，在实际计算时常省略绝对值符号。

$$\left.\begin{aligned}&\text{间隙配合中：}T_f=X_{max}-X_{min}\\&\text{过盈配合中：}T_f=Y_{min}-Y_{max}\\&\text{过渡配合中：}T_f=X_{max}-Y_{max}\end{aligned}\right\}=T_h+T_s$$

【例1-2】 公称尺寸 $\phi60$ mm 的孔、轴配合，已知 $D_{max}=\phi60.03$ mm，$D_{min}=\phi60$ mm，$d_{max}=\phi59.99$ mm，$d_{min}=\phi59.97$ mm。求极限间隙量。

解：将已知条件代入公式得

$X_{max}=D_{max}-d_{min}=60.03-59.97=+0.06$（mm）。

$X_{min}=D_{min}-d_{max}=60-59.99=+0.01$（mm）。

1.3 标准公差及基本偏差的国标规定

公差带有两个基本参数，即公差带的大小与位置。大小由标准公差确定，位置由基本偏差确定。

国家标准《极限与配合 基础 第三部分：标准公差和基本偏差数值表》（GB/T 1800.3—1998）规定了两个基本系列，即标准公差系列和基本偏差系列。

1.3.1 标准公差系列

标准公差等级是指确定尺寸精确程度的等级。为了满足机械制造中各零件尺寸不同精度的要求，国家标准在公称尺寸至500 mm范围内规定了20个标准公差等级，用符号IT和数值表示，IT表示国际公差，数字表示公差（精度）等级代号，如IT01、IT0、IT1、IT2～IT18。其中，IT01精度等级最高，其余依次降低，IT18等级最低。在基本尺寸相同的条件下，标准公差数值随公差等级的降低而依次增大。同一公差等级、同一尺寸分段内各公称尺寸的标准公差数值是相同的。同一公差等级对所有基本尺寸的一组公差也被认为具有同等精确程度。

国家标准规定的机械制造行业常用尺寸（公称尺寸至500 mm）的标准公差数值见表1－2。

表1－2 公称尺寸 $D \leq 500$ mm时标准公差数值（摘自GB/T 1800.1—2009）

公称尺寸	公差等级									
	IT01	IT0	IT1	IT2	IT3	IT4	IT5	IT6	IT7	IT8
	μm									
≤3	0.3	0.5	0.8	1.2	2	3	4	6	10	14
>3～6	0.4	0.6	1	1.5	2.5	4	5	8	12	18
>6～10	0.4	0.6	1	1.5	2.5	4	6	9	15	22
>10～18	0.5	0.8	1.2	2	3	5	8	11	18	27
>18～30	0.6	1	1.5	2.5	4	6	9	13	21	33
>30～50	0.6	1	1.5	2.5	4	7	11	16	25	39
>50～80	0.8	1.2	2	3	5	8	13	19	30	46
>80～120	1	1.5	2.5	4	6	10	15	22	35	54
>120～180	1.2	2	3.5	5	8	12	18	25	40	63
>180～250	2	3	4.5	7	10	14	20	29	46	72
>250～315	2.5	4	6	8	12	16	23	32	52	81
>315～400	3	5	7	9	13	18	25	36	57	89
>400～500	4	6	8	10	15	20	27	40	63	97

公称尺寸	公差等级									
	IT9	IT10	IT11	IT12	IT13	IT14	IT15	IT16	IT17	IT18
	μm			mm						
≤3	25	40	60	0.1	0.14	0.25	0.4	0.6	1	1.4
>3～6	30	48	75	0.12	0.18	0.3	0.48	0.75	1.2	1.8
>6～10	36	58	90	0.15	0.22	0.36	0.58	0.9	1.5	2.2
>10～18	43	70	110	0.18	0.27	0.43	0.7	1.1	1.8	2.7
>18～30	52	84	130	0.21	0.33	0.52	0.84	1.3	2.1	3.3
>30～50	62	100	160	0.25	0.39	0.62	1	1.6	2.5	3.9
>50～80	74	120	190	0.3	0.46	0.74	1.2	1.9	3	4.6
>80～120	87	140	220	0.35	0.54	0.87	1.4	2.2	3.5	5.4
>120～180	100	160	250	0.4	0.63	1	1.6	2.5	4	6.3
>180～250	115	185	290	0.46	0.72	1.15	1.85	2.9	4.6	7.2
>250～315	130	210	320	0.52	0.81	1.3	2.1	3.2	5.2	8.1
>315～400	140	230	360	0.57	0.89	1.4	2.3	3.6	5.7	8.9
>400～500	155	250	400	0.63	0.97	1.55	2.5	4	6.3	9.7

1.3.2 基本偏差系列

1. 基本偏差的代号

国家标准中已将基本偏差标准化，规定了孔、轴各28种公差带位置，孔用大写字母表示，轴用小写字母表示。在26个英文字母中，去掉5个字母（孔去掉I、L、O、Q、W，轴去掉i、l、o、q、w），加上7组字母（孔为CD、EF、FG、JS、ZA、ZB、ZC；轴为cd、ef、fg、js、za、zb、zc），共28种，基本偏差系列如图1-6所示。

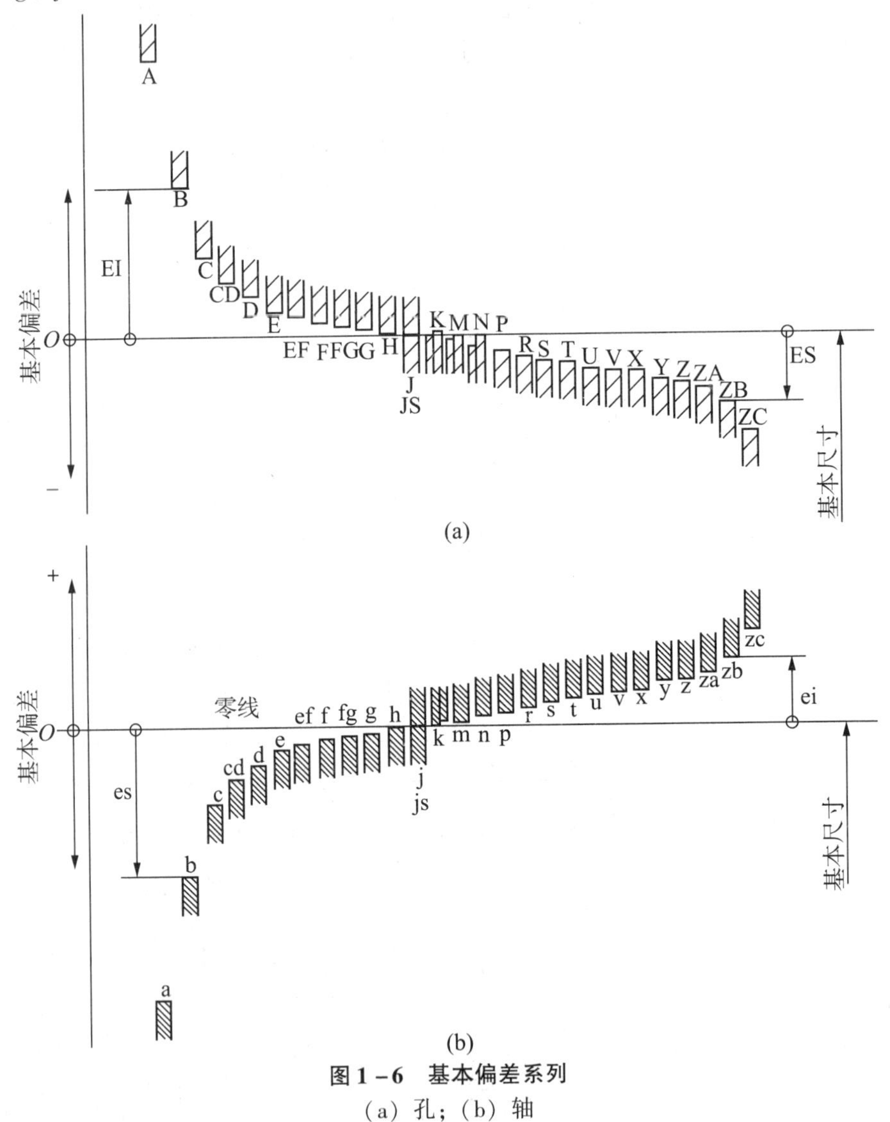

图1-6 基本偏差系列

(a) 孔；(b) 轴

2. 基本偏差系列的特点

基本偏差系列中的H(h)其基本偏差为零。

JS(js)与零线对称，上偏差ES(es) = +IT/2，下偏差EI(ei) = -IT/2，上下偏差均可作为基本偏差。表1-3为公称尺寸$D \leqslant 500$ mm轴的基本偏差；表1-4为公称尺寸$D \leqslant 500$ mm孔的基本偏差。

表 1－3　公称尺寸 $D \leqslant 500$ mm 轴的基本偏差（摘自 GB/T 1800.1—2009）

基本偏差		上极限偏差 es/μm											$js^{②}$	下极限偏差 ei/μm				
		a[①]	b[①]	c	cd	d	e	ef	f	fg	g	h		j			k	
公称尺寸/mm		公差等级																
大于	至	所有的级												5、6	7	8	4～7	≤3、>7
—	3	－270	－140	－60	－34	－20	－14	－10	－6	－4	－2	0	偏差等于 $\pm\frac{IT_n}{2}$，式中，IT_n是 IT 值数	－2	－4	－6	0	0
3	6	－270	－140	－70	－46	－30	－20	－14	－10	－6	－4	0		－2	－4	—	＋1	0
6	10	－280	－150	－80	－56	－40	－25	－18	－13	－8	－5	0		－2	－5	—	＋1	0
10	14	－290	－150	－95	—	－50	－32	—	－16		－6	0		－3	－6	—	＋1	0
14	18																	
18	24	－300	－160	－110	—	－65	－40	—	－20	—	－7	0		－4	－8	—	＋2	0
24	30																	
30	40	－310	－170	－120	—	－80	－50	—	－25	—	－9	0		－5	－10	—	＋2	0
40	50	－320	－180	－130														
50	65	－340	－190	－140	—	－100	－60	—	－30	—	－10	0		－7	－12	—	＋2	0
65	80	－360	－200	－150														
80	100	－380	－220	－170	—	－120	－72	—	－36	—	－12	0		－9	－15	—	＋3	0
100	120	－410	－240	－180														
120	140	－460	－260	－200	—	－145	－85	—	－43	—	－14	0		－11	－18	—	＋3	0
140	160	－520	－280	－210														
160	180	－580	－310	－230														
180	200	－660	－340	－240	—	－170	－100	—	－50	—	－15	0		－13	－21	—	＋4	0
200	225	－740	－380	－260														
225	250	－820	－420	－280														
250	280	－920	－480	－300	—	－190	－110	—	－56	—	－17	0		－16	－26	—	＋4	0
280	315	－1050	－540	－330														
315	355	－1200	－600	－360	—	－210	－125	—	－62	—	－18	0		－18	－28	—	＋4	0
355	400	－1350	－680	－400														
400	450	－1500	－760	－440	—	－230	－135	—	－68	—	－20	0		－20	－32	—	＋5	0
450	500	－1650	－840	－480														

注：①1 mm 以下各级 a 和 b 均不采用。

②公差带 js7～js11，若 ITn 为奇数，则取偏差 $= \pm\frac{ITn-1}{2}$

续表

基本偏差		上极限偏差 es/μm													
		m	n	p	r	s	t	u	v	x	y	z	za	zb	zc
公称尺寸/mm		公差等级													
大于	至	所有的级													
—	3	+2	+4	+6	+10	+14	—	+18	—	+20	—	+26	+32	+40	+60
3	6	+4	+8	+12	+15	+19	—	+23	—	+28	—	+35	+42	+50	+80
6	10	+6	+10	+15	+19	+23	—	+28	—	+34	—	+42	+52	+67	+97
10	14	+7	+12	+18	+23	+28	—	+33	—	+40	—	+50	+64	+90	+130
14	18								+39	+45	—	+60	+77	+108	+150
18	24	+8	+15	+22	+28	+35	—	+41	+47	+54	+63	+73	+98	+136	+188
24	30						+41	+48	+55	+64	+75	+88	+118	+160	+218
30	40	+9	+17	+26	+34	+43	+48	+60	+68	+80	+94	+112	+148	+200	+274
40	50						+54	+70	+81	+97	+114	+136	+180	+242	+325
50	65	+11	+20	+32	+41	+53	+66	+87	+102	+122	+144	+172	+226	+300	+405
65	80				+43	+59	+75	+102	+120	+146	+174	+210	+274	+360	+480
80	100	+13	+23	+37	+51	+71	+91	+124	+146	+178	+214	+258	+335	+445	+585
100	120				+54	+79	+104	+144	+172	+210	+254	+310	+400	+525	+690
120	140	+15	+27	+43	+63	+92	+122	+170	+202	+248	+300	+365	+470	+620	+800
140	160				+65	+100	+134	+190	+228	+280	+340	+415	+535	+700	+900
160	180				+68	+108	+146	+210	+252	+310	+380	+465	+600	+780	+1000
180	200	+17	+31	+50	+77	+122	+166	+236	+284	+350	+425	+520	+670	+880	+1150
200	225				+80	+130	+180	+258	+310	+385	+470	+575	+740	+960	+1250
225	250				+84	+140	+196	+284	+340	+425	+520	+640	+820	+1050	+1350
250	280	+20	+34	+56	+94	+158	+218	+315	+385	+475	+580	+710	+920	+1200	+1550
280	315				+98	+170	+240	+350	+425	+525	+650	+790	+1000	+1300	+1700
315	355	+21	+37	+62	+108	+190	+268	+390	+475	+590	+730	+900	+1150	+1500	+1900
355	400				+114	+208	+294	+435	+530	+660	+820	+1000	+1300	+1650	+2100
400	450	+23	+40	+68	+126	+232	+330	+490	+595	+740	+920	+1100	+1450	+1850	+2400
450	500				+132	+252	+360	+540	+660	+820	+1000	+1250	+1600	+2100	+2600

表 1-4　公称尺寸 $D \leqslant 500$ mm 孔的基本偏差（摘自 GB/T 1800.1—2009）

基本偏差		上极限偏差 es/μm											JS[③]	上极限偏差 ES/μm								
		A[①]	B[①]	C	CD	D	E	EF	F	FG	G	H		J			K		M		N[①]	
公称尺寸/mm		公差等级																				
大于	至	所有的级												6	7	8	≤8	>8	≤8	>8	≤8	>8
—	3	+270	+140	+60	+34	+20	+14	+10	+6	+4	+2	0	偏差等于 $\pm\frac{ITn}{2}$，式中，ITn 是 IT 值数	+2	+4	+6	0	0	−2	−2	−4	−4
3	6	+270	+140	+70	+46	+30	+20	+14	+10	+6	+4	0		+5	+6	+10	−1+Δ	—	−4+Δ	−4	−8+Δ	0
6	10	+280	+150	+80	+56	+40	+25	+18	+13	+8	+5	0		+5	+8	+12	−1+Δ	—	−6+Δ	−6	−10+Δ	0
10	14	+290	+150	+95	—	+50	+32	—	+16		+6	0		+6	+10	+15	−1+Δ	—	−7+Δ	−7	−12+Δ	0
14	18																					
18	24	+300	+160	+110	—	+65	+40	—	+20	—	+7	0		+8	+12	+20	−2+Δ	—	−8+Δ	−8	−15+Δ	0
24	30																					
30	40	+310	+170	+120	+80	+50	—	+25	—	+9	0			+10	+14	+24	−2+Δ	—	−9+Δ	−9	−17+Δ	0
40	50	+320	+180	+130																		
50	65	+340	+190	+140	—	+100	+60	—	+30	—	+10	0		+13	+18	+28	−2+Δ	—	−11+Δ	−11	−20+Δ	0
65	80	+360	+200	+150																		
80	100	+380	+220	+170	—	+120	+72	—	+36	—	+12	0		+16	+22	+34	−3+Δ	—	−13+Δ	−13	−23+Δ	0
100	120	+410	+240	+180																		
120	140	+460	+260	+200	—	+145	+85	—	+43	—	+14	0		+18	+26	+41	−3+Δ	—	−15+Δ	−15	−27+Δ	0
140	160	+520	+280	+210																		
160	180	+580	+310	+230																		
180	200	+660	+340	+240	—	+170	+100	—	+50	—	+15	0		+22	+30	+47	−4+Δ	—	−17+Δ	−17	−31+Δ	0
200	225	+740	+380	+260																		
225	250	+820	+420	+280																		
250	280	+920	+480	+300	—	+190	+110	—	+56		+17	0		+25	+36	+55	−4+Δ	—	−20+Δ	−20	−34+Δ	0
280	315	+1050	+540	+330																		
315	355	+1200	+600	+360	—	+210	+125	—	+62	—	+18	0		+29	+39	+60	−4+Δ		−21+Δ	−21	−37+Δ	0
355	400	+1350	+680	+400																		
400	450	+1500	+760	+440	—	+230	+135	—	+68	—	+20	0		+33	+43	+65	−5+Δ	—	−23+Δ	−23	−40+Δ	0
450	500	+1650	+840	+480																		

注：①1 mm 以下各级 A 和 B 及大于 IT8 的 N 均不采用。

②标准公差≤IT8 级的 K、M、N 及≤IT7 级的 P 到 ZC 时，从表的右侧选取 Δ 值。例：在 18～30 mm 之间的 P7，Δ=8，因此 ES=−14。

③公差带 JS7～JS11，若 ITn 为奇数，则取偏差 $=\pm\frac{ITn-1}{2}$。

续表

基本偏差		上极限偏差 ES/μm													$\Delta^{②}$/μm					
		P ~ ZC	P	R	S	T	U	V	X	Y	Z	ZA	ZB	ZC						
公称尺寸/mm		公差等级																		
大于	至	≤7	>7												3	4	5	6	7	8
—	3	在大于 7 级的相应数值上增加一个 Δ 值	-6	-10	-14	—	-18	—	-20	—	-26	-32	-40	-60	0					
3	6		-12	-15	-19	—	-23	—	-28	—	-35	-42	-50	-80	1	1.5	1	3	4	6
6	10		-15	-19	-23	—	-28	—	-34	—	-42	-52	-67	-97	1	1.5	2	3	6	7
10	14		-18	-23	-28	—	-33	—	-40	—	-50	-64	-90	-130	1	2	3	3	7	9
14	18							-39	-45	—	-60	-77	-108	-150						
18	24		-22	-28	-35	—	-41	-47	-54	-63	-73	-98	-136	-188	1.5	2	3	4	8	12
24	30					-41	-48	-55	-64	-75	-88	-118	-160	-218						
30	40		-26	-34	-43	-48	-60	-68	-80	-94	-112	-148	-200	-274	1.5	3	4	5	9	14
40	50					-54	-70	-81	-97	-114	-136	-180	-242	-325						
50	65		-32	-41	-53	-66	-87	-102	-122	-144	-172	-226	-300	-405	2	3	5	6	11	16
65	80			-43	-59	-75	-102	-120	-146	-174	-210	-274	-360	-480						
80	100		-37	-51	-71	-91	-124	-146	-178	-214	-258	-335	-445	-585	2	4	5	7	13	19
100	120			-54	-79	-104	-144	-172	-210	-254	-310	-400	-525	-690						
120	140		-43	-63	-92	-122	-170	-202	-248	-300	-365	-470	-620	-800	3	4	6	7	15	23
140	160			-65	-100	-134	-190	-228	-280	-340	-415	-535	-700	-900						
160	180			-68	-108	-146	-210	-252	-310	-380	-465	-600	-780	-1000						
180	200		-50	-77	-122	-166	-236	-284	-350	-425	-520	-670	-880	-1150	3	4	6	9	17	26
200	225			-80	-130	-180	-258	-310	-385	-470	-575	-740	-960	-1250						
225	250			-84	-140	-196	-284	-340	-425	-520	-640	-820	-1050	-1350						
250	280		-56	-94	-158	-218	-315	-385	-475	-580	-710	-920	-1200	-1550	4	4	7	9	20	29
280	315			-98	-170	-240	-350	-425	-525	-650	-790	-1000	-1300	-1700						
315	355		-62	-108	-190	-268	-390	-475	-590	-730	-900	-1150	-1500	-1900	4	5	7	11	21	32
355	400			-114	-208	-294	-435	-530	-660	-820	-1000	-1300	-1650	-2100						
400	450		-68	-126	-232	-330	-490	-595	-740	-920	-1100	-1450	-1850	-2400	5	5	7	13	23	34
450	500			-132	-252	-360	-540	-660	-820	-1000	-1250	-1600	-2100	-2600						

注：①基本尺寸小于或等于 1 mm 时，基本偏差 a 和 b 均不采用。

②公差带 js7 至 js11，若 ITn 数值是奇数，则取偏差 = $\pm\frac{ITn-1}{2}$。

孔的基本偏差系列中，A ~ H 的基本偏差为下偏差，J ~ ZC 的基本偏差为上偏差；轴的基本偏差系列中，a ~ h 的基本偏差为上偏差，j ~ zc 的基本偏差为下偏差。

公差带的另一极限偏差“开口”表示其公差等级未定。

3. 基本偏差数值

国家标准已列出轴、孔的基本偏差数值表，见表2－3 和表2－4 所示，在实际应用时可查表确定其数值。

【例1－3】　利用标准公差数值表和轴的基本偏差数值表，确定 ϕ50f6 轴的极限偏差数值。

解：查表1－2 得，IT6 = 16 （μm）。

查表1－3 得，基本偏差 es = －25 （μm）。

所以 ei = es － IT6 = (－25) － 16 = －41(μm)。

在图样上可标注为 $\phi 50^{-0.025}_{-0.041}$。

【例1－4】　利用标准公差数值表和孔的基本偏差数值表，确定 ϕ35U7 孔的极限偏差数值。

解：查表1－2 得，IT7 = 25 （μm）。

查表1－4，基本尺寸处于 >30 ~ 40 mm 尺寸分段内，公差等级 >7 时，表中的基本偏差值为 －60 μm 但本题公差等级等于7，故应按照表中的说明，在该表的右端查找出 Δ = 9 μm。

所以 ES = －60 + Δ = －60 + 9 = －51(μm)。

而 EI = ES － IT7 = －51 － 25 = －76(μm)。

在图样上可标注为 $\phi 35^{-0.051}_{-0.076}$。

1.3.3　基准制

为了以尽可能少的标准公差带形成最多种的配合，标准规定了两种基准制：基孔制和基轴制。如有特殊需要，允许将任意一个孔、轴公差带组成配合。孔、轴尺寸公差代号由基本偏差代号与公差等级代号组成。

1. 基孔制

基孔制是基本偏差为一定的孔的公差带，与不同基本偏差的轴的公差带形成各种配合的一种制度，如图1－7（a）所示。在基孔制中，孔是基准件，称为基准孔；轴是非基准件，称为配合轴。同时规定，基准孔的基本偏差是下偏差，且等于零，即 EI = 0，并以基本偏差代号 H 表示，应优先选用。

2. 基轴制

基轴制是基本偏差为一定的轴的公差带，与不同基本偏差的孔的公差带形成各种配合的一种制度，如图1－7（b）所示。在基轴制中，轴是基准件，称为基准轴；孔是非基准件，称为配合孔。同时规定，基准轴的基本偏差是上偏差，且等于零，即 es = 0，并以基本偏差代号 h 表示。

由于孔的加工工艺复杂，故制造成本高，因此优先选用基孔制。

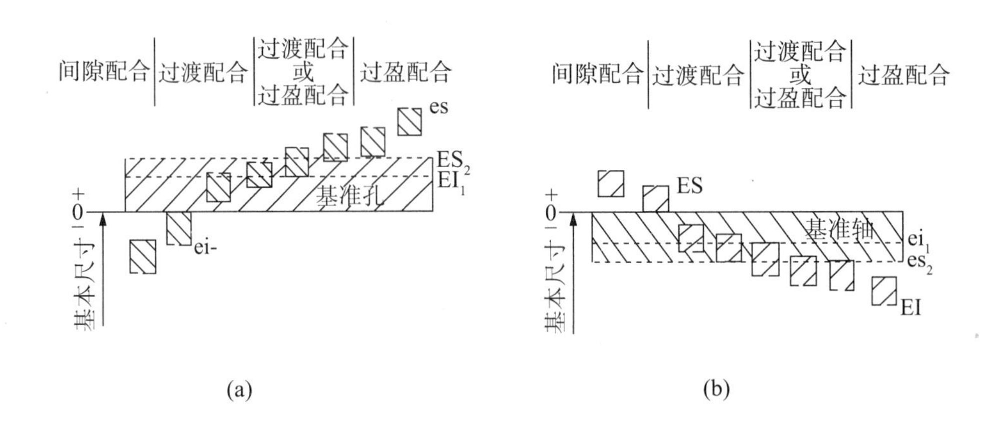

图 1 –7　基孔制配合和基轴制配合

(a) 基孔制；(b) 基轴制

1.3.4　国标中规定的公差带

原则上允许任意一个孔、轴组成配合。但为了简化标准和使用方便，根据实际需要规定了优先、常用和一般用途的孔、轴公差带，从而有利于生产和减少刀具、量具的规格、数量，方便于技术工作。公称尺寸≤500 mm 轴优先、常用和一般用途公差带如图 1 –8 所示。公称尺寸≤500 mm 孔优先、常用和一般用途公差带如图 1 –9 所示。

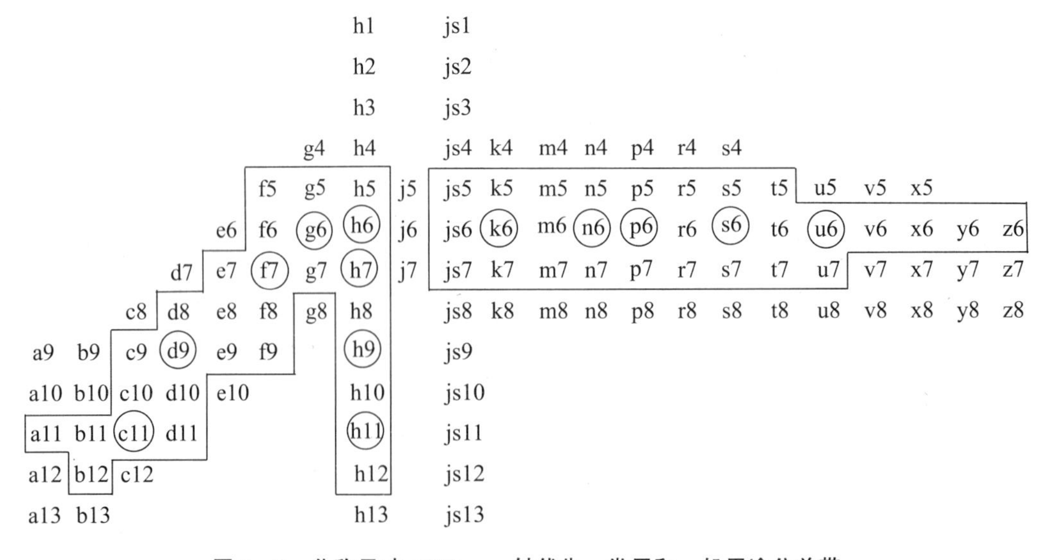

图 1 –8　公称尺寸≤500 mm 轴优先、常用和一般用途公差带

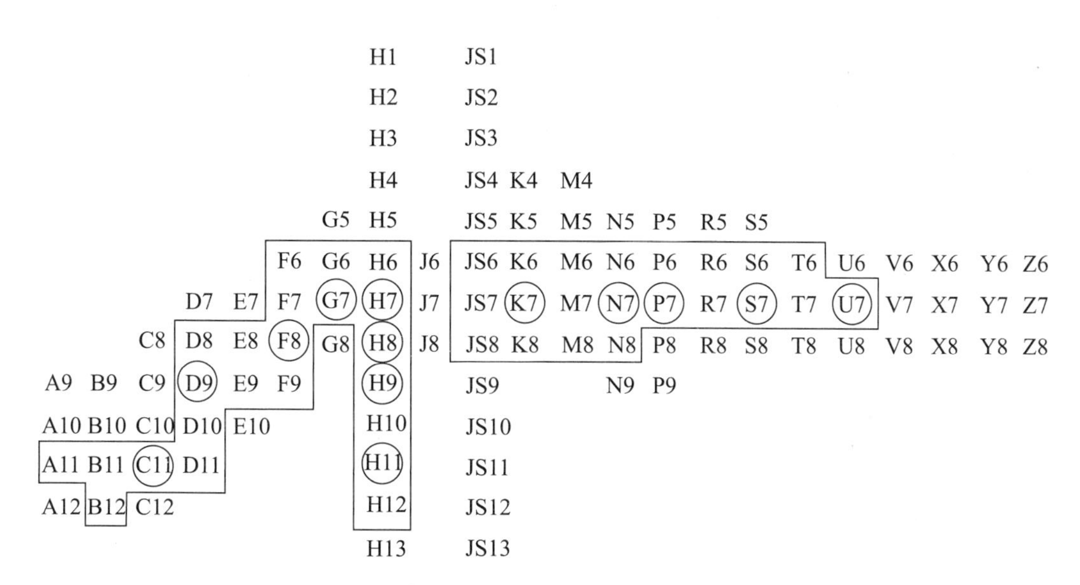

图 1－9 公称尺寸≤500 mm 孔优先、常用和一般用途公差带

在图 1－5 和图 1－6 中，轴的优先公差带有 13 种（画圆圈者），常用公差带有 59 种（方框内），一般用途公差带有 119 种；孔的优先公差带有 13 种，常用公差带有 44 种，一般用途有 105 种。

1.3.5 国标中规定的配合

国家标准在规定孔、轴公差带选用的基础上，还规定了孔、轴公差带的组合。基孔制优先和常用配合见表 1－5，其中注有"◤"符号的 13 种为优先配合。基轴制优先和常用的配合见表 1－6，其中注有"◤"符号的 13 种为优先配合。

表 1－5 基孔制优先和常用配合

基准孔	轴																				
	a	b	c	d	e	f	g	h	js	k	m	n	p	r	s	t	u	v	x	y	z
	间隙配合								过渡配合				过盈配合								
H6						H6/f5	H6/85	H6/h5	H6/js5	H6/k5	H6/m5	H6/n5	H6/p5	H6/r5	H6/S5	H6/t5					
H7						H7/f6	◤H7/g6	◤H7/h6	◤H7/js6	◤H7/k6	◤H7/m6	◤H7/n6	◤H7/p6	◤H7/r6	◤H7/S6	◤H7/t6	H7/u6	H7/v6	H7/x6	H7/y6	H7/z6
H8					H8/e7	◤H8/f7	H8/g7	◤H8/h7	H8/js7	H8/k7	H8/m7	H8/n7	H8/p7	H8/r7	H8/s7	H8/t7	H8/u7				
				H8/d8	H8/e8	H8/f8		H8/h8													
H9			H9/c9	◤H9/d9	H9/e9	H9/f9		◤H9/h9													
H10			H10/c10	H10/d10				H10/h10													
H11	H11/a11	H11/b11	◤H11/c11	H11/d11				◤H11/h11													
H12		H12/b12						H12/h12													

表 1－6 基轴制优先和常用配合

基准轴	孔																				
	A	B	C	D	E	F	G	H	JS	K	M	N	P	R	S	T	U	V	X	Y	Z
	间隙配合								过渡配合				过盈配合								
h5						F6/h5	G6/h5	H6/h5	JS6/h5	K6/h5	M6/h5	N6/h5	P6/h5	R6/h5	S6/h5	T6/h5					
h6						F7/h6	▲G7/h6	H7/h6	JS7/h6	▲K7/h6	M7/h6	▲N7/h6	▲P7/h6	R7/h6	▲S7/h6	T7/h6	▲U7/h6				
h7					E8/h7	▲F8/h7		▲H8/h7	JS8/h7	K8/h7	M8/h7	N8/h7									
h8				D8/h8	E8/h8	F8/h8		H8/h8													
h9				▲D9/h9	E9/h9	F9/h9		▲H9/h9													
h10				D10/h10				H10/h10													
h11	A11/h11	B11/h11	▲C11/h11	D11/h11				▲H11/h11													
h12		B12/h12						H12/h12													

1.3.6 一般公差线性尺寸的未注公差

一般公差是指在车间一般加工条件下可保证的公差，是机床设备在正常维护和操作情况下，能达到的经济加工精度。采用一般公差时，在该尺寸后不标注极限偏差或其他代号，所以也称为未注公差。

一般公差主要用于较低精度的非配合尺寸。当功能上允许的公差等于或大于一般公差时，均应采用一般公差；当要素的功能允许比一般公差大的公差，且标注的公差更为经济时，如装配所钻盲孔的深度，则相应的极限偏差值要在尺寸后注出。在正常情况下，一般可不必检验。一般公差适用于金属切削加工的尺寸、一般冲压加工的尺寸，对非金属材料和其他工艺方法加工的尺寸亦可参照采用。

国家标准《一般公差　未注公差的线性和角度尺寸的公差》（GB/T 1804—2000）规定了四个公差等级，其线性尺寸一般公差的公差等级及其极限偏差值见表 1－7。采用一般公差时，在图样上不标注公差，但应在技术要求中做相应注明，如选用中等级 m 时，表示为 GB/T 1804－m—2000。

表1-7　线性尺寸的极限偏差（摘自GB/T 1804—2000）　mm

公差等级	尺寸分段							
	0.5~3	>3~6	>6~30	>30~120	>120~400	>400~1000	>1000~2000	>2000~4000
精密级（f）	±0.05	±0.05	±0.1	±0.15	±0.2	±0.3	±0.5	—
中等级（m）	±0.1	±0.1	±0.2	±0.3	±0.5	±0.8	±1.2	±2
粗糙级（c）	±0.2	±0.3	±0.5	±0.8	±1.2	±2	±3	±4
最粗级（v）	—	±0.5	±1	±1.5	±2.5	±4	±6	±8

1.3.7　基准制的选择

基准制选择设计原则如下：

（1）一般情况下，优先采用基孔配合制。

（2）有些情况下选择基轴制。

① 用冷拉钢制圆柱型材制作光轴作为基准轴。这一类圆柱型材的规格已标准化，尺寸公差等级一般为IT7~IT9。它作为基准轴，轴径可以免去外圆的切削加工，只要按照不同的配合性质加工孔即可实现技术与经济的最佳效果。

② 与标准件或标准部件配合（如键、销、轴承等），应以标准件为基准件确定用基孔制还是基轴制。

例如，滚动轴承外圈与箱体孔的配合应采用基轴制，滚动轴承内圈与轴的配合应采用基孔制，如图1-10所示。

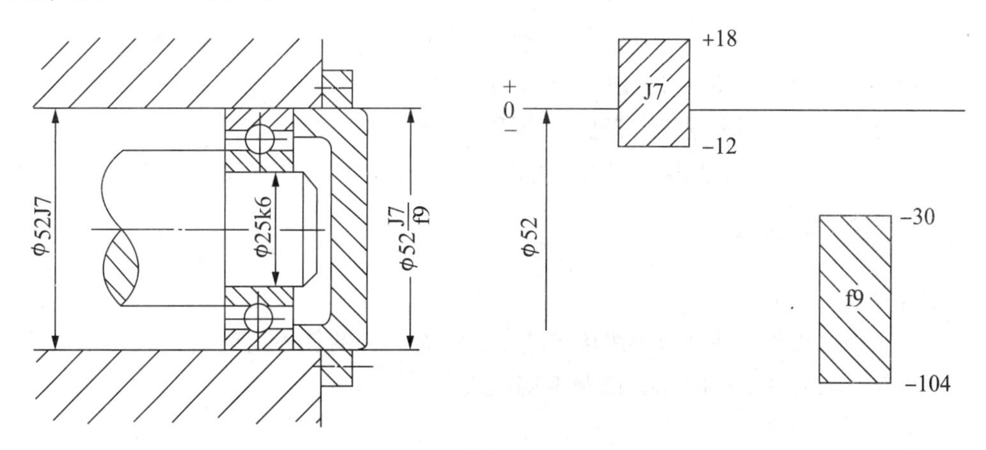

图1-10　基准制选择示例（1）

③ “一轴多孔”，而且构成的多处配合的松紧程度要求不同的场合。所谓“一轴多孔”是指一轴与两个或两个以上的孔组成配合。如图1-11（a）所示内燃机中活塞销与活塞孔及连杆套孔的配合，它们组成三处两种性质的配合。如图1-11（b）所示采用基孔配合制，轴为阶梯轴，且两头大中间小，既不便于加工，也不便于装配。

（3）特殊情况可以采用非基准制。国家标准规定，为了满足配合的特殊需要，允许采用非基准制配合，即采用任意一个孔、轴公差带（基本偏差代号非 H 的孔或 h 的轴）组成的配合。

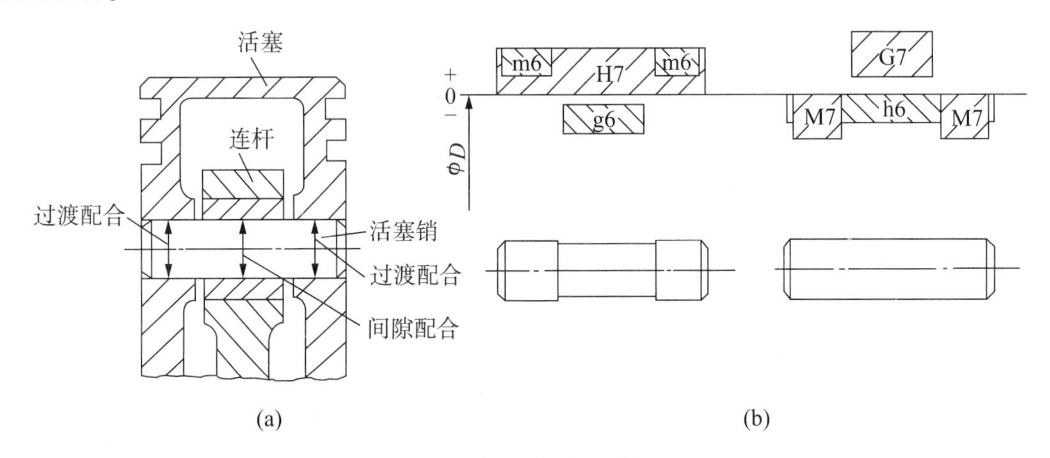

图 1－11 基准制选择示例（2）

1.3.8 尺寸公差等级的选择

1. 公差等级的选择原则

选择公差等级就是解决制造精度与制造成本之间的矛盾。在满足使用性能的前提下，应尽量选取较低的公差等级。

2. 公差等级的选择方法

（1）类比法（经验法）：就是参考经过实践证明合理的类似产品的公差等级，将所设计的机械（机构、产品）的使用性能、工作条件、加工工艺装备等情况与之进行比较，从而确定合理的公差等级。对初学者来说，多采用类比法，此法主要是通过查阅有关的参考资料、手册，并进行分析比较后确定公差等级。类比法多用于一般要求的配合。

（2）计算法：是指根据一定的理论和计算公式计算后，再根据尺寸公差与配合的标准确定合理的公差等级，即根据工作条件和使用性能要求确定配合部位的间隙或过盈允许的界限，然后通过计算法确定相配合的孔、轴的公差等级。计算法多用于重要的配合。

1.3.9 配合的选择

1. 配合选择的任务

当基准配合制和孔、轴公差等级确定之后，配合选择的任务是确定非基准件（基孔配合制中的轴或基轴配合制中的孔）的基本偏差代号。

2. 配合选择的方法

配合的选择方法有类比法、计算法和试验法三种。

（1）类比法。同公差等级的选择相似，大多通过查表将所设计的配合部位的工作条件和功能要求与相同或相似的工作条件或功能要求的配合部位进行分析比较，对已成功的配合做适当的调整，从而确定配合代号。此选择方法主要应用在一般、常见的配合中。

（2）计算法。计算法主要用于两种情况：一种是用于保证与滑动轴承的间隙配合，当要求保证液体摩擦时，可以根据滑动摩擦理论计算允许的最小间隙，从而选定适当的配合；另一种是完全依靠装配过盈传递负荷的过盈配合，可以根据要求传递负荷的大小计算允许的最小过盈，再根据孔、轴材料的弹性极限计算允许的最大过盈，从而选定适当的配合。

（3）试验法。试验法主要用于新产品和特别重要配合的选择。这些部位的配合选择需要进行专门的模拟试验，以确定工作条件要求的最佳间隙或过盈及其允许变动的范围，然后，确定配合性质。这种方法只要实验设计合理、数据可靠，选用的结果就会比较理想，但成本较高。

3. 配合选择的步骤

采用类比法选择配合时，可以按照下列步骤选择。

（1）确定配合的类型。根据配合部位的功能要求，确定配合的类型。

① 间隙配合有 A ~ H（a ~ h）共 11 种，其特点是利用间隙储存润滑油及补偿温度变形、安装误差、弹性变形等所引起的误差。间隙配合在生产中应用广泛，不仅用于运动配合，加紧固件后也可用于传递力矩。不同基本偏差代号与基准孔（或基准轴）分别形成不同间隙的配合，主要依据变形、误差需要补偿间隙的大小、相对运动速度、是否要求定心或拆卸选定。

② 过渡配合有 JS ~ N（js ~ n）4 种基本偏差，其主要特点是定心精度高且可拆卸，也可加键、销等紧固件后用于传递力矩。过渡配合主要根据机构受力情况、定心精度和要求装拆次数考虑基本偏差的选择。定心要求高、受冲击负荷、不常拆卸的，可选较紧的基本偏差，如 N（n），反之应选较松的配合，如 K（k）或 JS（js）。

③ 过盈配合有 P ~ ZC（p ~ zc）13 种基本偏差，其特点是由于有过盈，装配后孔的尺寸被胀大而轴的尺寸被压小，产生弹性变形，在结合面上产生一定的正压力和摩擦力，用以传递力矩和紧固零件。选择过盈配合时，如不加键、销等紧固件，则最小过盈应能保证传递所需的力矩，最大过盈应不使材料被破坏，故配合公差不能太大，所以公差等级一般为 IT5 ~ IT7。基本偏差根据最小过盈量及结合件的标准选取。

功能要求及对应的配合类型见表 1 – 8。

表 1 – 8　功能要求及对应的配合类型

<table>
<tr><th colspan="4">结合件的工作情况</th><th>配合类型</th></tr>
<tr><td rowspan="2">有相对运动</td><td colspan="3">只有移动</td><td>间隙较小的间隙配合</td></tr>
<tr><td colspan="3">转动或与移动的复合运动</td><td>间隙较大的间隙配合</td></tr>
<tr><td rowspan="4">无相对运动</td><td rowspan="3">传递扭矩</td><td rowspan="2">要求精确同轴</td><td>永久结合</td><td>过盈配合</td></tr>
<tr><td>可拆结合</td><td>过渡配合或间隙最小的间隙配合加紧固件</td></tr>
<tr><td colspan="2">不需要精确同轴</td><td>间隙较小的间隙配合加紧固件</td></tr>
<tr><td colspan="3">不传递扭矩</td><td>过渡配合或过盈小的过盈配合</td></tr>
</table>

注：紧固件指键、销钉和螺钉等。

（2）确定非基准件的基本偏差代号。根据配合部位具体的功能要求，通过查表，比照配合的应用实例，参考各种配合的性能特征，选择较合适的配合，即确定非基准件的基本偏差代号。轴的基本偏差选用说明及应用可参考表1－9，基孔制常用和优先配合的特征及应用见表1－10。

表1－9　轴的基本偏差选用说明及应用

配合	基本偏差	特性及应用
间隙配合	a、b	可得到特别大的间隙，应用很少。例如，起重机吊钩的铰链、带榫槽的法兰盘推荐配合为H12/b12
	c	可得到很大的间隙，一般适用于缓慢、松弛的动配合。用于工作条件较差（如农业机械）、受力变形，或为了便于装配，而必须保证有较大的间隙时，推荐配合为H11/c11。其较高等级的配合，如H8/c7适用于轴在高温工作的紧密配合，例如内燃机排气阀和导管
	d	一般用于IT7～IT11级，适用于松的转动配合，如密封盖、滑轮、空带轮等与轴的配合，也适用于大直径滑动轴承的配合，如球磨机、轧钢机等重型机械的滑动轴承
	e	多用于IT7～IT9级，通常用于要求有明显间隙，易于转动的支承配合，如大跨距支承、多支点支承等配合。高等级的e轴也适用于大的、高速、重载的支承，如涡轮发电机、大型电动机及内燃机的主要轴承、凸轮轴轴承等配合
	f	多用于IT6～IT8级的一般转动配合，当温度影响不太大时，被广泛用于普通润滑油（或润滑脂）润滑的支承，如齿轮箱、小电动机、泵等的转轴与滑动轴承的配合
	g	配合间隙很小，制造成本很高，除了很轻负荷的精密机构外，一般不用作转动配合。多用于IT5～IT7级，最适合不回转的精密滑动轴承，也用于插销等定位配合，如精密连杆轴承、活塞及滑阀、连杆销以及钻套与衬套、精密机床的主轴与轴承、分度头轴颈与轴的配合等。例如钻套与衬套的配合为H7/g6
	h	配合的最小间隙为零，用于IT4～IT11级。广泛用于无相对转动的零件，作为一般定位配合。若无温度、变形影响，也用于精密滑动配合。例如车床尾座体孔与顶尖套筒的配合为H6/h5
过渡配合	js	平均起来为稍有间隙的配合，多用于IT4～IT7级，要求间隙比h轴小，并允许稍有过盈的定位配合，如联轴器，可用手或木锤装配
	k	平均起来没有间隙的配合，适用于IT4～IT7级，推荐用于稍有过盈的定位配合，例如为了消除振动用的定位配合，一般用木锤装配
	m	平均起来具有不大过盈的过渡配合，适用于IT4～IT7级，用于精密定位的配合，如涡轮的青铜轮缘与轮毂的配合为H7/m6。一般可用木锤装配，但在最大过盈时，要求有相当大的压入力
	n	平均过盈比m轴稍大，很少得到间隙，适用于IT4～IT7级，用锤或压力机装配，拆卸较困难

续表

配合	基本偏差	特性及应用
过盈配合	p	与H6或H7孔配合时是过盈配合，与H8孔配合时为过渡配合。对非铁制零件，为较轻的压入配合，当需要时易于拆卸。对钢、铸铁或铜、钢组件装配是标准压入配合。它主要用于定心精度很高、零件有足够的刚性、受冲击负荷的定位配合
	r	对铁制零件，为中等打入配合，对非铁制零件，为轻打入的配合，当需要时可以拆卸。与H8孔配合，直径在100 mm以上时为过盈配合，直径小时为过渡配合
	s	用于钢铁件的永久或半永久结合。可产生相当大的结合力。当用弹性材料，如轻合金时，配合性质与铁制零件的p轴相当。例如，套环压装在轴上、阀座等的配合。尺寸较大时，为了避免损伤配合表面，需用热胀或冷缩法装配
	t、u v、x y、z	过盈量依次增大，一般不推荐。例如联轴器与轴的配合H7/t6

表1-10 尺寸≤500 mm基孔制常用和优先配合的特征及应用

配合类别	配合代号	特征及应用
间隙配合	H11/c11	间隙非常大，用于很松的、转动很慢的动配合；要求大公差与大间隙的外露组件；要求装配方便的很松的配合
	H9/d9	间隙很大的自由转动配合，用于精度非主要要求时，或有大的温度变化、高转速或大的轴颈压力时的配合
	H8/f7	间隙不大的转动配合，用于中等转速与中等轴颈压力的精确转动；也用于装配容易的中等定位配合
	H7/g6	间隙很小的滑动配合，用于不希望自由转动，但可自由移动和滑动并精密定位的配合；也可用于要求明确的定位配合
	H7/h6、 H8/h7、 H9/h9	均为间隙定位配合，零件可自由装拆，而工作时一般相对静止不动。在最大实体条件下的间隙为零，在最小实体条件下的间隙由公差等级决定
过渡配合	H7/k6	用于精密定位配合
	H7/n6	允许有较大过盈的更精密定位配合
过盈配合	H7/p6	过盈定位配合，即小过盈配合，用于定位精度特别重要时，能以最好的定位精度达到部件的刚性及对中性要求，而对内孔承受压力无特殊要求，不依靠配合的紧固性传递摩擦负荷的配合
	H7/s6	中等压入配合，适用于一般钢件，或用于薄壁件的冷缩配合，用于铸铁件可得到最紧的配合
	H7/u6	压入配合，适用于可以承受高压入力的零件，或不易承受大压入力的冷缩配合

【例1－5】 已知孔、轴基本尺寸 $\phi 25$，间隙0.010～0.045 mm，试确定孔、轴的公差等级、公差带和配合代号。

解：（1）选择基准制：基孔制。

（2）选择公差等级：

由给定条件知，此孔、轴配合为间隙配合，要求的配合公差为：

$T_f = |X_{max} - X_{min}| = T_h + T_s = (0.045 - 0.010)\,mm = 0.035\ mm = 35\ (\mu m)$。

即所选的孔、轴公差之和应最接近而又不大于35 μm。

假设孔与轴为同级配合，则 $T_h = T_s = T_f/2 = 0.015\ mm = 15.5\ (\mu m)$。

查表1－2，IT7＝21 μm，IT6＝13 μm，故孔与轴的公差等级介于IT6与IT7之间，一般取孔比轴大一级，即孔IT7＝21 μm，轴IT6＝13 μm。

则配合公差 $T_f = T_h + T_s = (21 + 13)\,\mu m = 34\ \mu m < 35\ \mu m$。

（3）确定孔、轴公差带：

因为是基孔制配合，且孔的标准公差为IT7，所以孔的公差带为 $\phi 25H7(^{+0.021}_{0})$。

又因为 $X_{min} = EI - es$，且 $EI = 0$，所以 $es = -X_{min}$。

本题要求最小间隙0.01 mm（10 μm），即轴的基本偏差应接近于－10 μm。

查表2－3，取轴的基本偏差为g，es＝－7 μm。

则 $ei = es - IT6 = (-7 - 13)\,\mu m = -20\ (\mu m)$，所以轴的公差带为 $\phi 25g6(^{-0.007}_{-0.020})$。

（4）验算设计结果：

孔、轴配合为 $\phi 25H7/g6$。

最大间隙：$X_{max} = ES - ei = 41\ (\mu m)$

最小间隙：$X_{min} = EI - es = 7\ (\mu m)$

故间隙在0.010～0.045 mm之间，设计结果满足使用要求。

1.4 几何公差的标注及选择

1.4.1 零件几何要素

1. 零件几何要素的概念

机械零件是由若干点、线、面构成其几何特征的，这些点、线、面统称为几何要素。

如图1－12所示，点要素有圆锥顶点5和球心8，线要素有素线6和轴线7，面要素有球面1、圆锥面2、环状平面3和圆柱面4。

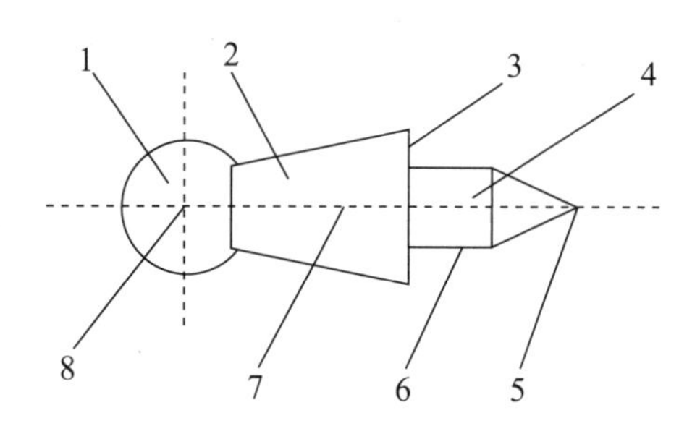

图1－12　零件的几何要素

1—球面；2—圆锥面；3—环状平面；4—圆柱面；5—圆锥顶点；
6—素线；7—轴线；8—球心

几何公差的研究对象就是构成零件几何特征的要素。

2. 零件几何要素分类

零件几何要素按结构特征分为轮廓要素和中心要素。轮廓要素是指构成零件的点、线、面各要素。中心要素是指轮廓要素对称中心所表示的点、线、面各要素。轮廓要素和中心要素如图1－13所示。

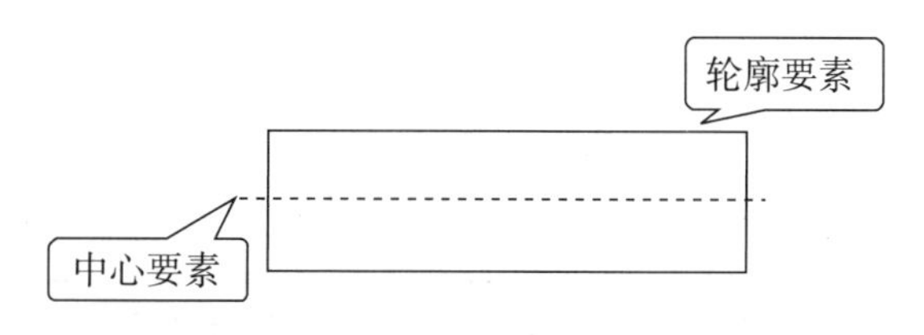

图1－13　轮廓要素和中心要素

零件几何要素按存在状态分为理想要素和实际要素。理想要素是指具有几何意义的要素，即几何的点、线、面，它们不存在任何误差。实际要素是指零件上实际存在的要素。在评定形位误差时，通常以测得要素代替实际要素。

零件几何要素按检测关系分为被测要素和基准要素。被测要素是指图样上给出了形状公差和位置公差的要素。基准要素是指图样上规定用来确定被测要素方向或位置的要素，如图1－14所示。

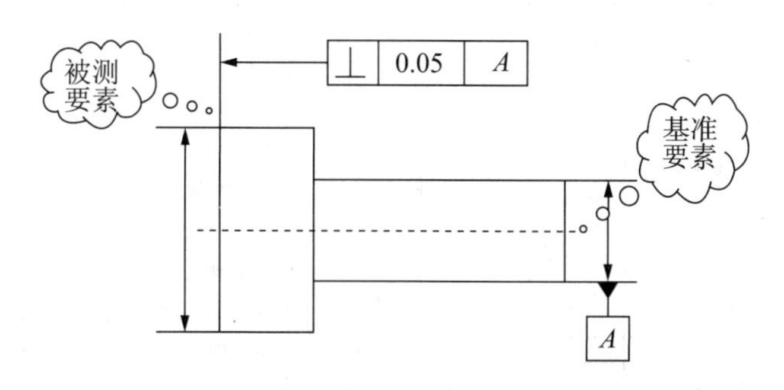

图1－14　被测要素和基准要素

零件几何要素按功能关系分为单一要素和关联要素。单一要素是指按本身功能要求而给出形状公差的要素，如图1－15所示。关联要素是指基准要素有功能关系而给出位置公差的要素，如图1－16所示。

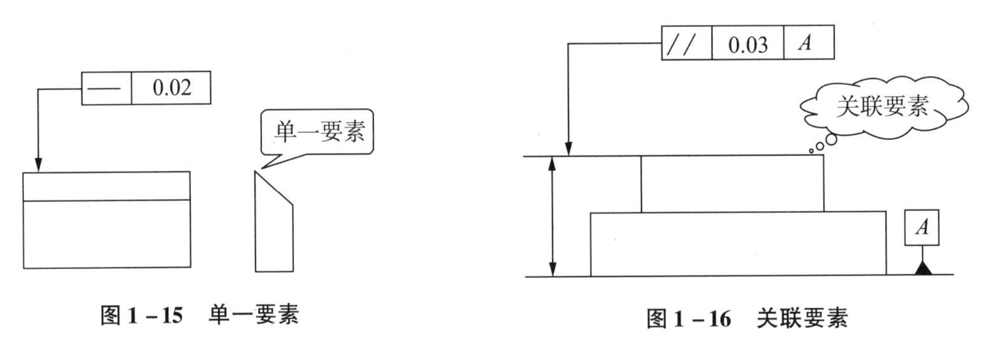

图 1－15　单一要素　　　图 1－16　关联要素

零件各要素之间的特征及关系，如图 1－17 所示。

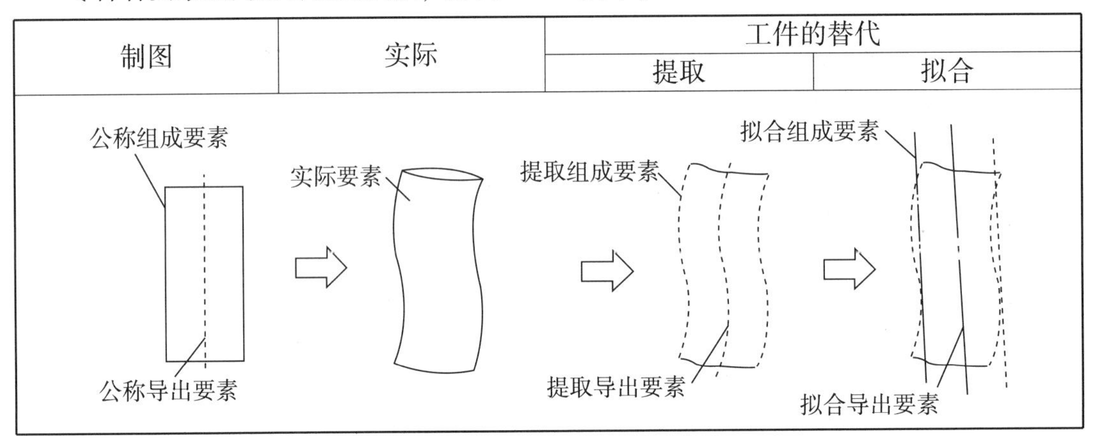

图 1－17　零件各要素之间的特征及关系

1.4.2　零件几何公差的特征项目及符号识读

按国家标准《产品几何技术规范（GPS）几何公差　形状、方向、位置和跳动公差标注》（GB/T 1182—2008）的规定，形位公差特征项目共有 14 个，各项目及符号见表 1－11。

表 1－11　零件几何公差的特征项目及符号

公差		特征项目	适用要素	符号	有无基准	公差		特征项目	适用要素	符号	有无基准
形状		直线度	单一要素	—	无	位置	定向	平行度	关联要素	//	有
		平面度		▱				垂直度		⊥	
		圆度		○				倾斜度		∠	
		圆柱度		⌭			定位	同轴度		◎	有
形状或位置	轮廓	轮廓度	单一要素或关联要素	⌒	有或无			对称度		⌯	
		面轮廓度		⌓				位置度		⌖	有或无
								圆跳动		↗	有
								全跳动		⌰	

1.4.3　几何公差带的主要形状

加工区域不同对几何公差带形状的要求也不同，几何公差带的主要形状见表 1－12。

表 1－12　几何公差带的主要形状

形状	说明	形状	说明
	两平行直线之间的区域		圆柱内的区域
	两等距曲线之间的区域		两同轴线圆柱内之间的区域
	两等同心圆之间的区域		两平行平面之间的区域
	圆内的区域		两等距曲面之间的区域
	球内的区域		

GB/T 1182—2008 规定，在技术图样中，形位公差应采用代号标注，当无法采用代号标注时，允许在技术要求中用文字说明。

1.4.4　公差框格和基准符号

1. 形状公差框格

第一格填写公差特征项目符号，第二格填写以毫米为单位表示的公差值和有关符号，带箭头的指引线从框格的一端引出，并且必须垂直于框格，用它的箭头与被测要素相连。形状公差框格标注示例如图 1－18 所示。它引向被测要素时允许垂直弯折（通常弯折一次）。

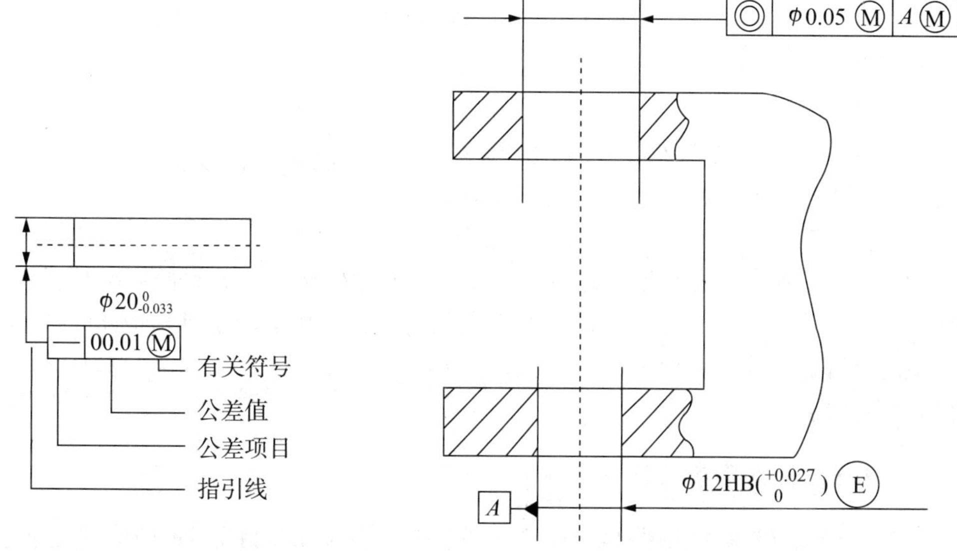

图 1－18　形状公差框格标注示例　　图 1－19　位置公差框格标注示例

2. 位置公差框格

（1）位置公差框格的指引线和形状公差框格的指引线的标注方法相同，用带箭头的指引线与被测要素相连。位置公差框格标注示例如图 1－19 所示。

（2）位置公差有基准要求。被测要素的基准在图样上用英文大写字母表示。为了避免混淆和误解，基准所使用的字母不得采用 E、F、I、J、L、M、O、P、R 九个字母。

（3）三格的位置公差框格中的内容填写示例如图 1－20 所示。第一格填写公差特征项目符号，第二格填写用以毫米为单位表示的公差值和与被测要素有关的符号，第三格填写被测要素的基准所使用的字母和有关符号。

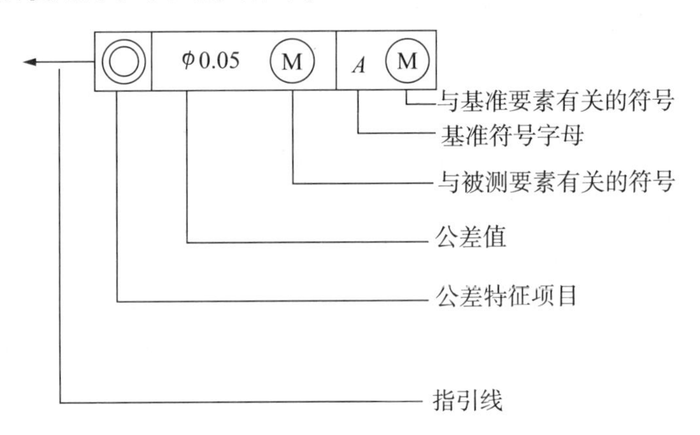

图 1－20　三格的位置公差框格中的内容填写示例

（4）五格的位置公差框格中的内容填写示例如图 1－21 所示。

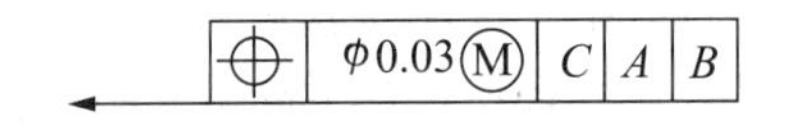

图 1－21　五格的位置公差框格中的内容填写示例

必须指出，从公差框格第三格起填写基准字母时，基准的顺序在该框格中是固定的。总是第三格填写第一基准，第四格和第五格填写第二基准和第三基准，而与字母在字母表中的顺序无关。

3. 基准符号

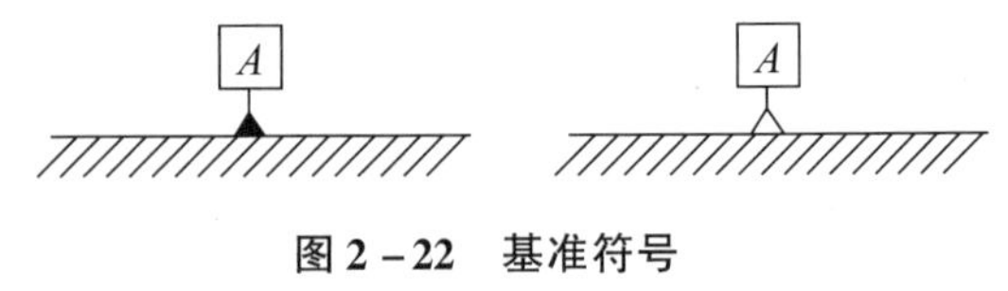

图 2－22　基准符号

与被测要素相关的基准用一个大写字母表示。字母标注在基准框格内，与一个涂黑的或空白的三角形相连以表示基准，基准符号如图1－22 所示。表示基准的字母应标注在公差框格内，涂黑的和空白的基准三角形含义相同。无论基准符号在图面上的方向如何，其方格中的字母均应水平书写。基准的标注详见国家标准《产品几何技术规范（GPS）　几何公差　基准和基准体系》（GB/T 17851—2010）。

1.4.5　被测要素的标注方法

（1）当被测要素为轮廓要素时，指引线箭头应置于该被测要素的轮廓线上或它的延长线上，箭头指引线必须明显地与尺寸线错开。被测要素为轮廓要素的标注示例如图 1－23 所示。

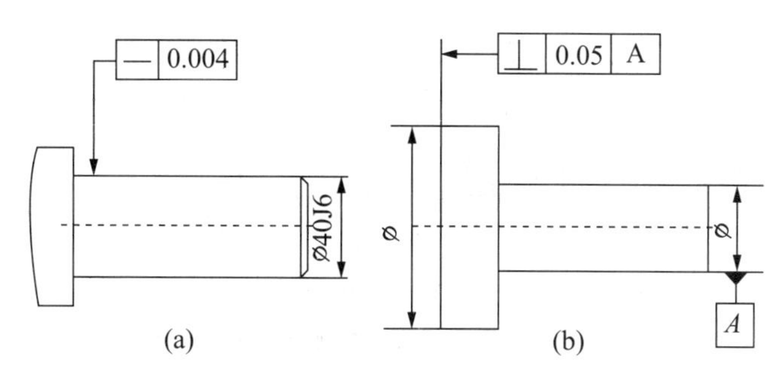

图 2－23　被测要素为轮廓要素的标注示例

（a）指引线箭头置于轮廓线上；（b）指引线箭头置于轮廓线的延长线上

（2）当被测要素为中心要素时（轴线、中心直线、中心平面、球心），带箭头的指引线应与该要素的尺寸线的延长线重合，如图 1－24 所示。

指引线箭头应指向形位公差带的宽度方向或直径方向，当指引线箭头指向形位公差带的宽度方向时，公差框格中的形位公差值只写出数字，该方向垂直于被测要素，或者与给定方向相同，如图 1－25 和图 1－26 所示。

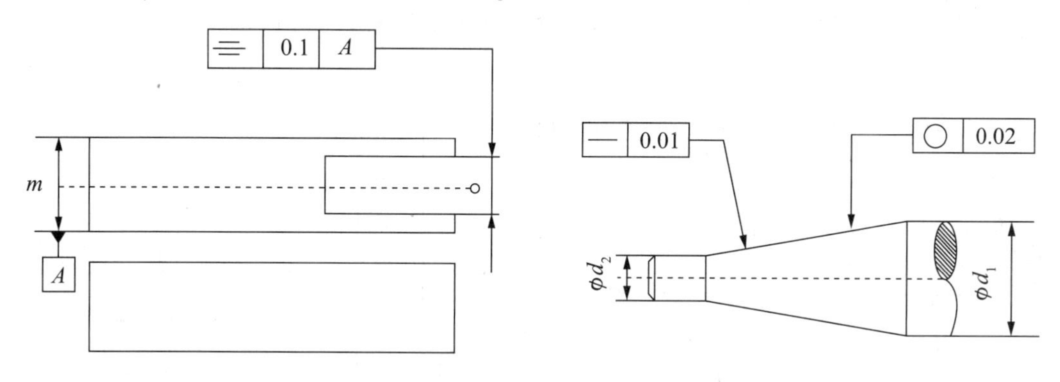

图 1－24　被测要素为中心要素的标注示例　　**图 1－25　指引线箭头标注示例一**

当指引线的箭头指向球形公差带的直径方向时，形位公差值的数字前则加注“sϕ”。如图 1－27 所示。

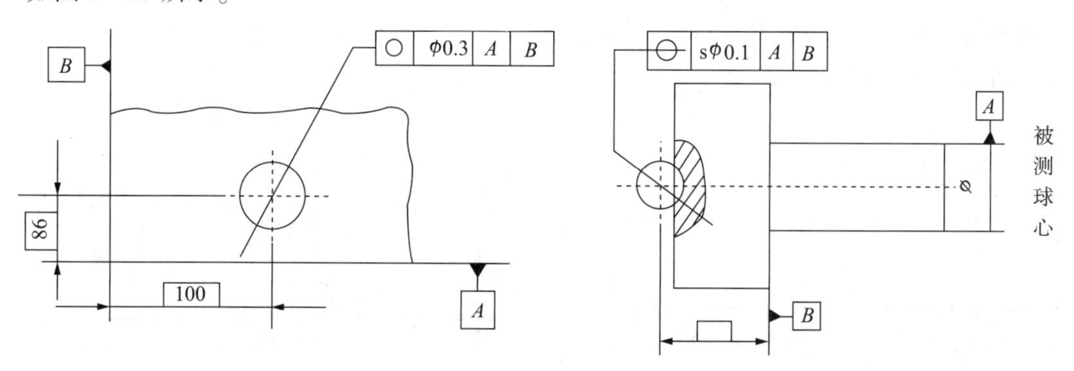

图 1－26　指引线箭头标注示例二　　**图 1－27　指引线箭头标注示例三**

对于公共轴线，公共中心平面和公共平面等几个同类要素组成的被测要素，应采用一个公差框格表示，同类要素组成的被测要素的标注示例如图 1－28 所示。

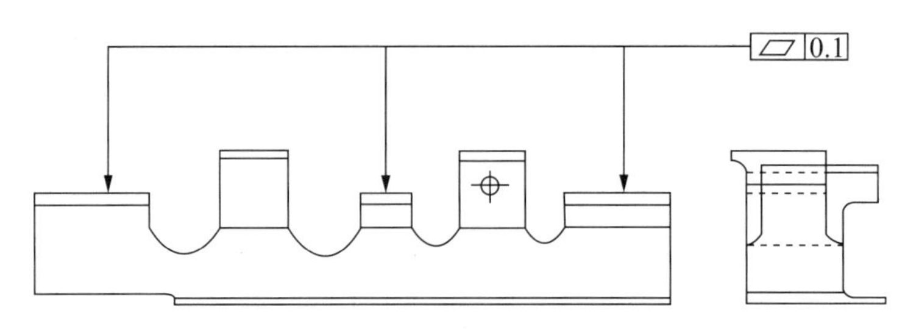

图 1－28　同类要素组成的被测要素的标注示例

1.4.6　基准要素的标注方法

当基准要素为轮廓要素时，应把基准符号底部的等腰三角形符号靠近于该要素的轮廓线上，并且等腰三角形置放处必须与尺寸线明显错开，如图 2－29（a）、图 2－29（b）所示。

当基准要素为轴线和中心平面等中心要素时，应把基准符号的粗短横线靠近置放于基准轴线或基准平面中心所对应的轮廓要素的尺寸线的一个箭头，并且基准符号的细实线应与该尺寸线对齐。当基准要素为中心要素时的标注方法如图 1　30 所示。

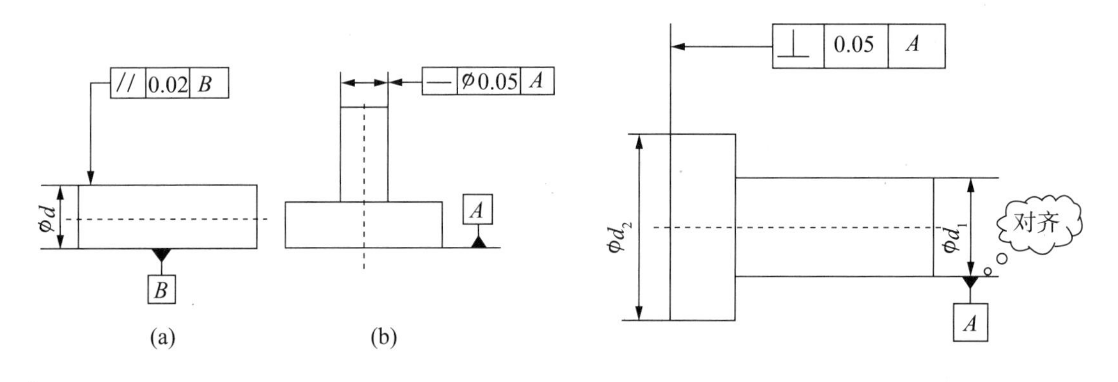

图 1－29　当基准要素为轮廓要素时标注方法

（a）靠近轮廓线；（b）靠近轮廓线的延长线

图 1－30　基准要素为中心要素时的标注方法

当被测要素与基准要素允许对调而标注任选基准时，只要将原来的基准符号的粗短横线改为箭头即可，如图 1－31 所示。

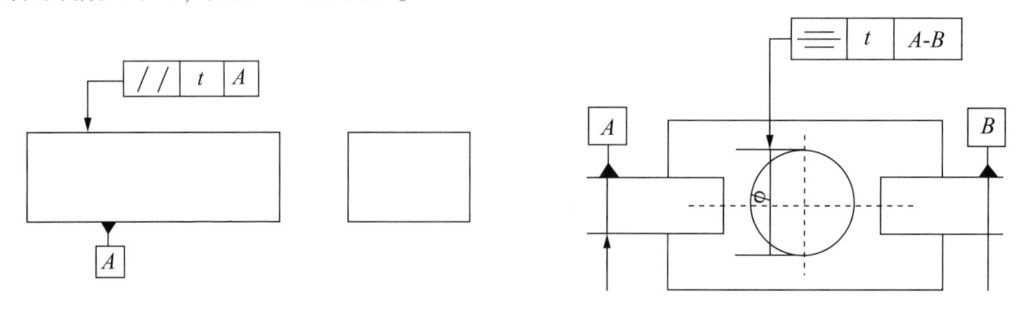

图 1－31　任意基准的标注方法

图 1－32　两个同类要素构成一个公共基准的标注方法

对于有两个同类要素构成而作为一个基准使用的公共基准，应对这两个同类要素分别标注基准符号，如图 1－32 所示。

1.4.7 几何公差的简化标注方法

1. 同一被测要素有几项形位公差要求的简化标注方法

同一被测要素有几项形位公差要求时，可以将这几项要求的公差框格重叠绘出，只用一条指引线引向被测要素，如图 1－33 所示。

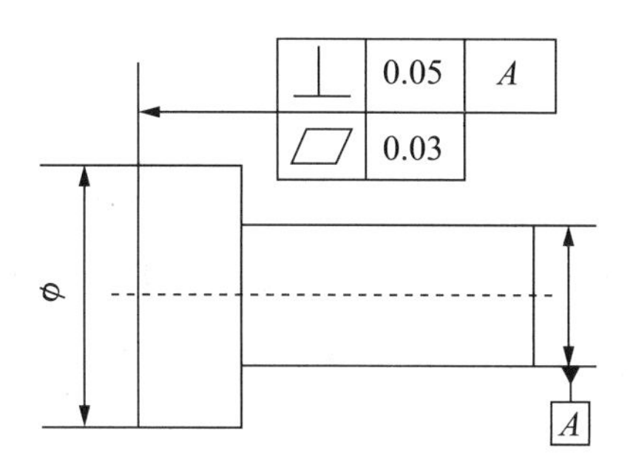

图 1－33 同一被测要素有几项形位公差要求的简化标注方法

2. 几个被测要素有同一几何公差带要求的简化标注方法

几个被测要素有同一形位公差带要求时，可以只使用一个公差框格，由该框格的一端引出一条指引线，从这条指引线上绘制几条带箭头的连线，分别与这几个被测要素相连，如图 1－34 所示。

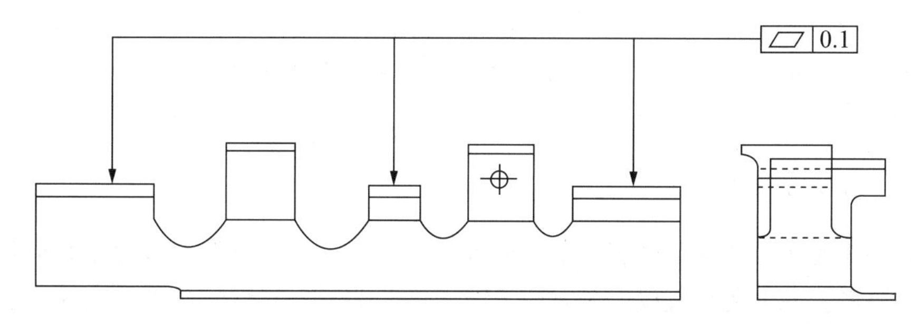

图 1－34 几个被测要素有同一几何公差带要求的简化标注方法

3. 几个同型被测要素有同一几何公差带要求的简化标注方法

结构和尺寸分别相同的几个被测要素有同一形位公差带要求时，可以只对其中一个要素绘制公差框格，在该框格的上方写明要素的数量，如图 1－35 所示。

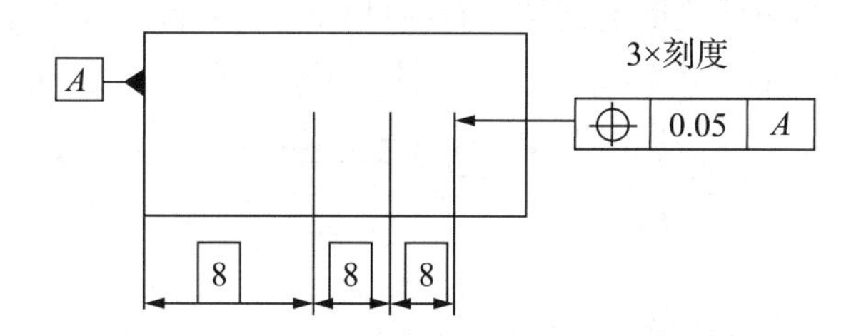

图 1－35 几个同型被测要素有同一几何公差带要求的简化标注方法

几种常见的零件几何公差在图样上的表示方法如图 1－36 所示。

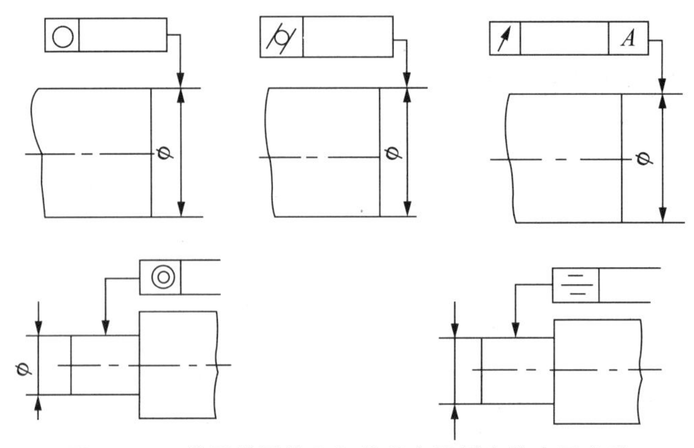

图 1－36　常见的零件几何公差在图样上的表示方法

1.4.8　形位公差的含义和形位公差带的特征

1. 形位公差含义

形位公差是指限制被测要素变动的区域。

2. 形位公差带的特征

形位公差带的特征主要有 9 种：圆内的区域、两同心圆间的区域、两同轴圆柱面间的区域、两等距线间的区域、两平行直线间的区域、圆柱面内的区域、两等距曲面间的区域、两平行平面间的区域、球面内的区域。

3. 形位公差的作用

形位公差体现被测要素的设计要求，也是加工和检验的根据。用以表示形状、大小、方向和位置。

1.4.9　形状公差带

形状公差带是单一要素对其理想要素允许的变动量，其公差带只有大小和形状，无方向和位置的限制。主要包括直线度公差带、平面度公差带、圆度公差带、圆柱度公差带和轮廓度公差带 5 项。

1. 直线度公差带

直线度公差用于控制直线和轴线的形状误差，根据零件的功能要求，直线度可以分为在给定平面内、在给定方向上和在任意方向上三种情况。在给定平面内的直线度公差带是距离为公差值 t 的两平行直线之间的区域。直线度标注示例和公差带如图 1－37 所示，被测表面的素线必须位于平行于图样所示投影面且距离为公差值 0.1 mm 的两平行直线内。

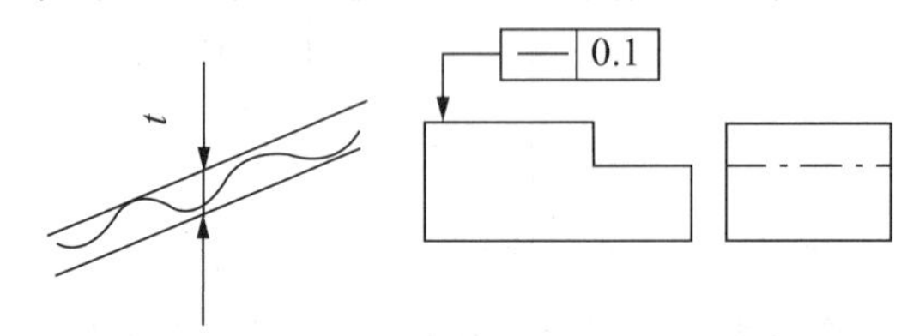

图 1－37　直线度标注示例和公差带

2. 平面度公差带

平面度公差用于限制被测实际平面的形状误差，同时也可以限制被测表面的直线度误差。平面度公差带是距离为公差值 t 的两平行平面之间的区域。平面度标注示例和公差带如图 1-38 所示。

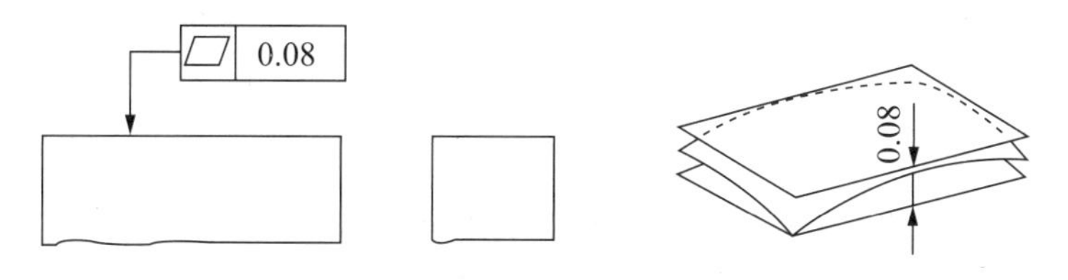

图 1-38 平面度标注示例和公差带

3. 圆度公差带

圆度公差带是在同一正截面上，半径差值 t 的两同心圆之间的区域。圆度标准示例和公差带如图 2-39 所示，被测圆锥面任意一个正截面上的圆周必须位于半径差为公差值 0.1 mm 的两同心圆之间。

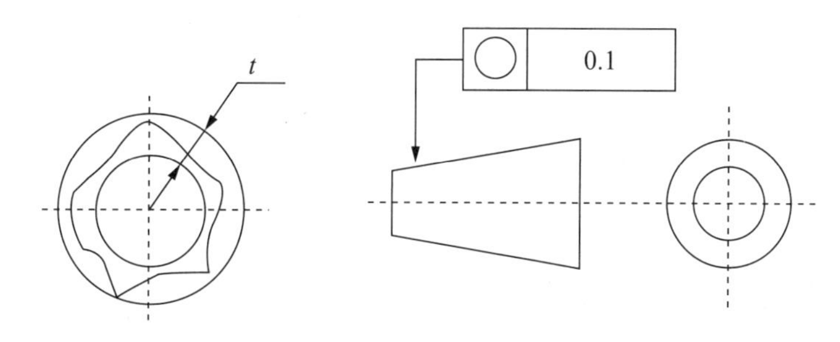

图 1-39 圆度标注示例和公差带

4. 圆柱度公差带

限制实际被测圆柱面的形状变动的公差项目，可以综合控制圆柱体正截面和纵截面的形状误差，其公差带是半径差为公差值 t 的两同轴圆柱面之间的区域。圆柱度标注示例和公差带如图 1-40 所示。

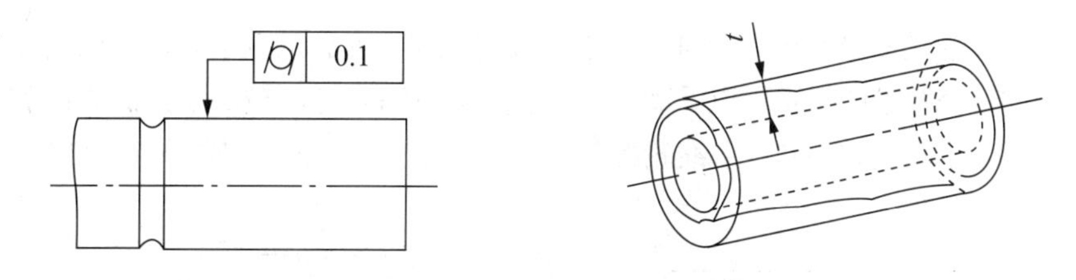

图 1-40 圆柱度标注示例和公差带

5. 轮廓度公差带

轮廓度公差涉及的要素是曲线和曲面。轮廓度公差有线轮廓度公差和面轮廓度公差两个特征项目。

（1）线轮廓度公差带。线轮廓度公差是指被测实际要素相对于理想轮廓线所允许的变动全量。它用来控制平面曲线（或曲面的截面轮廓）的形状或位置误差。线轮廓公差带是包络一系列直径为公差值 t 的圆的两包络线之间的区域。实际线上各点应在公差带内，如图 1-41 所示。

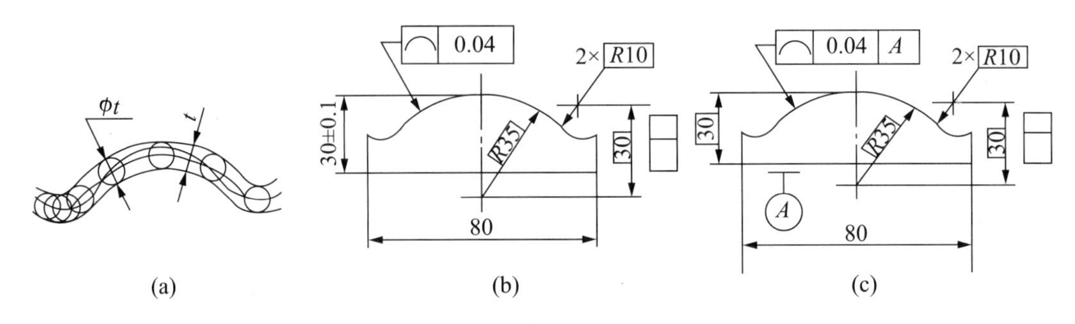

图 1-41　线轮廓度公差带标注示例和公差带

（a）公差带；（b）无基准要求；（c）有基准要求

（2）面轮廓度公差带。面轮廓度公差是指被测实际要素相对于理想轮廓面所允许的变动全量，用来控制空间曲面的形状或位置误差。面轮廓度公差是一项综合公差，它既可控制面轮廓度误差，又可控制曲面上任意一个截面轮廓的线轮廓度误差。面轮廓公差带是包络一系列直径为公差值 t 的圆的两包络面之间的区域。实际线面上各点应在公差带内，如图 1-42 所示。

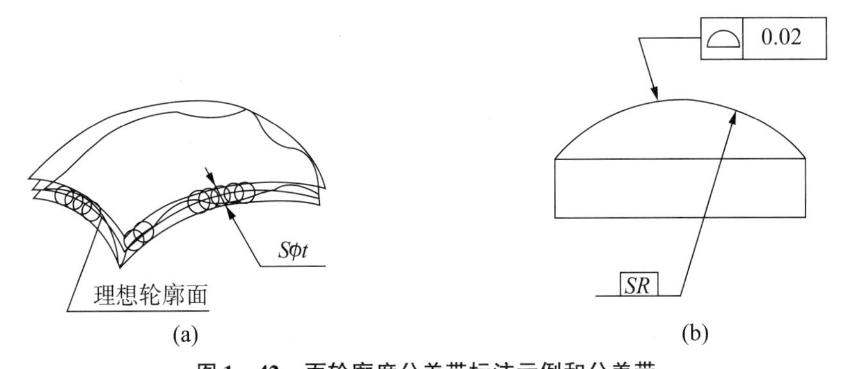

图 1-42　面轮廓度公差带标注示例和公差带

（a）面轮廓度公差带；（b）面轮廓度形状公差要求

1.4.10　方向公差带

方向公差带反映关联被测要素对基准要素在规定方向上允许的变动量。定向公差相对于基准有确定的方向，公差带的位置可以浮动；定向公差具有综合控制被测要素的方向和形状的职能，包括平行度、垂直度和倾斜度、线轮廓度、面轮廓度，方向公差带如图 1-43 所示。

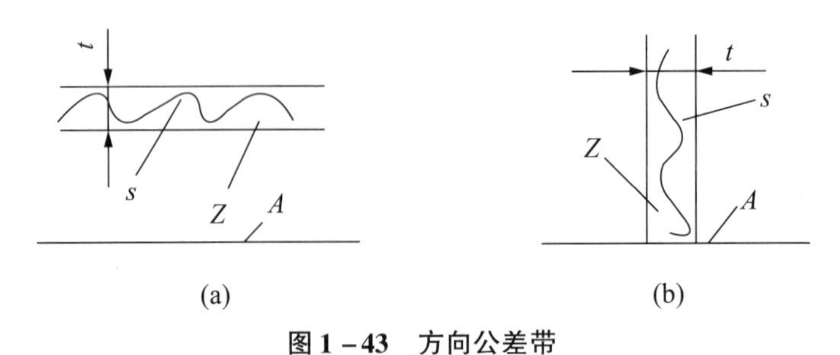

图 1-43　方向公差带

（a）平行度公差带；（b）垂直度公差带

A—基准；t—定向公差值；s—实际被测要素；Z—公差带

1. 基准

（1）基准的种类。基准是确定实际被测要素的方向或位置的参考对象，应具有理想形状（有时还具有理想方向）。

① 单一基准。单一基准时，由实际要素建立基准应符合最小条件，单一基准标注示例如图 1－44 所示。

② 公共基准。公共基准是指由两个或两个以上的同类基准要素建立的一个独立的基准，又称为组合基准，如图 1－45 所示。

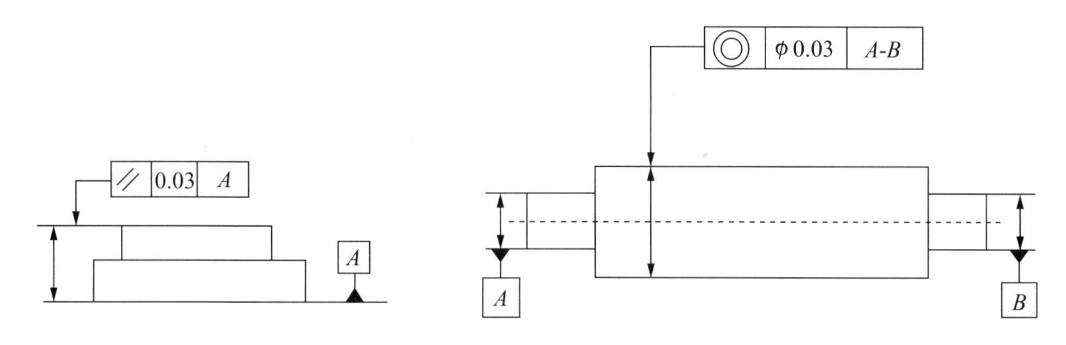

图 1－44 单一基准标注示例

图 1－45 公共基准标注示例

③ 三基面体系。为了确定被测要素的空间方位，有时可能需要两个或三个基准。由三个基准互相垂直的基准平面组成基准体系，称为三基面体系。这三个平面按功能要求有顺序之分，分别称为第一基准平面、第二基准平面、第三基准平面，三基面体系及表示方法如图 1－46 所示。

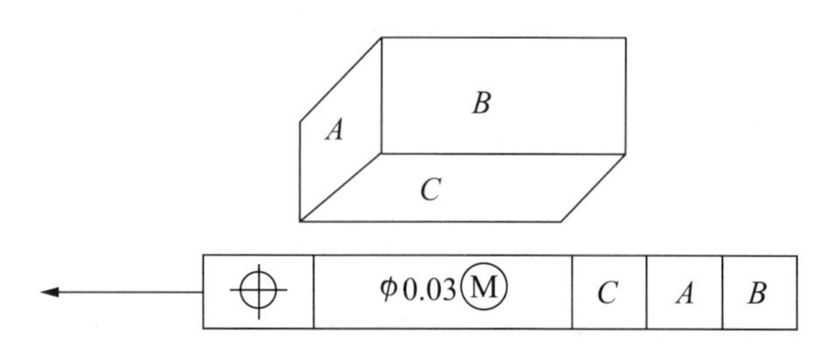

图 1－46 三基面体系及表示方法

必须指出，从公差框格第三格起填写基准字母时，基准的顺序在该框格中是固定的，总是第一基准在前，第二基准和第三基准随后，而与字母在字母表中的顺序无关。

（2）基准的体现。零件加工后，其实际基准要素不可避免地存在或大或小的形状误差（有时还存在方向误差）。如果以存在形状误差的实际基准要素作为基准，则难以确定实际被测要素的方向或位置，如图 1－47 所示。

在加工和检测中，实际基准要素的形状误差较大时，不宜直接使用实际基准要素作为基准。基准通常是用足够精确的表面来模拟体现的，基准平面如图 1－48 所示。

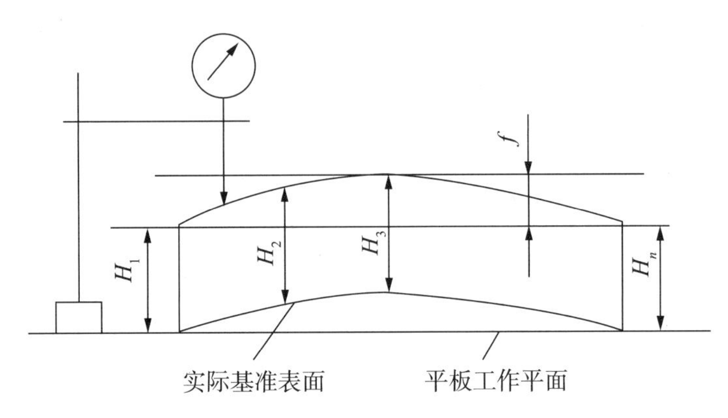

图1－47　实际基准要素存在形状误差

基准平面可用平台、平板的工作平面来模拟体现

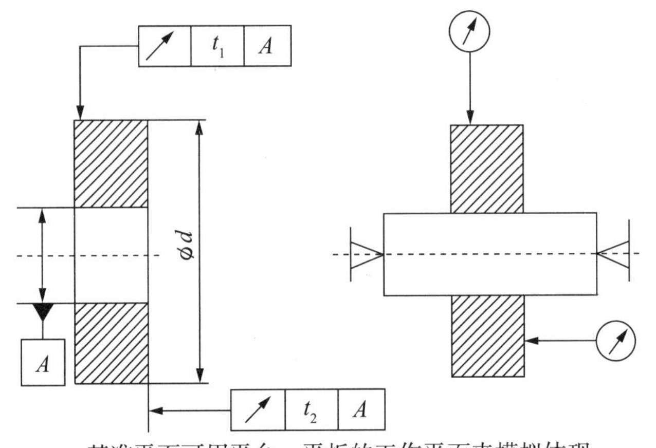

图1－48　基准平面

2. 平行度公差带

当两要素要求互相平行时，用平行度公差来控制被测要素对基准的方向误差。当给定一个方向上的平行度要求时，平行度公差带是距离为公差值 t，且平行于基准平面（或直线或轴线）的两平行平面（或轴线）之间的区域，平行度公差带如图1－49 所示。被测轴线必须位于距离为公差值0.01 mm 且平行于基准平面 B 的两平行平面之间，平面度示例如图1－50 所示。

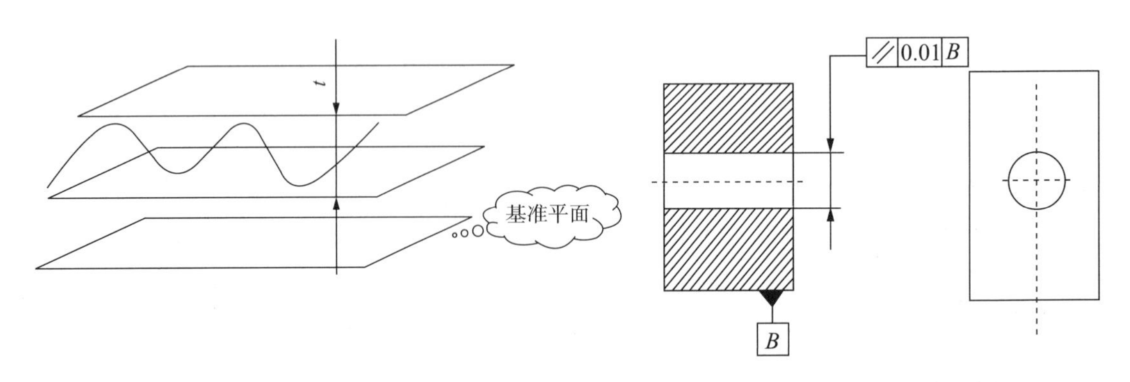

图1－49　平行度公差带

图1－50　平行度示例

3. 垂直度公差

当两要素互相垂直时，用垂直度公差来控制被测要素对基准的方向误差。当给定一个方向上的垂直度要求时，垂直度公差带是距离为公差值 t，且垂直于基准平面（或直径、轴线）的两平行平面（或直线）之间的区域，如图 1－51 所示。如图 1－52 所示的垂直度表示被测轴线必须位于直径为公差值 $\phi0.01$ mm 且垂直于垂直度公差带，基准平面 A 的圆柱面内。

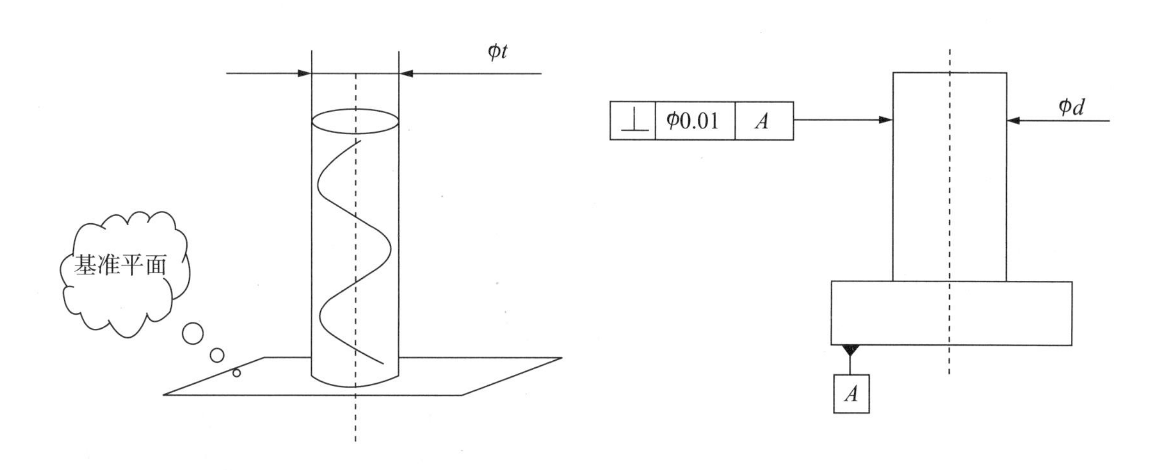

图 1－51 垂直度公差带　　　　图 1－52 垂直度

4. 线轮廓度公差

线轮廓度公差带是包络一系列直径为公差值 t 的圆的两包络线之间的区域，诸圆的圆心应位于理想轮廓线上，如图 1－53 所示。线轮廓度标注示例如图 1－54 所示。

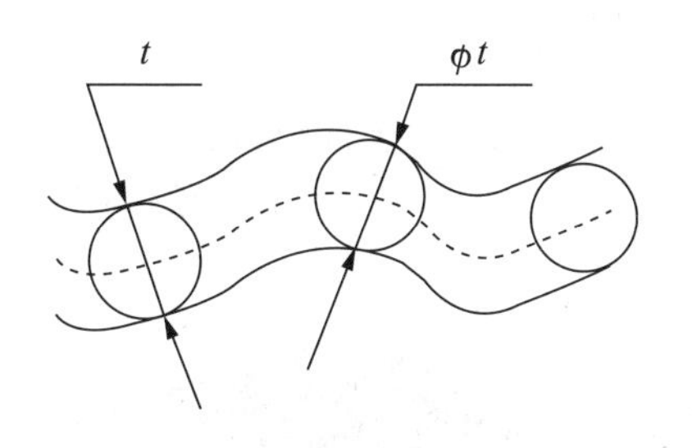

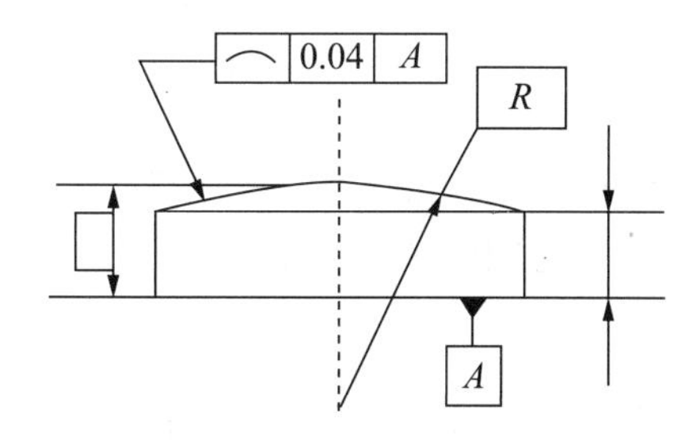

图 1－53 线轮廓度公差带　　　　图 1－54 线轮廓度示例（由基准要求的线轮廓度公差）

定向公差带能自然地把同一被测要素的形状误差控制在定向误差范围内。因此，对某一被测要素给出定向公差后仅在对其形状精度有进一步要求时，另行给出形状公差值，而形状公差值必须小于定向公差值。定向公差和形状公差同时标注的示例如图 1－55 所示。

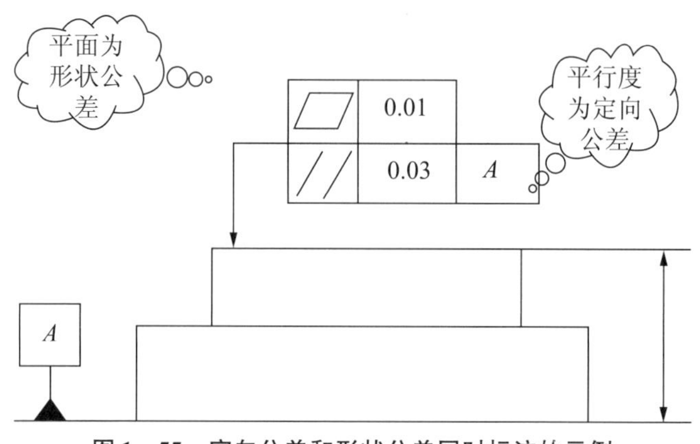

图 1－55 定向公差和形状公差同时标注的示例

1.4.11 位置公差带

位置公差带反映关联实际要素对基准在位置上所允许的变动量。位置公差带具有确定的位置，相对于基准的尺寸为理论正确尺寸，位置公差带具有综合控制被测要素位置、方向和形状的功能，包括同轴度公差带、位置度公差带和对称度公差带。

1. 同轴度公差带

同轴度用于控制轴类零件的被测轴线对基准轴线的同轴度误差。同轴度公差带是直径为公差值 t 的圆柱面内的区域，该圆柱面的轴线与基准线同轴线。同轴度公差带及标注示例如图 1－56 所示。

2. 对称度公差带

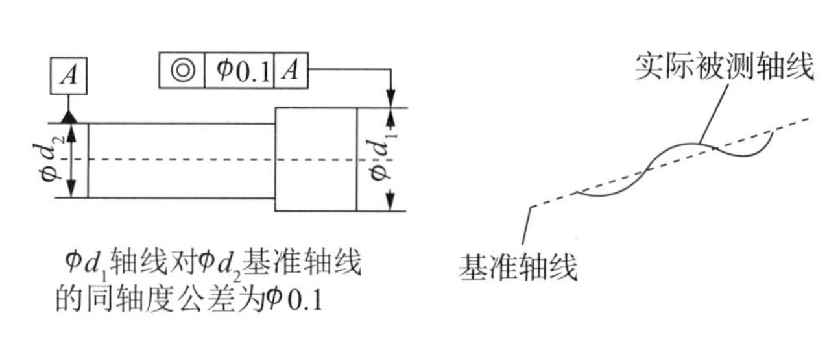

图 1－56 同轴度公差带及标注示例

对称度用于控制被测要素中心平面（或轴线）对基准中心平面（或轴线）的共面（或共线）性误差。理想被测要素的形状为平面，以基准中心平面 A 为中心在给定方向上控制实际被测要素的变动范围。对称度公差带是距离为公差值 t、且相对基准中心平面（或中心线、轴线）对称配置的两平行平面（或直线）之间的区域，如图 1－57 所示。

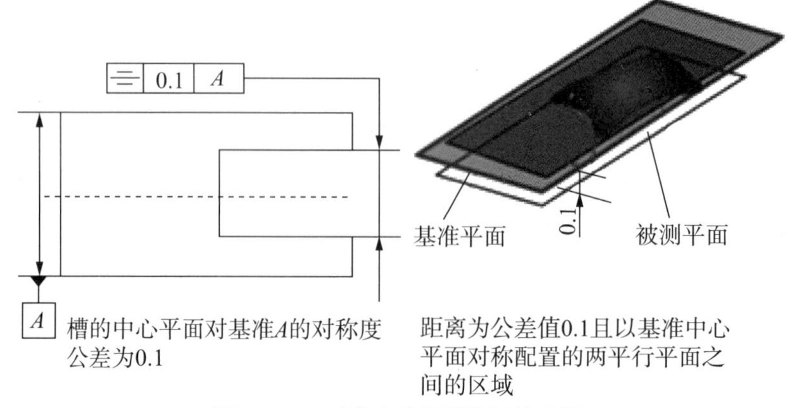

图 1－57 对称度公差带及标注示例

3. 位置度公差带

位置度用于控制被测要素（点、线、面）对基准的位置误差。位置度多用于控制孔的轴线在任意方向的位置误差。这时，孔轴线的位置度公差带是直径为公差值 t，且轴线在理想位置的圆柱面内的区域。如图 1－58 所示，理想被测要素的形状为平面，它应位于平行于基准平面 A 且至该基准平面的距离为理论正确尺寸 l 的理想位置上控制实际被测要素的变动范围。

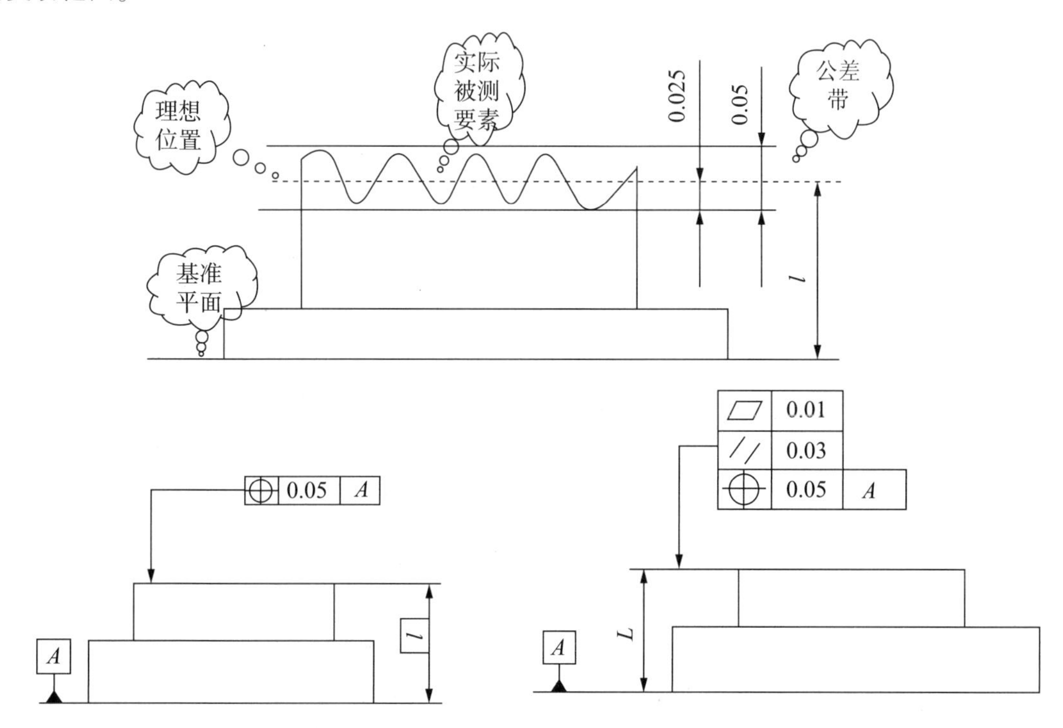

图 1－58 位置度公差带及标注示例 图 1－59 位置公差和方向公差、形状公差同时标注示例

对某一被测要素给出位置公差后，仅在对其方向精度或（和）形状精度有进一步要求时，才另行给出方向公差或（和）形状公差，而方向公差值必须小于位置公差值，形状公差值必须小于方向公差值，如图 1－59 所示。

1.4.12 跳动公差带

跳动公差用来控制跳动，是以特定的检测方式为依据的公差项目，包括圆跳动公差和全跳动公差。跳动公差是关联实际要素绕基准轴线回转一周或几周时所允许的最大跳动量。跳动公差带相对于基准轴线有确定的位置，可以综合控制被测要素的位置、方向和形状。

1. 圆跳动公差带

（1）径向圆跳动公差带。径向圆跳动公差带是在垂直于基准轴线的任意一个测量平面内半径差为公差值 t，且圆心在基准轴线上的两同心圆。如图 1－60（a）所示。如图 1－60（b）所示，ϕd 圆柱面绕基准轴线作无轴向移动回转时，在任意一个测量平面内的径向跳动量不得大于公差值 0.1 mm。

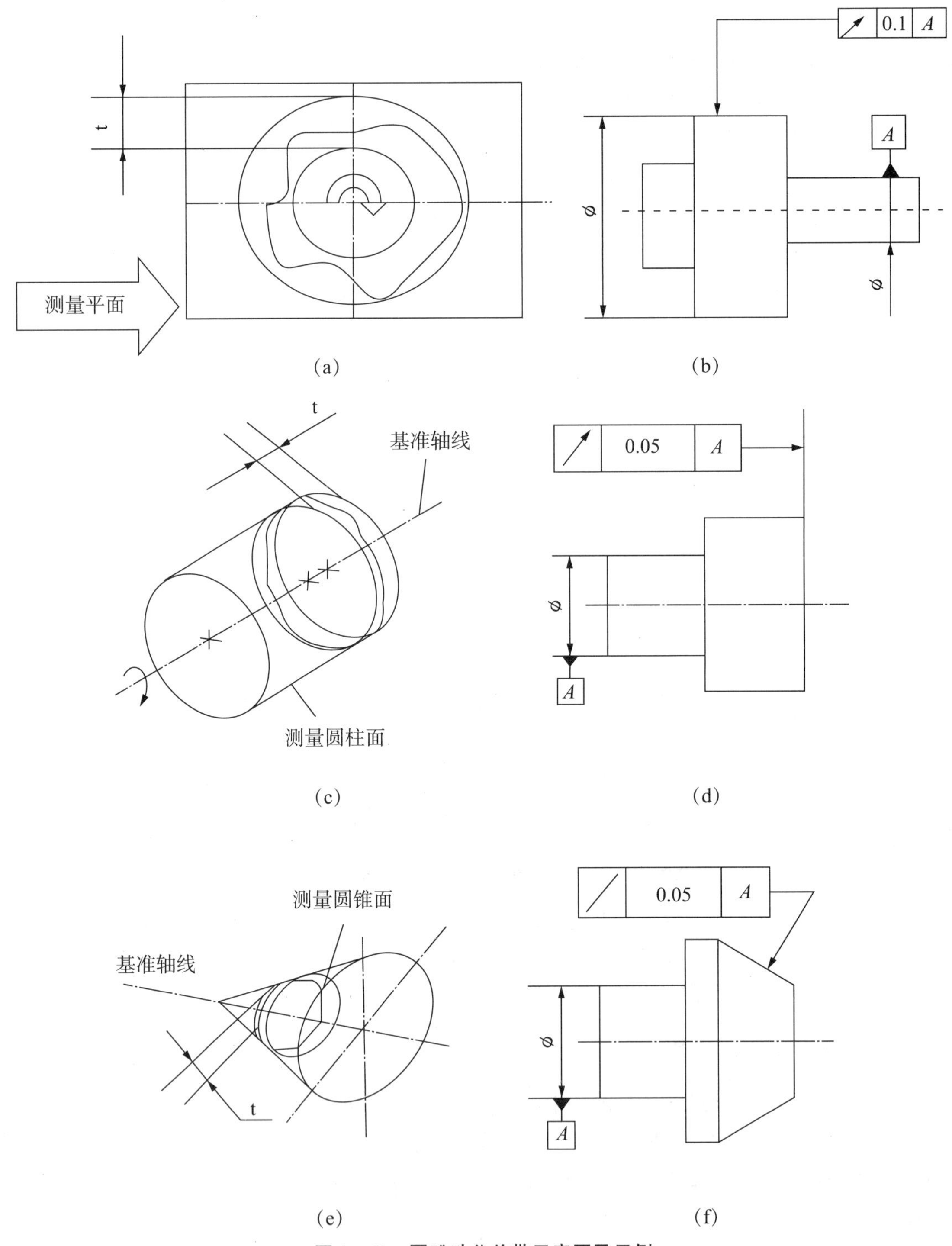

图 1-60　圆跳动公差带示意图及示例

（a）径向圆跳动公差带示意图；（b）径向圆跳动公差带示例；（c）端面圆跳动公差带示意图；（d）端面圆跳动公差带示例；（e）斜向圆跳动公差带示意图；（f）斜向圆跳动公差带示例

（2）端面圆跳动公差带。端面圆跳动公差带是在以基准轴线为轴线的任一直径的测量圆柱面上、沿其母线方向宽度为圆跳动公差值 t 的圆柱面区域，如图 1-60（c）所示。如

图1－60（d）所示，右端面的实际轮廓必须位于圆心在基准轴线 A 上的、沿母线方向宽度为0.05的圆柱面区域内。

（3）斜向圆跳动公差带。斜向圆跳动公差带是在以基准轴线为轴线的任一测量圆锥面上、沿其母线方向宽度为圆跳动公差值 t 的圆锥面区域，如图1－60（e）所示。如图1－60（f）所示，被测圆锥面的实际轮廓必须位于圆心在基准轴线上、沿测量圆锥面素线方向宽度为0.05的圆锥面内。

2. 全跳动公差带

全跳动公差是指关联实际被测要素相对于理想回转面所允许的变动全量。当理想回转面是以基准轴线为轴线的圆柱面时，称为径向全跳动；当理想回转面是与基准轴线垂直的平面时，称为端面全跳动。

（1）径向全跳动公差带。径向全跳动公差带是半径差为公差值 t、以基准轴线为轴线的两同轴圆柱面内的区域，如图1－61（a）所示。如图1－61（b）所示，轴的实际轮廓必须位于半径差为0.2、以公共基准轴线 $A—B$ 为轴线的两同轴圆柱面的区域内。

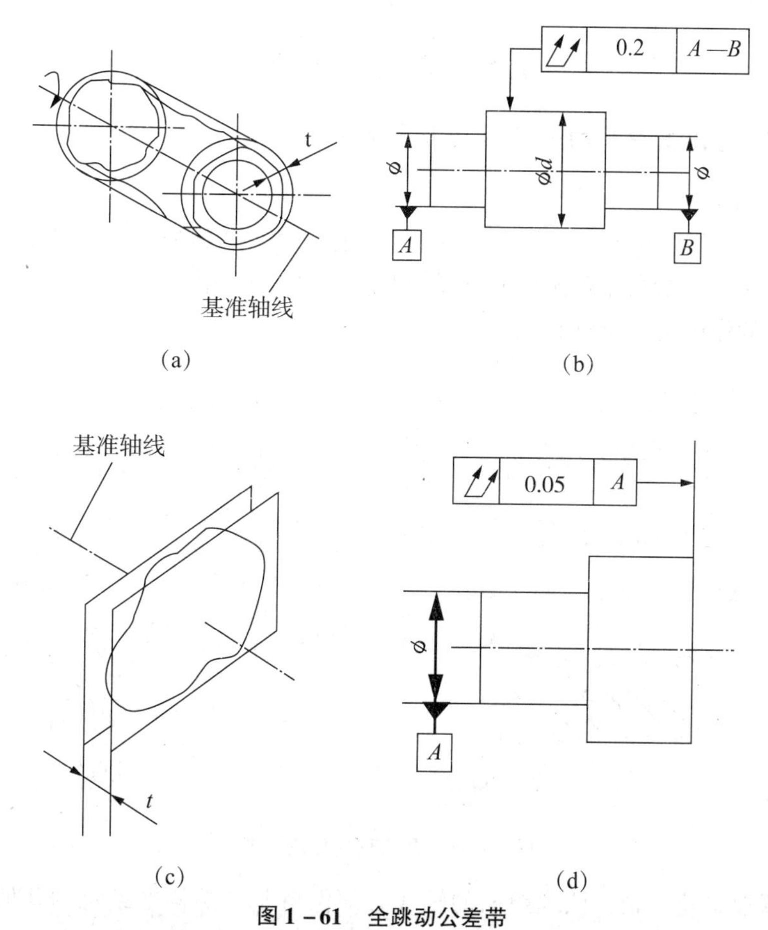

图1－61　全跳动公差带

（a）径向全跳动公差带示意图；（b）径向全跳动公差带示例；
（c）端面全跳动公差带示意图；（d）端面全跳动公差带示例

（2）端面全跳动公差带。端面全跳动公差带是距离为全跳动公差值 t、且与基准轴线垂直的两平行平面之间的区域，如图1－61（c）所示。如图1－61（d）所示，右端面的实际轮廓必须位于距离为0.05、垂直于基准轴线 A 的两平行平面的区域内。

采用跳动公差时，若综合控制被测要素不能满足功能要求，则可进一步给出相应的形状公差（其值应小于跳动公差值）。跳动公差和形状公差同时标注示例如图 1－62 所示。

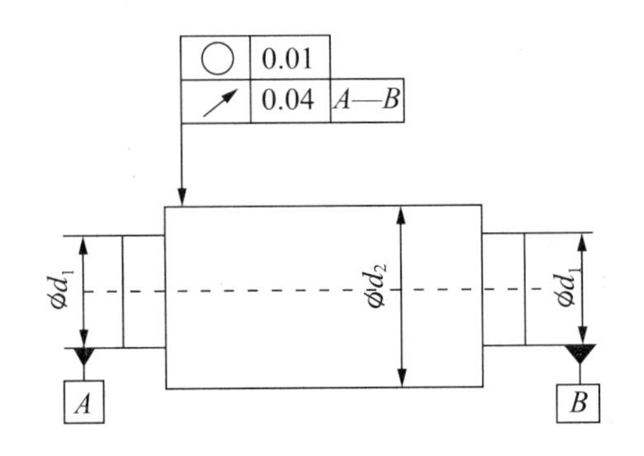

图 1－62　跳动公差和形状公差同时标注示例

1.5　公差原则

1.5.1　有关公差原则的一些术语及定义

1. 体外作用尺寸

在被测要素的给定长度上，与实际内表面（孔）体外相接的最大理想面，或与实际外表面（轴）体外相接的最小理想面的直径或宽度，称为体外作用尺寸，即通常所称的作用尺寸。孔或轴的作用尺寸如图 1－63 所示。

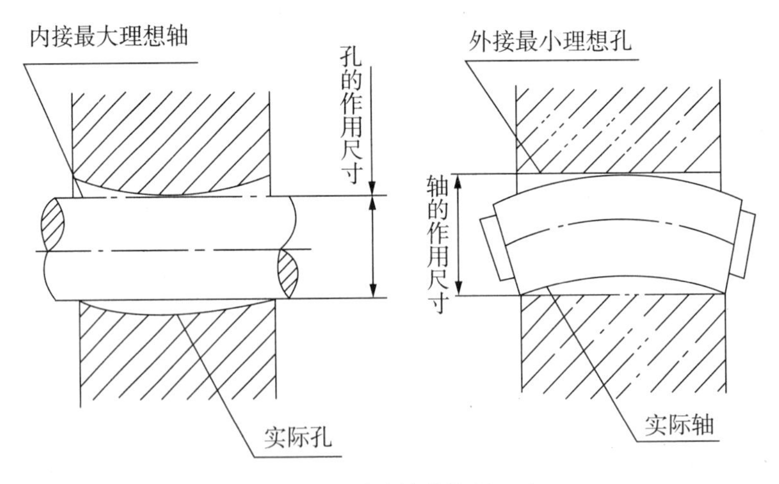

图 1－63　孔或轴的作用尺寸

对于关联要素孔、轴，该理想面的轴线必须保持基准图样上给定的几何关系。如图 1－64所示，被测轴的体外作用尺寸 d_{fe} 是指在被测轴的配合面全长上，与实际被测轴体外相接的最小理想孔 K 的直径，而该理想孔的轴线必须垂直于基准平面 G。

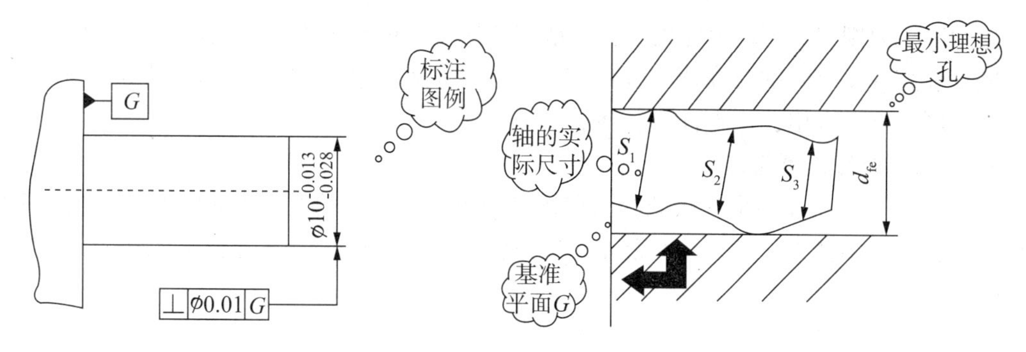

图1－64　关联要素的作用尺寸

2. 最大实体状态和最大实体尺寸

最大实体状态MMC是指实际要素在给定长度上位于尺寸公差带内并具有实体最大的状态。实际要素在最大实体状态下的极限尺寸称为最大实体尺寸MMS。

3. 最小实体状态和最小实体尺寸

最小实体状态LMC是指实际要素在给定长度上位于尺寸公差带内并具有实体最小的状态。实际要素在最小实体状态下的极限尺寸称为最小实体尺寸LMC。

4. 最大实体实效状态和最大实体实效尺寸

单一要素的最大实体实效尺寸计算公式：

$$d_{MV} = \text{轴的最大极限尺寸 } d_{max} + \text{带Ⓜ的形状公差值 } t$$

$$D_{MV} = \text{孔的最小极限尺寸 } D_{max} + \text{带Ⓜ的形状公差值 } t$$

关联要素的最大实体实效尺寸计算公式：

$$d_{MV} = \text{轴的最大极限尺寸 } d_{max} + \text{带Ⓜ的形状公差值 } t$$

$$D_{MV} = \text{孔的最小极限尺寸 } D_{max} + \text{带Ⓜ的形状公差值 } t$$

5. 边界

设计时为了控制被测要素的实际尺寸和形位误差的综合结果，需要对综合结果规定允许的极限，并用边界的形式表示。

当要求某要素遵守特定的边界时，该要素的实际轮廓不得超过这个特定的边界。

1.5.2　独立原则

1. 独立原则的含义和在图样上的标注方法

图样上给定的每一个尺寸和形状、位置要求均是独立的，应分别满足要求。标注时不需加注任何符号。

2. 采用独立原则时尺寸公差和形位公差的职能

（1）尺寸公差的职能。尺寸公差仅控制被测要素的实际尺寸的变动量，不控制该要素本身的形状误差。

（2）形位公差的职能。形位公差控制实际被测要素对其理想形状、方向或位置的变动量，而与该要素的实际尺寸无关。

应用独立原则时，形位公差的数值一般用通用量具测量。独立原则示例如图 1－65 所示，圆度和直线度公差的允许值与零件实际尺寸的大小无关，并且实际尺寸和圆度公差，素线直线度公差皆合格，该零件才合格。

3. 独立原则的应用范围

（1）对于尺寸公差与形位公差都需要满足要求，两者不发生联系的要素，不论两者数值的大小，均采用独立原则。尺寸公差与形位公差不发生联系时应用独立原则的示例如图 1－66 所示。

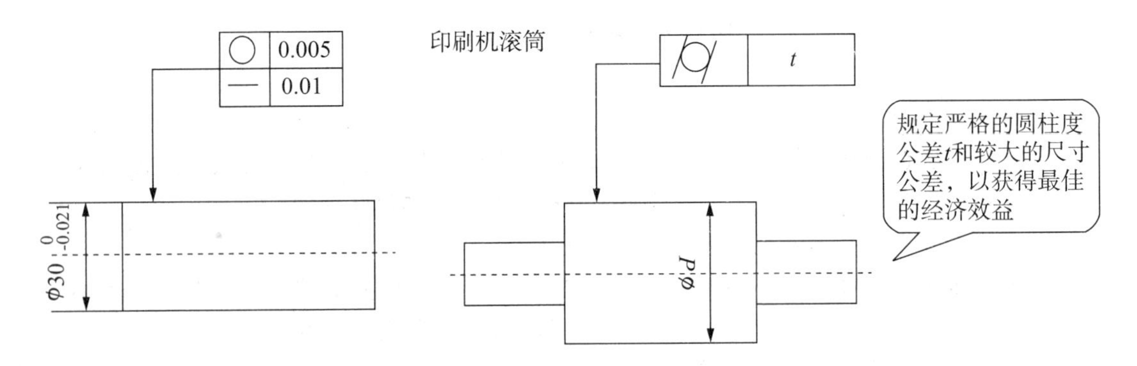

图 1－65　独立原则示例　　**图 1－66　尺寸公差与形位公差不发生联系时应用独立原则的示例**

（2）适用于尺寸精度与形位精度要求相差较大，需分别满足要求。尺寸精度与形位精度要求相差较大应用独立原则的示例如图 1－67 所示。

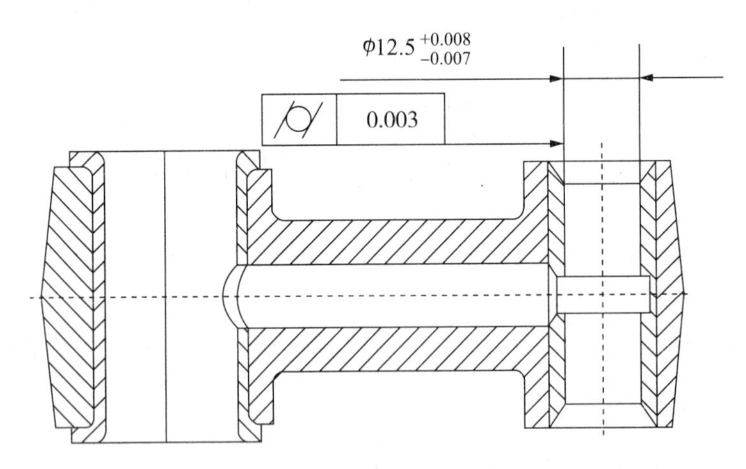

图 1－67　尺寸精度与形位精度要求相差较大应用独立原则的示例

（3）两者无联系，保证运动精度、密封性，未注公差等场合。

2.5.3　包容原则

1. 包容原则的含义和图样上的标注方法

采用包容原则时实际要素应遵守最大实体边界，其局部实际尺寸不得超过最小实体尺寸，最大实体边界示例如图 1－68 所示。

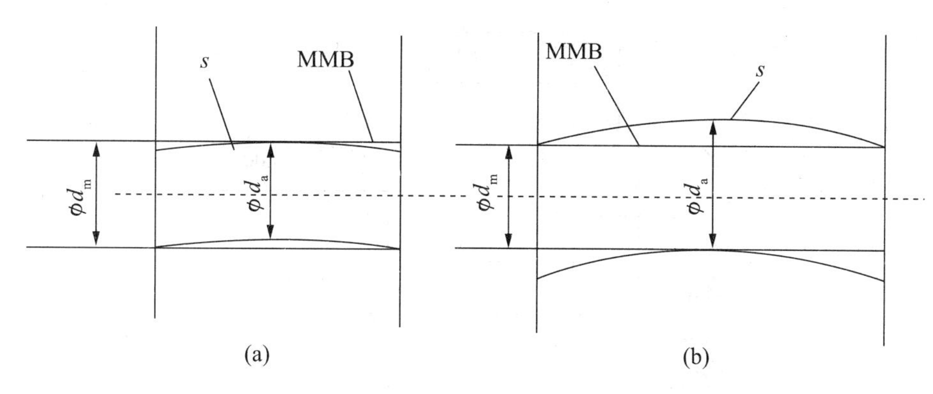

图1－68　最大实体边界示例

（a）轴承；（b）孔

2. 按包容原则标注的图样示例

按包容原则标注时，在单一要素尺寸极限偏差或公差带代号之后加注符号“Ⓔ”，按包容原则标注的图样示例如图1－69所示。

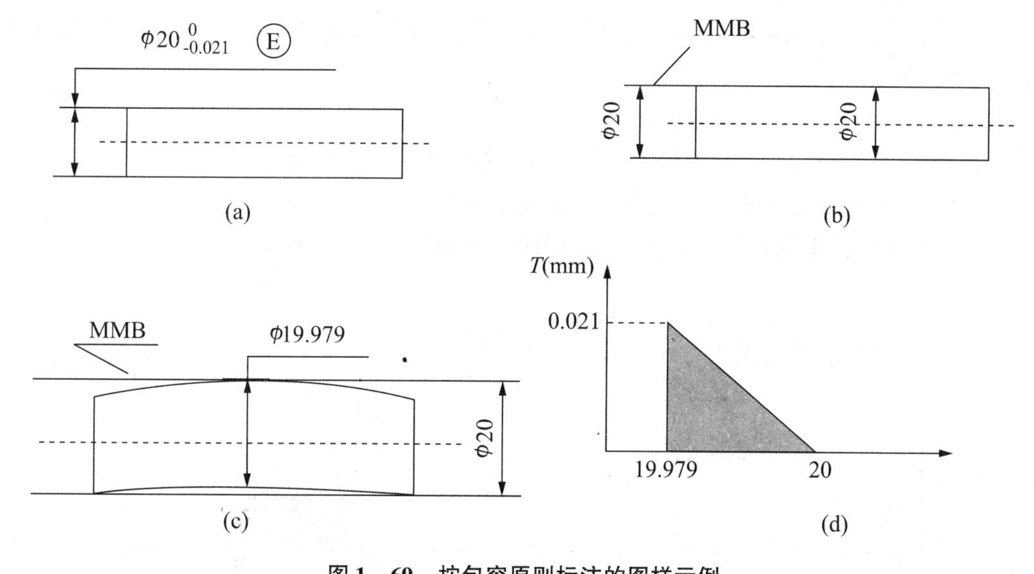

图1－69　按包容原则标注的图样示例

（a）图样标注；（b）处于最大实体状态；（c）处于最小实体状态；（d）动态公差图

3. 包容原则的应用范围

包容原则常应用于保证孔、轴的配合性质，特别是机械零件上配合性质要求严格的配合表面，常用最大实体边界保证所需要的最小间隙或最大过盈。单一要素采用包容原则并对形体精度提出更高要求的示例如图1－70所示。

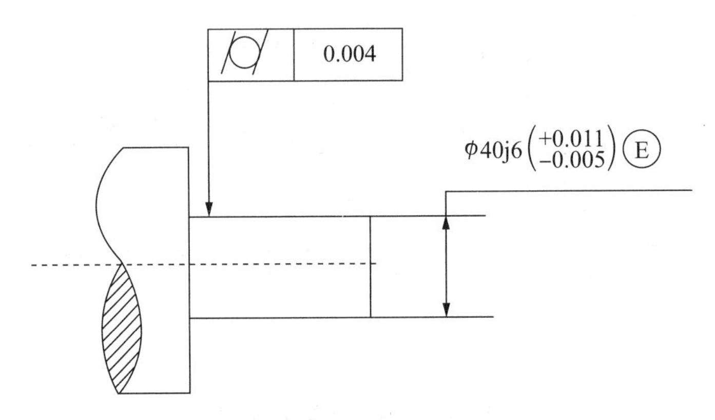

图1－70　单一要素采用包容原则并对形位精度提出更高要求的示例

1.5.4　最大实体要求

最大实体要求是指控制被测要素的实际轮廓处于其最大实体实效边界之内的一种公差要求。当其实际尺寸偏离最大实体尺寸时，允许其形位误差值超出其给出的公差值，即形位误差值能得到补偿。

1. 最大实体要求应用于被测要素

（1）最大实体要求应用于被测要素的含义和在图样上的标注方法。应用于被测要素时，在被测要素形位公差框格中的公差值后标注符号Ⓜ。

（2）被测要素按最大实体要求标注的图样示例如图 1－71 所示。

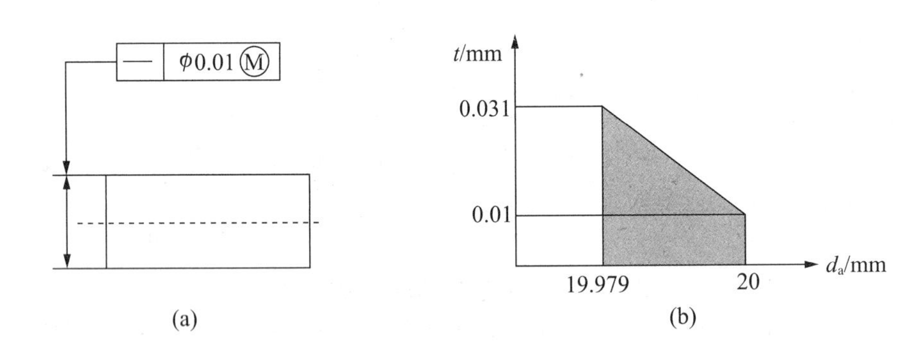

图1－71　按最大实体要求标注的图样示例

轴的最大实体实效尺寸为：

$$d_{MV} = d_{max} + \text{带Ⓜ的轴线直线度公差值}$$

（3）最大实体要求的零形位公差。被测要素的最大实体实效边界就是最大实体边界，其最大实体实效尺寸等于最大实体尺寸。最大实体要求的零形位公差示例如图 1－72 所示。

2. 最大实体要求应用于基准要素

基准本身采用最大实体要求时，其相应的边界为最大实体实效边界。此时，基准代号应直接标注在形成该最大实体实效边界的形位公差框格下面。

基准本身不采用最大实体要求时，其相应的边界为最大实体边界。此时，基准代号应标注在基准的尺寸线处，其连线与尺寸线对齐，最大实体要求应用于基准要素时标注示例如图 1－73 所示。

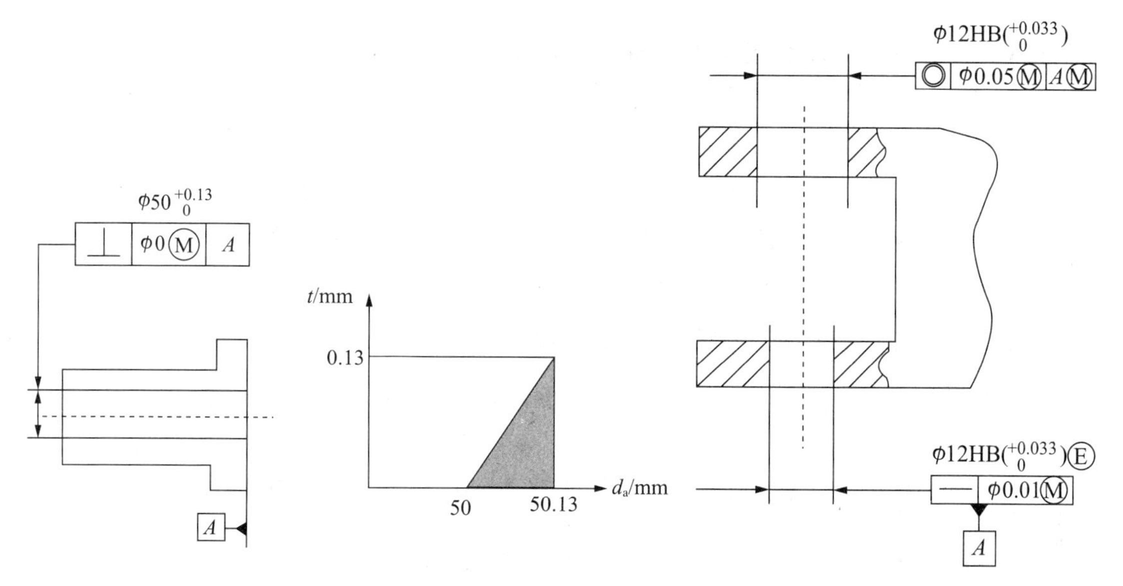

图 1－72　最大实体要求的零形位公差示例

图 1－73　最大实体要求应用于基准要素时标注示例

（1）基准要素遵守相应的边界标注示例如图 1－74 所示。

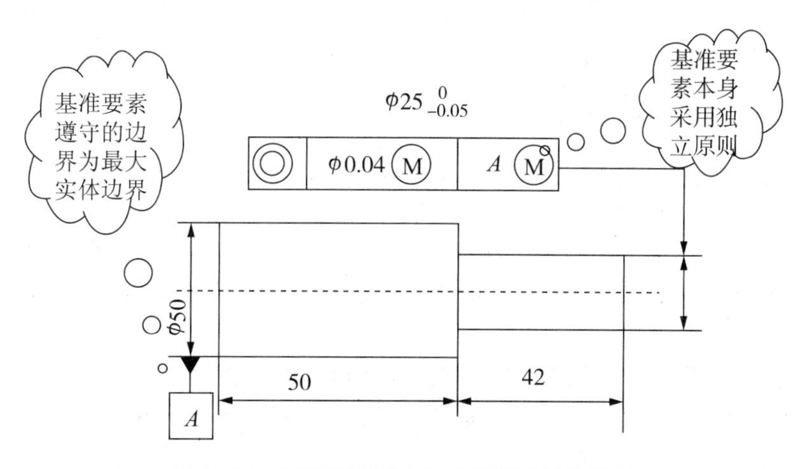

图 1－74　基准要素遵守相应的边界标注示例

（2）在一定的条件下，允许基准要素尺寸公差补偿被测要素位置公差。当基准要素的实际轮廓处于基准要素遵守的边界上时，实际基准要素的体外作用尺寸等于基准要素遵守的边界尺寸。

1.6 形位公差的选择

1.6.1 形位公差特征项目及基准要素的选择

形位公差特征项目及基准要素的选择，应充分发挥综合控制项目的职能，以减少图样上给出的形位公差项目及相应的形位误差检测项目。在满足功能要求的前提下，应选用测量简便的项目。例如，同轴度公差常常用径向圆跳动公差或径向全跳动公差代替。不过应注意，径向圆跳动公差是同轴度误差与圆柱面形状误差的综合，故代替时，给出的圆跳动公差值应略大于同轴度公差值，否则就会要求过严。

1.6.2 形位公差原则和形位公差要求的选择

形位公差原则和形位公差要求的选择应根据被测要素的功能要求，充分发挥公差的职能和采取该公差原则的可行性、经济性。

（1）独立原则：用于尺寸精度与形位精度要求相差较大，需分别满足要求，或两者无联系，保证运动精度、密封性，未注公差等场合。

（2）包容要求：主要用于需要严格保证配合性质的场合。

（3）最大实体要求：用于中心要素，一般用于配件要求为可装配性（无配合性质要求）的场合。

（4）最小实体要求：主要用于需要保证零件强度和最小壁厚等场合。

（5）可逆要求：与最大（最小）实体要求联用，能充分利用公差带，扩大了被测要素实际尺寸的范围，提高了效益。在不影响使用性能的前提下可以选用。

1.6.3 形位公差值的选择

形位公差值的选择，总的原则是在满足零件功能的前提下，选取最经济的公差值。

（1）根据零件的功能要求，考虑加工的经济性和零件的结构、刚性，确定要素的公差值，并考虑以下因素：同一要素给出的形状公差应小于位置公差值；圆柱形零件的形状公差值（轴线的直线度除外）应小于其尺寸公差值；平行度公差值应小于其相应的距离公差值。

（2）对于以下情况，考虑到加工的难易程度和除主参数以外的其他因素的影响，在满足零件功能的要求下，适当降低1~2级选用，如孔相对于轴要降低1~2级。

1.6.4 形位未注公差值的规定

为简化制图，对一般机床加工就能保证的形位精度，不必在图样上注出形位公差，形位未注公差按以下规定执行。

（1）未注直线度、垂直度、对称度和圆跳动各规定了H、K、L三个公差等级，在标题栏或技术要求中注出标准及等级代号，如“GB/T 1184—K”。

（2）未注圆度公差值等于直径公差值，但不得大于径向跳动的未注公差。

（3）未注圆柱度公差不做规定，由构成圆柱度的圆度、直线度和相应线的平行度的公差控制。

（4）未注平行度公差值等于尺寸公差值或直线度和平面度公差值中较大者。

(5) 未注同轴度公差值未做规定，可与径向圆跳动公差相等。

(6) 未注线轮廓度、面轮廓度、倾斜度、位置度和全跳动的公差值均由各要素的注出或未注出的尺寸或角度公差控制。

1.7 表面粗糙度的评定、标注及选用

1.7.1 表面粗糙度

无论是机械加工后的零件表面，或者是用其他方法获得的零件表面，总会存在着由较小间距和微小峰谷组成的微量高低不平的痕迹，表述这些峰谷的高低程度和间距状况的微观几何形状特性的术语称为表面粗糙度。表面粗糙度与机械零件的使用性能有着密切的关系，影响着机器的工作可靠性和使用寿命。为了提高产品质量，促进互换性生产，并与国际标准接轨，我国制定了表面粗糙度国家标准。其主要标准如下：

《产品几何技术规范（GPS） 表面结构 轮廓法 术语、定义及表面结构参数》（GB/T 3505—2009）。

《产品几何技术规范（GPS） 表面结构 轮廓法 表面粗糙度参数及其数值》（GB/T 1031—2009）。

《产品几何技术规范（GPS） 技术产品文件中表面结构的表示法》（GB/T 131—2006）。

本章主要对以上三个标准的基本内容加以介绍。

1. 表面粗糙度的概念

表面粗糙度是指加工表面具有的较小间距和微小峰谷的不平度。

表面粗糙度反映的是零件被加工表面上的微观几何形状误差。表面粗糙度产生的原因主要是由加工过程中刀具和零件表面间的摩擦、切屑分离时表面金属层的塑性变形及工艺系统的高频振动等原因形成的。表面粗糙度不同于由机床几何精度方面的误差引起的表面宏观几何形状误差，也不同于在加工过程中由机床—刀具—工件系统的振动、发热和运动不平衡等因素引起的介于宏观和微观几何形状误差之间的表面波度。

表面粗糙度与形状误差（宏观的误差）和表面波纹度是有区别的。表面粗糙度是一种微观几何形状误差，又称微观不平度。目前，还没有划分以上三种误差的统一标准。通常可按波形起伏间距和幅度 h 的比值来划分（图 1－75），小于 1 mm 的属于表面粗糙度，波距在 1～10 mm 的属于表面波纹度，波距大于 10 mm 的属于形状误差。

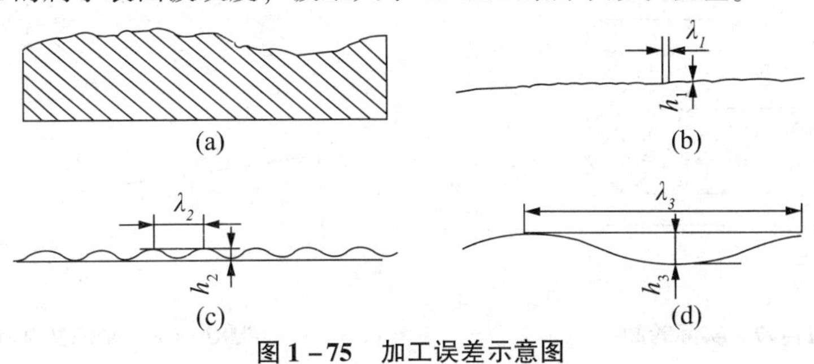

图 1－75 加工误差示意图

(a) 表面实际轮廓；(b) 表面粗糙度；(c) 表面波纹；(d) 形状误差

2. 表面粗糙度对零件使用性能的影响

（1）对摩擦和磨损的影响。具有微观几何形状误差的表面只能在轮廓的峰顶发生接触，零件接触表面，如图1-76所示。一般地说，表面越粗糙，则摩擦阻力越大，零件磨损也越快。

（2）对配合性质的影响。表面微观几何形状误差会影响配合性质的稳定性。对有相对运动要求的间隙配合，由于凸峰被磨去，间隙就增大。如果表面过于粗糙，引起间隙增大过多，就会破坏原有的配合性质。对于具有连接强度要求的过盈配合，由于在压入装配时把表面的凸峰挤平，减小了实际过盈量，从而降低了连接强度。

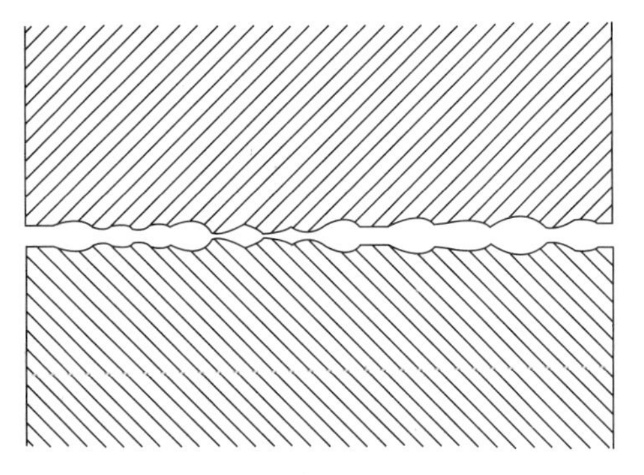
图1-76 零件接触表面

（3）对接触刚度的影响。表面越粗糙，受力后的局部变形越大，接触刚度越低。

（4）对疲劳强度的影响。零件越粗糙，对应力集中越敏感。当零件承受交变载荷时，由于应力集中的影响，其疲劳强度会降低。所以对于承受交变载荷的零件，若提高其表面粗糙度，则可提高其疲劳强度，从而可以相应减小零件的尺寸和重量。

（5）对抗腐蚀性能的影响。表面越粗糙，则积聚在零件表面上的腐蚀性气体或液体也越多，且通过表面的微观凹谷向零件表面层渗透，使腐蚀加剧。因此提高表面粗糙度可以增强其抗腐蚀能力。

（6）对结合密封性的影响。粗糙的表面，由于两表面在局部点上接触，中间有缝隙，影响密封性。因此，提高表面粗糙度，可提高其密封性。

此外，表面粗糙度还影响测量精度、零件外形的美观等。

1.7.2 表面粗糙度的评定

1. 实际轮廓

平面与实际表面相交所得的轮廓线，如图1-77所示。按照相截方向的不同，它又可分为横向实际轮廓和纵向实际轮廓，横向实际轮廓，如图1-78所示。

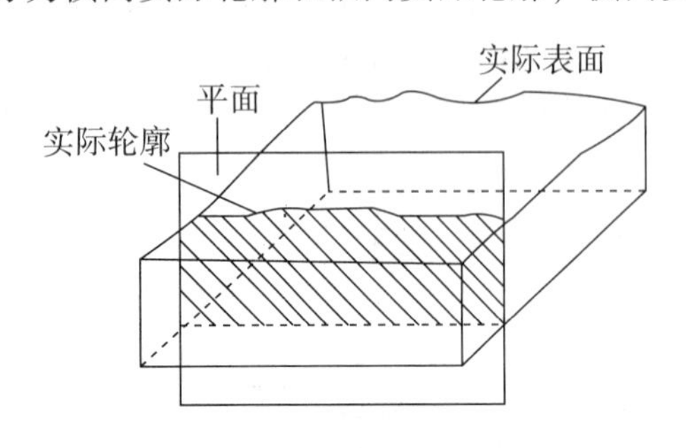

图1-77 实际轮廓

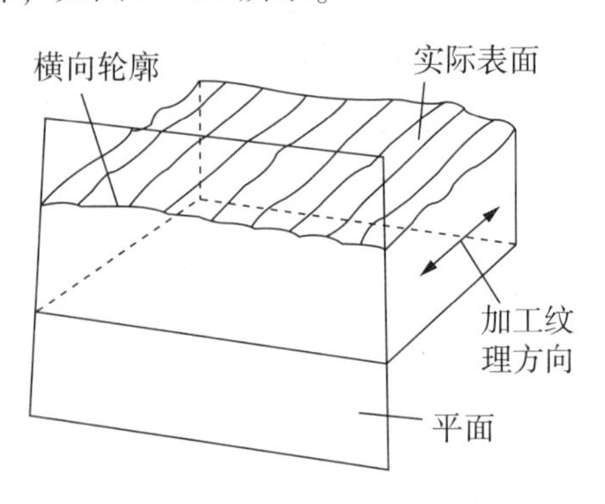

图1-78 横向实际轮廓

2. 取样长度（l_r）

测量和评定表面粗糙度时，为了减少波纹度、形状误差对测量结果的影响，应把测量限制在一段足够短的长度上，这段规定的基准长度，称为取样长度，用来判别具有表面粗糙度特征的一段基准线长度，如图 1－79 所示。取样长度应与表面粗糙度的要求相适，在取样长度范围内，一般应包含 5 个以上的轮廓峰和轮廓谷。目的是限制和减弱几何形状误差对表面粗糙度测量结果的影响。一般表面越粗糙，取样长度应越长。

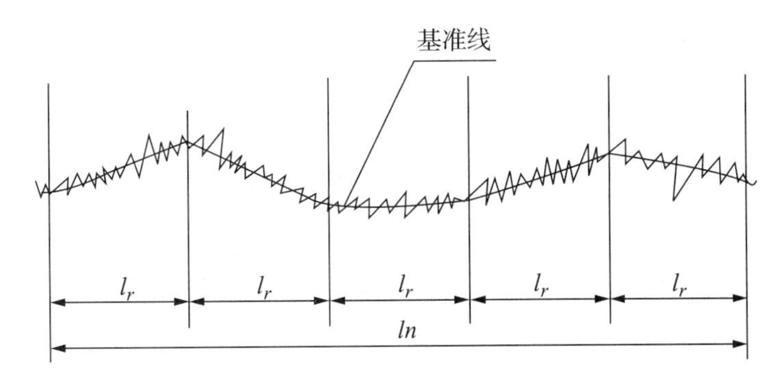

图 1－79　取样长度和评定长度

国家标准规定的取样长度 l_r 和评定长度 Ln 的标准选用值见表 1－13。

表 1－13　取样长度 l_r 和评定长度 l_n 的标准选用值

Ra/m	Rz/m	取样长度 l_r/mm	评定长度/$l_n=5l_r$/mm
≥0.008～0.02	≥0.025～0.10	0.08	0.4
>0.02～0.1	>0.10～0.50	0.25	1.25
>0.1～2.0	>0.50～10.0	0.8	4.0
>2.0～10.0	>10.0～50	2.5	12.5
>10.0～80.0	>50～320	8.0	40.0

3. 评定长度（l_n）

由于零件表面微小峰谷特征存在不均匀性，只在一个取样长度上评定往往不能合理反映被测表面粗糙度，因此在几个取样长度上分别测量，取其平均值作为测量结果较为合理。评定长度是指评定表面粗糙度所必需的一段长度，用符号 l_n 表示。评定表面粗糙度时所必需的一段长度。

$$l_n=5l_r$$

国家标准推荐的 $l_n=5l_r$ 见表 2－13。

4. 评定表面粗糙度的基准线

评定表面粗糙度的基准线是用以评定表面粗糙度参数值大小的一条参考线。基准线有以下两种。

（1）轮廓的算术平均中线：在取样长度范围内，划分实际轮廓为上下两部分，且使上下两部分面积相等的线（图 1－80），即 $F_1+F_2+\cdots+F_n=F_1+F_2+\cdots+F_m$。用算术平均方法确定中线是一种近似的图解法，较为简便，因而得到广泛的应用。

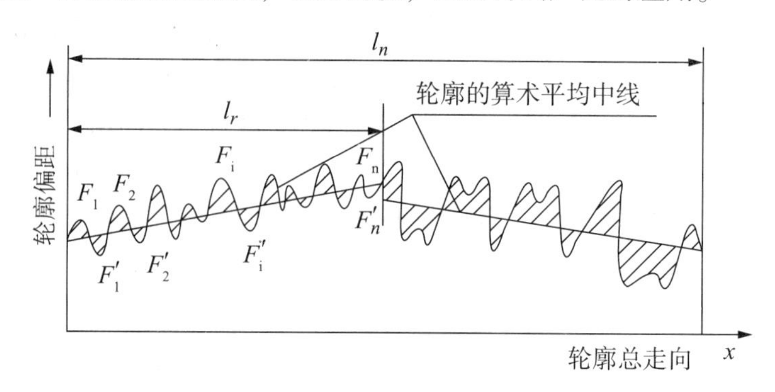

图 1－80　轮廓的算术平均中线

（2）轮廓最小二乘中线：具有几何轮廓形状并划分轮廓的基准线，在取样长度内使轮廓线上各点的轮廓偏距 y_i 的平方和为最小。用最小二乘方法确定的中线是唯一的，但比较费事。

5. 表面加工纹理

机械加工后的工件表面，其加工痕迹（即纹理）通常呈现方向性，这种微观结构的主要方向，称为表面纹理方向。

6. 轮廓峰顶线和轮廓谷底线

轮廓峰顶线和轮廓谷底线是指在取样长度内，平行于基准线并通过轮廓最高点的线；而轮廓谷底线是指在取样长度内，平行于基准线并通过轮廓最低点的线，轮廓峰顶线和轮廓谷底线，如图 1－81 所示。

7. 轮廓单元、轮廓单元高度和轮廓单元宽度

轮廓单元是一个轮廓峰和其相邻的轮廓谷的组合。如图 1－82 所示。

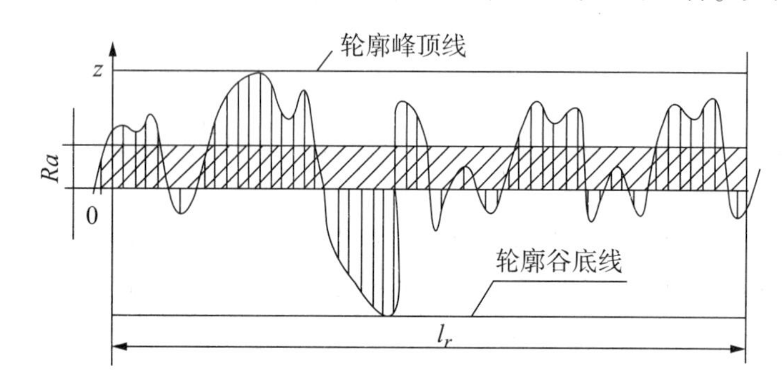

图 1－81　轮廓峰顶线和轮廓谷底线

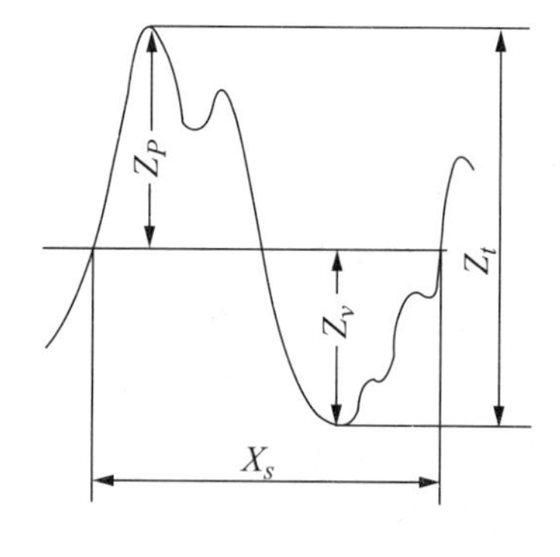

图 1－82　轮廓单元

轮廓单元高度是指一个轮廓单元的峰高和谷深之和，而轮廓单元与中线相交的线段长度称为轮廓单元宽度。

8. 轮廓峰高

轮廓最高点距中线的距离称轮廓峰高（Z_p）。

9. 最大轮廓谷深

轮廓最低点距中线的距离称最大轮廓谷深（Z_v）。

1.7.3 表面粗糙度的评定参数

1. 轮廓算术平均偏差 Ra

在取样长度内，被测表面轮廓上各点至基准线距离 y_i 的绝对值的平均值，如图 1－83 所示。Ra 能客观地反映表面微观几何形状的特征。Ra 的数学表达式如下：

$$Ra = \frac{1}{l}\int_{o}^{l} |y(x)| dx$$

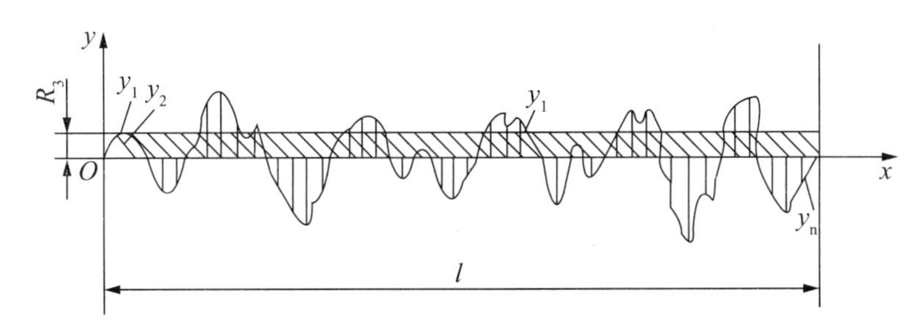

图 1－83 轮廓算术平均偏差

测得的 Ra 值越大，则表面越粗糙。参数能反映表面微观几何形状高度方面的特征，一般用电动轮廓仪进行测量，因此是普遍采用的评定参数。

2. 轮廓最大高度 Rz

在取样长度内，最大轮廓峰高 Z_p 和最大轮廓谷深 Z_v 之和的高度（$Rz = Z_p + Z_v$），如图 2－84 所示。

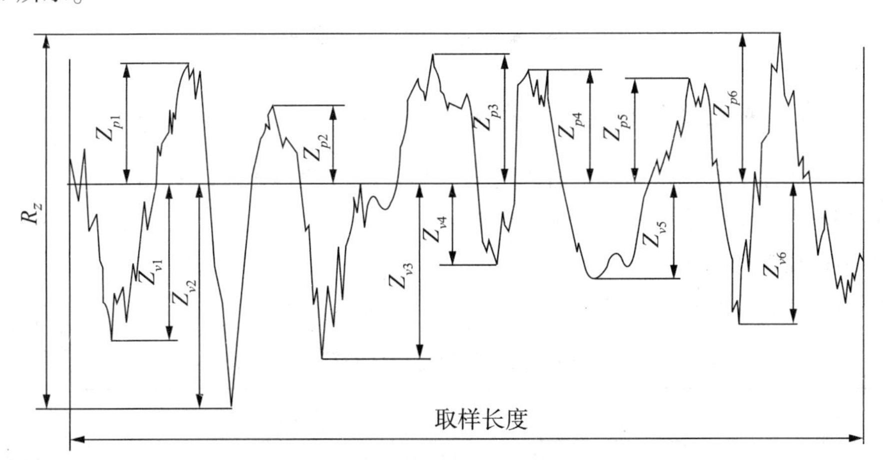

图 1－84 轮廓最大高度 Rz

Rz 常用于不允许有较深加工痕迹如受交变应力的表面，或因表面很小不宜采用 Ra 时用 Rz 评定的表面。Rz 只能反映表面轮廓的最大高度，不能反映微观几何形状特征。Rz 常与 Ra 联用。

3. 轮廓单元平均高度 Rc

在取样长度内，轮廓单元高度 Zt 的平均值称为轮廓单元平均高度 Rc，如图 1－85 所示（Rc 参数现在已经不用了，只是了解一下）。

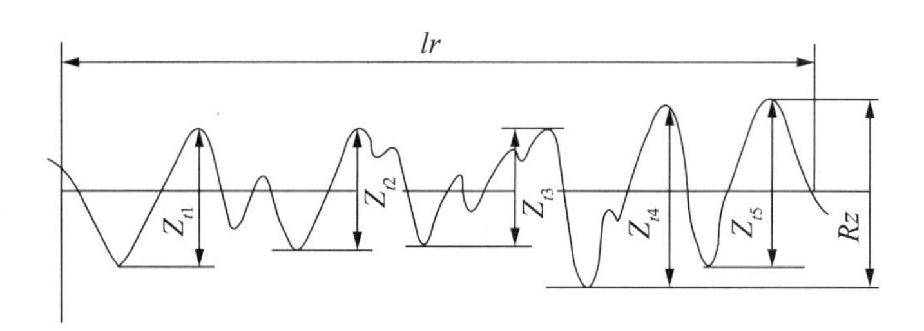

图 1－85　轮廓单元平均高度

4. 轮廓单元的平均宽度 *Rsm*

轮廓单元是轮廓峰与轮廓谷的组合，轮廓单元的平均宽度是指在一个取样长度内，轮廓单元宽度 X_s 的平均值，如图 1－86 所示。*Rsm* 的数学表达式如下：

$$Rsm = \frac{1}{m}\sum_{i=1}^{n} X_{si}$$

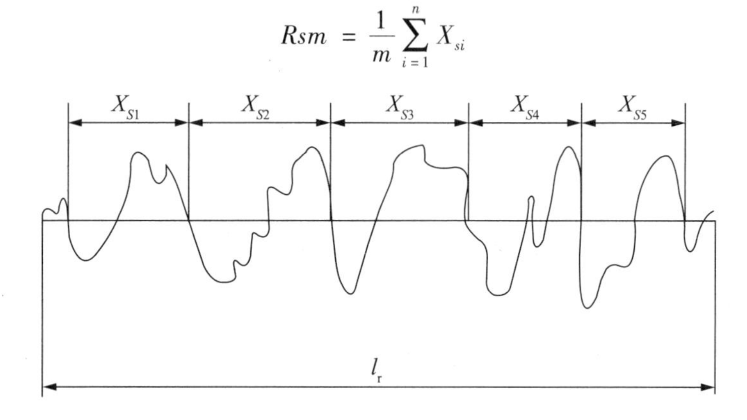

图 1－86　轮廓单元的平均宽度 Rsm

1.7.4　表面粗糙度的符号、代号及其标注法

表面粗糙度的评定参数及其数值确定后，须在零件图上正确地标出（图样上所标注的表面粗糙度符号、代号是该表面完工后的要求）。

1. 表面粗糙度的符号

在国标中规定了表面粗糙度的符号，见表 1－14。

表 1－14　表面粗糙度的符号

符号	意义及说明
	基本符号，表示表面可用任何方法获得。当不加注粗糙度参数值或有关说明（例如：表面处理、局部热处理状况等）时，仅适用于简化代号标注
	基本符号加一短线，表示表面是用去除材料的方法获得。例如：车、铣、钻、磨、剪切、抛光、腐蚀、电火花加工、气割等
	基本符号加一小圆，表示表面是用不去除材料的方法获得。例如：铸、锻、模压等

续表

符号	意义及说明
	在基本符号的长边上均可加一横线，用于标注有关参数和说明
	在基本符号的长边与横线的拐角处均可加一小圆，表示所有表面具有相同的表面粗糙度要求

2. 表面粗糙度的代号

在表面粗糙度符号周围，注写出对零件表面的要求（如粗糙度参数允许值、取样长度、加工方法、加工纹理方向、加工余量等）后就组成了表面粗糙度代号。它代表完工后的零件表面所达到的表面质量，体现零件在机械设备中的功能要求。

（1）表面粗糙度代号及各项技术要求的标注位置。表面粗糙度代号及各项技术要求的标注位置，如图 1－87 所示。

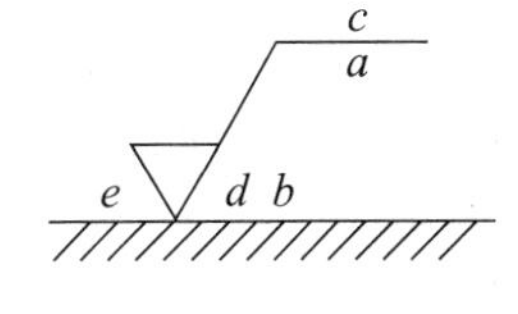

图 1－87　表面粗糙度代号

位置 *a*—依次注写上、下极限符号，传输带数值，幅度参数符号，评定长度值，极限判断规则，幅度参数极限值（μm）。

位置 *b*—注写附加评定参数符号及数值，表面粗糙度代号 *Rsm* 参数（mm）。

位置 *c*—注写加工方法、表面处理、涂层或其他加工工艺要求等。

位置 *d*—注写表面纹理和方向符号，如“＝”、“*X*”、“*M*”等。

位置 *e*—注写加工余量（mm）。

为了明确表面粗糙度要求，在完整图形符号周围除了标注粗糙度参数及数值外，必要时还要标注补充要求，构成表面粗糙度代号。补充要求包括传输带、取样长度、加工工艺、表面纹理及方向、加工余量等。

（2）表面粗糙度幅度参数极限值的标注。国家标准规定了标注粗糙度幅度参数的两种情况。一是标注单向极限，即极限值中的一个且默认是上极限值，如图 2－88（a）所示。二是标注双向极限，即同时标注粗糙度幅度参数的上、下极限值。分两行标注幅度参数符号和上下极限值，上方一行加注上极限符号“U”，下方一行加注下极限符号“L”，如图 1－88（b）所示。

图 1－88　表面粗糙度的单向极限和双向极限标注

（3）表面粗糙度要求的极限值及极限规则。16% 规则是所有表面粗糙度要求的默认规则，它是指允许表面粗糙度参数所有实测值超过规定值的个数少于总数的 16%；最大规则要求所有实测值不得超过规定值，当最大规则应用于表面粗糙度要求时，参数代号后须加注“max”标记。

如参数代号没注“max”，表示极限值采用默认的 16% 规则，无须标注；采用最大规则时，在参数代号中加“max”，如图 1－89 所示。

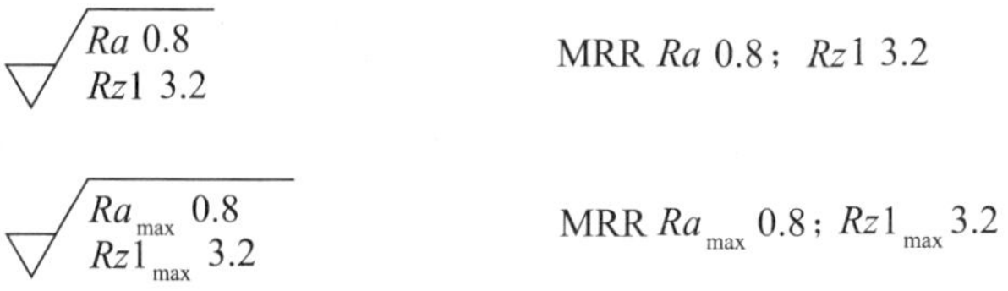

图 1－89　极限判断规则

（4）加工方法、加工纹理、加工余量等相关信息的标注。表 1－15 为带补充要求的标注；表 1－16 为不同表面粗糙度要求的表示方法示例；表 1－17 为加工纹理方向符号。

表 1－15　带补充要求的标注

符号	含　义
铣	加工方法：铣削
M	表面纹理：纹理呈多方向
3	加工余量为 3 mm

注：这里给出的加工方法、表面纹理和加工余量仅作示例。

表 1－16　不同表面粗糙度要求的表示方法示例

符号	含义/解释
Rz 0.4	表示不允许去除材料，单向上限值，默认传输带，表面粗糙度参数 Rz 的上限值为 0.4μm，评定长度为 5 个取样长度（默认），16% 规则（默认）
Rz max 0.2	表示去除材料，单向上限值，默认传输带，R 轮廓，表面粗糙度最大高度的最大值为 0.2μm，评定长度为 5 个取样长度（默认），最大规则
0.008~0.8/Ra 3.2	表示去除材料，单向上限值，传输带 0.008～0.8 mm，表面粗糙度参数 Ra 上限值为 3.2μm，评定长度为 5 个取样长度（默认），16% 规则（默认）
−0.8/Ra 3.2	表示去除材料，单向上限值，传输带：根据 GB/T 6062，取样长度为 0.8 mm（λs 默认 0.0025 mm），粗糙度 Ra 上限值为 3.2μm，评定长度包含 3 个取样长度，16% 规则（默认）
U Ra max 3.2 L Ra0.8	表示不允许去除材料，双向极限值，两极限值均使用默认传输带，粗糙度 Ra 上限值为 3.2μm，评定长度为 5 个取样长度（默认），最大规则。粗糙度 Ra 下限值为 0.8μm，评定长度为 5 个取样长度（默认），16% 规则（默认）

续表

符号	含义/解释
$\sqrt{0.002\ 5\sim0.1/Rx\ 0.2}$	表示任意加工方法，单向上极限，传输带 λs = 0.0025 mm，传输带 A = 0.1 mm，评定长度为 3.2 mm（默认），粗糙度图形参数，粗糙度图形最大深度 0.2μm，16% 规则（默认）
$\sqrt{/10/R\ 10}$	表示不允许去除材料，单向上限值，传输带 λs = 0.008 mm（默认），A = 0.5 mm（默认），评定长度为 10 mm，粗糙度图形参数，粗糙度图形平均深度为 10μm，16% 规则（默认）
$\sqrt{-0.3/6/AR\ 0.09}$	表示任意加工方法，单向上极限，传输带 λs = 0.008 mm（默认），传输带 A = 0.3 mm（默认），评定长度为 6 mm，粗糙度图形参数，粗糙度图形平均间距 0.09 mm，16% 规则（默认）

表 1-17 加工纹理方向符号

符号	说明	示意图
=	纹理平行于标注代号在视图的投影面	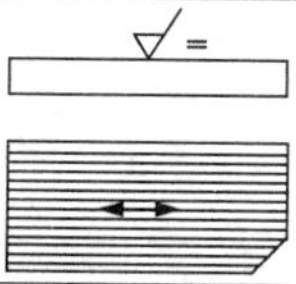 =
⊥	纹理垂直于标注代号在视图的投影面	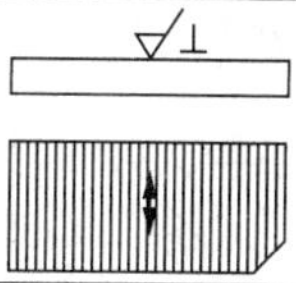 ⊥
X	纹理呈两相交的方向	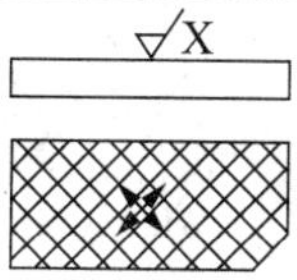 X
M	纹理呈多方向	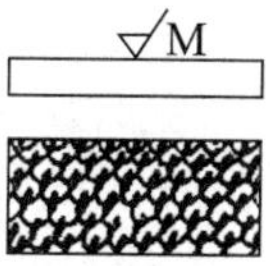 M
C	纹理呈近似同心圆	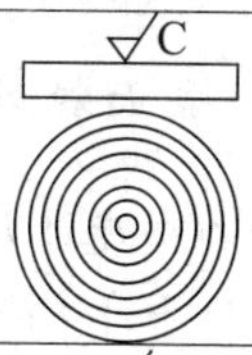 C
R	纹理呈近似放射型	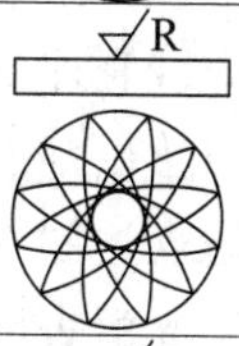 R
P	纹理无方向或呈凸起的细粒状	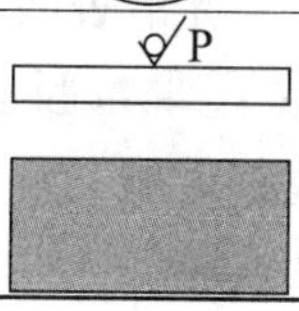 P

表面粗糙度符号及代号的书写比例和尺寸，如图 1－90 所示。

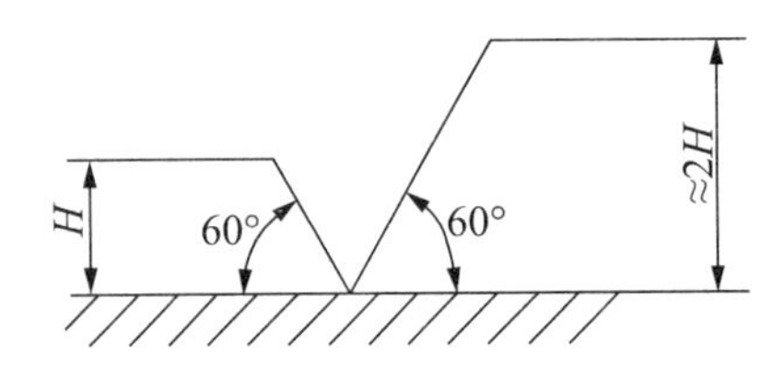

图 1－90　表面粗糙度符号及代号的书写比例和尺寸

1.7.5　表面粗糙度在图样上的标注方法

在图样上，表面粗糙度代（符）号应标注在可见轮廓线、尺寸线、尺寸界线或他们的延长线上，也可以注在指引线上。符号的尖端必须从材料外指向被注表面，代号中数字及符号的方向必须与尺寸线上的数字方向一致。表面粗糙度在图样上不同位置的标注，如图 1－91 所示。

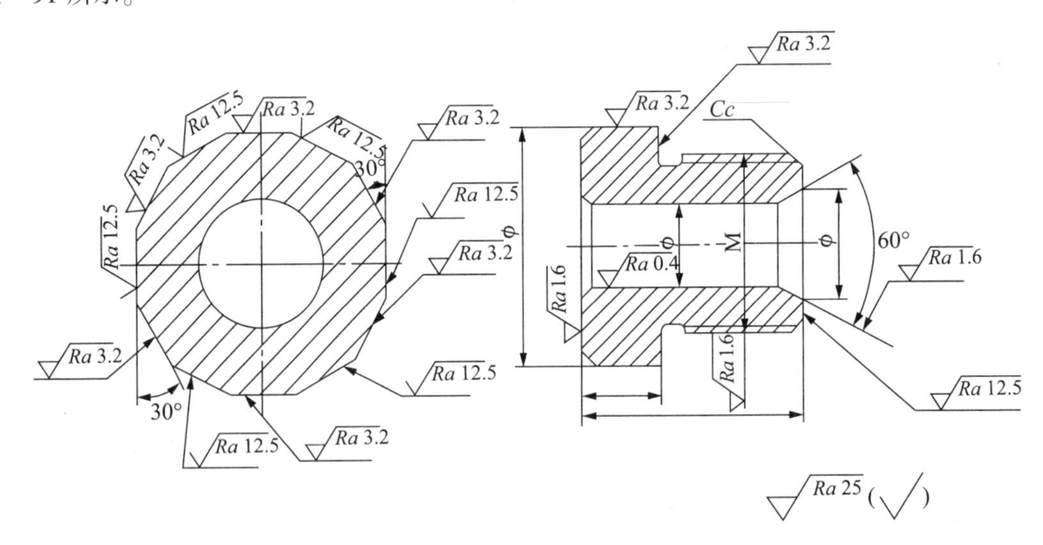

图 1－91　表面粗糙度在图样上不同位置的标注

1.7.6　表面粗糙度的选用

1. 表面粗糙度评定参数的选用

在零件设计时，应按国家标准规定的参数值系列选取表面粗糙度参数允许值。国家标准规定采用中线制评定表面粗糙度。选用粗糙度评定参数时，一般从幅度参数 *Ra*、*Rz* 中选取，通常只给出幅度参数 *Ra* 或 *Rz* 及其上限值。在常用的粗糙度参数值范固内，*Ra* 能完整、全面地表达零件表面微观几何特征，而且使用触针式电动轮廓仪测量较为容易，所以对光滑和半光滑表面，普遍选用 *Ra* 作为粗糙度评定参数。

Rz 参数不如 *Ra* 反映的表面几何特征准确，*Ra* 和 *Rz* 联用可以评定某些承受交变应力、不允许出现较大加工痕迹的表面；对于极光滑和极粗糙表面，或被测表面面积很小时，不宜使用触针式轮廓仪进行测量，可选用 *Rz* 作为评定参数。*Rz* 值可用双管显微镜、干涉显

微镜测量。

如果零件表面有功能要求，除选用上述高度特征参数外，还可选用间距特征参数作为附加的评定参数。

2. 表面粗糙度评定参数数值的选用

选用表面粗糙度总的原则是在满足零件功能要求的前提下，同时顾及经济性和加工的可能性，使参数的允许值尽可能大。设计者可参照一些经过验证的实例，用类比的方法来确定。在具体选用时，可先根据经验统计资料初步选定表面粗糙度参数值，然后再对比工作条件做适当调整。调整时应考虑以下几点。

（1）同一零件上，工作表面的粗糙度值应比非工作表面小。

（2）摩擦表面的粗糙度值应比非摩擦面小；滚动摩擦表面的粗糙度值应比滑动摩擦表面小。

（3）运动速度高、单位面积压力大的表面，受交变应力作用的重要零件的圆角、沟槽表面的粗糙度值都应该小。

（4）配合性质要求越稳定，其配合表面的粗糙度值应越小；配合性质相同时，小尺寸结合面的粗糙度值应比大尺寸结合面小；同一公差等级时，轴的粗糙度值应比孔的小。

（5）表面粗糙度参数值应与尺寸公差及形状公差相协调。

（6）尺寸精度和形状精度要求高的表面，其表面粗糙度值应小一些。

（7）要求耐腐蚀的零件表面，其表面粗糙度值应小一些。

（8）防腐性、密封性要求高、外表美观等表面的表面粗糙度值应较小。

一般来说，尺寸公差和形状公差小的表面，其粗糙度的值也应小，即尺寸公差等级高，表面粗糙度要求也高。但尺寸公差等级低的表面，其表面粗糙度要求不一定也低。如医疗器械、机床手轮等的表面，对尺寸精度要求不高，但却要求光滑。

（9）防腐性、密封性要求高，外表美观等表面粗糙度值应较小。

（10）凡有标准对表面粗糙度参数值作出具体规定的（如滚动轴承配合的轴颈和外壳孔、键槽、各级精度齿轮的主要表面等），应按标准的规定来确定。

表面粗糙度 Ra 的推荐选用值，见表 1－18，不同加工方法获得的表面粗糙度应用举例见表 1－19。

表 1－18　表面粗糙度 *Ra* 的推荐选用值

<table>
<tr><td colspan="2">应用场合</td><td colspan="7">公称尺寸/mm</td></tr>
<tr><td rowspan="6">经常拆卸零件的配合表面（如挂轮、滚刀等）</td><td rowspan="2">公差等级</td><td colspan="2">≤50</td><td colspan="2">＞50～120</td><td colspan="3">＞120～500</td></tr>
<tr><td>轴</td><td>孔</td><td>轴</td><td>孔</td><td>轴</td><td colspan="2">孔</td></tr>
<tr><td>IT5</td><td>≤0.2</td><td colspan="2">≤0.4</td><td>≤0.4</td><td>≤0.8</td><td>≤0.4</td><td>≤0.8</td></tr>
<tr><td>IT6</td><td>≤0.4</td><td colspan="2">≤0.8</td><td>≤0.8</td><td>≤1.6</td><td>≤0.8</td><td>≤1.6</td></tr>
<tr><td>IT7</td><td colspan="3">≤0.8</td><td colspan="2">≤1.6</td><td colspan="2">≤1.6</td></tr>
<tr><td>IT8</td><td>≤0.8</td><td colspan="2">≤1.6</td><td>≤1.6</td><td>≤3.2</td><td>≤1.6</td><td>≤3.2</td></tr>
</table>

续表

应用场合			公称尺寸/mm						
过盈配合	压入配合	IT5	≤0.2	≤0.4		≤0.4	≤0.8	≤0.4	≤0.8
		IT6～IT7	≤0.4	≤0.8		≤0.8	≤1.6	≤1.6	
		IT8	≤0.8	≤1.6		≤1.6	≤3.2	≤3.2	
	热装	—	≤1.6	≤3.2		≤1.6	≤3.2	≤1.6	≤3.2
精密定心零件的配合表面		IT5～IT8	径向跳动	2.5	4	6	10	16	25
			轴	≤0.05	≤0.1	≤0.1	≤0.2	≤0.4	≤0.8
			孔	≤0.1	≤0.2	≤0.2	≤0.4	≤0.8	≤1.6
滑动轴承的配合表面		公差等级	轴				孔		
		IT6～IT9	≤0.8				≤1.6		
		IT10～IT12	≤1.6				≤3.2		
		液体湿摩擦	≤0.4				≤0.8		
圆锥结合的工作面			密封结合		对中结合		其他		
			≤0.4		≤1.6		≤6.3		
密封材料处的孔、轴表面		密封形式	速度/（m/s）						
			≤3		3～5		≥5		
		橡胶圈密封	0.8～1.6（抛光）		0.4～0.8（抛光）		0.2～0.4（抛光）		
		毛毡密封	0.8～1.6（抛光）						
		迷宫式	3.2～6.3（抛光）						
		涂油槽式	3.2～6.3（抛光）						
V带和平带轮工作面			带轮直径/mm						
			≤120		>120～315		>315		
			1.6		3.2		6.3		
箱体分界面（减速器）		类型	有垫片		无垫片				
		需要密封	3.2～6.3		0.8～1.6				
		不需要密封	6.3～12.5						

表 1－19 不同加工方法获得的表面粗糙度应用举例

表面微观特性		*Ra*	*Rz*	加工方法	应用举例
粗糙表面	可见刀痕	>20～40	>80～160	粗车、粗刨、粗铣、钻、毛锉、锯断	半成品粗加工过的表面、非配合的加工表面，如轴端面、倒角、钻孔、齿轮、带轮侧面、键槽底面、垫圈接触面等
	微见刀痕	>10～20	>40～60		
半光表面	微见加工痕迹	>5～10	>20～40	车、刨、铣、镗、钻、粗铰	轴上不安装轴承、齿轮处的非配合表面，紧固件的自由装配表面，轴和孔的退刀槽等
	微见加工痕迹	>2.5～5	>10～20	车、刨、铣、镗、磨、拉、粗刮、滚压	半精加工表面，箱体、支架、盖面、套筒等和其他零件接合而无配合要求的表面，需要法兰的表面等
	看不清加工痕迹	>1.25～2.5	>6.3～10	车、刨、铣、镗、磨、拉、刮、压、铣齿	接近于精加工表面，箱体上安装轴承的镗孔表面，齿轮的工作表面
光表面	可辨加工痕迹方向	>0.63～1.25	>3.2～6.3	车、镗、磨、拉、刮、精铰、磨齿、滚压	圆柱销、圆锥销、与滚动轴承配合的表面，卧式车床导轨面，内、外花键定心表面等
	微辨加工痕迹方向	>0.32～0.63	>1.6～3.2	精铰、精镗、磨、刮、滚压	要求配合性质稳定的配合表面，工作时受交变应力的重要零件，较高精度车床的导轨面
	不可辨加工痕迹方向	>0.16～0.32	>0.8～1.6	精磨、珩磨、研磨、超精加工	精密机床主轴锥孔、顶尖圆锥面、发动机曲轴、凸轮轴工作表面、高精度齿轮齿面等
极光表面	暗光泽面	1 >0.08～0.6	>0.4～0.8	精磨、研磨、普通抛光	精密机床主轴颈表面，一般量规工作表面，气缸内表面，活塞销表面等
	亮光泽面	>0.04～0.08	>0.2～0.4	超精磨、精抛光、镜面磨削	精密机床主轴颈表面，滚动轴承的滚珠，高压液压泵中柱塞配合的表面
	镜状光泽面	>0.01～0.04	>0.05～0.2		
	镜面	≤0.01	≤0.05	镜面磨削、超精研	高精度量仪、量块工作表面，光学仪器中的金属镜面

能力训练

1. 试述互换性在机械制造行业中的重要意义？并举出互换性实例。

2. 试述完全互换与不完全互换的区别，并指出它们主要用于什么场合？

3. 何谓公差？如果没有公差标准，也能按互换性原则进行生产吗？为什么？

4. 加工误差、公差、互换性三者的关系是什么？

5. 何为优先数系？为什么要采用优先数系？我国标准采用了哪些优先数系？各优先数系有什么不同？

6. 试说明下列概念是否正确：

（1）公差是零件尺寸允许的最大偏差。

（2）公差一般为正，在个别情况下也可以为负或零。

（3）过渡配合可能有间隙，也可能有过盈。因此过渡配合可能是间隙配合，也可能是过盈配合。

7. 求下列各种孔轴配合的基本尺寸，上偏差、下偏差，公差，最大极限尺寸、最小极限尺寸，最大间隙、最小间隙（或过盈），属于何种配合，求出配合公差，并画出各种配合及配合公差带图，单位为（mm）。

（1）孔 $\phi 25_{0}^{+0.021}$ 与轴 $\phi 25_{-0.033}^{-0.020}$ 相配合。

（2）孔 $\phi 25_{0}^{+0.021}$ 与轴 $\phi 25_{+0.028}^{+0.041}$ 相配合。

（3）孔 $\phi 25_{0}^{+0.021}$ 与轴 $\phi 25_{+0.002}^{+0.015}$ 相配合。

8. 使用标准公差与基本偏差表，查出下列公差带的上、下偏差。

（1）ϕ32d9　（2）ϕ80p6　（3）ϕ20v7　（4）ϕ170h11　（5）ϕ28k7

（6）ϕ280m6　（7）ϕ40C11　（8）ϕ140M8　（9）ϕ25Z6　（10）ϕ30js6

（11）ϕ35P7　（12）ϕ60J6

9. 试将下列技术要求标注在图 1－92 中。

（1）左端面的平面度为 0.01 mm，右端面对左端面的平行度为 0.04 mm。

（2）ϕ70H7 的孔的轴线对左端面的垂直度公差为 0.02 mm。

（3）ϕ210h7 对 ϕ70H7 同轴度为 0.03 mm。

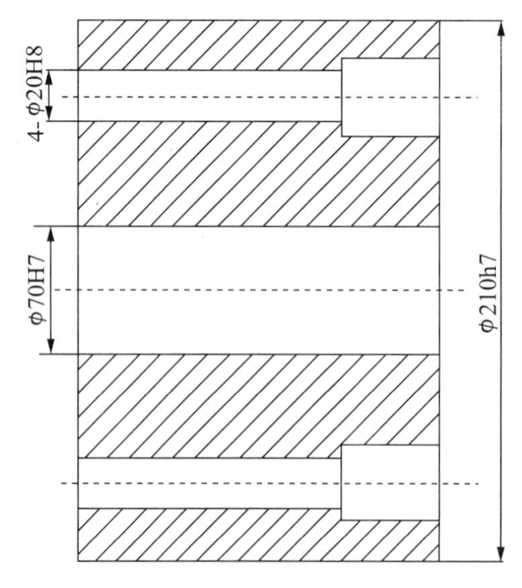

图 1－92

（4）4－ϕ20H8 孔对左端面（第一基准）和 ϕ70H7 的轴线位置度公差为 0.15 mm。

10. 试分析图 1－93 中公差项目的含义。

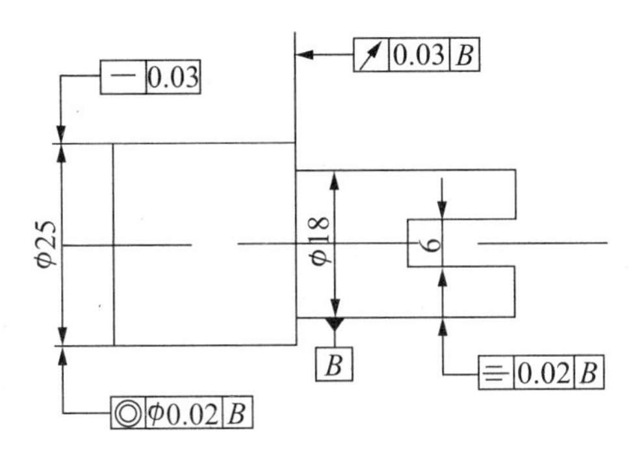

图 1－93

11. 图样上标准孔的尺寸 $\phi 20^{+0.005}_{-0.034}$ Ⓔ，测得该孔横截面形状准确，实际尺寸处处皆是 19.985 mm，轴线直线度误差为 ϕ0.025 mm，试述该孔的合格条件，并确定该孔的体外作用尺寸，按合格条件判断该孔合格与否？

12. 根据图 1－94 填空。

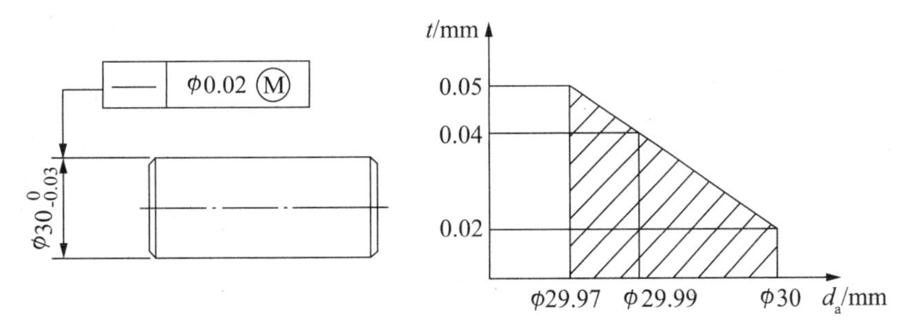

图 1－94

（1）当轴的实际尺寸为 ϕ30 时，其轴线的直线度公差为（　　）。

（2）当轴的实际尺寸为 ϕ29.99 时，其轴线的直线度公差为（　　）。

（3）当轴的实际尺寸为 ϕ29.97 时，其轴线的直线度公差为（　　）。

13. 指出图 1－95 中标注出的形位公差的被测要素与基准要素，并说出标注的含义。

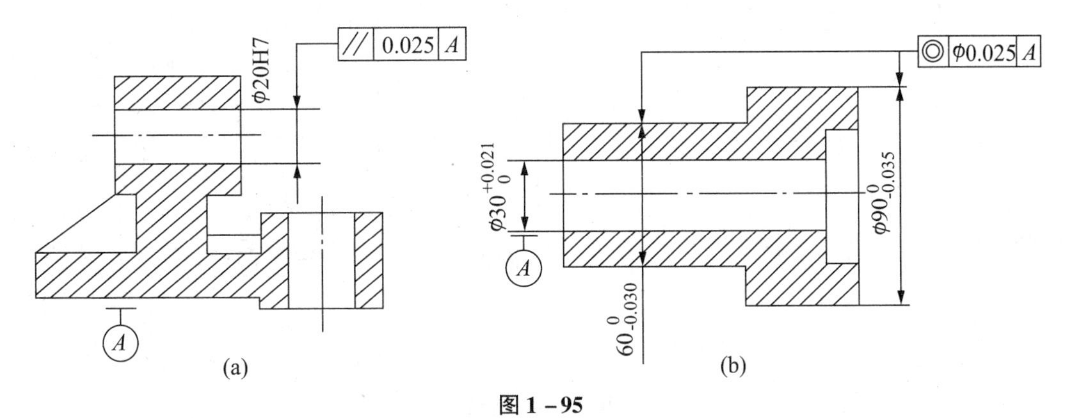

图 1－95

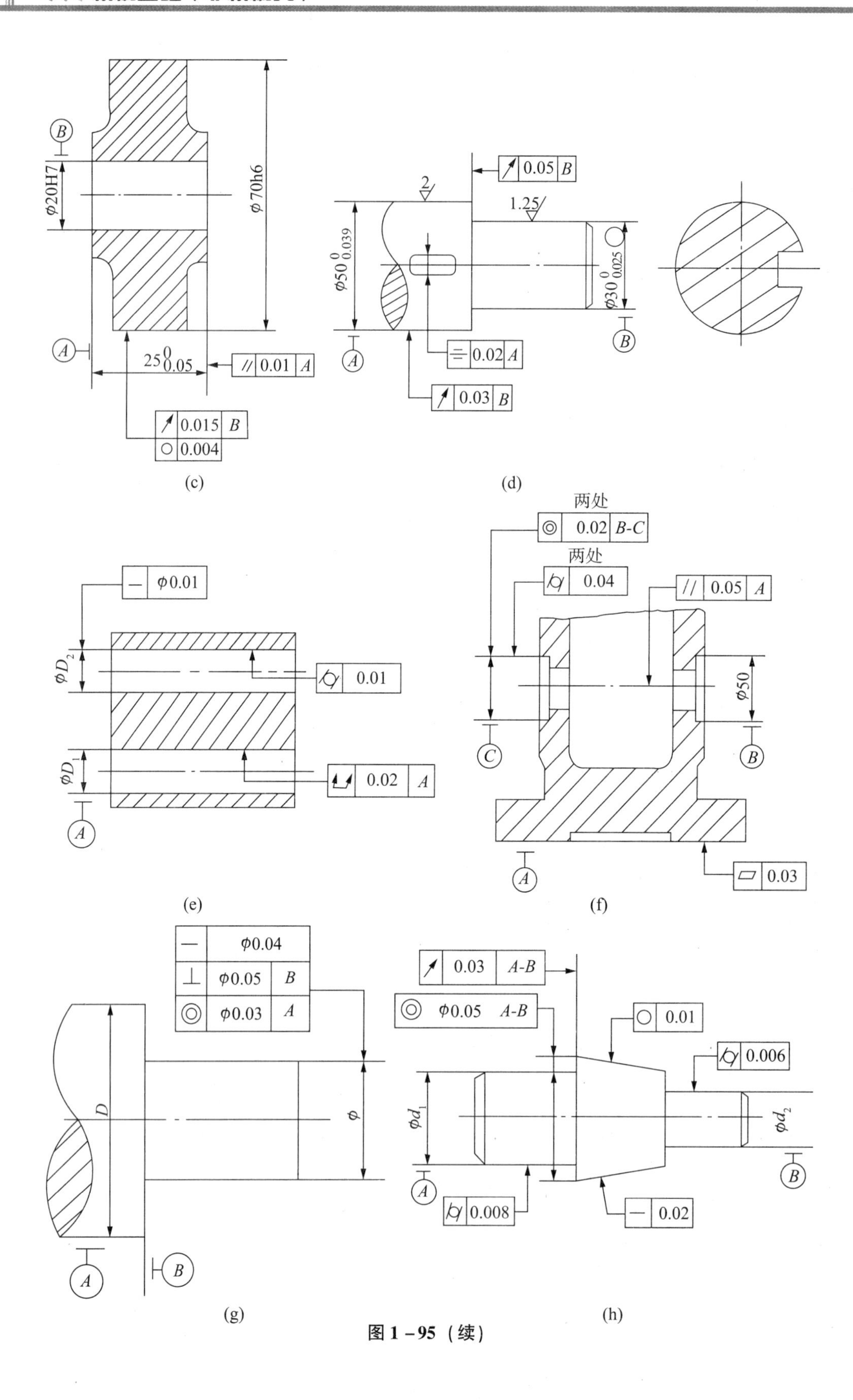

B
φ20H7
φ70h6
A
25 0 -0.05
// 0.01 A
0.015 B
0.004
(c)
0.05 B
2
1.25
φ50 0 -0.039
φ30 0 -0.025
A
B
0.02 A
0.03 B
(d)
φ0.01
φD2
0.01
φD1
0.02 A
A
(e)
两处
0.02 B-C
两处
0.04
// 0.05 A
φ50
C
B
A
0.03
(f)
φ0.04
φ0.05 B
φ0.03 A
D
φ
A
B
(g)
0.03 A-B
φ0.05 A-B
0.01
0.006
φd1
φd2
A
B
0.008
0.02
(h)

图 1-95（续）

14. 将下列各项形位公差要求标注在图 1－96 上。

(1) $\phi 5^{+0.005}_{-0.003}$ 孔的圆度公差为 0.004 mm，圆柱度公差为 0.006 mm。

(2) B 面的平面度公差为 0.008，B 面对 $\phi 5^{+0.05}_{-0.03}$ 孔轴线的端面圆跳动公差为 0.02 mm，B 面对 C 面的平行度公差为 0.03 mm。

(3) 平面 F 对 $\phi 5^{+0.05}_{-0.03}$ 孔轴线的端面圆跳动公差为 0.02 mm。

(4) $\phi 18^{-0.05}_{-0.01}$ 的外圆柱面轴线对 $\phi 5^{+0.05}_{-0.03}$ 孔轴线的同轴度公差为 0.08 mm。

(5) 90°30″密封锥面 G 的圆度公差为 0.0025，G 面的轴线对孔轴线的同轴度公差为 0.012 mm。

(6) $\phi 12^{-0.15}_{-0.26}$ 外圆柱面轴线对 $\phi 5^{+0.05}_{-0.03}$ 孔轴线的同轴度公差为 0.08 mm。

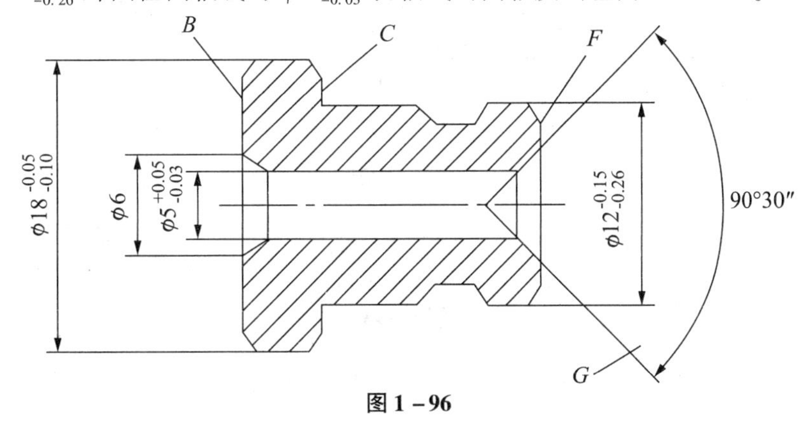

图 1－96

15. 表面粗糙度的含义是什么？

16. 表面粗糙度对零件的功能有何影响？

17. 国标中表面粗糙度规定了哪些参数？通常标注的是什么参数？

18. 选择表面粗糙度参数值的一般原则是什么？选择时应考虑些什么问题？

19. 解释图 1－97 中所示的表面粗糙度符号、代号的意义。

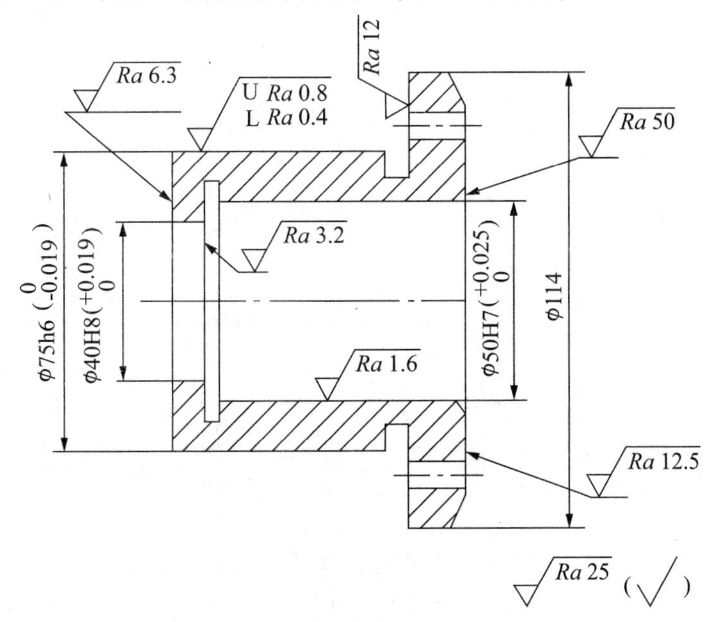

图 1－97

20. 改正图 1－98 中的标注错误。

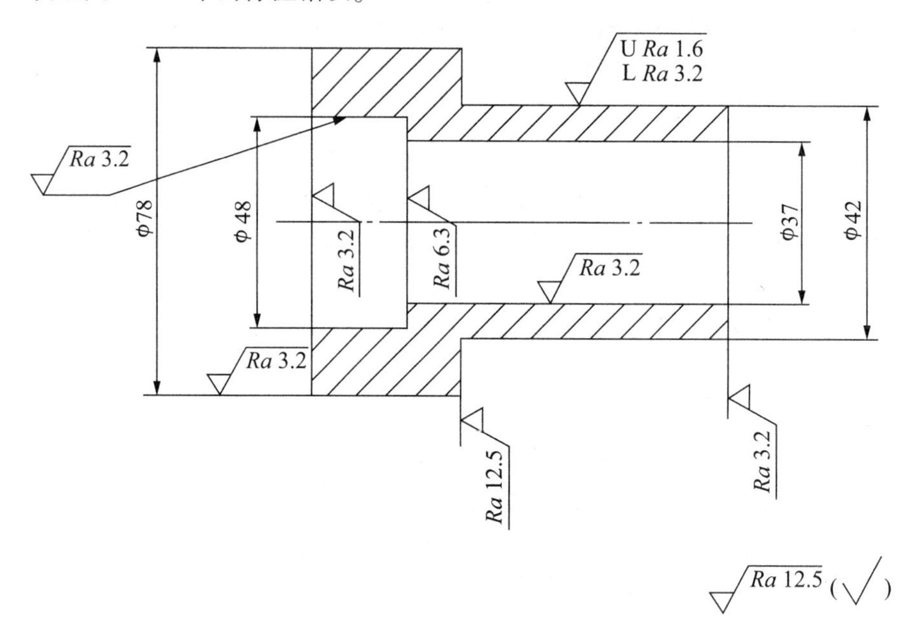

图 1－98

任务2　常用工程材料的分析与选用

任务下达

在生产和生活中，材料应用极其广泛，如减速器中的齿轮和轴承、教室课桌椅的螺纹连接件、计算机显示器的屏幕、自行车的轮胎等零件，都是用工程材料制造的。请根据零件不同的使用要求进行相应材料的选择。

任务要求

熟悉金属使用性能的概念及其相应的符号、判据和其对零件的影响，在此基础上能根据实际要求分析零件的使用性能，正确选择材料，并养成良好的职业道德和自信心。

知识链接

2.1　金属材料的使用性能的分析

金属是指具有良好的导电性和导热性，有一定的强度和塑性，并具有金属光泽的物质，如铝、铜、银等。

金属材料是指金属元素或以金属元素为主构成的具有金属特性的工程材料，包括纯金属和合金。金属材料通常分为黑色金属、有色金属和特种金属材料。黑色金属包括钢铁材料、铬、锰及其合金；有色金属是指除铁、铬、锰以外的所有金属及其合金；特种金属材料包括不同用途的结构金属材料和功能金属材料，其既包含非晶态金属材料以及准晶、微晶、纳米晶金属材料等，也包含隐身、抗氢、超导、形状记忆、耐磨、减振阻尼等特殊功能合金以及金属基复合材料等。

金属材料的性能有使用性能和工艺性能。使用性能是指金属材料在使用过程中表现出来的性能，包括物理性能、化学性能及力学性能等。工艺性能反映金属材料对制造、加工方法的适应能力，包括切削加工性能、铸造性能、焊接性能、锻造性能。

2.1.1　金属材料的物理性能的分析

金属的物理性能是指金属固有的属性，包括密度、熔点、导热性、导电性、热膨胀性和磁性等。

1. 密度（比重）

密度是某种物质单位体积的质量。密度小于 5×10^3 kg/m^{3}的金属称为轻金属，如铝、镁、钛及它们的合金；密度大于 5×10^3 kg/m^{3}的金属称为重金属，如铁、铅、钨等。

2. 熔点

熔点是金属由固态转变成液态时的温度，对金属材料的熔炼、热加工有直接影响，并与材料的高温性能有很大关系。熔点高的金属称为难熔金属（熔点高于 700 ℃的金属，如钨、钼、钒等），可以用来制造耐高温零件，如在火箭、导弹、燃气轮机和喷气飞机等方面得到广泛应用。熔点低的金属称为易熔金属（熔点低于 700 ℃的金属，如锡、铅等），可用于制造保险丝和防火安全阀零件等。

3. 导热性

导热性是金属材料传导热量的性能。金属的导热能力以银为最好，铜、铝次之。

4. 导电性

金属材料传导电流的性能称为导电性。金属导电性以银为最好，铜、铝次之。

5. 热膨胀性

随着温度变化，材料的体积也发生变化（膨胀或收缩）的性质称为热膨胀性。一般情况下，金属被加热时膨胀而体积增大，冷却时收缩而体积缩小。

6. 磁性

金属能吸引铁磁性物体的性质即为磁性。根据金属材料在磁场中受到磁化程度的不同，可分为铁磁性材料、顺磁性材料、抗磁性材料三类。铁磁性材料在外磁场中能强烈地被磁化，铁磁性材料有铁、钴等，可用于制造变压器、电动机、测量仪表等；顺磁性材料在外磁场中只能微弱地被磁化，顺磁性材料有锰、铬等；抗磁性材料能抗拒或削弱外磁场对材料本身的磁化作用，抗磁性材料有铜、锌等，用于要求避免电磁场干扰的零件和结构材料，如航海罗盘等。

2.1.2 金属材料的化学性能的分析

金属与其他物质引起化学反应的特性称为金属的化学性能，包括抗腐蚀性、抗氧化性。抗腐蚀性是指金属材料在常温下抵抗氧、水蒸气及化学介质腐蚀作用的能力。碳钢、铸铁的耐腐蚀性较差，钛及其合金、不锈钢的耐腐蚀性好；抗氧化性是指金属材料在高温时抵抗氧化作用的能力。加入 Cr、Si 等元素，可提高钢的抗氧化性，如 4Cr9Si2 可制造内燃机排气阀及加热炉的炉底板、料盘等。

1. 覆盖法防腐

覆盖法防腐是把金属同腐蚀介质隔开，以达到防腐的目的。

（1）喷涂油漆。将金属表面喷涂油漆。

（2）镀层。在易腐蚀的金属表面电镀（或喷镀）上一层耐腐蚀的金属镀层，如镀锌、镀铬、镀铜、镀金、镀银等。例如，自来水管、钢丝（俗称铁丝）、白铁皮都经过镀锌处理，普通自行车把手、自行车车圈都经过镀铬处理。

（3）喷塑。把塑料喷涂在零件上。

（4）涂油脂。当零件或工具表面需要保持光洁时，常采用上油或涂脂的方法防腐，如机床导轨、游标卡尺的防腐。

（5）发蓝处理。将除锈后的零件放入 NaOH、$NaNO_3$、$NaNO_2$ 溶液中，在 140 ℃～150 ℃温度下，保温60～120 min，使零件表面生成一层以 Fe_3O_4 为主的蓝黑色的多孔氧化膜，经浸油处理后，能有效地抵抗干燥气体腐蚀。发蓝处理多用于机械零件、钟表零件和枪械的防腐。

（6）搪瓷。搪瓷是将无机玻璃质材料通过熔融凝于基体金属上并与金属牢固结合在一起的一种复合材料。它既有金属的强度，又有涂层的耐腐蚀、耐磨、耐热、无毒及可装饰性。

2. 提高金属本身的耐腐蚀性

（1）在冶炼金属材料的过程中，加入一些合金元素，可增强金属材料的耐蚀能力，如不锈钢。

（2）采用化学热处理（渗铬、渗铝、渗氮）可使金属表面产生一层耐蚀性强的表面层。

3. 电化学防腐

电化学防腐经常采用的是牺牲阳极法，即用电极电位较低的金属与被保护的金属接触，使被保护的金属成为阴极而不被腐蚀。牺牲阳极法被广泛用于防止海水及地下的金属设施的腐蚀，如在轮船的外表面焊上一些锌块。

4. 干燥气体封存法

干燥气体封存法采用密封包装，在包装袋内放入干燥剂或充入干燥气体，湿度控制在35%以内，使金属防腐。这种方法主要用于包装整架飞机、整台发动机和枪械等。

2.1.3 金属材料的力学性能分析

机械行业中选用材料时，一般以力学性能作为主要依据。力学性能是指金属在外力作用下所表现出来的性能。常用的力学性能判据有强度、塑性、硬度、韧性和疲劳强度等。

1. 强度

金属在静载荷作用下，抵抗塑性变形和断裂的能力称为强度。强度是通过拉伸试验测得的。

强度指标如下：

（1）弹性极限。弹性极限是指试样产生完全弹性变形时所能承受的最大应力，用符号 σ_e 表示。

（2）屈服点。屈服点是指试样在拉伸过程中，力保持恒定仍能继续变形时的应力。屈服强度分上屈服强度 R_{eH} 和下屈服强度 R_{eL}，在金属材料中，一般用下屈服强度代表其屈服强度。对于无明显屈服现象的金属材料（如铸铁、高碳钢、淬火钢等）测定 R_{eL} 很困难，通常规定产生 0.2% 塑性变形时的应力为条件屈服强度，用 $R_{p0.2}$ 表示。

屈服强度表示金属发生明显塑性变形的抗力，因此它是机械设计的主要依据，也是评定金属材料优劣的重要指标，如机械零件在工作时受力过大，会因过量变形而失效。

（3）抗拉强度。抗拉强度是指试样被拉断前所能承受的最大拉应力，用符号 R_m 表示，单位为 MPa。R_m 表征材料对最大均匀塑性变形的抗力。R_{eL} 与 R_m 的比值称为屈强比，其数值越小，零件工作的安全性越高，但数值太小，材料的强度得不到充分利用。

2. 塑性

断裂前金属材料产生永久变形的能力称为塑性，塑性也是通过拉伸试验测得的。

塑性指标如下：

（1）伸长率。试样拉断后，标距的伸长量与原始标距的百分比称为伸长率，用 *A* 表示。一般把伸长率大于 5% 的金属材料称为塑性材料（如低碳钢等），而把伸长率小于 5% 的金属材料称为脆性材料（如灰口铸铁等）。

（2）断面收缩率。试样拉断后，缩颈处横截面积的最大缩减量与原始横截面积的百分比称为断面收缩率，用 *Z* 表示。通常 *Z* 值越大，材料的塑性越好。塑性的好坏，直接影响其使用效果。塑性好的材料便于通过轧制、锻造、冲压、冷拔等方法加工成复杂形状的零件（零件工作若受力过大，首先产生塑性变形而不致发生突然断裂，比较安全）。

3. 硬度

材料抵抗局部变形，尤其是塑性变形、压痕或划痕的能力称为硬度。硬度是衡量金属材料软硬程度的一种性能指标。在一定程度上，其反映了材料的综合力学性能，通常材料的硬度越高，耐磨性越好。硬度经常作为技术条件标注在零件图样或写在工艺文件中。用压入法测试的硬度有布氏硬度、洛氏硬度和维氏硬度 3 种。

（1）布氏硬度。测试布氏硬度时，在一定的载荷作用下，将一定直径的硬质合金球压入被测材料的表面，保持规定的时间后将载荷卸掉，求出压痕单位面积上承受的平均压力，以此作为被测金属材料的硬度值。实际测试布氏硬度时，利用读数显微镜测出压痕平均直径，根据压痕直径查表即可查出对应的硬度值。

布氏硬度表示方法为硬度值，符号为“HBW，球体直径/试验力/与规定时间不同的试验力保持时间”。布氏硬度试验压头球体直径规格有 1 mm、2.5 mm、5 mm、10 mm 四种。试验力保持时间为为 10 ~ 15 s，当选用的试验力时间与标准时间相同时，可不标注。试验力允许误差为 ±2 s。例如，600HBW1/30/20 表示用直径为 1 mm 的硬质合金球压头，在 30 kgf（294.2 N）试验力作用下，保持 20 s 测得的布氏硬度值为 600。

布氏硬度测量法适用于铸铁、非铁合金、各种退火及调质的钢材，不宜测定太硬、太小、太薄和表面不允许有较大压痕的试样或工件。如被试金属硬度过高，将影响硬度值的准确性，所以布氏硬度试验一般适于测定布氏硬度值小于 650 的金属材料。

（2）洛氏硬度。洛氏硬度试验时，以锥角为 120°的金刚石圆锥体或直径为 1.588 mm 的淬火钢球或硬质合金球做压头，压入金属表面后，经规定保持时间后卸除主试验力，以测量的压痕深度计算金属材料的硬度值。洛氏硬度表示方法用硬度值符号 HR 表示，如 50HRC 表示用 C 标尺测量的洛氏硬度为 50。洛氏硬度试验采用三种试验力，三种压头，它们共有 9 种组合。常用洛氏硬度的试验条件和应用范围，见表 2 - 1。

表 2 - 1　常用洛氏硬度的试验条件和应用范围

硬度符号	压头类型	总试验力 $F_{总}$/kgf（1 kgf≈9.81 N）	应用举例
HRA	120°金刚石圆锥	60	硬质合金、表面淬火、渗碳钢等
HRB	ϕ1.588 mm 钢球	100	有色金属，退火、正火钢等
HRC	120°金刚石圆锥	150	淬火钢，调质钢等

（3）维氏硬度。维氏硬度试验时，用一个相对面夹角为136°的金刚石正四棱锥体压头，在规定载荷的作用下压入被测金属的表面，保持一定时间后卸除载荷，以测量的压痕对角线长度计算金属材料的硬度值。

维氏硬度的符号为HV，表示方法是HV前面为硬度值，HV后面的数字按试验力、试验力保持时间（10～15s不标注）顺序表示试验条件。例如：640HV30表示用30kgf（294.2N）试验力，测定的维氏硬度值为640。

维氏硬度对试样表面要求高，硬度值的测定较麻烦，工作效率不如洛氏硬度高。但可以测量极软到极硬的材料，既可测尺寸厚大的材料，又能测很薄的材料，故被广泛用于测量金属镀层、薄片材料和化学热处理后的表面硬度。

4. 韧性

韧性是指材料抵抗冲击载荷作用而不被破坏的能力。韧性是通过在摆锤试验机上经过一次破断冲击试验测定的。

试样被冲断时所吸收的能量即是摆锤冲击试样所做的功，称为冲击吸收功。冲击吸收功值无需计算，可在冲击试验机刻度盘上直接读出。冲击试样缺口底部单位横截面积上的冲击吸收功，称为冲击韧度，用符号 a_k 表示。冲击韧性是评定金属材料在动载荷下承受冲击抗力的力学性能指标。

5. 疲劳强度

（1）疲劳及疲劳极限。轴、齿轮、轴承、叶片、弹簧等类零件，在工作过程中各点承受的应力随时间做周期性的变化，此种应力称为交变应力。在交变应力作用下，虽然零件所承受的应力低于材料的屈服点，但经过较长时间的工作后会产生裂纹或突然发生完全断裂的现象称为疲劳。材料抵抗交变载荷作用而不破坏的能力称为疲劳强度。

材料在无数次交变载荷作用下不引起破坏的最大应力称作疲劳极限。材料的疲劳极限的数值越大，其抵抗疲劳破坏的能力越强。当应力为对称循环时，疲劳极限符号用 σ_{-1} 表示。实际上，金属材料不可能做无数次交变载荷试验。对于黑色金属，一般规定应力循环 10^7 周次而不破坏的最大应力值为疲劳极限，有色金属取 10^8 周次。

（2）疲劳破坏的特征。疲劳断裂是一种低应力脆断，断裂应力低于材料的屈服强度，甚至低于材料的弹性极限。断裂前，零件没有明显的塑性变形，即使伸长率 δ 和断面收缩率 ψ 很高的塑性材料也是如此。疲劳断裂对材料的表面和内部缺陷非常敏感，疲劳裂纹常在表面缺口（如螺纹、刀痕、油孔等）、脱碳层、夹渣物、碳化物及孔洞等处形成。

2.2　非合金钢的分析与选用

钢铁材料是现代工业中应用最广泛的金属材料，它的主要元素是铁和碳。钢是指以铁为主要元素，碳的质量分数在2.11%以下，并含有其他元素的材料。钢按化学成分可分为非合金钢、低合金钢和合金钢三类。

非合金钢也叫碳素钢，是含碳量 $\omega_C \leq 2.11\%$，并含有少量的硅、锰、硫、磷的铁碳合金。

非合金钢按用途分为碳素结构钢和碳素工具钢。碳素结构钢又可分为工程结构钢和机器制造结构钢两种。

非合金钢按含碳含量分为低碳钢（ω_C <0.25%）、中碳钢（0.25% ≤ ω_C ≤0.60%）和高碳钢（0.60% < ω_C ≤2.11%）。一般非合金钢中含碳含量越高则硬度越高，强度也就越高，但塑性、韧性降低。

非合金钢按杂质磷、硫含量分为普通碳素钢、优质碳素钢和高级优质钢。

非合金钢按冶炼时脱氧程度的不同分为沸腾钢、镇静钢和半镇静钢。

2.2.1 碳素结构钢的分析与选用

碳素结构钢的牌号用 Q 和数字表示，其中 Q 为屈服点“屈”字的汉语拼音首字母。数字表示屈服点数值，如 Q275 表示屈服极限为 275 MPa。若牌号后面标注字母 A、B、C、D，则表示钢材质量等级不同，含 S、P 的量依次降低，钢材质量依次提高。若在牌号后面标注字母 F 则为沸腾钢，标注 b 为半镇静钢，不标注 F 或 b 者为镇静钢。例如，Q235—AF 表示屈服极限为 235 MPa 的 A 级沸腾钢。

碳素结构钢通常用来制造力学性能一般的结构件。碳素结构钢通常情况下都不经热处理，而在供应状态下直接使用。Q195、Q215、Q235 钢碳的质量分数低，焊接性能好，塑性、韧性好，有一定强度；Q255 和 Q275 钢碳的质量分数稍高，强度较高，塑性、韧性较好，可进行焊接。常用碳素结构钢牌号及用途见表 2－2。

表 2－2 常用碳素结构钢牌号及用途

牌 号	应用举例
Q195、Q215	用于制作钉子、铆钉、垫块及轻载荷的冲压件
Q235	用于制作小轴、拉杆、连杆、螺栓、螺母、法兰等不太重要的零件
Q255、Q275	用于制作拉杆、连杆、转轴、心轴、齿轮和键等

2.2.2 优质碳素结构钢的分析与选用

优质碳素结构钢的牌号是采用两位数字表示钢中平均碳的质量分数的万分数。例如，45 钢表示钢中平均碳的质量分数为 0.45%。当钢中含锰量较高（ω_{Mn} = 0.7% ~ 1.2%）时，在数字后面附以符号 Mn，如 65Mn 钢，表示该优质碳素结构钢平均 ω_C = 0.65%，并含有较多的锰（ω_{Mn} = 0.9% ~ 1.2%）。

优质碳素结构钢主要用于制造机器零件，一般都要经过热处理以提高力学性能。根据碳质量分数不同，有不同的用途。08、08F、10、10F、15、20、25 钢，塑性、韧性高，具有优良的冷成形性能和焊接性能。30、35、40、45、50 钢经热处理后具有较高的强度和较高的塑性、韧性；55、60、65 钢热处理后具有高的弹性极限。常用优质碳素结构钢的牌号和用途见表 2－3。

表 2-3 常用优质碳素结构钢的牌号和用途

牌号	用途举例
08	用于制成薄板、制造深冲制品、油桶、高级搪瓷制品、仪表外壳、汽车和拖拉机上的冷冲压件，如汽车身、拖拉机驾驶室等；也可用于制成管子、垫片及心部强度要求不高的渗碳和碳氮共渗零件，电焊条等
10	用于制造锅炉管、油桶顶盖、钢带、钢丝、钢板和型材，也可制作机械零件
08F	生产薄板、薄带、冷变型材、冷拉钢丝等，用作冲压件、压延件，各类不承受载荷的覆盖件、套筒、桶、管、垫片、仪表板，心部强度要求不高的渗碳件和碳氮共渗件等
10F	
15	用于制造机械上的渗碳零件、紧固零件、冲锻模件既不需热处理的低负荷零件，如螺栓、螺钉、拉条、法兰盘及化工机械用储器、蒸汽锅炉等
15F	
20	用于不经受很大应力而要求韧性的各种机械零件，如拉杆、轴套、螺钉、起重钩等；也用于制造在 60 MPa、450 ℃以下非腐蚀介质中使用的管子、导管等；还可以用于心部强度不大的渗碳与碳氮共渗零件，如轴套、链条的滚子、轴以及不重要的齿轮、链轮、活塞销，样板等
20F	
25	用作热锻和热冲压的机械零件，机床上的渗碳及碳氮共渗零件，以及重型和中型机械制造中负荷不大的轴、辊子、连接器、垫圈、螺栓、螺母等，还可用作铸钢件
30	用作热锻和热冲压的机械零件、冷拉丝、重型和一般机械用的轴、拉杆、套环，以及机械上用的铸钢，如气缸、汽轮机机架、轧钢机机架和零件、机床机架、飞轮等
35	用作热锻和热冲压的机械零件，冷拉和冷顶镦钢材，无缝钢管，机械制造中的零件，如转轴、曲轴、轴销、杠杆、连杆、横梁、星轮、套筒、轮圈、钩环、垫圈、螺钉、螺母等；还可用来铸造汽轮机机身，轧钢机机身、飞轮、均衡器等
40	用于制造机器的运动零件，如辊子、轴、曲柄销、传动轴、活塞杆、连杆、圆盘等，以及火车的车轴
45	用于制造蒸汽轮机、压缩机、泵的运动零件，还可以用来代替渗碳钢制造汽车齿轮、轴、活塞销等零件，焊接件焊前需预热，焊后消除应力退火
50	用于制造耐磨性要求高、动载荷及冲击作用不大的零件，如铸造齿轮、拉杆、轧辊、轴摩擦盘、次要的弹簧、农机上的掘土犁铧、重负荷的心轴与轴等
55	用于制造齿轮、连杆、轮圈、轮缘、扁弹簧及轧辊等，也作铸件
60	用于制造轧辊、轴、偏心轴、弹簧圈、各种垫圈、离合器、凸轮、钢丝绳等
65	65 钢用于制造截面、形状简单、受力小的扁形或螺旋弹簧零件，如气门弹簧、弹簧环等，也用作高耐磨性零件，如轧辊、曲轴、凸轮及钢丝绳。
70	70 与 65 钢相近，弹性稍高，不宜焊接，淬透性不好，用于制造弹簧、钢丝、钢带、车轮圈、农机犁铧等
75	用于制造螺旋弹簧、板弹簧，以及承受摩擦的机械零件、较低速车轮等
80	
15Mn	用于制造中心部分的力学性能要求较高且需渗碳的零件
20Mn	
30Mn	用于制造螺栓、螺母、杠杆、刹车踏板；还制造在高应力下工作的细小零件，如农机上的钩、环、链等

2.2.3 碳素工具钢的分析与选用

碳素工具钢的牌号用 T（“碳”字汉语拼音首字母）和数字组成。数字表示钢的平均碳质量分数的千分数。如 T10 钢，表示平均 $\omega_C=1\%$ 的碳素工具钢。若牌号末尾加 A 表示高级优质钢，即钢中硫、磷含量比相同含量的碳素工具钢少。

碳素工具钢含碳量为 0.65% ~1.35%，用于制造各种刃具、模具、量具。但这类钢的红硬性差，即当工作温度大于 250 ℃时，钢的硬度和耐磨性就会急剧下降而失去工作能力。另外，碳素工具钢如制成较大的零件则不易淬硬，而且容易产生变形和裂纹。常用碳素工具钢的牌号和用途见表 2-4。

表 2-4 常用碳素工具钢的牌号和用途

牌　　号	用途举例
T9、T10	用于制造受中等冲击的工具和耐磨机件，如刨刀、冲模、丝锥、板牙、手工锯条、长尺等
T11、T12、T13	用于制造不受冲击而要求极高硬度的工具和耐磨机件，如钻头、锉刀、量具等

2.2.4 碳素铸钢的分析与选用

碳素铸钢按用途分为一般工程用碳素铸钢 [《一般工程用铸造碳钢件》（GB/T 11352—2009）] 和焊接结构用碳素铸钢 [《焊接结构用铸钢件》（GB/T 7659—2010）]。工程用铸造碳钢的牌号前面是 ZG（“铸钢”二字汉语拼音首字母），后面第一组数字表示屈服点，第二组数字表示抗拉强度。例如，ZG270-500 表示屈服点不低于 270 MPa，抗拉强度不低于 500 MPa 的铸造碳钢。

碳素铸钢用于制造形状复杂，力学性能要求高的工程构件或机械零件，如轧钢机机架、水压机横梁、锻锤和砧座等。表 2-5 列举了常用碳素铸钢的牌号、性能及用途。

表 2-5 常用碳素铸钢的牌号、性能及用途

种类	牌号	性能及用途
一般工程用碳素铸钢	ZG200-400	用于受力不大，要求韧性好的各种形状机件。如基座、变速箱壳等
	ZG230-450	用于基座、机盖、箱体、阀体、工作温度小于 450 ℃的管路附件等
	ZG270-500	用于较高强韧性，轧钢机架、飞轮、蒸汽锤、联轴器、连杆、水压机工作缸、横梁等
	ZG310-570	用于重负荷机架及联轴器、气缸、齿轮圈、棘轮等
	ZG340-640	用于高的强度、硬度和耐磨性，用于齿轮、棘轮、联轴器及重负荷机架等
焊接结构用碳素铸钢	ZG200-400H	用于一般工程，要求焊接性能好的碳素钢铸件，用途基本同 ZG200-400、ZG230-450、ZG270-500
	ZG230-450H	
	ZG275-485H	

2.3 钢的热处理的分析与选用

热处理可使金属材料更充分地发挥其性能潜力，扩大材料的应用范围，从而满足各种性能要求。

2.3.1 热处理的概念

热处理是指将钢采用适当的方式进行加热、保温和冷却，以获得所需组织和性能的工艺方法。

常用的热处理方法有整体热处理（如退火、正火、淬火及回火等）、表面热处理（如火焰淬火、感应淬火、渗碳、渗氮、碳氮共渗等）。

热处理基本过程都由加热、保温和冷却三个阶段组成的。热处理过程如图 2－1 所示。

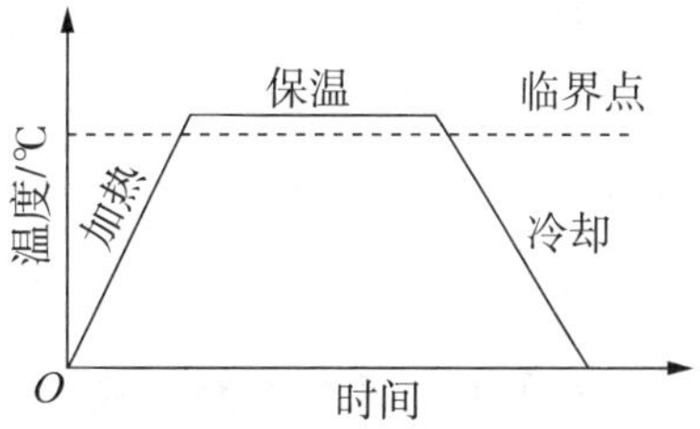

温度/℃
加热
保温
临界点
冷却
O
时间

图 2－1 热处理过程

2.3.2 纯铁的同素异构转变分析

表示原子在晶体中排列规律的假想空间格架叫晶格。金属在固态下，随温度的改变由一种晶格转变为另一种晶格的现象称为同素异构转变。铁具有同素异构转变的特点。

纯铁的冷却曲线如图 2－2 所示，液态纯铁在 1 538 ℃时结晶为体心立方晶格的 δ 铁，冷却到 1 394 ℃时转变为面心立方晶格的 γ 铁，再冷却到 912 ℃时转变为体心立方晶格的 α 铁，继续冷却到室温时晶格类型不再发生变化。加热时发生相反的变化。由于纯铁具有同素异构转变的特征，因此生产中可通过不同的热处理改变钢铁的组织和性能。

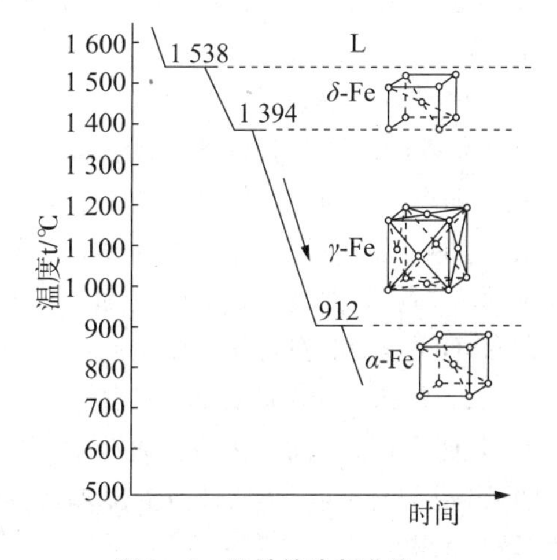

图 2－2 纯铁的冷却曲线

2.3.3 铁碳合金的基本组织及其性能分析

1. 铁素体

铁中溶入碳和（或）其他元素形成的固溶体称为铁素体，用符号 F 表示。铁素体保持 α 铁的体心立方晶格，碳在 α －Fe 中溶解度很小，在 727 ℃时最大溶解度为 0.021 8％。铁素体的强度、硬度低，塑性和韧性好。

2. 奥氏体

γ 铁中溶入碳和（或）其他元素形成的固溶体称为奥氏体，用 A 表示。奥氏体仍保持 γ 铁面心立方晶格，在 727 ℃时溶碳量为 0.77％，温度升高溶碳量逐渐增多，1 148 ℃时溶碳量可达 2.11％。奥氏体塑性、韧性好，强度、硬度较低。生产中常将工件加热到奥氏体状态进行锻造。

3. 渗碳体

渗碳体是铁和碳形成的具有复杂晶格的金属化合物，用化学式 Fe_3C 表示。渗碳体中含碳量为 6.69%，熔点为 1 227 ℃，硬度很高（约 1 000HV），塑性、韧性几乎为零，极脆。

4. 珠光体

珠光体是铁素体和渗碳体的混合物，用 P 表示。珠光体的含碳量为 0.77%，是由层片相间的 F 和 Fe_3C 构成的。珠光体的强度较高，硬度适中，具有一定的塑性。

5. 莱氏体

莱氏体是奥氏体与渗碳体的混合物，用 L_d 表示。它是含碳量为 4.3% 的液态铁碳合金，在 1 148 ℃时从液相中同时结晶出奥氏体和渗碳体的混合物，又称为高温莱氏体，用符号 A 表示。低温莱氏体用符号 L'_d 表示，是高温莱氏体继续发生组织转变的室温产物。莱氏体的性能特点是硬度高、塑性差。

2.3.4 钢在加热、冷却时的组织转变分析

A_1、A_3、A_{cm} 线是铁碳合金相图中钢在极缓慢加热（或冷却）时的相变温度线。在实际生产中，总是要有一定的加热和冷却速度，因而实际发生组织转变的温度与铁碳相图有一定的偏差。钢的临界温度如图 2－3 所示。实际加热时发生组织转变的温度用 A_{c_1}、A_{c_3}、$A_{c_{cm}}$ 表示；冷却时用 A_{r_1}、A_{r_3}、$A_{r_{cm}}$ 表示。

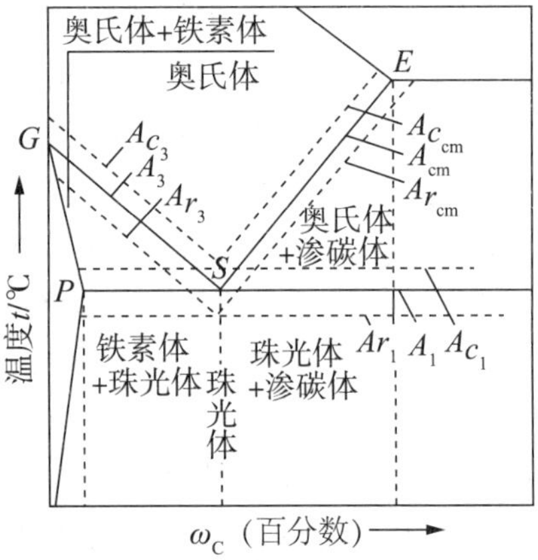

图 2－3　钢的临界温度

1. 钢在加热时的组织转变

加热的目的是获得奥氏体，即奥氏体化。奥氏体晶粒细小，冷却后产物组织的晶粒也细小，力学性能高。加热温度越高，保温时间越长，奥氏体晶粒长得越大；加热速度越快，晶粒越细小；大多数合金元素均能不同程度地阻碍奥氏体晶粒长大。

2. 钢在冷却时的转变

钢经加热奥氏体化后，通过不同的冷却方式，可获得不同的性能。奥氏体等温冷却转变可形成珠光体、贝氏体组织，连续冷却转变得到马氏体组织。

奥氏体向珠光体转变发生在 A_1 ～550 ℃范围内，向贝氏体转变发生在 550 ℃ ～ M_s 范围内。贝氏体是由过饱和的 α 固溶体和碳化物组成的复相组织。珠光体、贝氏体转变温度、产物、显微特征、力学性能及代表符号见表 1－6。当钢由奥氏体急冷到 M_s（约 230 ℃）温度以下时，发生马氏体转变。马氏体是碳在 α 铁中的过饱和固溶体，用符号 M 表示。马氏体的组织形态有片状（针状）和板条状两种。片状高碳马氏体的塑性和韧性差，板条状低碳马氏体的塑性和韧性较好。

表 2-6 共析钢过冷奥氏体等温转变产物的组织和硬度

组织名称	符号	形成温度范围/℃	显微组织特征	硬度/HRC
珠光体	P	A_1~650	粗片层状的 F 与 Fe_3C 的混合物	<25
贝氏体	S	650~600	细片层状的 F 与 Fe_3C 的混合物	25~35
托氏体	T	600~550	极细片层状的 F 与 Fe_3C 的混合物	35~40
上贝氏体	$B_上$	550~350	细条状 Fe_3C 分布于片状的 F 之间，呈羽毛状	40~45
下贝氏体	$B_下$	350~ M_s	细小的碳化物分布于针叶状的 F 之间，呈黑色针状	45~55

2.3.5 钢退火的分析与选用

1. 退火的概念及目的

退火是将钢加热到适当温度，保温一定时间，然后缓慢冷却的热处理工艺。退火的主要目的是：降低钢的硬度，提高塑性，以利于切削加工及冷变形加工；细化晶粒，改善组织，为零件的最终热处理做好准备；消除内应力以防止工件变形、开裂。

2. 常用的退火方法

（1）完全退火与等温退火。完全退火是把钢加热到 A_{c_3} 以上 30 ℃~50 ℃，保温一定时间，缓慢冷却，获得接近平衡组织的工艺方法。完全退火主要用于亚共析钢的锻件、铸件、热轧型材和焊件等。等温退火与完全退火加热温度完全相同，只是以较快的速度冷却到珠光体转变温度区间，保温一定时间后空冷。等温退火主要用于高碳钢、合金工具钢和高合金钢。

（2）球化退火。球化退火是将钢加热到 A_{c_1} 以上 20 ℃~30 ℃，充分保温后，随炉缓冷的工艺方法。球化退火主要用于过共析钢，其目的是使钢中的渗碳体球状化，以降低钢的硬度，改善切削加工性，并为以后的热处理工序做好组织准备。

（3）均匀化退火（扩散退火）。均匀化退火是将铸锭、铸件或锻坯加热到高温，并长时间保温后缓慢冷却的工艺方法。其目的是使钢的化学成分和组织均匀化。

（4）去应力退火。去应力退火是将钢加热到 A_1 以下某一温度，保温一定时间后，随炉冷却。去应力退火过程中不发生组织的转变，目的是为了消除由于塑性变形、焊接、切削加工、铸造等形成的残余应力。

2.3.6 钢正火的分析与选用

1. 正火的概念和目的

将钢加热到 A_{c_3}（或 $A_{c_{cm}}$）以上 30 ℃~50 ℃，保温适当时间，在空气中冷却的工艺方法称为正火。正火与退火的目的基本相同，区别是正火冷却速度稍快，得到的组织细小。因此中、低碳钢正火后的强度、硬度、韧性均比退火后高，而且塑性也不降低。

2. 正火的选用

（1）用于改善低碳钢和低碳合金钢的切削加工性能。

（2）用于普通结构零件、大型结构零件和结构复杂零件的最终热处理。

（3）用于比较重要的低、中碳结构钢零件（或工件）的预先热处理。

2.3.7 钢淬火的分析与选用

淬火是将钢加热到 A_{c3} 或 A_{c1} 以上某一温度，保温一定时间，冷却后获得马氏体或（和）贝氏体组织的热处理工艺。淬火的主要目的是提高钢的强度和硬度。

1. 淬火加热温度的选用

钢的淬火加热温度可根据铁碳相图选择，在一般情况下，亚共析碳钢的淬火温度为 A_{c3} 以上 30 ℃～50 ℃；共析钢和过共析钢的淬火温度为 A_{c1} 以上 30 ℃～50 ℃。

2. 淬火冷却介质的选用

常用的冷却介质包括油、水、盐水和碱水等，它们的冷却能力依次增加。水常用于尺寸不大、外形简单的碳钢零件，盐水和碱水常用于尺寸较大、外形简单、硬度要求较高、对淬火变形要求不高的碳钢零件，油一般作为形状复杂的中小型合金钢零件的淬火介质，碱浴、硝盐浴主要用于分级淬火和等温淬火，常用于形状复杂、尺寸较小和变形要求小的零件。

3. 常用淬火方法的分析与选用

（1）单液淬火法。将钢件奥氏体化后，在单一淬火介质中冷却到室温的处理，称为单液淬火。通常碳钢用水作为冷却介质，合金钢可用油作为冷却介质。单液淬火操作简单，易实现机械操作，但水中淬火易变形、开裂，油中淬火易造成硬度不足的现象，这种淬火方法适合形状简单的零件。

（2）双介质淬火。将钢件奥氏体化后，先浸入一种冷却能力强的介质中，冷却至接近 M_s 点温度迅速取出，马上浸入另一种冷却能力弱的介质中使之发生马氏体转变的淬火，称为双介质淬火。双介质淬火的介质可以是先水后油、先油后空气等。其目的是获得所需组织，减小淬火应力。

（3）马氏体分级淬火。将奥氏体化后的工件放入温度在 M_s 点附近的盐浴或碱浴中，稍加停留，等工件整体温度趋于均匀时，再取出空冷以获得马氏体。这种热处理工艺称为马氏体分级淬火。马氏体分级淬火主要用于形状复杂、截面不大工件的淬火。

（4）贝氏体等温淬火。钢件奥氏体化后，放入温度稍高于 M_s 点的盐浴或碱浴中，经保温后使奥氏体转变为下贝氏体，这种热处理工艺称为贝氏体等温淬火。贝氏体等温淬火基本上避免了工件的淬火开裂，常用来处理形状复杂的各种模具、成形刀具和弹簧等。

2.3.8 钢回火的分析与选用

回火是将淬火后的钢，加热到 A_{c1} 以下某一温度，保温后冷却到室温的热处理工艺。

1. 回火的目的

回火的目的是减小和消除淬火时产生的应力和脆性，防止工件的变形与开裂；稳定组织，稳定尺寸；获得工件所要求的使用性能。

2. 常用的回火方法的分析与选用

低温回火（<250 ℃）：回火后的组织为回火马氏体。其目的是减小淬火应力和脆性，保持淬火后的高硬度（58～64HRC）和耐磨性。低温回火主要用于处理刃具、量具、模具、滚动轴承以及渗碳、表面淬火的零件。

中温回火（250 ℃～500 ℃）：回火后的组织为回火托氏体。其目的是获得高的弹性极限、屈服点和较好的韧性。硬度一般为35～50HRC。主要用于各种弹簧、锻模等。

高温回火（>500 ℃）：钢件淬火并高温回火的复合热处理工艺称为调质。调质后的组织为回火索氏体，硬度一般为25～35HRC。目的是获得强度、塑性、韧性等综合力学性能都较好的钢件。调质被广泛用于各种重要结构件（如轴、齿轮、螺栓等），也可作为某些精密零件的预先热处理。钢经调质后的硬度与正火后的硬度相近，但塑性和韧性却显著高于正火。

2.3.9　钢表面热处理的分析与选用

某些在冲击载荷、交变载荷及摩擦条件下工作的零件，如活塞销、曲轴、齿轮等，其性能要求是表面具有高强度、高硬度和耐磨性，而心部要有足够的塑性和韧性。为了满足上述性能要求，生产中常采用表面淬火和化学热处理的方法。

1. 钢表面淬火的分析与选用

表面淬火是不改变工件的化学成分，仅对工件表层进行淬火的热处理工艺。主要方法有火焰加热表面淬火和感应加热表面淬火。

（1）火焰加热表面淬火的分析与选用。火焰加热表面淬火是应用氧—乙炔（或其他可燃气体）火焰对零件表面进行快速加热，随之快速冷却的工艺。火焰淬火的淬硬层深度一般为2～6 mm。该方法加热温度及淬硬层深度不易控制，质量不稳定，适于单件和小批量生产。

（2）感应加热表面淬火的分析与选用。

① 感应加热表面淬火的工艺：把工件放入空心铜管绕成的感应圈内，感应圈中通入一定频率的交流电，以产生交变磁场，于是工件内部就会产生频率相同、方向相反的感应电流（涡流）。由于电流的集肤效应，工件表面电流密度大，心部电流密度小，工件表层迅速加热到淬火温度，随即喷水冷却，使工件表层淬硬。

② 感应加热表面淬火的分类：根据选用电流频率的不同，分为以下3类。

a. 高频感应加热表面淬火：这种方法的常用交变磁场频率为200～300 kHz，淬硬层深度一般为1～2 mm，主要用于中小模数齿轮、小型轴等的表面淬火。

b. 中频感应加热表面淬火：这种方法的常用交变磁场频率为2 500～8 000 Hz，淬硬层深度一般为2～10 mm，主要用于要求淬硬层较深的零件，如较大直径的轴类和较大模数的齿轮表面淬火。

c. 工频感应加热表面淬火：这种方法所用交变磁场频率为50 Hz，其淬硬层深度一般为10～20 mm，主要用于要求淬硬层深的大直径零件，如轧辊的表面淬火等。

③ 感应加热表面淬火的特点：硬度较高而脆性较低，提高疲劳强度，耐磨性好，生产率高，适合于大批量生产，淬硬层深度可精确控制，容易实现自动化，但感应淬火加热设备费用高。

2. 化学热处理的分析与选用

钢的化学热处理是将工件置于一定的活性介质中保温，使一种或几种元素渗入工件表层，以改变其化学成分，从而使工件获得所需组织和性能的热处理工艺。化学热处理有渗碳、渗氮、碳氮共渗、渗金属等，下面主要介绍钢的渗碳和渗氮。

（1）钢的渗碳的分析与选用。将工件置于渗碳介质中加热并保温，使碳原子渗入工件表层的化学热处理工艺称为渗碳。其目的是提高工件表层的含碳量。经淬火、低温回火，使零件表面获得高硬度和耐磨性，而心部仍保持一定强度及较高的塑性和韧性。钢的渗碳常用于汽车齿轮、活塞销、套筒等。渗碳层深度一般为0.5～2.5 mm。

（2）钢的渗氮的分析与选用。在一定温度下，使活性氮原子渗入工件表面的化学热处理工艺称为渗氮。其目的是提高零件表面的硬度、耐磨性、耐蚀性及疲劳强度。渗氮层的深度一般为0.30～0.50 mm，其特点是工件渗氮后无需淬火，渗氮层具有很高的硬度、耐磨性和热硬性；渗氮温度低（一般约570 ℃），工件变形小；渗氮零件耐蚀性好；渗氮层薄而脆，不宜承受集中的重载荷。渗氮主要用来处理重要和复杂的精密零件，如精密丝杠、排气阀、镗床机床的主轴等。

2.4 合金钢的分析与选用

为改善碳钢的组织和性能，在碳钢基础上有目的地加入一种或几种合金元素的钢称为合金钢。合金钢淬透性好，强度高，具有某些特殊性能，如耐热、耐蚀、耐磨、无磁性等。

2.4.1 合金钢的分类

按用途分为合金结构钢、合金工具钢、特殊性能钢。

按合金元素总含量分为低合金钢（合金元素总含量<5%）、中合金钢（合金元素总含量5%～10%）、高合金钢（合金元素总含量>10%）。

2.4.2 合金钢牌号的识读

1. 合金结构钢牌号的识读

合金结构钢的牌号采用“两位数字+元素符号+数字”表示。前面两位数字表示钢的平均含碳量的万分数；元素符号表示钢中含有的主要合金元素，数字表示该元素的百分含量，合金元素含量小于1.5%时不予标出。例如，60Si2Mn表示平均含碳量为0.60%，锰含量小于1.5%，平均含硅量为2%的合金结构钢。

2. 合金工具钢牌号的识读

合金工具钢牌号采用“一位数字+元素符号+数字”表示。一位数字表示平均含碳量千分数，当碳含量大于等于1.0%时，则不标出。例如，9SiCr表示平均含碳量为0.90%，硅、铬含量均小于1.5%的合金工具钢。Cr12MoV钢中碳含量大于1.0%。高速钢例外，其平均含碳量小于1.0%时也不标出。W18Cr4V含碳量为0.70%～0.80%，含钨为18%、含铬为4%、含钒小于1.5%的高速钢。

3. 特殊性能钢牌号的识读

特殊性能钢的牌号和合金工具钢的表示方法相同，如不锈钢2Cr13表示含碳量为0.20%，平均含铬量为13%。若含碳量小于等于0.08%时，用“0”表示，含碳量小于等于0.03%时，用“00”表示，如0Cr18Ni9，00Cr30Mo2。

此外，一些特殊专用钢的牌号和上述牌号表示方法有所不同。例如，滚动轴承钢前面标G（“滚”字的汉语拼音首字母），如GCr15。这里应注意牌号中铬元素后面的数字是表示含铬量千分数，其他元素仍按百分数表示，如GCr15SiMn表示含铬量为1.5%，硅、锰含量均小于1.5%的滚动轴承钢。

2.4.3　常用合金结构钢的分析与选用

1. 低合金高强度结构钢的分析与选用

低合金钢是一类可焊接的低碳低合金工程结构用钢。低合金高强度结构钢中的含碳量一般控制在0.20%以下，具有高强度和高韧性，并具有良好的塑性、焊接性、耐蚀性和冷变形能力。此类钢多在热轧、正火状态下使用，多用于建筑结构、锅炉、容器、车辆、船舶压力容器。常用低合金高强度结构钢的牌号和用途见表2-7。

表2-7　常用低合金高强度结构钢的牌号和用途

牌号	用途
Q345	具有良好的综合力学性能，塑性和焊接性良好，冲击韧性较好。一般在热轧或正火状态下使用。适于制作桥梁、船舶、车辆、管道、锅炉、各种容器、油罐、电站、厂房结构、低温压力容器等结构件
Q390	具有良好的综合力学性能，塑性及冲击韧性良好，一般在热轧状态下使用。适于制作锅炉汽包，中高压石油化工容器、桥梁、船舶、起重机、较高负荷的焊接件、连接结构等
Q420	具有良好的综合力学性能，优良的低温韧性，焊接性好，冷热加工性良好，一般在热轧或正火状态下使用。适于制作高压容器、重型机械、桥梁、船舶、机车车辆、锅炉及其他大型焊接结构件
Q460	淬火、回火后用于大型挖掘机、起重运输机械、钻井平台等

2. 合金渗碳钢的分析与选用

合金渗碳钢表面渗层硬度高，心部具有高的韧性和足够高的强度，具有良好的热处理工艺性。合金渗碳钢用来制造表面有高硬度和耐磨性，心部有足够的强度和好的韧性的零件，如汽车、拖拉机中的变速齿轮、内燃机中的凸轮和活塞销等。热处理一般是渗碳后淬火、低温回火。常用合金渗碳钢的牌号和用途见表2-8。

表2-8　常用合金渗碳钢的牌号和用途

牌号	用途
20Cr	齿轮、齿轮轴、凸轮、活塞销
20Mn2B	齿轮、轴套、气阀挺杆、离合器
20MnVB	重型机床齿轮和轴、汽车后桥齿轮
20CrMnTi	汽车、拖拉机上变速齿轮、传动轴
12CrNi3	重负荷下工作的齿轮、轴、凸轮轴
20Cr2Ni4	大型齿轮和轴，也可用作调质件

3. 合金调质钢的分析与选用

合金调质钢用来制造一些受力复杂的重要零件，要求有良好的综合力学性能。热处理工艺是调质。40Cr 钢是最常用的合金调质钢，其强度比 40 钢提高了 20%，主要用于制造汽车、拖拉机、机床上的重要零件，如齿轮，轴类零件、连杆、花键轴、主轴、曲轴等。常用合金调质钢的牌号及用途见表 2－9。

表 2－9 常用合金调质钢的牌号及用途

牌号	用途
45Mn2	制作齿轮、齿轮轴、连杆盖、螺栓
40MnB	代替 40Cr
40MnVB	制作汽车、机床上的轴和齿轮
40CrNi	制作汽车、拖拉机、机床、柴油机等的齿轮、曲轴、连杆等
40CrMn	制作高速但冲击载荷不大的零件
30CrMnSi	制作砂轮轴、齿轮、联轴器、离合器等高速重载零件
37CrNi3	制作锻压机曲轴、锻造机偏心轴等大截面、受冲击载荷的高强度零件
25Cr2Ni4WA	制作断面直径 200 mm 以下完全淬透的重要调质零件，也可作高级渗碳钢

4. 合金弹簧钢的分析与选用

合金弹簧钢具有高的弹性极限、屈强比、疲劳强度，足够的塑性和韧性。热处理一般为淬火后中温回火。60Si2Mn 钢是典型的合金弹簧钢。合金弹簧钢主要用于制造各种机械和仪表中的弹簧，如汽车减振板弹簧、安全阀弹簧、钟表发条等。常用合金弹簧钢的牌号及用途见表 2－10。常用合金弹簧钢按加工和热处理分为以下两种。

（1）热成型弹簧钢的分析与选用。此钢热成型后进行淬火和中温回火，有时还进行喷丸处理。此钢具有良好的弹性、高的疲劳强度、一定的塑性与韧性和良好的化学稳定性。常用的牌号有 60Si2Mn、50CrVA、60Si2VA 等。

（2）冷成型弹簧钢的分析与选用。此钢常采用冷拉成形，成形后进行 250 ℃～300 ℃去应力退火，为提高其强度、硬度和韧性，可进行淬火和中温回火。

表 2－10 常用弹簧钢的牌号及用途

牌号	用途
55SiMn 60Si2Mn	汽车、拖拉机等机械上的直径在 25～30 mm 的减震板簧和螺旋弹簧，安全阀、止回阀弹簧
55SiMnVB	淬透性高，大截面重要的板簧和螺旋弹簧，多用于制造中型或重型载重汽车大截面板簧
60Si2CrVA	小于 50 mm 的高负荷、耐冲击或耐热（≤250 ℃）弹簧
50CrVA	大截面（30～50 mm）的高应力或耐热（≤350 ℃）螺旋弹簧
30W4Cr2VA	锅炉安全阀等高温弹簧（≤500 ℃）

4. 滚动轴承钢的分析与选用

滚动轴承钢应具有高的硬度、耐磨性，高的弹性极限和接触疲劳强度，足够的韧性和耐蚀性。滚动轴承钢用来制造各种轴承的内、外套圈及滚动体，可用来制造工具、耐磨件，如精密量具、冷冲模、机床丝杠等。GCr15 主要用于中小型滚动轴承，GCr15SiMn 主要用于较大的滚动轴承。常用滚动轴承钢的牌号及用途见表 2 - 11。

表 2 - 11　常用滚动轴承钢的牌号及用途（GB 18254—2002）

牌号	布氏硬度 HBW	用途
GCr4	179 ~ 207	一般工作条件下小于 20 mm 的滚珠、滚柱及滚针
GCr15	179 ~ 207	壁厚小于 12 mm、外径小于 250 mm 的套圈；直径 20 ~ 50 mm 的钢球；直径小于 22 mm 的滚子
GCr15SiMn	179 ~ 217	淬透性高，大型或特大型轴承的套圈和滚动体
GCr15SiMo	179 ~ 217	

2.4.4 常用合金工具钢的分析与选用

合金工具钢中由于合金元素的加入，使其淬透性、热硬性和强韧性都优于相同含碳量的碳素工具钢。因此，尺寸大、精度高和形状复杂的模具、量具以及切削速度较高的刀具均采用合金工具钢制造。合金工具钢按用途可分为刃具钢、模具钢和量具钢。

1. 合金刃具钢的分析与选用

车刀、铣刀、钻头等各种金属切削刀具都是用合金刃具钢制造的。刃具钢要满足的性能是高硬度、耐磨、高热硬性及足够的强度和韧性等。

（1）低合金刃具钢的分析与选用。低合金刃具钢是在碳素工具钢的基础上加入少量合金元素的钢。常用的低合金刃具钢有 9SiCr 和 CrWMn。9SiCr 钢适于制作丝锥、板牙、绞刀等低速切削刀具，CrWMn 钢主要用于制作较精密的低速刀具，如长绞刀、拉刀等。低合金刃具钢的牌号、性能及用途见表 2 - 12。

表 2 - 12　低合金刃具钢的的牌号及用途

牌号	用途
9SiCr	形状复杂变形小的刃具、板牙、丝锥、钻头、铰刀、冷冲模及冷轧辊等
8MnSi	主要用于木工錾子、凿子、锯条等
Cr06	硬、耐磨但较脆，作刮刀、刻刀、锉刀、刮脸刀等
9Cr2	尺寸较大的铰刀、车刀、冷轧辊、钢印、木工工具等
CrWMn	水淬不易裂，变形较小，作小麻花钻、丝锥、板牙、铰刀、锯条、拉刀、量规等

（2）高速钢的分析与选用。高速钢是含有较多合金元素的工具钢，它具有高的热硬性，切削温度高达 600 ℃时，仍能保持刃口锋利，故又称锋钢。

高速钢具有高热硬性、高耐磨性和足够的强度，故常用于制造切削速度较高的刀具（如车刀、铣刀、钻头等）和形状复杂、载荷较大的成形刀具（如齿轮铣刀、拉刀等）。此外，高速钢还可用于制造冷挤压模及某些耐磨零件。常用的牌号有 W18Cr4V、W6Mo5Cr4V2 等。

2. 合金模具钢的分析与选用

合金模具钢按使用条件不同分为冷作模具钢、热作模具钢和塑料模具钢等，这里主要介绍冷作模具钢和热作模具钢。

（1）冷作模具钢是用于制造使金属在冷态下变形的模具，如冷冲模、冷挤压模、冷镦模、拉丝模等。它具有高的硬度和耐磨性、一定的韧性和抗疲劳性，大型模具还要求有良好的淬透性。应用较多的冷作模具钢是 Cr12 型钢。常用冷作模具钢有 Cr12、Cr12MoV 等。

（2）热作模具钢是用来制造使金属在高温下成形的模具，如热锻模、热挤压模和压铸模等。它具有高的热强性和热硬性、高温耐磨性和高的抗氧化性，以及较高的抗热疲劳性和导热性。常用的热作模具钢有 5CrMnMo、5CrNiMo 和 3Cr2W8V 等。

2.4.5 特殊性能钢的分析与选用

1. 不锈耐蚀钢

不锈耐蚀钢（简称不锈钢）是指抵抗大气或其他介质腐蚀的钢。按其组织不同分为以下 3 类。

（1）铁素体不锈耐蚀钢：铁素体不锈耐蚀钢的含碳量小于 0.12%，含铬量为 16% ~ 18%。这类钢耐蚀性、高温抗氧化性、塑性和焊接性好，但强度低。主要用于制作化工设备的容器和管道等。常用牌号有 1Cr17 钢等。

（2）马氏体不锈耐蚀钢：马氏体不锈耐蚀钢的含碳量为 0.10% ~0.40%，随含碳量增加，钢的强度、硬度和耐磨性提高，但耐蚀性下降。为了提高耐蚀性，钢中加入 12% ~18% 的铬。这类钢在大气、水蒸气、海水、氧化性酸等氧化性介质中有较好的耐蚀性。主要用于制作要求力学性能较高，并有一定耐蚀性的零件。常用的牌号有 1Cr13、2Cr13、3Cr13 等。

（3）奥氏体不锈耐蚀钢：奥氏体不锈耐蚀钢也称为 18 - 8 型不锈钢。此钢有好的耐蚀性、耐热性、较高的塑性和韧性，无磁性，主要用于制作在强腐蚀性介质中工作的零件，如管道、容器、医疗器械等。常用的牌号有 1Cr18Ni9 等。

常用不锈耐蚀钢牌号、性能及用途见表 2 - 13。

表 2 - 13 常用不锈耐蚀钢牌号、性能及用途

牌号	性能及用途
1Cr13、2Cr13	抗弱酸介质、承受冲击的零件，如汽轮机叶片、结构架、螺栓、螺母等
3Cr13	比 2Cr13 淬火硬度高，作刃具、喷嘴、阀座、阀门等
4Cr13	较高的硬度，耐磨性好，作热油泵轴、阀片、阀门、轴承、医疗器械等
9Cr18	手术刀、剪切刃具、不锈切片机械刃具、轴承、量具等
1Cr17Mn6Ni5N	节镍钢种，冷加工后有磁性，铁道车辆用
1Cr18Ni9	提高了切削加工性能，自动车床上加工的螺栓、螺母等
0Cr18Ni9	使用最广泛的不锈钢，用作食品设备、一般化工设备、原子能工业用等
0Cr19Ni9N	提高了 0Cr19Ni9 的强度，塑性不降低，作结构用强度部件

2. 耐热钢的分析与选用

耐热钢是指具有热化学稳定性和热强性的钢。热化学稳定性是指抗氧化性，即钢在高温下对氧化作用的稳定性。热强性是指钢在高温下对外力的抵抗能力。

马氏体型耐热钢常用牌号有12Cr13钢和14Cr11MoV钢等，主要用于制作承载较大的零件，如汽轮机叶片等。奥氏体型耐热钢的常用牌号有45Cr14Ni14W2Mo钢。常用于制造锅炉和汽轮机零件。铁素体型耐热钢的常用牌号有10Cr17钢等，10Cr17钢可制作长期在900 ℃以下耐氧化用部件、散热器、炉用部件、油喷嘴等。常用耐热钢牌号、性能及用途见表2－14。

表2－14 常用耐热钢牌号、性能及用途

牌号	性能及用途
1Cr13Mo	作汽轮机叶片、高温高压蒸汽用耐氧化部件
1Cr11MoV	较高的热强性，良好的减震性与组织稳定性，用于透平叶片和导向叶片
1Cr12WMoV	性能同1Cr11MoV，还可作紧固件、转子、轮盘
4Cr9Si2	热强性较高，作内燃机进气阀、轻负荷发动机排气阀
4Cr10Si2Mo	用于制作进、排气阀门、鱼雷、预燃烧室等
2Cr25N	耐高温腐蚀性强，1 082 ℃以下不产生易剥落的氧化皮，用于燃烧室
0Cr13Al	冷却硬化少，作燃气透平压缩机叶片、退火箱、淬火台架
00Cr12	耐高温焊接好，作汽车排气阀净化装置、喷嘴等
2Cr25Ni20	能承受1 035 ℃高温，作加热炉部件、重油燃烧器等
1Cr16Ni35	抗渗碳、抗渗氮好，1 035 ℃以下作炉用材料、石油裂解装置
0Cr18Ni9	通常用作耐氧化钢，可在870 ℃以下反复加热
0Cr18Ni10Ti	400 ℃～900 ℃腐蚀条件下使用，高温用焊接结构部件
4Cr14Ni14W2Mo	较高的热强性，用于内燃机重负荷排气阀
3Cr18Mn12Si2N	较高热强性，较好抗硫、抗增碳，作高温渗碳炉构件、加热炉传送带、料盘、炉爪等

3. 高锰耐磨钢的分析与选用

高锰耐磨钢在使用中具有良好的韧性和耐磨性，主要用于制作受强烈冲击、巨大压力，并要求耐磨的零件，如坦克及拖拉机履带、破碎机颚板、铁路道岔、挖掘机铲齿、保险箱钢板、防弹板等。常用高锰耐磨钢的牌号有ZGMn13钢等。

2.5 铸铁的分析与选用

铸铁是含碳量大于2.11%的铁碳合金。工业常用的铸铁，含碳量一般在2.5%～4.0%，此外还有硅、锰、硫、磷等元素。铸铁具有优良的铸造性能、切削加工性能、耐压性、耐磨性和减震性等，应用很广。

1. 按室温组织不同分类

按室温组织不同，铸铁可分为以下三类。

（1）共晶白口铸铁（ω_C =4.3%，室温组织为低温莱氏体）。

（2）亚共晶白口铸铁（2.11% < ω_C <4.3%，室温组织为低温莱氏体＋珠光体＋二次渗碳体）。

（3）过共晶白口铸铁（4.3% < ω_C ≤6.69%，室温组织为低温莱氏体＋一次渗碳体）。

2. 按铸铁中碳存在形式不同分类

根据铸铁中碳存在的形式不同，铸铁可以分为以下三种。

（1）白口铸铁：碳主要以渗碳体形式存在，其断口呈白亮色。这类铸铁的性能硬而脆，难以切削加工，所以很少直接用来制造机器零件。

（2）灰铸铁：碳大部分或全部以石墨形式存在，其断口呈暗灰色，应用广泛。

（3）麻口铸铁：碳大部分以渗碳体形式存在，少部分以石墨形式存在，断口呈现灰白色。这种铸铁有较大的脆性，工业上很少使用。

3. 按石黑形态不同分类

根据石墨形态的不同，铸铁又可分为灰铸铁、可锻铸铁、球墨铸铁、蠕墨铸铁。各种铸铁中的石墨形态如图 2－4 所示。

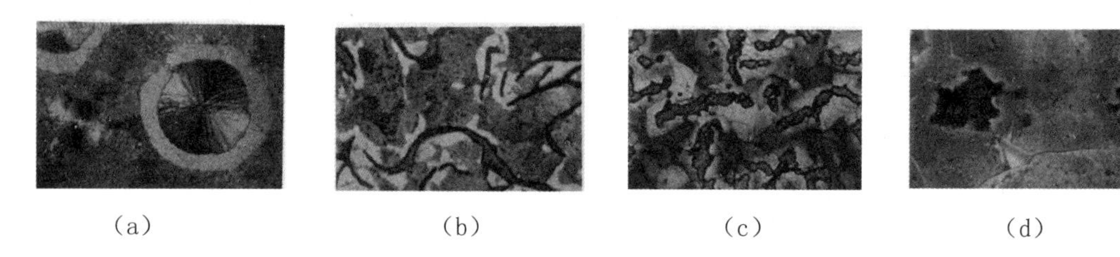

(a) (b) (c) (d)

图 2－4 各种铸铁中的石墨形态

（a）灰铸铁；（b）可锻铸铁；（c）球墨铸铁；（d）蠕墨铸铁

2.5.1 灰铸铁的分析与选用

1. 性能分析

灰铸铁的强度、塑性和韧性不如钢，但却具有良好的铸造性能、减振性、减摩性、切削加工性能和低的缺口敏感性。

2. 灰铸铁的牌号识读及选用

灰铸铁的牌号是由 HT（“灰铁”两个字汉语拼音首字母）和其后一组数字组成的，数字表示 ϕ30 mm 试棒的最小抗拉强度值（MPa）。例如，HT100 表示灰口铸铁，最低抗拉强度是 100 MPa。

灰口铸铁常用来制造各种承受压力及要求有较好的减震性、减摩性和机构复杂的箱体、床身、导轨等。常用灰铸铁的牌号、性能及用途见表 2－15。

表 2－15 常用灰铸铁的牌号、性能及用途

牌号	性能及用途
HT150	可制造承受中等应力的零件，如底座、床身、工作台、阀体、管路附件及一般工作条件要求的零件
HT200	可制造受较大应力和较重要的零件，如汽缸体、齿轮、机座、床身、活塞、齿轮箱、油缸等
HT250	
HT300	可制造床身导轨，车床、冲床等受力较大的床身、机座、主轴箱、卡盘、齿轮等，高压油缸、泵体、阀体、衬套、凸轮，大型发动机的曲轴、汽缸体、汽缸盖等
HT350	

2.5.2 可锻铸铁的分析与选用

1. 性能分析

可锻铸铁俗称玛钢、马铁，它是由白口铸铁通过石墨化退火或氧化脱碳退火处理得到石墨呈团絮状形态的一种铸铁。可锻铸铁的力学性能比灰铸铁高，塑性和韧性好，但可锻铸铁并不能进行锻压加工。可锻铸铁的基体组织不同，其性能也不一样，其中黑心可锻铸铁（铁素体为基体）具有较高的塑性和韧性，而珠光体可锻铸铁（珠光体为基体）具有较高的强度、硬度和耐磨性。

2. 可锻铸铁的牌号识读和选用

可锻铸铁牌号中 KT 是“可铁”两个字的汉语拼音首字母，后面的 H 表示“黑心”、Z 表示“珠光体”基体，两组数字分别表示最低抗拉强度值（MPa）和最低断后伸长率(百分数)。例如，KTH330－08 表示黑心可锻铸铁，最低抗拉强度为 330 MPa，最低断后伸长率为 8%；KTZ700－02 表示珠光体可锻铸铁，最低抗拉强度为 700 MPa，最低断后伸长率为 2%。

可锻铸铁主要用于制造形状复杂、要求有一定塑性、韧性，承受冲击和振动，耐蚀的薄壁（<25 mm）铸件，如汽车、拖拉机的后桥、转向机构、低压阀门、管件等。但生产率较低，成本高，故部分可锻铸铁件已被球墨铸铁代替。常用可锻铸铁的牌号及用途见表 2－16。

表 2－16 常用可锻铸铁的牌号、性能及用途

类别	牌号	性能及用途
铁素体可锻铸铁	KTH300－06	汽车、拖拉机的后桥外壳、转向机构、弹簧钢板支座等，机床上用的扳手，低压阀门，管接头，铁道扣板和农具等
	KTH330－08	
	KTH350－10	
	KTH370－12	
珠光体可锻铸铁	KTZ550－04	曲轴、连杆、齿轮、凸轮轴、摇臂、活塞环等
	KTZ700－02	

2.5.3 球墨铸铁的分析与选用

1. 性能分析

球墨铸铁是在浇注前往铁水中加入一定量的球化剂（Mg、Ce 及其他稀土）进行球化处理，并加入少量的孕育剂（硅铁或硅钙合金）以促进石墨化，浇注后得到球状石墨的铸铁。球墨铸铁的疲劳强度与中碳钢接近，耐磨性优于表面淬火钢，屈强比比钢高约一倍，但塑性、韧性比钢低。球墨铸铁的塑性、韧性比灰铸铁好，并具有较好的铸造性能、减振性、减磨性、切削加工性及低的缺口敏感性等，但其熔炼工艺和铸造工艺都比灰铸铁要求高。

2. 球墨铸铁的牌号识读及选用

球墨铸铁的牌号由 QT（“球铁”两个字汉语拼音首字母）和其后的两组数字组成，两组数字分别表示最低抗拉强度值（MPa）和最低伸长率（百分数）。例如，QT400－15 表示 $\sigma_b \geqslant 400$ MPa、$\delta \geqslant 15\%$ 的球墨铸铁。

球墨铸铁可代替铸钢、锻钢和可锻铸铁制造一些受力复杂、性能要求高的重要零件。175A 型农用柴油机曲轴采用 QT700－2 制造而成。常用球墨铸铁的牌号、性能及用途见表 2－17。

表 2－17　常用球墨铸铁的牌号、性能及用途

牌号	性能及用途
QT400－15	适用于承受冲击、振动的零件，如汽车、拖拉机轮毂、中低压阀门、飞轮壳、减速壳、机床零件等
QT400－10	
QT500－7	机油泵齿轮，机车，车辆轴瓦等
QT600－3	用于载荷大、受力复杂的零件，如汽车、拖拉机的曲轴、连杆、凸轮轴、汽缸体、汽缸套，活塞环，部分磨床、铣床、车床的主轴等
QT700－2	
QT800－2	
QT900－2	适用于高强度齿轮，如汽车后轿螺旋锥齿轮，大减速器齿轮、内燃机曲轴、凸轮轴等

2.5.4 蠕墨铸铁的分析与选用

1. 性能分析

蠕墨铸铁是用高碳、低硫、低磷的铁液加入蠕化剂（镁钛合金、镁钙合金等），经蠕化处理后获得的高强度铸铁。蠕墨铸铁的性能介于灰铸铁和球墨铸铁之间，其强度接近于球墨铸铁，并具有一定的塑性和韧性，而耐热疲劳性、减振性和铸造性能优于球墨铸铁，与灰铸铁相近，切削加工性能和球墨铸铁相似，比灰铸铁稍差。

2. 蠕墨铸铁的牌号及用途

蠕墨铸铁的牌号用 RuT 符号及其后面的数字表示。RuT 是“蠕”的汉语拼音和“铁”的汉语拼音字首 T 组成，其后数字表示最低抗拉强度值（MPa）。例如，RuT340 表示蠕墨铸铁，最低抗拉强度为 340 MPa。

蠕墨铸铁性能优异，主要用于制作形状复杂，要求组织致密、强度高，承受较大热循环载荷的铸件，如汽车的气缸体、柴油机的汽缸盖、汽缸套、进（排）气管，钢锭模，金属型、阀体等。常用蠕墨铸铁的牌号、性能及用途见表2－18。

表2－18 常用蠕墨铸铁的牌号、性能及用途

牌号	性能及用途
RuT420	活塞环、汽缸套、制动盘、钢珠研磨盘、吸淤泵体等
RuT380	
RuT340	重型机床件、大型齿轮箱体、盖、座、飞轮、起重机卷筒等
RuT300	排气管、变速箱体、气缸盖、纺织机零件、钢锭模等
RuT260	增压机壳体、汽车底盘零件等

2.6 常用有色金属及其合金的分析与选用

2.6.1 铝及铝合金的分析与选用

1. 工业纯铝的分析与选用

工业中使用的纯铝是银白色的轻金属，熔点为660 ℃，密度为2.7 g/cm³。纯铝的导电性、导热性好，仅次于金、银和铜，室温下，纯铝的电导率约为铜的64%。纯铝在大气中有良好的耐蚀性。但铝不能耐酸、碱、盐的腐蚀。纯铝的强度、硬度很低（$\sigma_b=80\sim100$ MPa、20HBS），但塑性很高（$\delta=50\%$，$\Psi=80\%$）。通过冷变形强化可提高纯铝的强度（$\sigma_b=150\sim250$MPa），但塑性有所降低（$\Psi=50\%\sim60\%$）。

工业纯铝的纯度为98.0%～99.0%，含有铁、硅等杂质，杂质含量越多，其电导性、导热性、耐蚀性及塑性越差。

工业纯铝分为铸造纯铝和变形纯铝两种。根据《铸造有色金属及其合金牌号表示方法》（GB/T 8063—1994）规定，铸造纯铝牌号由“铸”的汉语拼音字首Z和铝的元素符号Al及表示铝含量的数字组成，数字表示铝的名义百分含量。例如，ZAl99.5表示$w_{Al}=99.5\%$的铸造纯铝。根据《变形铝及铝合金化学成分》（GB/T3190—2008）的规定，变形纯铝及铝合金的牌号用四位字符体系的方法表示，即用1×××表示，牌号的最后两位数字表示最低铝百分含量×100后小数点后面两位数字，牌号第二位的字母表示原始纯铝的改型情况，如果字母为A，表示原始纯铝或原始合金。例如，牌号1A30的变形纯铝表示$\omega_{Al}=99.30\%$的原始纯铝，若为其他字母，则表示为原始纯铝的改型。我国变形铝的牌号有1A50、1A30等。工业高度纯铝的旧牌号以LG1，LG2，……，LG5（对应的新牌号为1A85，1A90，……，1A99）表示，LG是“铝高”汉语拼音首字母，LG后面的数字越大，纯度越高。高纯铝的牌号有1A99、1A97、1A93、1A90、1A85等。

工业纯铝主要用于制作电线、电缆、器皿及配制合金等。

2. 铝合金的分析与选用

铝合金的比强度（强度与密度之比）高，耐蚀性和切削加工性好。

按结晶成分划分，铝合金分为变形铝合金和铸造铝合金。变形铝合金塑性较高，适于压力加工。铸造铝合金熔点低，流动性好，适于铸造。

（1）变形铝合金的分析与选用。变形铝合金按照热处理性能不同分为不能热处理强化的铝合金和能热处理强化的铝合金。

① 不能热处理强化的铝合金主要是指 Al－Mn 系、Al－Mg 系合金，其特点是有很好的耐蚀性，故常称为防锈铝合金。这类合金还有良好的塑性和焊接性能，但强度较低，切削加工性能较差，只有通过冷加工变形才能使其强化。防锈铝合金代号采用四位字符体系牌号，如 5A02、2A11 等。防锈铝合金主要用于制作需要弯曲或冷拉伸的高耐蚀性容器，以及受力小、耐蚀的制品与结构件，如汽车车体、型材、易拉罐等。

② 能热处理强化的铝合金常用的有以下几种：

a. 硬铝合金。这类铝合金是 Al－Cu－Mg 系合金，加入铜和镁的目的是使之形成强化相。硬铝合金通过固溶热处理、时效可显著提高强度，σ_b 可达 420 MPa，故称硬铝。硬铝的耐蚀性差，尤其不耐海水腐蚀。为此，常采用包纯铝方法提高板材的耐蚀性，但在热处理后强度较低。硬铝合金的代号有 2A11、2A12、2B11 等。

2A11 称为标准硬铝，强度较高、塑性较好，退火后冲压性能好，应用较广，主要用于形状较复杂、载荷较轻的结构件。2A12 是高强度硬铝，强度、硬度高，塑性、焊接性较差，主要用于高强度结构件。例如，飞机翼肋、翼梁等。2B11 主要用作铆钉材料。

b. 超硬铝合金。这类铝合金是 Al－Cu－Mg－Zn 系合金。超硬铝合金时效硬化效果最好，强度、硬度高于硬铝，故称超硬铝。但耐蚀性较差，且温度大于 120 ℃时就会软化。超硬铝合金的代号有 7A03、7A04、7A09 等。超硬铝合金主要用作要求质量轻、受力较大的结构件，如飞机大梁、起落架、桁架等。

c. 锻铝合金。这类铝合金大多是 Al－Cu－Mg－Si 系合金。其力学性能与硬铝相近，但热塑性及耐蚀性较高，适于锻造，故称锻铝。锻铝合金代号有 2A50、2A70、2A80、2A14 等。锻铝合金主要用作航空及仪表工业中形状复杂、比强度较高的锻件，以及在 200 ℃以下工作的结构件。例如，叶轮、框架、支架、活塞、气缸头等。

（2）铸造铝合金的分析与选用。该合金有良好的铸造性能，可浇注成各种形状复杂的铸件。铸造铝合金的种类很多，主要有 Al－Si 系、Al－Cu 系、Al－Mg 系和 Al－Zn 系 4 类。

铸造铝合金的代号用 ZL（“铸铝”汉语拼音首字母）及三位数字表示。第一位数字表示主要合金类别，分别用“1、2、3、4”表示铝硅系、铝铜系、铝镁系、铝锌系合金；第二、三位数字表示顺序号，如 ZL102、ZL30 等。

铸造铝合金的牌号由 Z 和基体元素化学符号、主要元素化学符号以及表示合金元素平均含量百分数的数字组成。优质合金在牌号后面标注 A，压铸合金在牌号前面冠以字母 YZ。例如，ZAISi12 表示 $\omega_{Si}=12\%$ 的铸造铝合金。

常用的铸造铝合金有以下几种：

① 铝硅合金。Al－Si 系铸造铝合金通常称为硅铝明。这类合金有优良的铸造性能

（如流动性好，收缩及热裂倾向小），一定的强度和良好的耐蚀性，被广泛用于制造质量轻、形状复杂、耐蚀但强度要求不高、温度在200 ℃以下工作的铸件，如内燃机活塞、气缸体、油泵壳体等。常用代号有ZL101、ZL102、ZL103、ZL104、ZL105等。

② 铝铜合金。这类合金的$\omega_{Cu}=4\%\sim14\%$。由于铜在铝中有较大的溶解度，且随温度发生变化，因此可进行时效硬化。铝铜合金耐热性好，但铸造性能和耐蚀性差。主要用来制造要求较高强度或高温下不受冲击的零件，如内燃机汽缸头、活塞等。常用代号有ZL201、ZL202、ZL203等。

③ 铝镁合金。这类合金密度小（$<2.55\ g/cm^3$）、耐蚀性好、强度高、铸造性能差、耐热性低，时效硬化效果很小。主要用于制造在腐蚀性介质中工作的零件，如氨用泵体、船舰配件等。常用代号有ZL301、ZL303等。

④ 铝锌合金。这类合金铸造性能好，经变质处理和时效处理后强度较高，价格便宜，但耐蚀性、耐热性差。主要用于制造结构形状复杂的零件，如汽车、仪表、飞机、日用品等。常用代号有ZL401、ZL402等。

2.6.2 铜及铜合金的分析与选用

1. 工业纯铜的分析与选用

工业纯铜又称紫铜，密度为$8.9\ g/cm^3$，熔点为1 083 ℃。纯铜导电性、导热性优良，耐蚀性和塑性很好（$\delta=40\%\sim50\%$），但强度较低（$\sigma_b=230\sim250$MPa），硬度很低（30～40HBS），不能热处理强化，只能通过冷变形强化，但塑性降低。例如，当变形度为50%时（再结晶后的晶粒大小与冷变形时的变形程度有一定关系，在某个变形程度时再结晶后得到的晶粒特别粗大，对应的冷变形程度称为临界变形度），强度为$\sigma_b=400\sim430$ MPa，硬度为100～200HBS，塑性下降至$\delta=1\%\sim2\%$。

工业纯铜的纯度为99.90%～99.99%，主要杂质有铅、铋、氧、硫、磷等，杂质含量越多，其电导性越差，并易产生热脆和冷脆。工业纯铜的代号用T（“铜”的汉语拼音首字母）及顺序号（数字）表示，共有三个代号：T1、T2、T3，其后数字越大，纯度越低。纯铜被广泛用于制造电线、电缆、电刷、铜管及配制合金，不宜制造受力的结构件。

2. 铜合金的分析与选用

铜合金是以铜为主要元素，加入少量其他元素形成的合金。铜合金比工业纯铜的强度高，且具有许多优良的物理化学性能，常用作工程结构材料。铜合金按化学成分不同分为黄铜、青铜和白铜，按生产方法不同分为压力加工铜合金和铸造铜合金。

（1）黄铜的分析与选用。黄铜是以锌为主要添加元素的铜合金。按其化学成分不同分为普通黄铜和特殊黄铜；按生产方法不同分为压力加工黄铜和铸造黄铜。

① 普通黄铜。普通黄铜是铜和锌组成的二元合金。加入锌可提高合金的强度、硬度和塑性，还可改善铸造性能。

压力加工普通黄铜的牌号用H（“黄”的汉语拼音首字母）及数字表示，其数字表示铜平均含量的百分数。例如，H68表示平均含铜量为68%，其余为锌含量的普通黄铜。

常用单相黄铜H70、H68强度较高，冷、热变形能力好，适于用冲压法制造形状复杂、要求耐蚀的零件，如弹壳、造纸用管、散热器外壳等；H62、H59的强度较高，有一定的耐蚀性，不适宜冷变形加工，可进行热变形加工，故被广泛用于制造热轧、热压零件，如销钉、铆钉、螺母、导管、焊接件等。

铸造黄铜的牌号依次由Z（“铸”字汉语拼音首字母）、铜、合金元素符号及该元素平均含量百分数组成。例如，ZCuZn38为平均含锌量为38%，其余为铜含量的铸造黄铜。铸造黄铜的熔点低于纯铜，铸造性能好，且组织致密，主要用于制作一般结构件和耐蚀件，如端盖、阀座、手柄座、螺母等。

② 特殊黄铜。在普通黄铜中加入硅、锡、铝、铅、锰、铁等合金元素所形成的合金称为特殊黄铜，相应的称这些特殊黄铜为硅黄铜、锡黄铜、铝黄铜等。加入的合金元素均可提高黄铜的强度，锡、铝、锰、硅还可提高黄铜的耐蚀性并减少应力腐蚀破裂的倾向；铅可改善黄铜的切削加工性能并提高耐磨性；硅可改善黄铜的铸造性能；铁可细化黄铜的晶粒。

特殊黄铜分为压力加工和铸造用两种。压力加工特殊黄铜的牌号依次由H（“黄”字汉语拼音首字母）、主加合金元素符号、铜平均含量百分数、合金元素平均含量百分数组成。例如，HSn62－1表示平均含锡量为1%、含铜量Cu为62%，其余为锌含量的锡黄铜。铸造特殊黄铜的牌号依次由Z（“铸”字汉语拼音首字母）、铜和合金元素符号、合金元素平均含量百分数组成。例如，ZCuZn31Al2表示平均含锌量为31%、含铝量为2%，其余为铜含量的铸造铝黄铜。

（2）白铜的分析与选用。白铜是以镍为主加元素的铜合金，因色白而得名。按照化学成分的不同，可分为普通白铜和特殊白铜。

① 普通白铜。通常含镍量小于50%的铜合金称为普通白铜。具有优良的塑性，还具有很好的耐蚀性、耐热性和特殊的电性能。因此，普通白铜主要制作在蒸汽、海水中工作的精密机械零件、钱币和电器元件等。

普通白铜的牌号用“B＋数字”表示。B是“白”字汉语拼音首字母，数字表示平均含铜量的百分数。例如，B19表示平均含镍为19%、含铜为81%的普通白铜。

② 特殊白铜。特殊白铜是在普通白铜中加入锌、铝、铁、锰等元素而组成的合金。加入合金元素能改善白铜的力学性能、工艺性能和电热性能，以及某些特殊性能。特殊白铜用于制作耐蚀、耐寒的高强度零件、精密电阻、医疗器械和弹簧等。

特殊白铜的牌号用“B＋主加元素符号＋数字”表示，“主加元素符号”与“数字”之间用“－”隔开。数字依次表示镍和加入元素平均含量的百分数，如BMn3－12表示含镍3%、含锰12%、含铜85%的锰白铜。

（3）青铜的分析与选用。除黄铜和白铜以外的其他铜合金称为青铜，其中含锡元素的称为锡青铜，不含锡元素的称为无锡青铜（特殊青铜）。常用青铜有锡青铜、铝青铜、铍青铜、铅青铜等。按生产方式不同，青铜可分为压力加工青铜和铸造青铜两类。

青铜的牌号依次由Q（“青”的汉语拼音首字母）、主加元素符号及其平均含量百分数、其他元素平均含量百分数组成。例如，QSn4－3表示平均含锡量为4%、含锌量为3%，其余为铜含量的锡青铜。若是铸造用青铜，其牌号依次由Z（“铸”字汉语拼音首字母）、铜及合金元素符号、合金元素平均含量百分数组成。例如，ZCuSn10Zn2表示平均含锡量为10%、含锌量为2%，其余为铜含量的铸造锡青铜。

① 锡青铜。以锡为主要添加元素的铜基合金称为锡青铜。

锡青铜的耐磨性好，对大气、淡水、海水等的抗蚀性比纯铜和黄铜高，无磁性、无冷脆现象，但对酸类和氨水的抗蚀性差。

压力加工锡青铜适于制造仪表上要求耐磨、耐蚀的零件，以及弹性零件、抗磁零件等，如 QSn4 - 3 适于制造弹性元件、化工机械耐磨零件和抗磁零件，QSn4 - 4 - 4 适于制造航空、汽车和拖拉机用承受摩擦的零件（如轴承）。铸造锡青铜流动性差，易产生成分偏析、分散缩孔，使铸件致密性不高，但收缩小，故适宜制造形状复杂、外形尺寸要求严格、致密性要求不高的耐磨、耐蚀件，如 ZCuSn3Zn11Pb4 适合制造海水、淡水和蒸气中、压力小于 2.5 MPa 的阀门和管配件，ZCuSn5Pb5Zn5 适于制造在较高负荷、中等滑动速度下工作的耐磨、耐蚀零件（如轴瓦、轴套、齿轮、蜗轮、蒸汽管、活塞、离合器）。

② 铝青铜。以铝为主要添加元素的铜合金称为铝青铜。它具有高的耐蚀性，较高的耐热性、硬度、耐磨性、韧性和强度。铸造铝青铜流动性好，偏析和分散缩孔小，故能获得致密的铸件，但收缩率大。

压力加工铝青铜用于制造仪器中要求耐蚀的零件和弹性元件，如 QAl5 适于制造弹簧，QAl10 - 1.5 适于制造船舶用高强度耐蚀零件（如齿轮、轴承）；铸造铝青铜常用于制造要求有较高强度和耐磨性的摩擦零件。若加入合金元素锰、铁，可进一步提高铝青铜的强度和耐磨性，如 ZCuAl9Mn2 适于制造耐蚀、耐磨件及在小于 250 ℃工作的管配件、要求气密性高的铸件，ZCuAl8Mn13Fe3 适于制造重型机械用轴套和要求强度高、耐磨、耐压零件，如衬套、法兰、阀体、泵体等。

③ 铍青铜。以铍为主要添加元素的铜合金称为铍青铜，一般 $\omega_{Be} = 1.7\% \sim 2.5\%$。铍青铜经固熔热处理和时效后具有高的强度、硬度和弹性极限。另外，还具有良好的耐蚀性、电导性、热导性和工艺性，无磁性、耐寒，受冲击不产生火花等优点，可进行冷、热加工和铸造成形，主要用于制造仪器、仪表中的重要弹性元件和耐蚀、耐磨零件，如 QBe2 用于制造钟表齿轮、弹簧、航海罗盘、电焊机电极、防爆工具等。铍青铜成本高，应用受限。

2.7 轴承合金的分析与选用

在滑动轴承中，用于制造轴瓦或内衬的合金称为轴承合金。

2.7.1 滑动轴承的工作条件及对轴承合金的性能要求

轴承合金应具有较高的抗压强度和疲劳强度，以承受轴颈所施加的较大单位压力；高的耐磨性，良好的磨合性和较小的摩擦系数，并能储存润滑油；足够的塑性和韧性，以保证与轴配合良好，并耐冲击和振动；良好的耐蚀性和热导性，较小的膨胀系数，防止咬合；良好的工艺性，容易制造，价格低廉。

2.7.2 常用轴承合金的分析与选用

轴承合金的牌号依次由 Z（“铸”字汉语拼音首字母）、基体合金元素符号、主要合金元素符号和各主要合金元素平均含量百分数组成，如 ZSnSb11Cu6 为平均 $\omega_{Sb}=11\%$、$\omega_{Cu}=6\%$ 的锡基轴承合金。

1. 锡基轴承合金（锡基巴氏合金）

锡基轴承合金是以锡为基础，加入少量锑和铜组成的合金。这类合金的膨胀系数和摩擦系数小，塑性、热导性、耐蚀性和工艺性良好，但疲劳强度较差，成本高，工作温度小于 150 ℃。常用作重要的轴承，如发动机、压气机、汽轮机等巨型机器的高速轴承。

2. 铅基轴承合金（铅基巴氏合金）

铅基轴承合金是以铅为基础，并加入锡、锑、铜等元素组成的合金。这类合金的强度、硬度、韧性、热导性及耐蚀性均比锡基轴承合金低，摩擦系数较大，但价格较便宜，工作温度小于 120 ℃。适于制造承受中、低载荷的中速轴承，如车辆的曲轴、连杆轴承、冲床、破碎机轴承及电动机轴承等。

3. 铜基轴承合金

有些青铜（如铅青铜、锡青铜、铝青铜等）又可制造轴承，故称为铜基轴承合金。锡青铜常用的有 ZCuSn10P1 与 ZCuSn5Pb5Zn5 等。ZCuSn10P1 合金能承受较大的载荷，被广泛用于制造中等速度及承受较大的固定载荷的轴承，如电动机、泵、金属切削机床轴承。锡青铜可直接制成轴瓦，但与其配合的轴颈应具有较高的硬度（300～400HBS）。

铅青铜常用的是 ZCuPb30。它具有高的疲劳强度和承载能力，优良的耐磨性、导热性和低的摩擦系数，并可以在较高的温度（250 ℃）下正常工作，适合制造高负荷、高速度条件下工作的轴承，如航空发动机、高速柴油机及其他高速机器的主轴承。

4. 铝基轴承合金

这类合金的密度小，热导性、耐热性、耐蚀性好，疲劳强度高，价格低，但膨胀系数大，抗咬合性差。目前，采用较多的有高锡铝基轴承合金（如 ZAlSnGCulNi1）和铝锑镁轴承合金。高锡铝基轴承合金是以铝为基本元素，加入 $\omega_{Sn}=20\%$、$\omega_{Cu}=1\%$，余量为铝组成的合金。它有较高的疲劳强度，良好的耐磨、耐热和耐蚀性，可代替巴氏合金、铜基轴承合金、铝锑镁轴承合金，适于制造高速（13 m/s）、重载（320 MPa）的轴承，在汽车、拖拉机和内燃机车等部门应用广泛。

除上述轴承合金外，珠光体灰铸铁也可制作低速（<2 m/s）、不重要的轴承。

2.8 常用非金属材料的分析与选用

非金属材料是指除金属材料和复合材料以外的其他材料。由于非金属材料的原料来源广，易成形，并具有金属材料所不及的某些特殊性能，因而应用很广泛。

2.8.1 工程塑料的分析与选用

工程塑料是以天然或合成树脂为主要成分，在一定的温度和压力下塑制成形，并在常温下保持其形状不变的材料。

1. 塑料的分类

（1）按树脂在加热和冷却时所表现出的性能分类。

① 热塑性塑料。其特点是加热时软化，可塑造成形，冷却后则变硬，此过程可反复进行，其基本性能不变。这类塑料的加工成形简便，具有较高的力学性能，但耐热性和刚性较差，使用温度小于 120 ℃。可直接注射、挤出、吹塑成形。常用的热塑性塑料有聚酰胺（尼龙）、聚乙烯、有机玻璃等。

② 热固性塑料。热固性塑料的特点是初加热时软化，可塑制成型，冷凝固化后成为坚硬的制品，若再加热，则不软化，不溶于溶剂中，不能再成型。这类塑料具有抗蠕变性强，受压不易变形，耐热性较高等优点，但强度低，成型工艺复杂。常用的热固性塑料有酚醛树脂、环氧树脂、氨基塑料等。

（2）按塑料应用范围分类。

① 通用塑料。通用塑料是指产量大（占总产量的 75% 以上）、用途广、通用性强、价格低而受力不大的一类塑料。常用的有聚乙烯、聚氯乙烯、聚丙烯、酚醛塑性等。通用塑料主要用于制作生活用品、包装材料和一般小型零件。

② 工程塑料。工程塑料是指具有优异的力学性能、绝缘性、化学性能、耐热性和尺寸稳定性的一类塑料。工程塑料的产量较小，价格较高。常用的工程塑料有聚酰胺（尼龙）、聚甲醛、ABS、有机玻璃等。工程塑料主要用于制作机械零件和工程结构件。

2. 塑料的特性及用途

塑料密度小、比强度高，表面密实光滑，摩擦因数小，防水，气密好，耐磨，消声吸振性好，耐腐蚀性好，绝缘性好以及成形工艺简单。但耐热性低、易蠕变，易燃烧，易老化，导热性差。塑料主要用作绝缘材料、建筑材料、工业结构材料和零件、日用品等。

（1）聚乙烯塑料。聚乙烯塑料无毒、强度较高，耐腐蚀性、电绝缘性好。高压聚乙烯质地柔软，常用来制作塑料薄膜（用于食品、药品包装）、软管和塑料瓶等。低压聚乙烯质地刚硬，耐磨性、耐蚀性及电绝缘性较好，常用来制造塑料管、板材、绳索以及承载不高的零件，如齿轮、轴承等。

（2）聚氯乙烯泡沫塑料。聚氯乙烯塑料分为软、硬聚氯乙烯塑料。软制品强度较低，柔而韧，手感黏；硬制品的强度较高，在曲折处会出现白化现象。化学性质稳定，不易被酸、碱腐蚀，耐热性较差。软聚氯乙烯主要用来制造薄膜（用于包装和农用）、汽车内饰品、密封条、垫条、驾驶室地垫、手袋、人造革、标签、电线电缆、医用制品等。使用时必须注意，聚氯乙烯中的增塑剂对人的健康有不良影响，不能用来包装食品。硬聚氯乙烯主要用于制造管材、门窗型材、片材等挤出产品，以及塑料凉鞋、排水管、管接头、电气零件等，它们约占聚氯乙烯 65% 以上的消耗量。

（3）聚苯乙烯塑料。聚苯乙烯塑料刚度大、耐蚀性好、电绝缘性好，缺点是抗冲击性差，易脆裂、耐热性不高，主要用于车辆上的灯罩、透明窗、电工绝缘材料等。

（4）ABS 塑料。ABS 塑料的特点是坚韧、质硬、刚性好、易着色，综合机械性能良好，同时尺寸稳定，容易电镀和易于成形，耐热性较好，在 -40 ℃的低温下仍有一定的机械强度，缺点是不耐高温，能燃烧。主要用于汽车转向盘、仪表板总成、挡泥板、扶手、热空气调节导管等。

（5）聚酰胺塑料。聚酰胺塑料又称尼龙或锦纶，有尼龙 610、66、6 等多个品种。尼龙具有突出的耐磨性和自润滑性能；良好的韧性，强度较高（因吸水不同而异）；耐蚀性好，如耐水、油、一般溶剂、许多化学药剂，抗霉、抗菌，无毒；成形性能也好，但在日光曝晒下或浸在热水中都易老化。聚酰胺塑料主要用于制造风扇叶片、输油管等。

（6）聚四氟乙烯塑料。聚四氟乙烯俗称塑料王，具有突出的耐低温、耐腐蚀、电绝缘性，化学稳定性超过玻璃、陶瓷、不锈钢和金，其力学性能和加工性能较差，主要用于制作减摩密封零件、化工耐蚀零件与热交换器，以及高频或潮湿条件下的绝缘材料，也可以制作耐磨零件，如各种密封圈、塑料软管、垫片、胶带等。

（7）聚甲基丙烯酸甲酯塑料。聚甲基丙烯酸甲酯俗称有机玻璃，透明度比无机玻璃还高，透光率达92%；相对密度也只有后者的一半，为1.18 g/cm^3。强度高，但耐磨性低，易老化。耐蚀性差，主要用于油标尺、油杯、遮阳板、手表镜面、显示器屏幕等耐磨减摩零件。

（8）酚醛塑料。酚醛塑料由于其电绝缘性能优异。故被称为“电木”，特点是耐油、耐腐蚀、尺寸稳定性好、耐热、绝缘、硬而耐磨，但脆性大，光照易变色。加工性能差。酚醛塑料广泛用于电气工业，如电绝缘极、电灯开关、插座、整流罩、电话机壳体等；也常用于制造摩擦磨损零件，如轴承、齿轮、凸轮、汽车刹车片、内燃机曲轴皮带轮、垫片等。

（9）聚丙烯塑料。聚丙烯塑料具有轻质、原料来源丰富、性能价格比优越以及优良的耐热性、耐化学腐蚀性、易于成型、易于回收等特点，因此被广泛应用于汽车保险杠中。

2.8.2 常用橡胶的分析与选用

1. 橡胶的组成和特点分析

橡胶是以生胶为主要原料，加入适量配合剂而制成的高分子材料。生胶是指未加配合剂的天然橡胶或合成橡胶，它也是将配合剂和骨架材料粘成一体的粘结剂。

橡胶的性能特点是在很宽的温度范围内（-50 ℃ ~ 150 ℃）具有高弹性，同时具有优良的伸缩性和吸振能力，良好的隔音性、阻尼性、耐磨性和挠性，优良的电绝缘性、不透水性和不透气性，一定的强度和硬度。但一般橡胶的耐蚀性较差，易老化。橡胶及制品在储运和使用时，要注意防止氧化、光辐射和高温，以免使橡胶老化、变脆、龟裂。

2. 常用橡胶及其选用

橡胶有天然橡胶和合成橡胶两类。

天然橡胶属于天然树脂，是从橡胶树等植物的浆汁中制取的。天然橡胶的抗拉强度与回弹性比多数合成橡胶好，但耐热老化性和耐大气老化性较差，不耐臭氧，不耐油和有机溶剂，易燃烧。它一般用于制作轮胎，电线电缆的绝缘护套等。

合成橡胶是将石油或乙醇、乙炔、天燃气体或其他产物经过加工、提炼而获得，并具有类似橡胶性质的合成产物。常用的合成橡胶有丁苯橡胶、氯丁橡胶、聚氨酯橡胶等。合成橡胶多用于橡胶密封（汽车、机械）、密封条（门窗密封）、雨鞋、雨衣、航天用的高温绝缘隔离膜、乳胶手套、汽车轮胎、运输带、橡胶地砖等。

橡胶的性能及应用见表2-19。

表 2－19 橡胶的性能及应用

类别	种类	主要性能	应用
通用橡胶	天然橡胶（NR）	弹性和力学性能好，耐磨性、抗撕性良好。加工性能良好，但不耐高温和浓强酸，耐油和耐溶剂性差，耐臭氧和老化性较差	用于制造轮胎、胶带、胶管、胶板、胶布及通用橡胶制品等
	丁苯橡胶（SBR）	优良的耐磨性、耐油、耐老化性和耐热性，价格低廉，比天然橡胶好。力学性能与天然橡胶极接近，但加工性能较天然橡胶差	主要用于制造轮胎、制动摩擦片、离合器摩擦片、胶带、胶管及通用橡胶制品
	顺丁橡胶（BR）	以弹性好、耐磨而著称，比丁苯橡胶耐磨性高 26%。强度较低，加工性能差、抗撕性差，吸振能力强	用于制造轮胎、胶带、弹簧、减振器、电线、电缆、减振配件等
	氯丁橡胶（CR）	弹性、绝缘性、强度、耐老化性好，耐腐蚀、耐油性、耐燃烧、透气性较好。但密度大、耐寒性差，加工时易粘模	用于汽车门窗嵌条、油罐衬里、电线（缆）的包皮等
特种橡胶	（万能橡胶）丁腈橡胶（NBR）	耐油性、耐水性好。耐寒性、耐酸性和绝缘性差	主要用于油封、O 形密封圈、油管等耐油配件
	硅橡胶（SR）	高耐热性和耐寒性，可在 －100～300℃ 范围内保持良好的弹性、耐气候性、耐臭氧性、电绝缘性。但强度低，耐油性、耐酸性不好，价格较贵	用于制造耐高低温制品、电绝缘制品，如各种管道系统的接头、垫片、O 型密封圈、飞机中的密封件和耐高温的电线、电缆等
	氟橡胶（FPM）	耐高温，温度范围：静密封 －26 ℃～232 ℃，短时间可达 275 ℃（但会缩短使用寿命）；动密封温度在 －15 ℃～200 ℃之间，耐油、耐真空、耐腐蚀性能高于其他橡胶，抗辐射性能优良。但加工性能差，耐寒性能差，价格较贵	用于制造耐化学腐蚀的制品，如国防和高技术中的密封件（火箭和导弹的密封垫）、高耐蚀件、高真空橡胶件、垫圈、化工制品衬里等

能力训练

1. 金属材料常用的防腐蚀方法有哪些？

2. 机器设备保养时，零部件要定期进行更换，以免行驶中因疲劳发生意外。什么是金属材料的疲劳？疲劳断裂的特点有哪些？提高疲劳强度的途径有哪些？

3. 25 钢可以制作汽车备用油箱，它是哪类钢？为什么可以制造油箱？

4. 40Cr 是哪类材料？具有哪些优异性能？可以制作哪些零部件？

5. 20CrMnTi 可以制作汽车、拖拉机上变速齿轮、传动轴，其进行了什么热处理？性能如何？

6. 60Si2Mn 钢是典型的合金弹簧钢可制造汽车的减振板弹簧，具有哪些性能特点？

7. W18Cr4V 是哪类材料？具有哪些优异性能？可以制作哪些零部件？

8. 什么是铸铁？按石墨形态不同，灰口铸铁可分哪几类？

9. 汽车、拖拉机的后桥外壳可采用可锻铸铁 KTH350－10 制造，试分析该材料的性能特点。

10. 汽车、拖拉机的曲轴、连杆、凸轮轴、汽缸体等采用球墨铸铁 QT700－2 制造，试分析该材料的性能特点。

11. 什么是非合金钢？按含碳量非合金钢分哪几类？含碳量各是多少？

12. 45 钢是常用的一种非合金钢，常用于制造齿轮、主轴等零件。试分析 45 钢的性能特点。

13. 什么是热处理？钢常用的普通热处理方法有哪些？

14. 将下列材料与其用途用连线联系起来。

4Cr13　　20CrMnTi　　40Cr　　60Si2Mn　　5CrMnMo　　GCr15

热锻模　　汽车变速齿轮　　轴承滚珠　　弹簧　　机器中的转轴　　医疗器械

15. 灰铸铁和钢相比，具有哪些性能特点？

16. 铝合金有何性能特点？可制作哪些零件？

17. 什么是工程塑料？热固性塑料和热塑性塑料有何不同？

18. 聚甲基丙烯酸甲酯俗称有机玻璃，可制作汽车后灯罩、显示器屏幕等，试分析该材料的性能特点。

19. 汽车门窗嵌条和轮胎等常采用橡胶制作，试分析橡胶的性能特点。

20. 钢按用途分为结构钢、工具钢和特殊性能钢三大类，根据你所掌握的知识回答下列问题。

（1）下列钢材中哪些属于结构钢？哪些属于工具钢？哪些属于特殊性能钢？

① 制造钻头用钢 T12A；

② 制造坦克履带用耐磨钢 ZGMn13；

③ 制造钢板弹簧用钢 60Si2Mn；

④ 制造汽轮机叶片用不锈钢 12Cr13；

⑤ 制造车刀用钢 W18Cr4V；

⑥ 制造机床主轴用钢 40Cr；

⑦ 制造汽车连杆用钢 45；

⑧ 制造螺栓用钢 Q235；

⑨ 制造滚动轴承用钢 GCr15。

（2）你身边哪些物品是用钢材制造的？

21. 识读下列金属材料的牌号。

Q235A－F　T12　HT200　QT400－18　40Cr　GCr15　60Si2Mn　9SiCr　W18Cr4V

任务3　机械零部件的识别与选用

任务下达

汽车是我们常见的机器，它有许多零部件组成。通过本任务的学习，完成以下任务：

① 请你说出组成汽车的标准件及非标准件的名称。

② 组装变速器时，采用螺纹连接、键连接和销连接，请分析这些传动功用的不同之处。

③ 汽车采用了带传动、链传动和齿轮传动等机械传动，请分析这些传动的优缺点。

④ 汽车中采用不同类型的轴承支撑轴，分析这些轴承的特点，并说出轴与轴之间的连接部件。

⑤ 汽车雨刷器可以采用什么机构控制？配气机构采用什么机构控制？请加以说明。

⑥ 若实际维修中，现有一个渐开线标准正常齿直齿圆柱齿轮，测得该齿轮齿顶圆直径是77.5 mm，查得齿数是29齿，欲选择一大齿轮与其相配对，保证传动的中心距为145 mm，请确定配对齿轮的齿数以及几何尺寸。

任务要求

了解机械的基本术语，掌握常用连接方法和常用机械传动的特点，熟悉并能识别轴承、联轴器及离合器，明确常用机构的类型及应用，会计算渐开线标准正常齿直齿圆柱齿轮的几何尺寸及定轴轮系的传动比；培养学生理论联系实际的能力。

知识链接

3.1　机械基本知识

3.1.1　机器的识别

如图3－1所示为单缸内燃机，它是由气缸体1、活塞2、进气阀3、排气阀4、连杆5、曲轴6、凸轮7、顶杆8、齿轮9和10组成。燃气推动活塞2做往复移动，经连杆5转变为曲轴6的连续转动，从而带动齿轮10，通过齿轮10和齿轮9的啮合带动凸轮7转动，进而控制进、排气阀的启闭运动。为保证曲轴每转两周进、排气阀各启闭一次，曲轴与凸轮之间安装了齿数比为1∶2的齿轮。这样，当燃气推动活塞运动时，各构件协调地动作，加上汽化、点火等装置的配合，即可把燃气的热能转化为曲轴转动的机械能。

从组成和作用上分析，机器的特征包括：

① 任何机器都是由许多实体组合而成的。如图3－1所示的单缸内燃机是由气缸体、活塞、连杆、曲轴、轴承等构件组合而成的。

② 各运动实体之间具有确定的相对运动。

③ 能实现能量的转换、代替或减轻人类的劳动，完成有用的机械功。

同时具有以上三个特征的实物组合称为机器。

机器按照构造、用途、性能等可分为动力机器、加工机器、运输机器和信息机器。

3.1.2 机构的识别

机构是具有确定的相对运动的实物组合。

机器与机构的区别在于：机器的主要功用是利用机械能做功或实现能量的转换；机构的主要功用在于传递或转变运动的形式，传递运动和动力，不能做机械功，也不能实现能量的转换。例如，发动机、机床、轧钢机、纺织机和拖拉机等都是机器，而钟表、仪表、千斤顶、汽车中的变速装置或分度装置等都是机构。通常机器必包含一个或一个以上的机构。图3－1所示的单缸内燃机，其中就有一个曲柄连杆机构，用来将气缸体内活塞的往复运动转变为曲柄（曲轴）的连续转动。

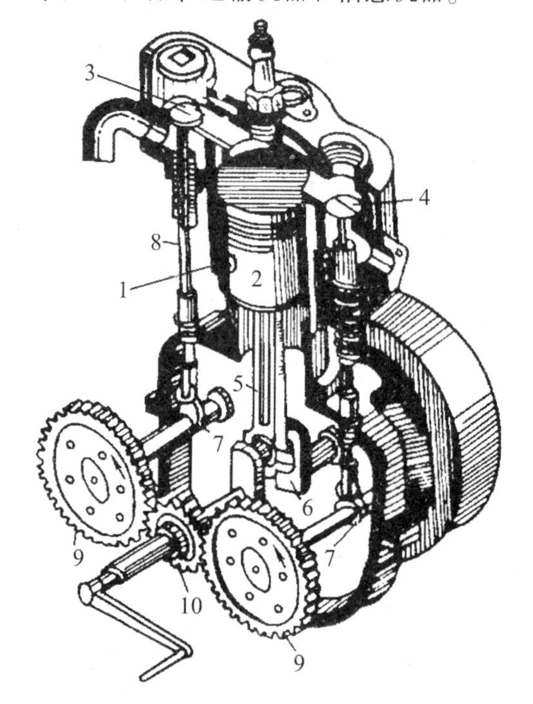

图3－1 单缸内燃机

1—气缸体；2—活塞；3—进气阀；4—排气阀；5—连杆；6—曲轴；7—凸轮；8—顶杆；9、10—齿轮

如果不考虑做功或实现能量转换，只从结构和运动的观点来看，机器和机构没有区别，而将它们总称为机械，即机械是机器与机构的总称。

3.1.3 构件与零件的识别

构件是机构中参加运动的单元。一个构件可以是不能拆开的单一整体，如图3－1中的曲轴6；也可以是几个相互之间没有相对运动的物体组合而成的刚性体，如图3－2（a）中的连杆，它是由连杆体、连杆盖和连接连杆体和连杆盖的连接螺钉组成的，内燃机工作时，连杆作为一个整体参加运动。

零件是机械中的制造单元，是组成机械不可拆分的基本单元，如图3－2中的连杆盖、连杆体、连接螺钉等。零件按功能和结构特点可分为通用零件和专用零件。各种机械中普遍使用的零件是通用零件，如螺钉、键、齿轮、轴承等。仅在某些专门行业中才用到的零件称为专用零件，如内燃机活塞等。

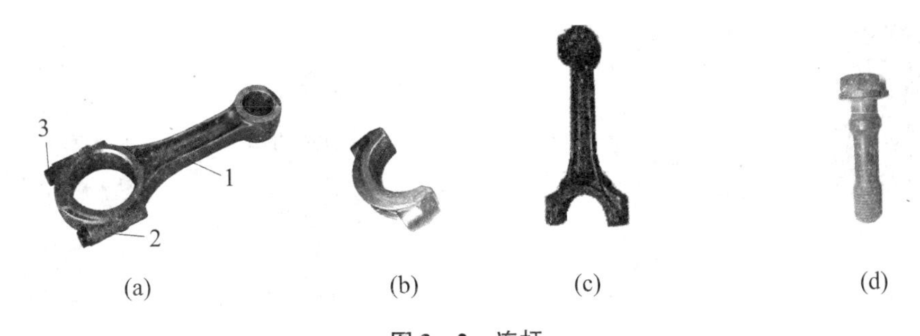

图3-2　连杆

（a）连杆；（b）连杆盖；（c）连杆体；（d）连接螺钉

1—连杆体；2—连杆盖；3—连接螺钉

3.2　螺纹连接的识别与选用

连接是指被连接件与连接件的组合。被连接件有轴与轴上零件（如齿轮、飞轮）、轮圈与轮心、箱体与箱盖等；连接件又称紧固件，如螺栓、螺母、销、铆钉等。有些连接则没有专门的紧固件，如靠被连接件本身变形组成的过盈连接；利用分子结合力组成的焊接和粘接等。

连接可分为可拆连接和不可拆连接。允许多次装拆而无损于使用性能的连接称为可拆连接，如螺纹连接、键连接和销连接；损坏组成零件而拆开的连接称为不可拆连接，如焊接、粘接和铆接。本任务只讨论可拆连接。

3.2.1　螺纹的类型和主要参数的分析

1. 螺纹的类型

螺纹按照牙型分为三角形螺纹、矩形螺纹、梯形螺纹、锯齿形螺纹，螺纹形成及螺纹牙如图3-3所示；按照螺旋线绕行方向分为左旋螺纹和右旋螺纹；按照螺旋线数目分为单线螺纹和多线螺纹；按照母体形状分为圆柱螺纹和圆锥螺纹；按照螺纹分布表面分为内螺纹和外螺纹。

2. 螺纹的主要参数

现以圆柱普通螺纹为例说明螺纹的主要几何参数。

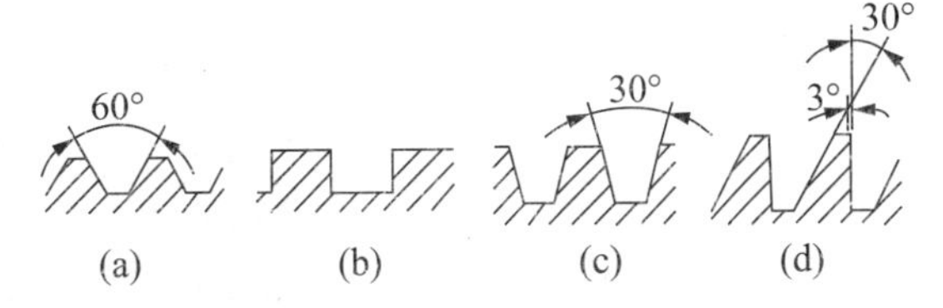

图3-3　螺纹形成及螺纹牙

（a）三角形螺纹；（b）矩形螺纹；（c）梯形螺纹；（d）锯齿形螺纹

（1）螺纹线数 n（一般 $n \leq 4$）。单线螺纹为一条螺旋线所形成的螺纹［见图3-4（a）］；由两条或两条以上在轴向等距分布的螺旋线所形成的螺纹称为多线螺纹［见图3-4（b）］。

（2）螺纹的旋向。螺纹的旋向是螺旋线在圆柱面上的旋转方向。按照螺纹的旋向不同，分为右旋和左旋，顺时针方向旋入的螺纹为右旋螺纹，反之为左旋螺纹。螺纹的旋向可用右手法则判别：手心对着自己，四指沿螺纹轴线方向伸直，螺纹的旋向与右手大拇指指向一致则为右旋螺纹［见图3-5（a）］；反之为左旋螺纹［见图3-5（b）］。一般常用右旋螺纹，也叫正扣。

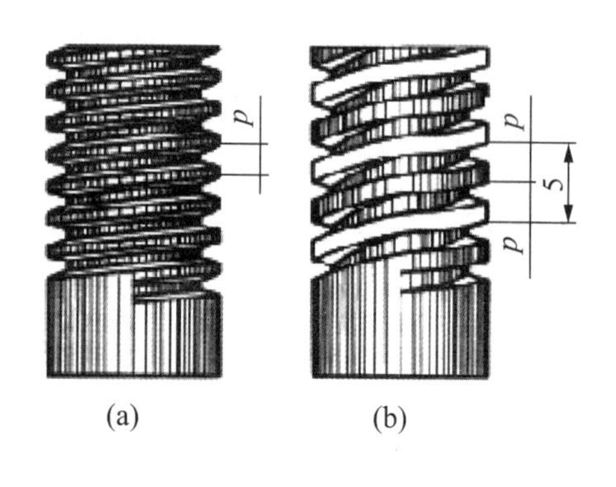

图 3-4　螺纹的线数
（a）单线螺纹；（b）多线螺纹

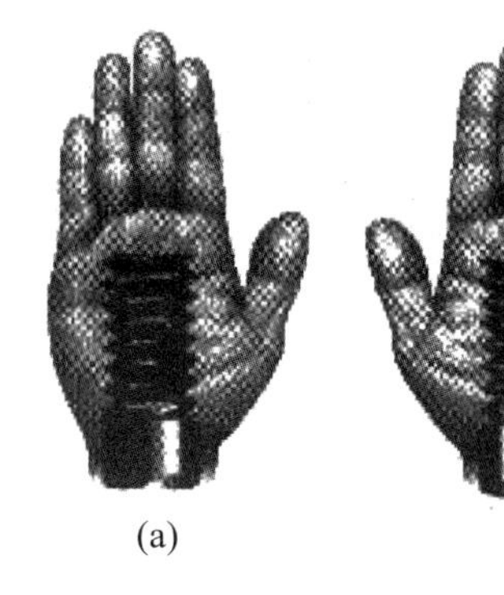
图 3-5　螺纹的旋向
（a）右旋螺纹；（b）左旋螺纹

（3）大径 D、d。与外螺纹牙顶或内螺纹牙底相重合的假想圆柱的直径称为大径，即螺纹的最大直径（见图 3-6）。其中，内螺纹大径用 D 表示，外螺纹大径用 d 表示。螺纹大径为普通螺纹的公称直径，代表螺纹的规格尺寸。

（4）小径 D_1、d_1。与外螺纹牙底或内螺纹牙顶相重合的假想圆柱的直径称为小径，即螺纹的最小直径（见图 3-6）。其中，内螺纹小径用 D_1 表示，外螺纹小径用 d_1 表示。在强度计算中作为危险剖面的计算直径。

（5）中径 D_2、d_2。牙型上沟槽和凸起宽度相等处的假想圆柱的直径（见图 3-6）。其中，内螺纹中径用 D_2 表示，外螺纹中径用 d_2 表示。

（6）螺距 p。相邻两牙在螺纹中径线上对应两点间的轴向距离称为螺距，用 p 表示（见图 3-6）。

（7）导程 S。同一条螺旋线上相邻两牙在中径线上对应两点间的轴向距离，用 S 表示（见图 3-6），$S = np$。

（8）螺纹升角 ψ。螺纹升角是指中径圆柱上螺旋线的切线与垂直于螺纹轴线的平面的夹角，用 ψ 表示（见图 3-6）。

（9）牙型角 α。牙型角是指在螺纹牙型上相邻两牙侧边所夹的锐角（见图 3-6）。

（10）牙侧角 β。螺纹牙型侧边与垂直于螺纹轴线的平面的夹角。对称牙型 $\beta = \alpha/2$（见图 3-6）。

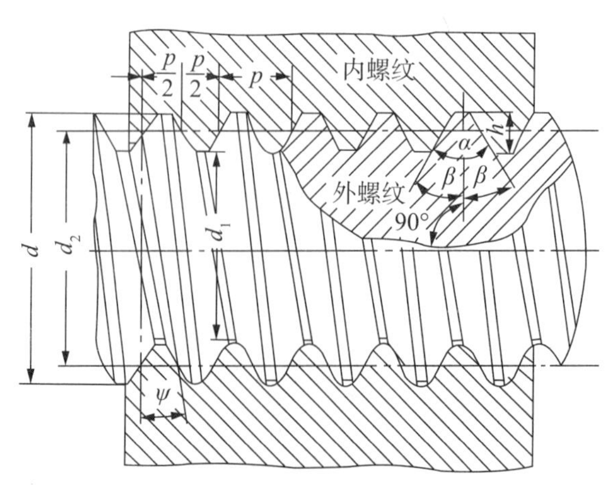

图 3-6　螺纹的部分参数

内螺纹、外螺纹相互旋合所形成的连接称为螺纹副或称螺旋副。构成螺纹副的条件是它们的牙型、直径、螺距、线数和旋向必须完全相同。

3.2.2 常用螺纹的识别与选用

利用螺纹零件构成的可拆连接称为螺纹连接。螺纹连接结构简单、紧固可靠、装拆方便、成本低廉。机械中常用螺纹的类型与特点见表 3-1。

表 3-1 机械中常用螺纹的类型与特点

螺纹类型	牙型	特点
普通螺纹	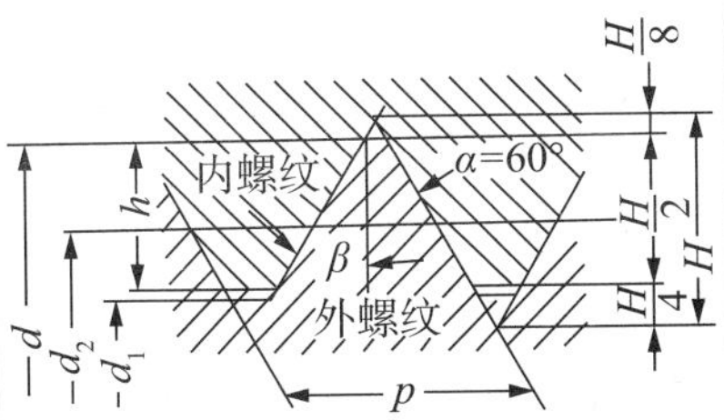 内螺纹 外螺纹 $\alpha=60°$ β h p d d_2 d_1 $\frac{H}{8}$ $\frac{H}{2}$ $\frac{H}{4}$ H	牙型为等边三角形，牙型角为 60°，外螺纹牙根允许有较大的圆角，以减少应力集中。同一公称直径的螺纹按螺距大小，分为粗牙螺纹和细牙螺纹，细牙螺纹的螺距小，自锁性能好，但牙细不耐磨。粗牙螺纹多用于一般连接。细牙螺纹常用于薄壁件或受冲击、振动和变载荷的连接中，也可用作微调机构的调整螺纹
非螺纹密封的管螺纹	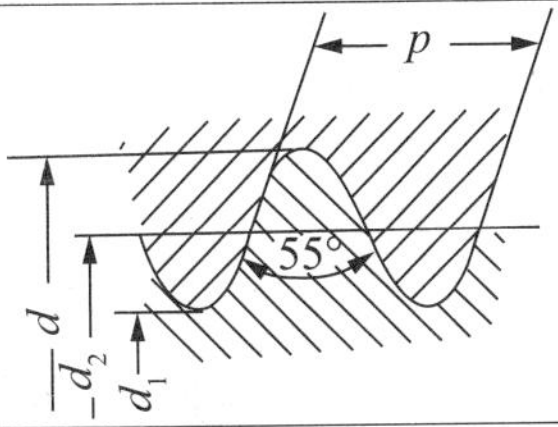 p 55° d d_2 d_1	牙型为等腰三角形，牙型角 $\alpha=55°$，牙顶有较大的圆角。管螺纹为英制细牙螺纹，尺寸代号为管子内螺纹大径。适用于管接头、旋塞、阀门及附件
用螺纹密封的管螺纹	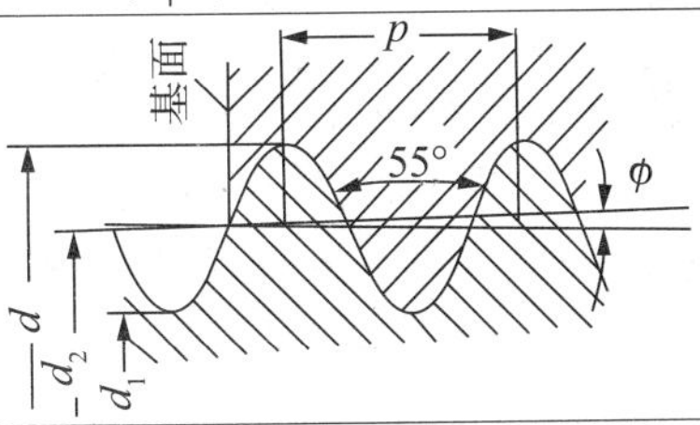 基面 p 55° ϕ d d_2 d_1	牙型为等腰三角形，牙型角 $\alpha=55°$，牙顶有较大的圆角。螺纹分布在锥度 1:16 的圆锥管壁上。它包括圆锥内螺纹与圆锥外螺纹和圆锥外螺纹与圆柱内螺纹两种连接形式。螺纹旋合后，不需要任何填料，利用本身的变形就可保证连接的紧密性。适用于管接头、旋塞、阀门及附件
矩形螺纹	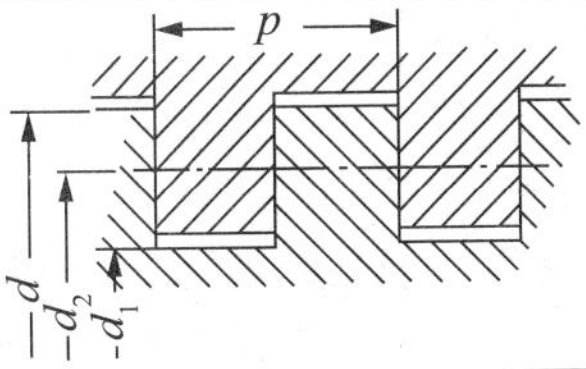 p d d_2 d_1	牙型角为正方形。传动效率高，但牙根强度弱，螺旋副磨损后，间隙难以修复和补偿。矩形螺纹尚未标准化。应用较少，目前已逐渐被梯形螺纹所替代
梯形螺纹	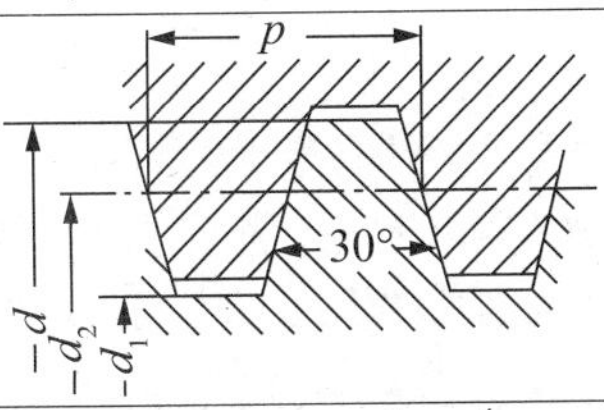 p 30° d d_2 d_1	牙型为等腰梯形，牙型角 $\alpha=30°$。传动效率比矩形螺纹低，但工艺性好，牙根强度高，对中性好。若采用剖分螺母，螺纹磨损后间隙可以补偿。梯形螺纹是最常用的传动螺纹
锯齿形螺纹	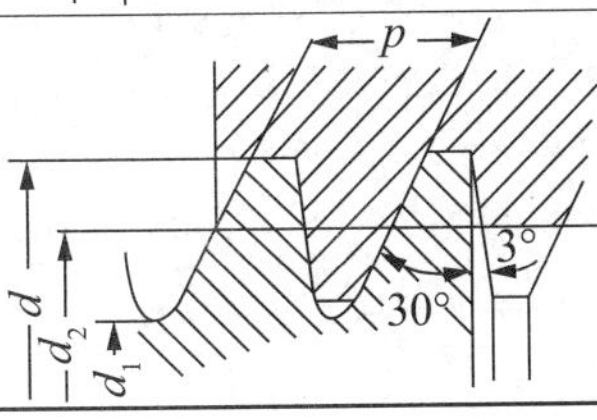 p 3° 30° d d_2 d_1	牙型为不等腰梯形，工作面的牙侧角为 3°，非工作面的牙侧角为 30°。外螺纹牙根有较大的圆角，以减小应力集中。内、外螺纹旋合后大径处无间隙，便于对中。兼有矩形螺纹传动效率高、梯形螺纹牙根强度高的特点。适用于承受单向载荷的螺旋传动

3.2.3 常用螺纹连接件的识别及螺纹连接的选用

1. 常用螺纹连接件

常用螺纹连接件有螺栓、双头螺柱、螺钉、紧定螺钉、螺母、垫圈、防松零件等。常用螺纹连接件的类型、结构特点及应用见表3－2。

表3－2 常用螺纹连接件的类型、结构特点及应用

名称	图例	结构特点及应用
六角头螺栓		应用最广泛。螺杆可制成全螺纹或部分螺纹，螺距有粗牙和细牙，螺栓头部有六角头和小六角头两种，其中小六角头螺栓具有材料利用率高、机械性能好等优点，但由于头部尺寸较小，不宜用于装拆频繁、被连接件强度低的场合
双头螺柱		螺柱两端都制有螺纹，两端螺纹可相同或不同，螺柱可带退刀槽或制成腰杆，也可制成全螺纹的螺柱。螺柱的一端常用于旋入铸铁或有色金属的螺纹孔中，旋入后即不可拆卸，另一端则用于安装螺母以固定其他零件
螺钉	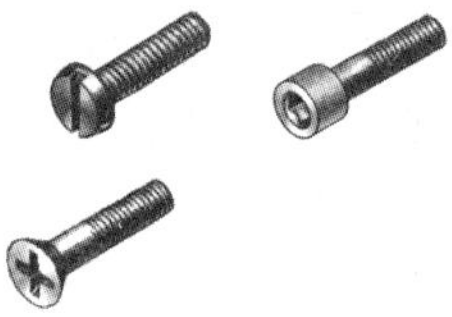	螺钉头部形状有圆头、扁圆头、圆柱头和沉头等。头部起子槽有一字槽、十字槽和内六角孔等形式。十字槽螺钉头部强度高、对中性好，便于自动装配。内六角孔螺钉能承受较大的扳手力矩，连接强度高，可代替六角头螺栓，用于要求结构紧凑的场合
紧定螺钉	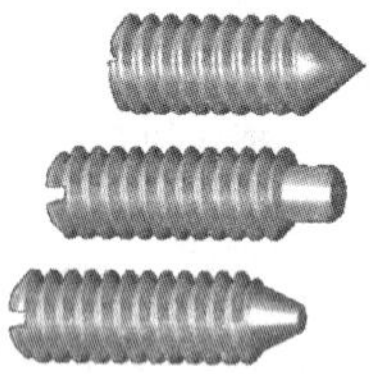	紧定螺钉的末端形状，常用的有锥端、圆柱端和平端。锥端适用于被紧定零件的表面硬度较低或不经常拆卸的场合；平端接触面积大，不伤零件表面，常用于顶紧硬度较大的平面或经常拆卸的场合；圆柱端压入轴上的凹坑中，适用于紧定空心轴上的零件位置
六角螺母	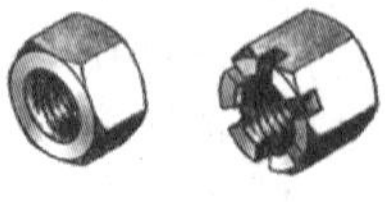	根据螺母的厚度不同，分为标准和薄型两种。薄螺母常用于受剪力的螺栓上或空间尺寸受限制的场合
圆螺母		圆螺母常与止退垫圈配用，装配时将垫圈内舌插入轴上的槽内，而将垫圈的外舌嵌入圆螺母的槽内，螺母即被锁紧，从而起到防松作用。常作为滑动轴承的轴向固定用

续表

名称	图例	结构特点及应用
平垫圈		垫圈的作用是增加被连接件的支撑面积以减小接触处的压强（尤其当被连接件材料的强度较差时）和避免拧紧螺母时擦伤被连接件的表面。普通垫圈呈环状。多用于金属零件
标准型弹簧垫圈		广泛用于经常拆开的连接处，防松装置

2. 机械中常用的螺纹连接类型与特点

螺纹连接的基本类型有螺栓连接、双头螺柱连接、螺钉连接、紧定螺钉连接。螺纹连接的基本类型、特点及应用，见表 3－3。

表 3－3 螺纹连接的基本类型、特点及应用

类型	结构图	特点及应用
普通螺栓连接		结构简单，装拆方便，对通孔加工精度要求低，应用最广泛
铰制孔用螺栓连接		孔与螺栓杆之间没有间隙，采用基孔制过渡配合。用螺栓杆承受横向载荷或固定被连接件的相互位置
螺钉连接		不用螺母，直接将螺钉的螺纹部分拧入被连接件之一的螺纹孔中构成连接，结构简单，用于被连接件之一较厚不便加工通孔的场合。但如果经常装拆时，易使螺纹孔产生过度磨损而导致连接失效
双头螺柱连接		螺柱的一端旋紧在一被连接件的螺纹孔中，另一端则穿过另一被连接件的孔。通常用于被连接件之一太厚不便穿孔，结构要求紧凑或经常拆装的场合
紧定螺钉连接		螺钉的末端顶住零件的表面或顶入该零件的凹坑中，将零件固定，它可以传递不大的载荷

3.2.4 螺纹连接的预紧方法和防松方法的选择

1. 螺纹连接的预紧

螺纹连接在装配时一般需要拧紧，使连接在承受工作载荷之前预先受到力的作用，这个预先作用力称为预紧力。预紧的目的在于增强连接的可靠性、紧密性和防松能力，提高螺栓的疲劳强度。

2. 螺纹连接的防松

松动是螺纹连接中最常见的失效形式之一。在高温、变载荷、冲击或振动载荷作用下，连接可能发生松动或松脱现象，影响正常工作，甚至发生事故。为了保证螺纹连接安全可靠，必须采取有效的防松措施。

所谓防松就是消除或限制螺纹副之间的相对运动。按其工作原理，螺纹连接的防松分为增大摩擦力防松、利用机械方法防松和破坏螺纹副关系防松等多种方法。常用的防松方法见表3－4。

表3－4 常用的防松方法

	弹簧垫圈	对顶螺母	自锁螺母
增大摩擦力防松	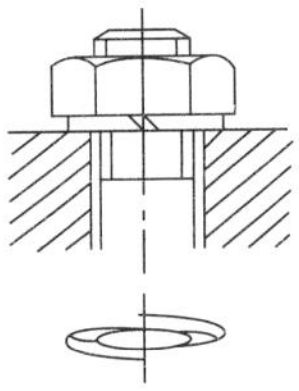	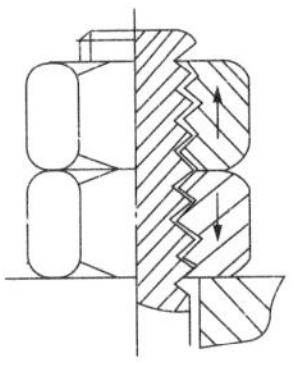	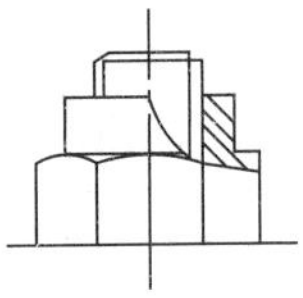
	螺母拧紧后靠弹簧垫圈被压平而产生的弹性反力使旋合螺纹间压紧。结构简单，使用方便，但防松效果较差	利用两螺母的对顶作用使螺栓始终受附加的拉力和附加的摩擦力。结构简单，可用于低速重载的场合	螺母一端制成非圆口或开缝后径向收口。拧紧螺母后，收口被胀开，利用其弹力使旋合螺纹间压紧。结构简单，防松可靠，可多次装拆而不影响防松效果

	槽形螺母和开口销	圆螺母和止动垫圈	止动垫片	串金属丝
利用机械方法防松	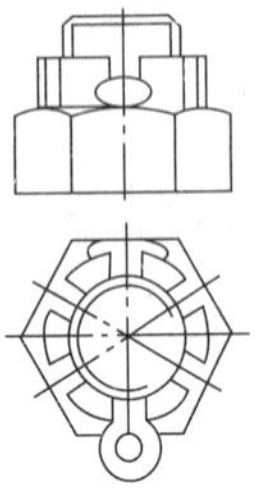	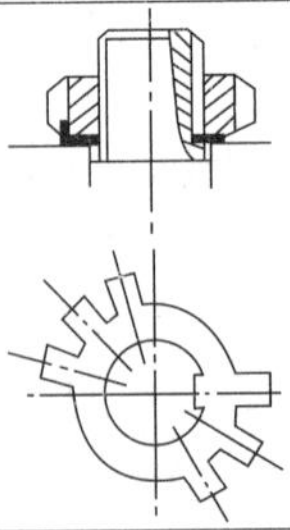	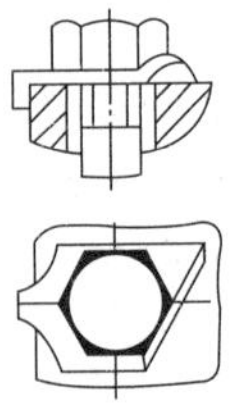	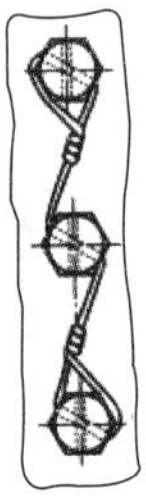
	槽形螺母拧紧后，用开口销穿过螺栓尾部小孔和螺母的槽，也可以用普通螺母拧紧后再配钻开口销孔	使垫片内翅嵌入螺栓的槽内，拧紧螺母后将垫片外翅之一折嵌于螺母的一个槽内	将止动垫片分别向螺母和被连接件的侧面弯折，从而将螺母锁住	螺钉紧固后，在螺钉头部小孔中串入铁丝，但应注意串孔方向为旋紧方向。简单安全，常用于无螺母的螺钉连接

续表

	冲点	焊接	涂粘合剂	端铆
破坏螺纹副关系防松	1~1.5P		涂粘合剂	1~1.5 P
	拧紧后在端面或侧面螺纹的小径处用样冲冲打 2 ~ 3 点，形成永久性防松	焊具点焊 2 ~ 3 点，形成永久性防松	用厌氧性粘合剂涂于螺纹旋合表面，拧紧螺母后自行固化，获得良好的防松效果	拧紧后螺栓露出 1 ~ 1.5 个螺距，打压这部分使螺栓头部变大，形成永久性防松

3.2.5 常用螺纹代号与标记的识读

1. 普通螺纹代号与标记

（1）普通螺纹代号。粗牙普通螺纹用字母 M 及公称直径表示；细牙普通螺纹用字母 M 及公称直径 × 螺距表示。当螺纹为左旋时，在螺纹代号之后加 LH 字，例如：

M24：表示公称直径为 24 mm 的粗牙普通螺纹。

M24 × 1. 5LH：表示公称直径为 24 mm、螺距为 1. 5 mm、方向为左旋的粗牙普通螺纹。

（2）普通螺纹标记。普通螺纹的标记由螺纹代号、螺纹公差带代号及旋合长度代号组成。

螺纹公差带代号包括中径公差带代号与顶径（指外螺纹大径和内螺纹小径）公差带代号。公差带代号由表示其大小的公差等级数字和表示其位置的字母组成，如 6H、6g 等。其中“6”为公差等级数字，“H”或“g”为基本偏差代号。

螺纹公差带代号标注在螺纹代号之后，中间用“—”分开。如果螺纹的中径公差带与顶径公差带代号不同，则分别注出。前者表示中径公差带，后者表示顶径公差带。如果中径公差带与顶径公差带代号相同，则只标注一个代号。例如，M10—5g6g 中 6g 表示顶径公差带代号；5g 表示中径公差带代号；M10 表示公称直径 10 mm 的粗牙普通螺纹。M10 ×1—6H中 6H 表示中径和顶径公差带代号（相同）；M10 ×1 表示公称直径 10 mm、螺距为 1 mm 的细牙普通螺纹。

内、外螺纹装配在一起，其公差带代号用斜线分开，左边表示内螺纹公差带代号，右边表示外螺纹公差带代号。例如，M20 ×2—6H/6g 中 6g 表示外螺纹中径和顶径公差带代号；6H 表示内螺纹中径和顶径公差带代号；M20 ×2 表示公称直径 20 mm、螺距为 2 mm 的细牙普通螺纹。

螺纹旋合长度是指两个相互配合的螺纹沿螺纹轴线方向相互旋合部分的长度。螺纹旋合长度分为三组，分别为短旋合长度、中等旋合长度、长旋合长度，相应的代号用 S、N、L 表示。一般情况下，不标注旋合长度，使用时按中等旋合长度确定。特殊需要时，可注明旋合长度的数值，中间用“—”分开。例如，M20 ×2—7g6g—40。

2. 梯形螺纹代号与标记

（1）梯形螺纹代号。用 Tr 表示，单线螺纹的尺寸规格用“公称直径 × 螺距”表示；多线螺纹用“公称直径 × 导程”表示，当螺纹为左旋时，在尺寸规格之后好加注 LH，当螺纹为右旋时不标注。

Tr40 × 7：公称直径是 40 mm 的梯形螺纹，螺距是 7 mm。

Tr40 × 14（P7）LH：公称直径是 40 mm，导程是 14 mm，螺距是 7 mm 的左旋梯形螺纹。

（2）梯形螺纹标记。梯形螺纹标记由梯形螺纹代号、公差带代号及旋合长度代号组成。

公差带代号只标注中径公差带代号。旋合长度分 N、L 两组。当旋合长度为 N 组时，不标注组别代号 N；当旋合长度为 L 组时，应将组别代号 L 写在公差带代号后面，并用“—”隔开。特殊需要时可用具体旋合长度数值代替组别代号 L。梯形螺旋副的公差带要分别注出内、外螺纹的公差带代号。前面的是内螺纹公差带代号，后面的是外螺纹公差带代号，中间用斜线分开。

标记示例：

① 内螺纹：Tr40 × 7—7H。

② 外螺纹：Tr40 × 7—7e。

③ 左旋外螺纹：Tr40 × 7LH—7e。

④ 螺旋副：Tr40 × 7—7H/7e。

⑤ 旋合长度为 L 组的多线外螺纹：Tr40 × 14(P7)—8e—L。

⑥ 旋合长度为特殊需要的外螺纹：Tr40 × 1—7e—140。

3. 管螺纹的标记

（1）用螺纹密封的管螺纹的标记。由螺纹特征代号和尺寸代号组成。

螺纹特征代号有 3 个：字母 Rc 表示圆锥内螺纹；字母 Rp 表示圆柱内螺纹；字母 R 表示圆锥外螺纹。当螺纹为左旋时，在尺寸代号后加注 LH，并用“—”分开。内、外螺纹装配在一起时，内、外螺纹的标记用斜线分开，左边表示内螺纹，右边表示外螺纹。

标记示例：

① 圆锥内螺纹：Rc$1\frac{1}{2}$。

② 左旋圆锥外螺纹：Rc$1\frac{1}{2}$—LH。

③ 圆柱内螺纹与圆锥外螺纹的配合：Rp$1\frac{1}{2}$/R$2\frac{1}{2}$。

④ 左旋圆锥内螺纹与圆锥外螺纹的配合：Rc$1\frac{1}{4}$/R$1\frac{1}{4}$—LH。

（2）非螺纹密封的管螺纹标记。由螺纹特征代号、尺寸代号和公差等级代号组成。

螺纹特征代号用字母 G 表示。螺纹公差等级代号，对外螺纹分 A、B 两级；对内螺纹则不标记公差等级。当螺纹为左旋时，在公差等级代号后加注 LH，并用“—”分开。内、外螺纹装配在一起时，内、外螺纹的标记用斜线分开，左边表示内螺纹，右边表示外螺纹。

标记示例：

① 内螺纹：G$1\frac{1}{2}$。

② A 级外螺纹：G1 $\frac{1}{2}$A。

③ 左旋 B 级外螺纹：G1 $\frac{1}{2}$B—LH。

④ 右旋螺纹副：G1 $\frac{1}{2}$/G1 $\frac{1}{2}$A。

⑤ 左旋螺纹副：G1 $\frac{1}{2}$/G1 $\frac{1}{2}$A—LH。

3.3 键连接的识别与选用

3.3.1 键连接的功用

键是标准零件，如图 3－7 所示。通常用来实现轴与轮毂之间的周向固定以传递转矩，还能实现轴上零件的轴向固定或轴向移动的导向。

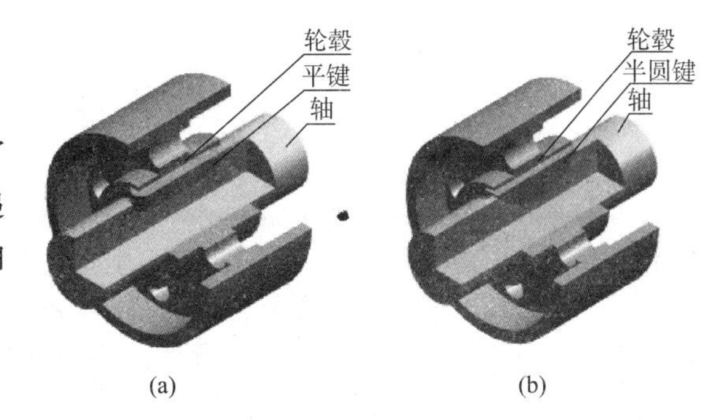

图 3－7 键连接

3.3.2 键连接的识别与选用

键连接结构简单、紧凑，工作可靠，拆装方便，成本低廉，应用十分广泛。键和键连接的类型、特点和应用见表 3－5。

表 3－5 键和键连接的类型、特点和应用

类型	键的类型	图例	特点	应用
平键连接	普通平键		A 型用于端铣刀加工的轴槽，键在轴中固定良好，但轴上键槽引起的应力集中较大；B 型用于盘铣刀加工的轴槽，轴的应力集中较小；C 型用于轴端。平键靠侧面传递转矩，对中良好，结构简单，装拆方便	应用最广，适用于高精度、高速或承受变载、冲击的场合
	导向平键		导向平键用螺钉固定在轴槽中。工作时，键对轴上的移动起导向作用。为了拆卸方便，在键的中部制有起键螺钉孔，其他特点与普通平键相同。靠侧面工作，对中性好，结构简单。轴上零件可沿轴向移动	用于轴上零件轴向移动量不大的场合，如变速箱中的滑移齿轮。但当移动距离较远时，一般采用滑键
	滑键			

续表

类型	键的类型	图例	特点	应用
半圆键连接	半圆键	A A	靠侧面传递转矩，键在轴槽中能摆动，装配方便。但键槽较深，对轴的强度削弱较大	一般用于轻载，适用于轴的锥形端部
楔键连接	普通楔键	∠1:100	钩头楔键的上下两面是工作面，键的两侧为非工作面，楔键的上表面有1:100的斜度，装配时打入轴和轮毂的键槽内，靠楔面楔紧作用传递转矩，能轴向固定零件和传递单向的轴向力	用于精度要求不高、转速较低时传递较大的、双向的或有振动的转矩
	钩头楔键	A h h A		
切向键连接	切向键	1:100 b d	切向键由两个斜度为1:100的普通楔键组成，装配时两个楔键分别从轮毂两端打入，使其两个斜面相对，共同楔紧在轴与轮毂的键槽内。其上、下两面为工作面，一个切向键只能传递单向转矩，若要传递双向转矩，必须用两个切向键，并错开120°~135°反向安装	键的键槽对轴的强度削弱较大。一般适用于轴径大于100 mm、对中性要求不高且载荷较大的重型机械中

3.3.3 常用键的标记的识读

1. 普通平键标记

普通平键的标记由“键+型号+键宽×键高×键长+GB/T 1096—2003”表示。普通平键有A、B、C三种，标记时A型平键省略“A”，而B型和C型应写出“B”或“C”字。如$b=8$ mm，$h=7$ mm，$L=20$ mm的B型普通平键标记为：键B8×7×20GB/T 1096—2003

2. 半圆键标记

半圆平键的标记由“键+键宽×键高×半径+GB/T 1099.1—2003”表示。如$b=6$ mm，$h=10$ mm，$d=25$ mm的半圆键标记为：键B6×10×25GB/T 1099.1—2003。

3.4 花键连接的识别与选用

3.4.1 花键连接的识别

1. 花键连接的功用

花键连接是由周向均布多个键齿的外花键与带有相应键齿槽的内花键相配合而组成的

（见图3－8）。齿的侧面为工作面，可用于动连接或静连接。在机床、汽车等机器中，经常需要通过齿轮在轴上的滑移改变相啮合的齿轮对从而改变传动系统传动比，以实现变速、变向等。这种齿轮和轴之间滑动的连接常用花键连接完成。

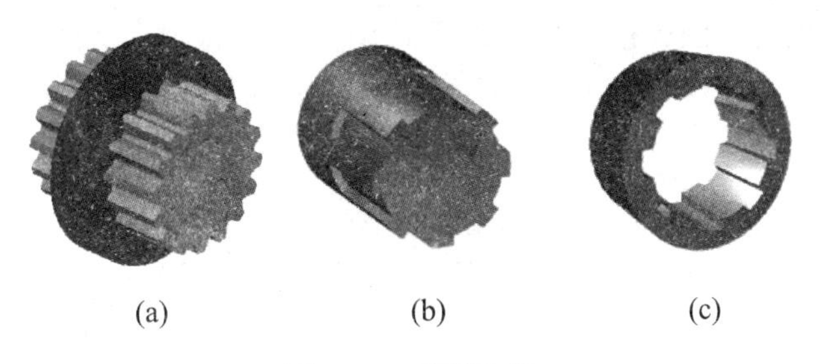

(a) (b) (c)

图3－8 花键连接

（a）花键连接；（b）外花键；（c）内花键

2. 花键连接的类型

按齿形不同，花键连接分为矩形花键连接和渐开线花键连接。其中，矩形花键连接的定心精度高，定心的稳定性好，可以利用磨削的方法消除热处理产生的变形，故被广泛应用于飞机、汽车、拖拉机、机床等领域。

3.4.2 花键连接的选用

键齿数多，承载能力强；轴上零件与轴的对中性好，沿轴向移动时导向性好；键槽浅，对轴的强度削弱较小；键齿分布均匀，受力均匀；花键加工复杂，需专用设备，适用于大批生产；单件、小批量生产时成本较高。在机床、汽车等机器中，经常需要通过齿轮在轴上的滑移来改变相啮合的齿轮对从而改变传动系统传动比，以实现变速、变向等。这种齿轮和轴之间滑动的连接常用花键连接来完成。

3.4.3 花键连接标记的识读

花键连接的标记按顺序包括以下项目："键数 N + 小径 d + 大径 D + 键宽 B + GB/T 1144—2001"。

标记示例：键数 $N=6$，小径 $d=23$ mm，大径 $D=26$ mm，键宽 $B=6$ mm。

内花键标记：6 × 23H7 × 26H10 × 6H11GB/T 1144—2001

外花键标记：6 × 23f7 × 26a11 × 6d10GB/T 1144—2001

花键副标记：$6\times23\frac{H7}{f7}\times26\frac{H10}{a11}\times6\frac{H11}{d10}$GB/T1144—2001

3.5 销连接的识别与选用

3.5.1 销连接的功用

销在机器中主要起定位作用，即固定零件之间的相对位置，也可用于连接，还可作为安全装置中的过载剪断元件。但它只传递不大的载荷，由于销孔对轴的强度削弱较大，故一般多用于轻载或不重要的连接。

3.5.2 销连接的识别与选用

常用的销有圆柱销、圆锥销和开口销等。

销是标准件，其结构形式、尺寸和标记都可以在相应的国家标准中查得，常用销的类型、特点及应用见表 3－6。

表 3－6 常用销的类型、特点及应用

类型	结构形式	规定标记示例	特点及应用
圆柱销	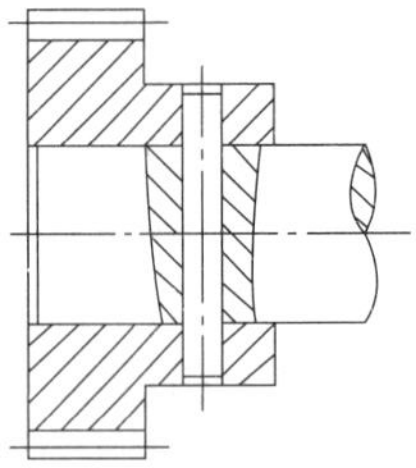	销 6m6×40GB/T 119.1—2000《圆柱销 不淬硬钢和奥氏体不锈钢》 表示公称直径为 6 mm、公差为 m6、公称长度为 40 mm 的圆柱销	利用过盈配合固定，多次拆卸会降低定位精度和可靠性。适用于不经常拆卸的场合
圆锥销	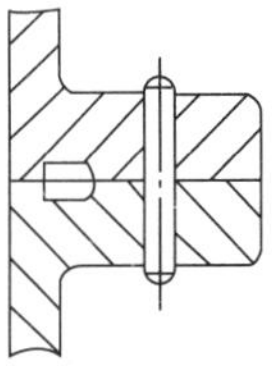	销 10×40GB/T 117—2000《圆锥销》 表示小端直径为 10 mm、公称长度为 40 mm 的圆锥销	圆锥销常用的锥度为 1:50，有自锁作用，装配方便，定位精度高，多次拆卸不会影响定位精度。适用于经常拆卸的场合
开口销	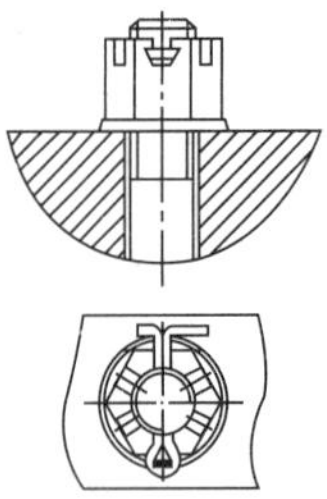	销 13×50GB/T 91—2000《开口销》 表示公称直径为 13 mm、公称长度为 50 mm 的开口销	开口销常与槽形螺母配合使用，它穿过螺母上的槽和螺杆上的孔以防止螺母松动

3.6 带传动的识别与选用

带传动是用于原动机与工作机之间的传动，调整工作机部分与原动机部分的速度关系，实现减速、增速和变速要求。

3.6.1 带传动的工作原理分析与类型识别

1. 带传动的工作原理和类型

带传动按照工作原理不同可分为摩擦式带传动和啮合式带传动。

（1）摩擦式带传动。摩擦式带传动通常是由主动带轮 1、从动带轮 2 和紧套在两轮上的传动带 3 组成的。传动带的工作原理如图 3－9 所示。传动带是以一定的张紧力紧套在带轮上，依靠带与带轮间的摩擦力使从动轮转动，以传递运动和动力的。

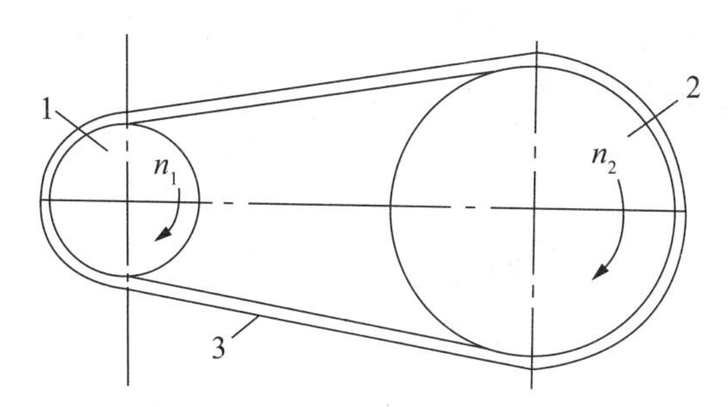

图 3－9　带传动的工作原理

1—主动带轮；2—从动带轮；3—传动带

摩擦式带传动按截面形状可分为平带传动、V 带传动、多楔带传动和圆带传动。

① 平带的横截面为扁平矩形，工作面是与带轮面接触的内表面，如图 3－10（a）所示。平带传动的传动结构简单，带轮制造容易，适用于中心距较大的场合，如粮食输送机、自动生产线等。

② V 带的横截面为等腰梯形，工作面是与轮槽相接触的两个侧面，如图 3－10（b）所示。因此，在同样的张紧力下，V 带传动较平带传动能产生更大的摩擦力，由于 V 带传动具有摩擦力大，结构紧凑等优点，故 V 带传动应用于传递功率较大的场合，如车床、内燃机等。

③ 多楔带是以平带为基体，内表面具有等距纵向楔的环形传动带，其工作面为楔的侧面，如图 3－10（c）所示。在相同传动功率的情况下，多楔带传动装置所占空间比普通 V 带小 25%，主要用于传递功率较大、要求结构紧凑的场合，如磨床、矿山机械等。

④ 圆带横截面为圆形，如图 3－10（d）所示。传递功率小，常用于仪器和家用机械中，如缝纫机、真空吸尘器等。

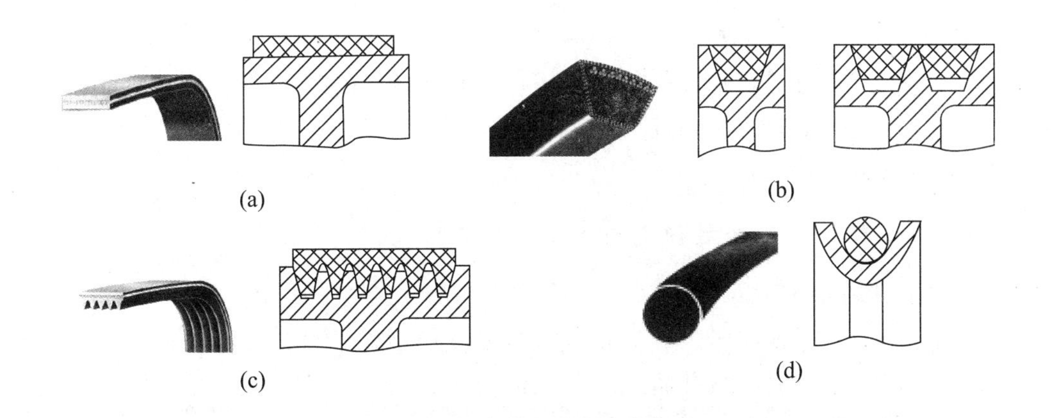

图 3－10　摩擦式带传动的类型

（a）平带传动；（b）V 带传动；（c）多楔带传动；（d）圆带传动

（2）啮合式带传动。啮合式带传动包括同步带传动和齿孔带传动，常用的是同步带传动。同步带传动由主动同步带轮、从动同步带轮和环形同步带组成，依靠带内侧齿与带轮轮齿的啮合来传递运动和动力。啮合式带传动如图3－11所示。同步带传动除了具有摩擦带传动的优点外，还具有传动功率大，传动效率高，传动比准确，传动结构紧凑等优点，缺点是成本较高，制造和安装精度要求较高。故啮合式带传动多用于要求传动平稳，传动精度较高的场合，如数控机床、纺织机械、汽车发动机等。

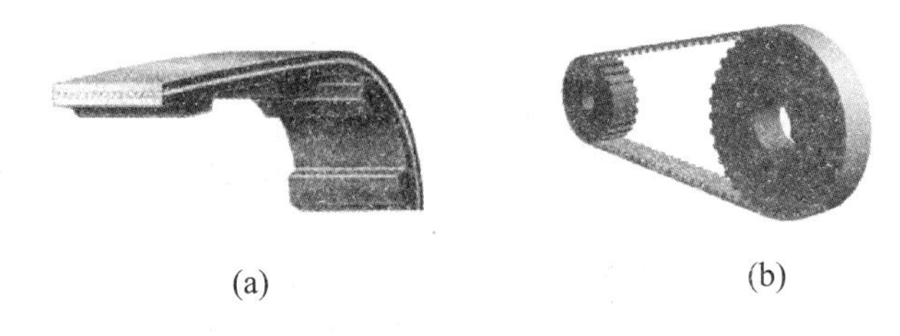

(a) (b)

图3－11 啮合式带传动

（a）同步带；（b）同步带传动

2. 带传动的传动比

传动比的公式为：

$$i=\frac{n_1}{n_2}=\frac{d_{d2}}{d_{d1}} \tag{3-1}$$

式中：n_1——主动轮的转速；

n_2——从动轮的转速；

d_{d1}——主动轮的基准直径；

d_{d2}——从动轮的基准直径。

3.6.2 带传动的特点分析与选用

带传动具有传动平稳，噪声小，缓冲吸振和过载打滑可防止其他零件损坏等优点，且结构简单，制造、安装和维护方便，成本低廉，尤其适用于两轴中心距较大的传动。主要缺点是外廓尺寸较大，不能保证准确的传动比（啮合式带传动除外），效率较低，带的寿命短以及不宜用于高温、易燃、易爆场合。

带传动主要应用于金属切削机床、农业、交通运输和纺织机械中，适用于两轴中心距较大的场合。一般传递功率不超过50 kW，带的工作速度在5～25 m/s，传动比$i\leqslant5$，效率为0.92～0.96。

3.6.3 V带和V带轮的识别与选用

1. V带的结构

V带分普通V带、窄V带、宽V带等，其中普通V带应用最广。

普通V带已经标准化，按截面尺寸分为Y、Z、A、B、C、D、E七种型号。普通V带截面尺寸见表3－7。

V带一般为无接头的环形，其结构如图3－12所示，由顶胶、抗拉体、底胶和包布层组成，包布层多由胶帆布制成，拉伸层和压缩层主要由橡胶组成，强力层主要承受拉力。强力层有帘布结构和线绳结构两种。帘布结构的V带制造方便，抗拉强度高，价格低廉，生产中应用较多；线绳结构的V带柔韧性好，抗弯强度高，适用于带轮直径小、但转速较高的场合。

表3-7 普通V带截面尺寸（GB/T 11544—1997）

型号	Y	Z	A	B	C	D	E
顶宽 b	6.0	10.0	13.0	17.0	22.0	32.0	38.0
节宽 b_p	5.3	8.5	11.0	14.0	19.0	27.0	32.0
高度 h	4.0	6.0	8.0	11.0	14.0	19.0	23.0
楔角 θ	40°						
每米质量 q/（kg/m）	0.02	0.06	0.10	0.17	0.30	0.62	0.90

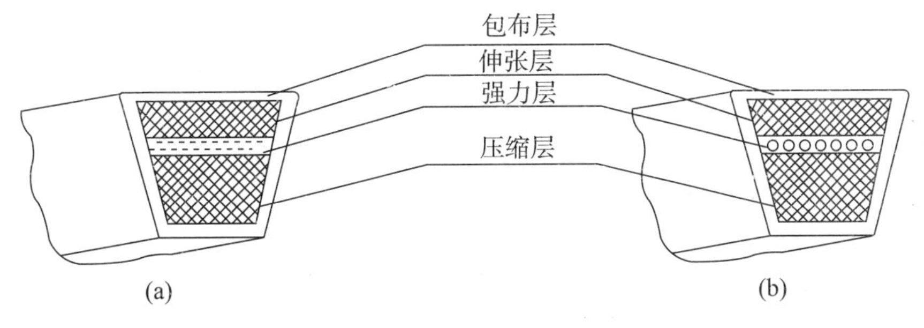

图3-12 V带的结构

（a）帘布结构；（b）线绳结构

V带弯曲时，在带中保持原长不变的一条周线称为节线，由全部节线构成的面称为节面，带的节面宽度称为节宽 b_p，在带轮上，与V带的节宽相对应的V带轮直径称为基准直径 d。V带在规定的张紧力下，位于带轮基准直径上的周线长度称为基准长度 L_d。

带的标记通常压印在带的外表面上，以便使用时识别。V带标记为“类型—基准长度 国标标准编号”。例如，A—1400GB/T 11544—1997，表示A型普通V带，基准长度为1 400 mm。

2. V带轮的结构

V带轮由轮缘、轮辐、轮毂三部分组成。轮缘是带轮的工作部分，制有梯形轮槽；轮毂是带轮与轴的连接部分；轮缘与轮毂则用轮辐连接成一个整体。V带轮按腹板结构的不同分为以下几种形式：实心式带轮、腹板式带轮、孔板式带轮、轮辐式带轮，带轮的结构如图3-13所示。

带轮基准直径小于150 mm时常采用实心式［见图3-13（a）］；带轮基准直径为150～300 mm时常采用腹板式［见图3-13（b）］；带轮基准直径为300～450 mm时常采用腹板式［见图3-13（c）］；带轮基准直径大于450 mm时常采用轮辐式［见图3-13（d）］。

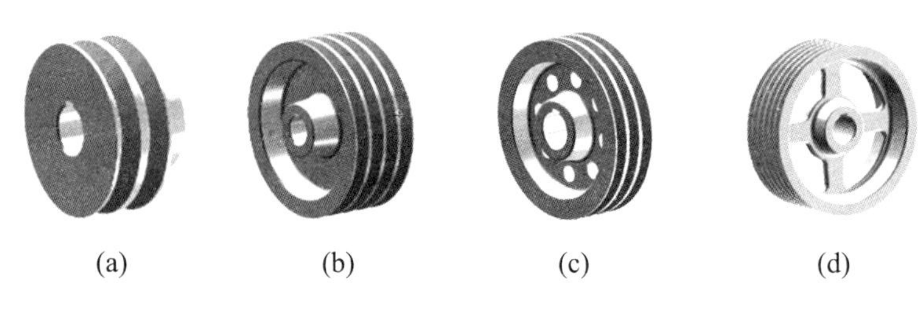

图3－13　带轮的结构

（a）实心式带轮；（b）腹板式带轮；（c）孔板式带轮；（d）轮辐式带轮

3.6.4　普通V带传动的张紧方法、安装和维护方法的选择

1. V带传动的张紧

安装带传动时，带是以一定的初拉力套在带轮上的，但经过一定时间的运转后，会因塑性变形而伸长、松弛，导致传动能力下降甚至丧失。因此，带传动必须采用张紧装置，以保证必需的张紧力。常用的方法有调节中心距法和利用张紧轮法。

（1）调节中心距法。

① 定期张紧。在水平布置或与水平面倾斜不大的带传动中，可通过调节螺杆使电动机移动或摆动达到张紧的目的［见图3－14（a）］；在垂直或接近垂直的带传动中，可通过调节摆动架的位置达到张紧的目的［见图3－14（b）］。

② 自动张紧。此法常用于小功率以及近似垂直布置情况的带传动［见图3－14（c）］。

（2）利用张紧轮法。当带传动的中心距不能调节时，采用张紧轮对传动带进行张紧。［见图3－14（d）］，V带的张紧轮一般安装在松边的内侧，靠近大带轮处。平带的张紧轮一般安装在松边的外侧，靠近小带轮处。

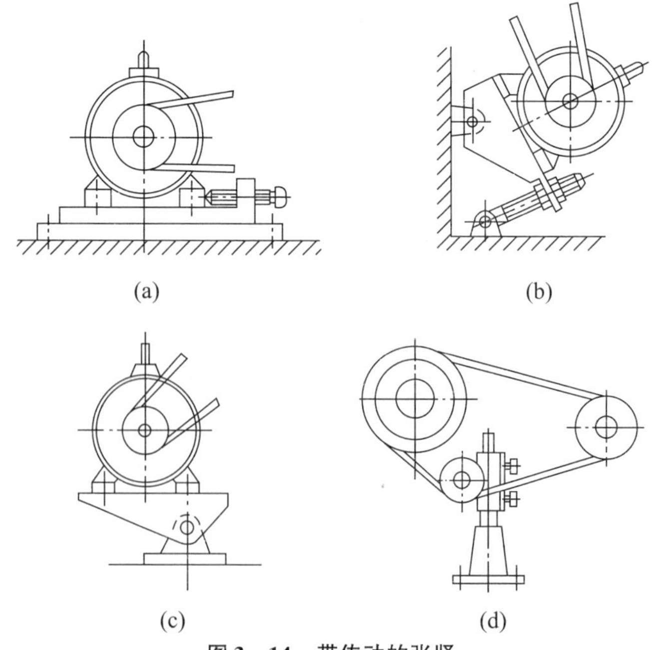

图3－14　带传动的张紧

（a）利用螺杆定期调节；（b）利用摆动架定期调节；（c）利用浮动摆动架自动调节；（d）利用张紧轮调节

2. V 带传动的安装和维护

为了保证 V 带传动正常工作，延长带的使用寿命。在对带传动进行安装、调试、使用和维护时，一般应注意以下几点：

（1）为保证 V 带截面与轮槽的正确位置，V 带的外边缘应与带轮的轮缘平齐，如图 3－15 所示。两带轮轴线应平行，轮槽在同一平面内。两带轮的安装位置，如图 3－16 所示。

（2）安装时，调小中心距或松开张紧轮套带，然后调整到合适的张紧程度，严禁将带强行撬入带轮。

（3）为了使每根带受力均匀，同组使用的 V 带，其型号、基准长度、公差等级、生产厂家应相同。

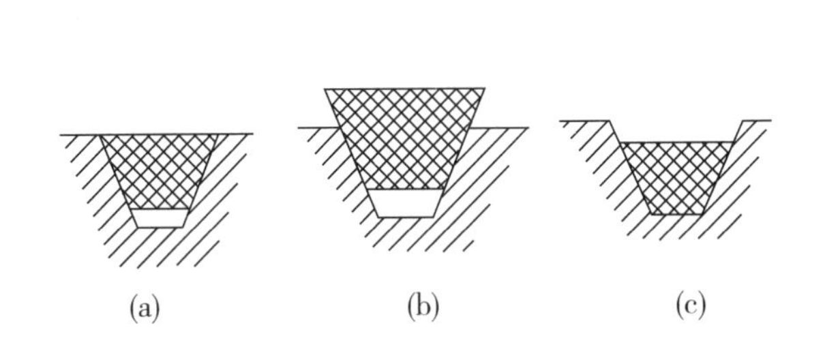

图 3－15　V 带在轮毂中的位置

（a）正确；（b）错误；（c）错误

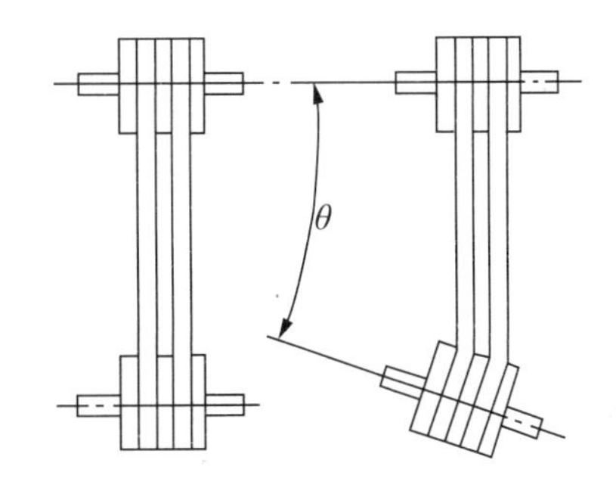

图 3－16　两带轮的安装位置

（4）定期检查，及时调整。多根带并用时，其中一根损坏，应全部更换，避免新旧混用时因带长不等加速新带磨损。

（5）带不应和酸、碱等接触，工作温度不宜超过 60 ℃。一般带传动应有防护罩，以免发生意外事故，并保护带传动的工作环境。

3.7　链传动的识别与选用

链传动用于传递原动机与工作机之间的运动和动力，调整工作机部分与原动机部分的速度关系。在农业、采矿、冶金、石油化工及运输等各种机械中，有一些机械需要在高温、油污、潮湿等环境恶劣的情况下工作，就不适合采用带传动而采用链传动。

3.7.1　链传动的工作原理分析与识别

链传动是以链条为中间传动件的啮合传动。如图 3－17 所示，链传动由主动链轮 1、从动链轮 2 和链条 3 组成。它是靠链条和链轮轮齿的啮合传递平行轴间的运动和动力的。

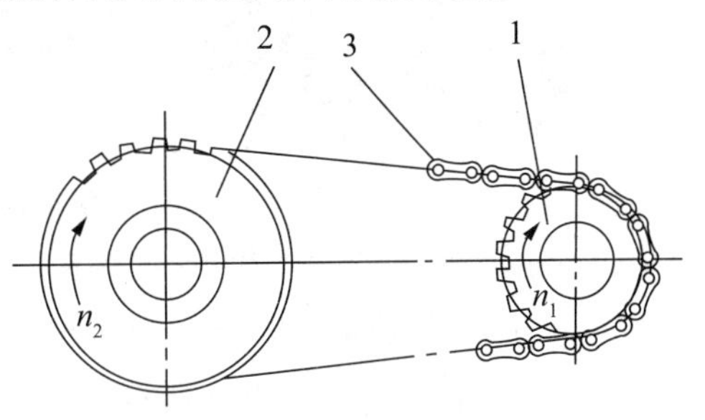

图 3－17　链传动

1—主动链轮　2—从动链轮　3—链条

根据用途的不同，链传动分为起重链、牵引链和传动链三大类。起重链主要用于起重机械中提起重物，其工作速度 $v \leq 0.25$ m/s；牵引链主要用于链式输送机中移动重物，其工作速度 $v \leqslant 4$ m/s；传动链用于一般机械中传递运动和动力，通常工作速度 $v \leqslant 15$ m/s。

根据链结构的不同，链传动又可分为滚子链和齿形链。

3.7.2 链传动的特点分析与选用

1. 链传动的主要特点

由于链与链轮间没有滑动现象，故链传动能保持平均传动比不变；传动效率高；张紧力小，因此作用在轴上的压力较小；能在低速重载和高温条件下及尘土飞扬的不良环境中工作；和齿轮传动相比，链传动可用于中心距较大的场合且制造精度较低；只限于传递平行轴之间的同向运动；传动比存在不均匀性，从动链轮瞬时转速不均匀，运动平稳性差，工作时有噪声，不适合高速传动。

2. 链传动的应用

链传动多用在两轴平行且距离较远，功率较大，平均传动比准确、工作条件差的场合，不宜用在急速反向的传动中。故链传动被广泛应用在矿山、冶金、起重运输、机床、车辆中。一般适用范围为：传递功率 $P \leqslant 100$ kW，链速 $v \leqslant 15$ m/s，传动比 $i \leqslant 7$，效率为 0.92 ~0.97。

3.7.3 滚子链和链轮的识别

1. 滚子链的结构

滚子链如图 3 -18 所示，由内链板 1、滚子 2、销轴 3、套筒 4 和外链板 5 组成。内链板和套筒、外链板和销轴用过盈配合，两两固定连接，分别构成内链节和外链节。销轴和套筒之间为间隙配合，构成铰链，将若干内外链节依次铰接形成链条。滚子松套在套筒上可自由转动，使链轮轮齿与滚子之间获得滚动摩擦。

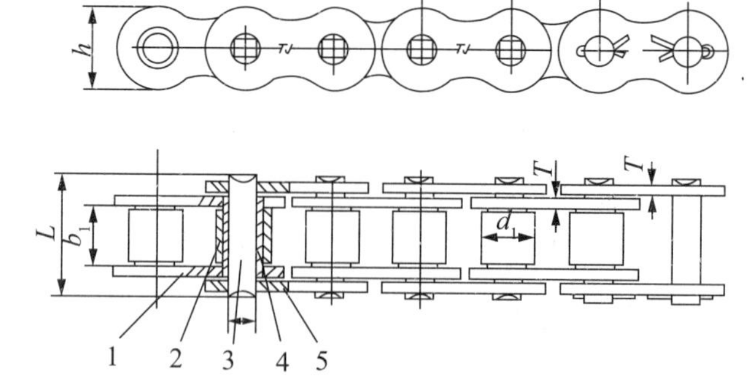

图 3 -18 滚子链的结构

1—内链板；2—滚子；3—销轴；4—套筒；5—外链板

链条上相邻两销轴中心的距离称为节距，用 p 表示，节距是链传动的重要参数。节距 p 越大，承载能力越高，但在链轮齿数一定时，链轮尺寸和质量也随之增大。因此，设计时在保证承载能力的前提下，应尽量采取较小的节距。载荷较大时可选用双排链，如图 3 -20 所示，或多排链，但排数一般不超过三排或四排，以免由于制造和安装误差的影响使各排链受载不均。

链条的长度用链节数表示，一般选用偶数链节，使链接头处可采用普通链板，只需开口销或弹簧卡片来做轴向固定即可，如图3-19（a）、图3-19（b）所示，前者用于大节距链，后者用于小节距链。当链节为奇数时，需采用过渡链节，如图3-19（c）所示，由于过渡链节的链板两端受力不在同一直线上，产生附加弯矩，一般应避免采用。

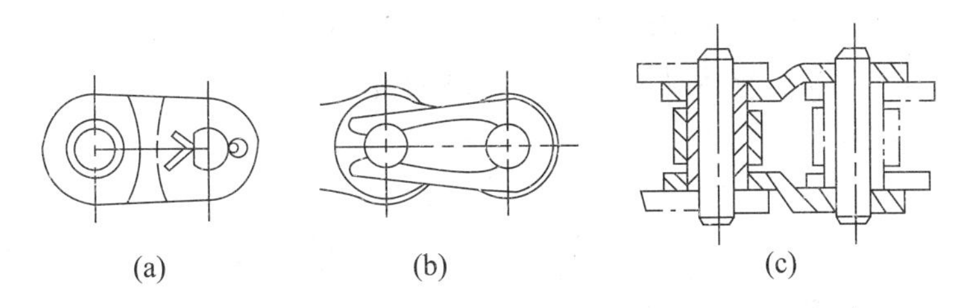

图3-19 滚子链接头方式

（a）开口销连接；（b）弹簧卡片连接；（c）过渡链节连接

《传动用短节距精密滚子链、套筒链、附件和链轮》（GB/T 1243—2006）规定滚子链分为A、B系列，其中A系列较为常用。

滚子链的标记为“链号—排数—链节数国家标准号”。例如，16A—l—82GB/T 1243—2006表示：A系列滚子链，节距为25.4 mm，单排链，节数为82，制造标准GB/T 1243—2006。

2. 滚子链链轮

链轮不是标准件，但链轮上的齿形和结构必须按国家标准中的规定制作。

链轮结构如图3-20所示。直径小的链轮常制成实心式，如图3-20（a）所示；中等直径的链轮常制成辐板式，如图3-20（b）所示；大直径（$d>200$ mm）的链轮常制成组合式，可采用螺栓连接，如图3-20（c）所示，或将齿圈焊接在轮毂上，如图3-20（d）所示。

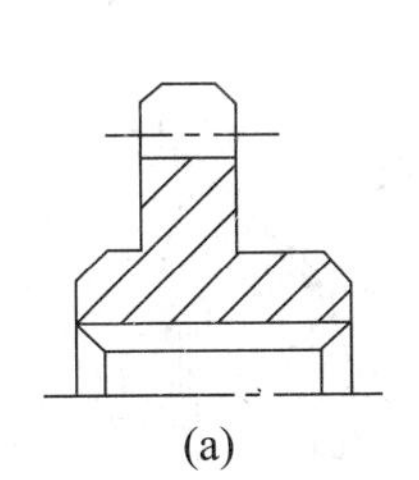
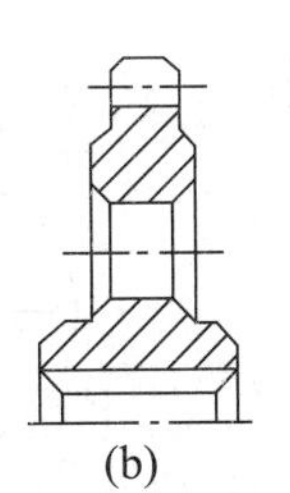
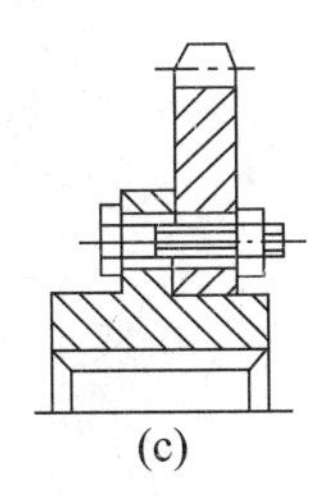

图3-20 链轮结构

（a）实心式；（b）辐板式；（c）螺栓连接；（d）焊接式

链轮常用的材料有优质碳素钢，如35钢正火、45钢淬火；灰铸铁，如HT150；铸钢，如ZG310—570等。重要场合可采用合金钢，如40Cr、35SiMn、35CrMn等。

3.7.4 齿形链的识别与选用

齿形链又称无声链，国家标准为《齿形链和链轮》（GB/T 10855—2003）。齿形链是由一系列的齿形链板和导板用销轴或其他铰接元件交替装配而成的，相邻节距间为铰连节。

每个齿的两个侧面为工作面，齿形为直线，工作时链齿外侧边与链轮轮齿相啮合实现传动，如图 3－21 所示。根据导向形式划分，齿形链可分为：外导式齿形链、内导式齿形链和双内导齿形链。按铰链结构不同，齿形链分为圆销铰链式、轴瓦铰链式和滚柱铰链式三种。

齿形链的特点是工作平稳，噪声小，允许的链速高（链速可达 40 m/s），承受冲击能力好，传动效率较高，一般为 0.95～0.98，润滑良好的传动可达 0.98～0.99。但价格较高，质量较大，对安装、维护要求较高。齿形链适宜高速传动，又适用于传动比大和中心距较小的场合，多用在高速或运动精度要求较高的传动装置中，如纺织机械和无心磨床，传送带机械设备、汽车发动机等。

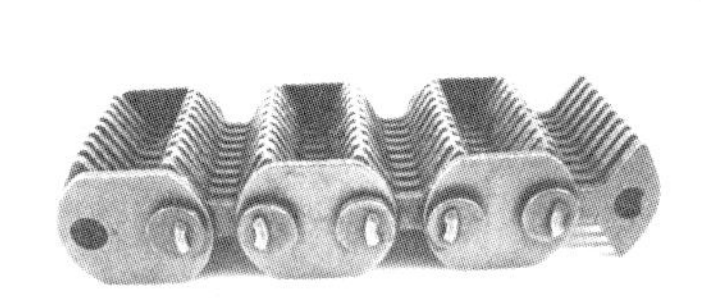
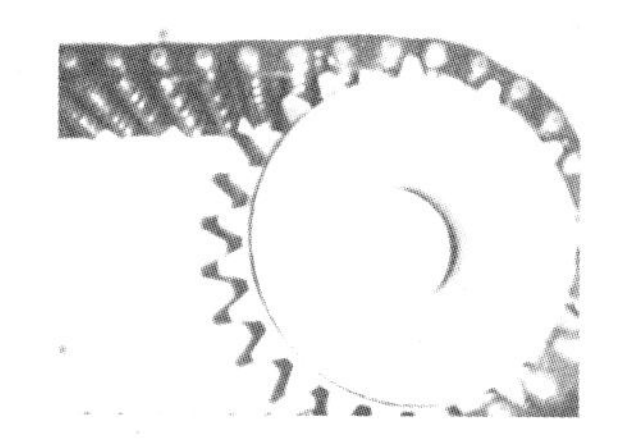

图 3－21　齿形链

3.7.5　链传动张紧方法的选择

1. 链传动张紧的目的

避免在链条的垂度过大时产生啮合不良和链条的振动现象；同时增加链条和链轮的包角。当两轮中心连线倾斜角大于 60°时，通常设有张紧装置。

2. 常用的张紧方法

当中心距可调时，可调大中心距；当中心距不可调时，可拆掉 1～2 个链节，也可以采用张紧轮张紧。张紧轮应安装在松边外侧靠近小轮的位置上，如图 3－22 所示。

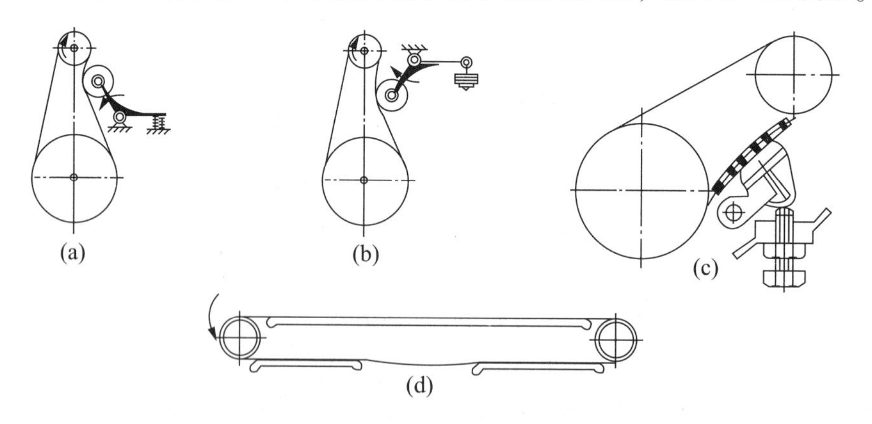

图 3－22　链传动张紧轮的安装

（a）弹簧力施压；（b）配重施压；（c）螺钉施压；（d）用托板控制垂度

3.7.6　链传动润滑方法的选择

润滑的作用在于减小磨损、缓和冲击、散热及延长链传动的使用寿命。链传动的润滑如图 3－23 所示。

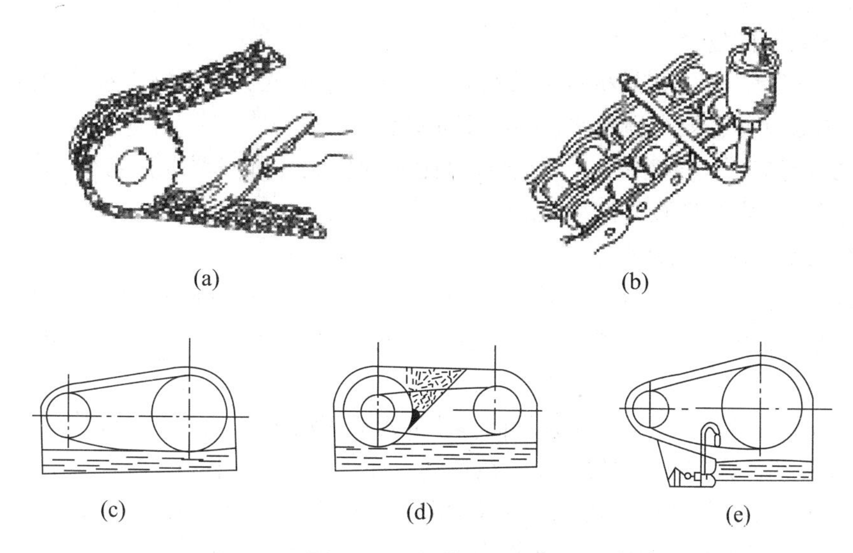

图3-23 链传动的润滑
(a) 用油刷或油壶人工定期润滑；(b) 滴油润滑；(c) 链浸入油中的油浴润滑；
(d) 溅油润滑；(e) 压力润滑

3.8 螺旋传动的识别与选用

3.8.1 螺旋传动的工作原理分析与特点分析

1. 螺旋传动的组成及工作原理

螺旋传动机构由螺杆、螺母和机架组成。螺旋传动是指利用内外螺纹组成的螺旋副传递运动和动力的传动装置，螺旋传动能够将回转运动转化为直线运动。构成螺旋传动的两构件只能沿轴向做相对螺旋运动。

2. 螺旋传动的特点

(1) 转换运动。螺旋机构是利用螺杆与螺母之间的相对运动，将回转运动变为直线运动，同时传递运动和动力。

(2) 螺旋机构的增力特性。用螺旋机构作为增力机构时，只要在螺杆或螺母上作用不大的转矩就会产生很大的推力，而且结构简单，传动平稳。

(3) 自锁性。一般螺旋机构只要满足螺纹升角小于摩擦角，便具有自锁性能，不需另加制动装置。

(4) 传动效率较低。螺旋机构传动时，螺母与螺杆之间的相对运动为滑动摩擦，摩擦阻力大，磨损严重，而且效率低。

近年来滚动螺旋传动克服了螺旋传动的缺点，使螺旋传动得到越来越多的应用。

3.8.2 螺旋传动的类型识别与选用

1. 根据传动特点不同分类

根据传动的特点不同，螺旋传动可分为传力螺旋、传导螺旋和调整螺旋。

(1) 传力螺旋。利用螺旋机构传动的增力优点，以传递动力为主，用于低速回转，间歇工作，要求自锁的场合。

（2）传导螺旋。利用螺旋机构传动均匀、平稳、准确的优点，以传递运动为主，用于高速回转，连续工作，要求高效率、高精度的场合。

（3）调整螺旋。利用螺旋机构传动减速比大的特点，可实现螺杆与螺母间的微小位移，用以调整并固定零件或部件之间的相对位置。

2. 根据结构组成不同分类

根据结构组成不同，螺旋传动可分为普通螺旋传动、差动螺旋传动和滚动螺旋传动。

（1）普通螺旋传动。普通螺旋传动是由一个螺杆和一个螺母组成的简单螺旋副实现的传动。

按照主动件与从动件的运动关系不同，普通螺旋传动有以下4种应用形式：

① 螺母固定不动，螺杆回转并做直线运动，如台虎钳（见图3－24）。

② 螺杆固定不动，螺母回转并做直线运动，如螺旋千斤顶（见图3－25）。

③ 螺杆回转螺母做直线运动，如机床工作台移动机构（见图3－26）。

④ 螺母回转螺杆做直线运动，如观察镜螺旋调整装置（见图3－27）。

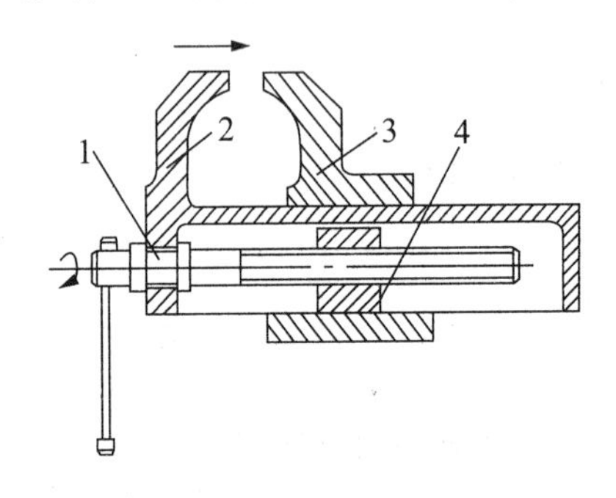

图3－24 台虎钳

1—螺杆；2—活动钳口；3—固定钳口；4—螺母

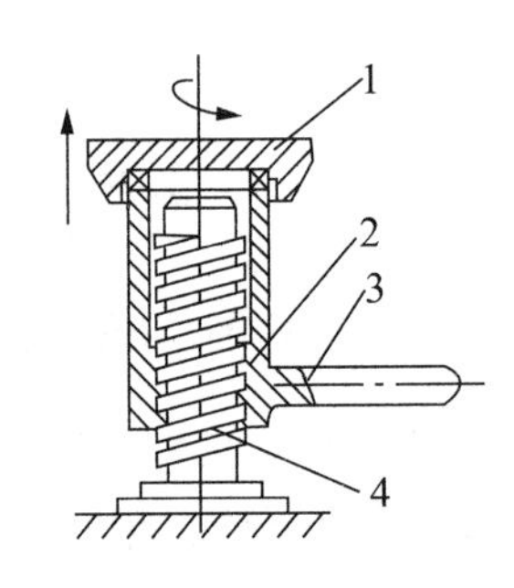

图3－25 螺旋千斤顶

1—托盘；2—螺母；3—手柄；4—螺杆

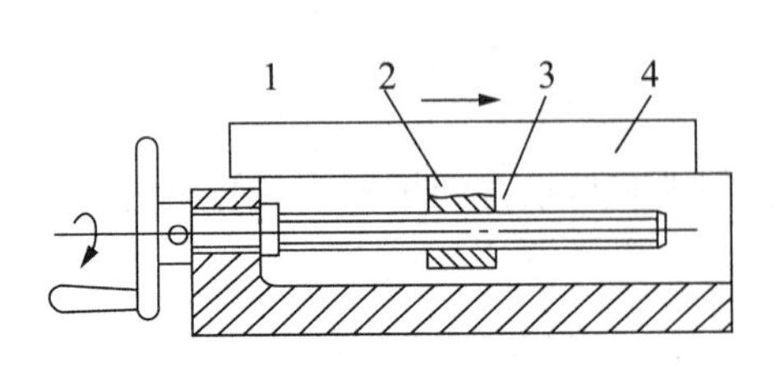

图3－26 机床工作台移动机构

1—螺杆；2—螺母；3—机架；4—工作台

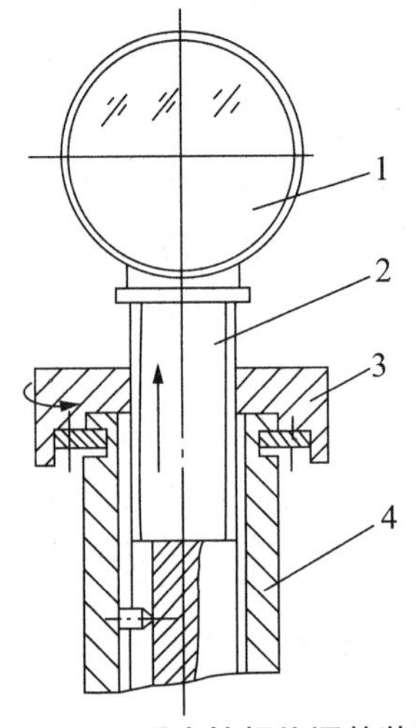

图3－27 观察镜螺旋调整装置

1—目镜；2—螺杆；3—螺母；4—机架

（2）差动螺旋传动。由两个螺旋副组成的、使活动的螺母与螺杆产生差动的螺旋传动称为差动螺旋传动。差动螺旋传动机构如图3-28所示，螺杆1分别与活动螺母2和机架3组成两个螺旋副，机架为固定螺母，活动螺母不能回转而只能沿机架的导向槽移动。设机架和活动螺母的旋向同为右旋，当按如图示方向回转螺杆时，螺杆相对机架向左移动，而活动螺母相对螺杆向右移动，这样活动螺母相对机架实现差动移动，螺杆每转1转，活动螺母实际移动距离为两段螺纹导程之差。如果机架螺母螺纹旋向仍为右旋，活动螺母的螺纹旋向为左旋，仍按图示方向回转螺杆时，螺杆相对机架左移，活动螺母相对螺杆亦左移，螺杆每转1转，活动螺母实际移动距离为两段螺纹的导程之和。

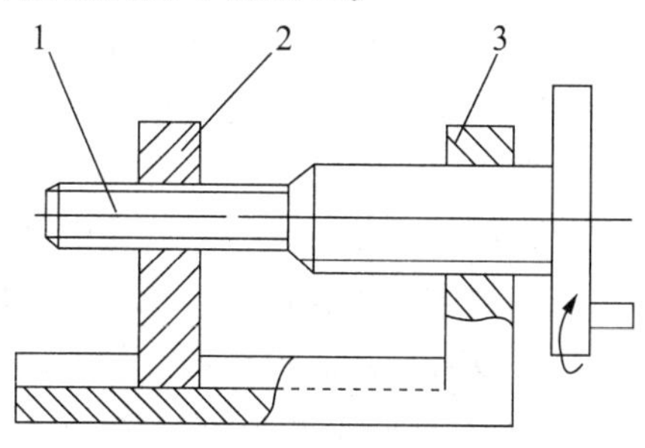

图3-28 差动螺旋传动机构
1—螺杆；2—活动螺母；3—机架

（3）滚动螺旋传动。由于普通的螺旋传动中螺杆与螺母的牙侧表面之间的相对运动摩擦是滑动摩擦，因此，传动阻力大，摩擦损失严重，效率低。为了改善螺旋传动的功能，经常用滚动螺旋传动（见图3-29），即用滚动摩擦替代滑动摩擦。滚动螺旋传动主要由滚珠循环装置1、滚珠2、螺杆3及螺母4组成。其工作原理是在螺杆和螺母的螺纹滚道中，装有一定数量的滚珠（钢球），当螺杆与螺母滚珠在螺纹滚道内滚动，并通过滚珠循环装置的通道做相对螺旋运动时，构成封闭循环，从而实现螺杆与螺母间的滚动摩擦。

滚动螺旋传动具有滚动摩擦阻力很小、摩擦损失小、传动效率高、传动时运动稳定、动作灵敏等优点。但其结构复杂，外形尺寸较大，没有自锁性，成本较高。目前，这种装置主要应用于精密传动的数控机床（滚珠丝杠传动），以及自动控制装置和精密测量仪器中，如汽车转向机构、水闸升降机构。

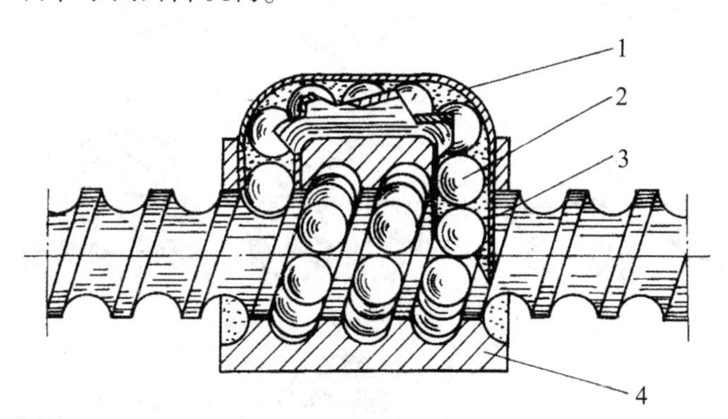

图3-29 滚动螺旋传动
1—滚珠循环装置；2—滚珠；3—螺杆；4—螺母

3.9 齿轮传动的识别与选用

齿轮传动由主动齿轮、从动齿轮和支撑件等组成，依靠齿轮间的直接啮合传递两轴间的运动和动力。齿轮传动可传递回转运动，也可把回转运动转变为直线运动。

3.9.1 齿轮传动的识别与选用

1. 齿轮传动的类型

按照一对齿轮轴线的相互位置和齿轮的齿向，齿轮传动可分为平面齿轮传动和空间齿轮传动。齿轮传动的主要类型如图3－30所示。

(1) 平面齿轮传动（两轴平行的齿轮传动）。

① 直齿圆柱齿轮传动，如图3－30（a）、图3－30（b）、图3－30（c）所示。

② 斜齿圆柱齿轮传动，如图3－30（d）所示。

③ 人字齿圆柱齿轮传动，如图3－30（e）所示。

(2) 空间齿轮传动（两轴不平行的齿轮传动）。

① 圆锥齿轮传动。两齿轮的轴线相交，如图3－30（f）、图3－30（g）所示。

② 交错斜齿轮传动。两齿轮的轴线相互交错，如图3－30（h）所示。

③ 蜗杆传动。蜗杆轴线与蜗轮轴线互相垂直交错，如图3－30（i）所示。

此外，按两齿轮的啮合情况不同，齿轮传动又可以分为外啮合齿轮传动［见图3－30（a）、图3－30（d）、图3－30（e）］和内啮合齿轮传动［见图3－30（b）］；按齿轮传动的工作条件，又可以分为闭式齿轮传动和开式齿轮传动；按齿轮齿廓曲线的形状，又可分为渐开线齿轮传动、摆线齿轮传动和圆弧齿轮传动等，其中应用最广泛的是渐开线齿轮传动。

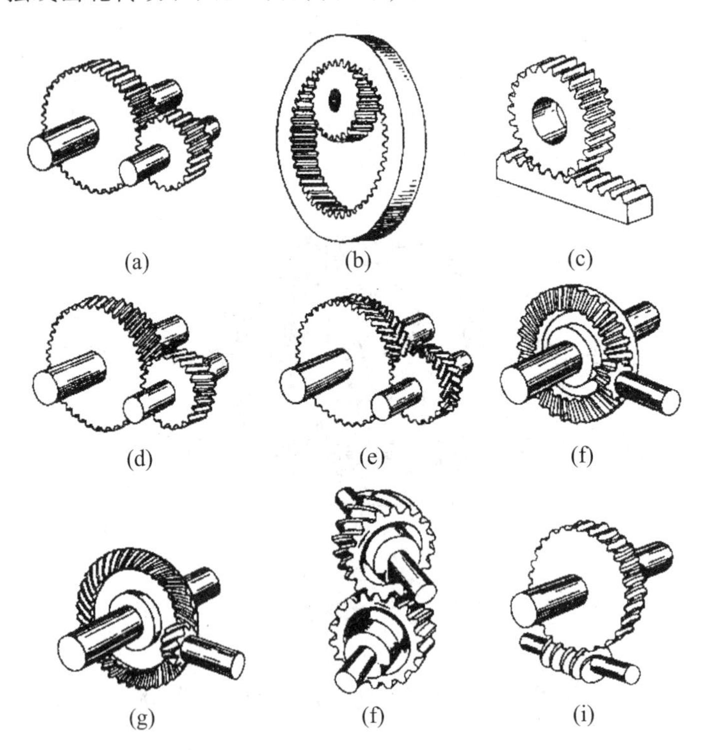

图3－30　齿轮传动的主要类型

(a) 外啮合直齿圆柱齿轮传动；(b) 内啮合直齿圆柱齿轮传动；(c) 齿轮齿条传动；(d) 斜齿圆柱齿轮传动；(e) 人字齿圆柱齿轮传动；(f) 直齿圆锥齿轮传动；(g) 曲齿圆锥齿轮传动；(h) 交错斜齿轮传动；(i) 蜗杆传动

2. 齿轮传动的特点及应用

齿轮传动的主要优点是瞬时传动比恒定，工作平稳；传递的功率和适应的圆周速度范围广；传动效率高；工作可靠；寿命长；结构紧凑。其主要缺点是制造和安装精度要求较高，成本高；精度不高的齿轮在传动时，振动、冲击和噪声较大；没有过载保护能力；不适于远距离两轴之间的传动。齿轮传动广泛应用在工程机械、矿山机械、仪表及汽车中。一般传递功率可达 1×10^5 kW，工作速度可达 300 m/s，传动比 $i\leqslant8$，效率为 0.94～0.99。

3.9.2　对齿轮传动基本要求的分析

(1) 传动准确、平稳。要求齿轮在传动过程中的瞬时角速度比值恒定不变，以免发生振动、冲击和噪声。

(2) 承载能力强。要求齿轮在传动过程中有足够的强度、刚度，能传递较大的动力，并在使用寿命内不发生断齿、点蚀和过度磨损等现象。

3.9.3　认识渐开线齿廓

1. 渐开线的形成

渐开线的形成，如图 3－31 所示，当直线 BK 沿一圆周做纯滚动时，直线上任意一点 K 的轨迹 AK 就是该圆的渐开线。该圆称为渐开线的基圆，其半径用 r_b 表示，该直线 BK 称为渐开线的发生线。

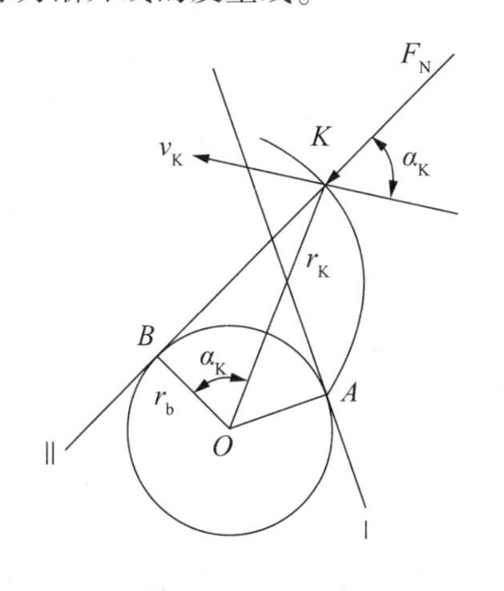

图 3－31　渐开线的形成

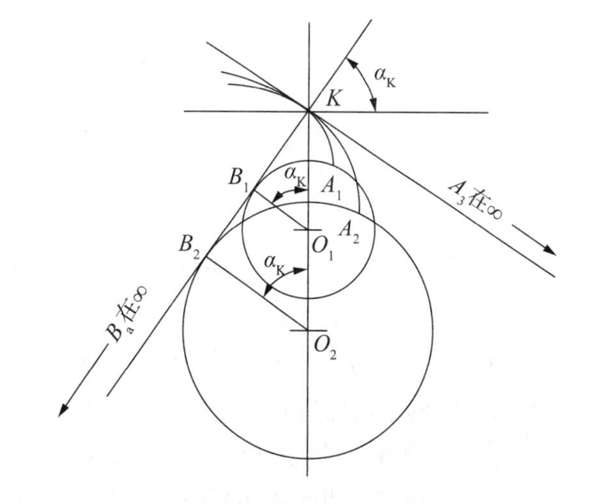

图 3－32　基圆大小对渐开线的影响

2. 渐开线的性质

由渐开线的形成过程可见，渐开线具有以下性质：

(1) 发生线沿基圆滚过的长度等于基圆上被滚过的弧长，即 $\overline{BK}=\overset{\frown}{AB}$。

(2) 渐开线上任一点的法线均与基圆相切。

(3) 渐开线上各点的压力角大小不相等。

如图 3－31 所示，渐开线上 K 点的法线 BK(受另一齿轮作用的正压力的方向线) 与该点速度方向线所夹之锐角 α_K 称为渐开线齿廓在 K 点的压力角。

$$\cos\alpha_K = \frac{OB}{OK} = \frac{r_b}{r_K} \tag{3-2}$$

式中：r_b——渐开线的基圆半径；

r_K——渐开线上 K 点的向径。

由式（3-2）可知，渐开线上的点离基圆越远，则其压力角越大。当 $r_b = r_K$ 时，$\alpha_K = 0$。

（4）渐开线的形状取决于基圆的大小。如图 3-32 所示，基圆越小，渐开线越弯曲；基圆越大，渐开线越平直。当基圆半径为无穷大时，其渐开线将成为一条直线。

（5）基圆内无渐开线。

5.9.4 渐开线标准直齿圆柱齿轮传动的识别与选用

1. 齿轮各部分的名称

如图 3-33 所示为一标准直齿圆柱齿轮的一部分，其各部分名称如下：

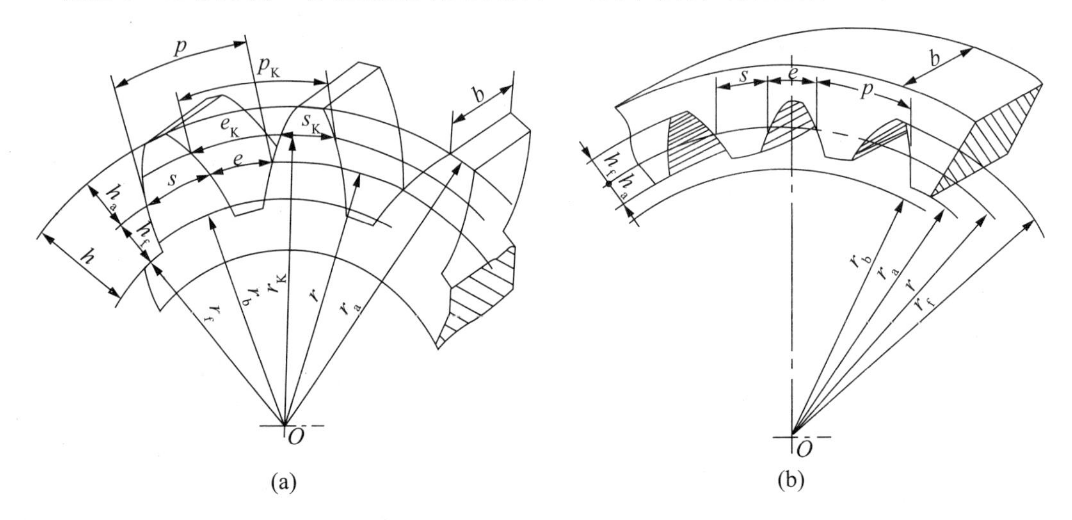

图 3-33 齿轮各部分的名称及代号

（a）外齿轮；（b）内齿轮

（1）轮齿和齿槽。齿轮上的每一个用于啮合的凸起部分，均称为轮齿。齿轮上相邻两个轮齿之间的空间称为齿槽。

（2）齿顶圆。过齿轮所有齿顶端的圆称为齿顶圆，用 d_a 和 r_a 表示其直径和半径。

（3）齿槽宽。齿轮相邻两齿之间的空间称为齿槽；在任意圆周上，齿槽两侧齿廓之间的弧长称为该圆上的齿槽宽，用 e_K 表示。

（4）齿厚。在任意圆周上，同一轮齿两侧齿廓间的弧长称为该圆周上的齿厚，用 s_K 表示。

（5）齿距。在任意圆周上，相邻两齿同侧齿廓间的弧长称为该圆周上的齿距，用 p_K 表示。由图 3-38 可知，在同一圆周上的齿距等于齿厚与齿槽宽之和，即：

$$p_K = s_K + e_K \tag{3-3}$$

（6）齿根圆。过齿轮所有齿槽底的圆称为齿根圆，用 d_f 和 r_f 表示其直径和半径。

（7）分度圆。在齿顶圆和齿根圆之间，规定一直径为 d 半径为 r 的圆，作为计算齿轮各部分尺寸的基准，并把这个圆称为分度圆。分度圆上的齿厚、齿槽宽和齿距，通常称为齿轮的齿厚、齿槽宽和齿距，并分别用 s、e 和 p 表示，且 $p = s + e$。对于标准齿轮，$s = e$。

（8）齿顶高。齿轮在分度圆和齿顶圆之间的部分称为齿顶，其径向高度称为齿顶高，用 h_a 表示。

（9）齿根高。齿轮在分度圆和齿根圆之间的部分称为齿根，其径向高度称为齿根高，用 h_f 表示。

（10）全齿高。齿轮在齿顶圆和齿根圆之间的径向高度称为全齿高，用 h 表示，显然，$h = h_a + h_f$。

（11）齿宽。轮齿的轴向宽度称为齿宽，用 b 表示。

2. 渐开线齿轮的基本参数

（1）齿数。在齿轮整个圆周上轮齿的总数称为该齿轮的齿数，用 z 表示。

（2）模数。分度圆的大小是由齿距和齿数决定的，因为分度圆的周长 $\pi d = pz$。

$$d = \frac{p}{\pi} z \qquad (3-4)$$

式中：π 为无理数，因此，计算很不方便。为了便于确定齿轮的几何尺寸，人们便把 p/π 的比值制定成一个简单的有理数列，并把这个比值称为模数，用 m 表示，其单位为 mm，即：

$$m = \frac{p}{\pi} \qquad (3-5)$$

因此可得分度圆直径：

$$d = mz \qquad (3-6)$$

模数 m 是齿轮尺寸计算中重要的参数，在我国已经标准化。模数 m 越大，齿距 p 越大，则轮齿的尺寸越大，轮齿所能承受的载荷也越大。

（3）压力角 α。根据渐开线的性质，同一渐开线齿廓在不同的圆周上有不同的压力角。通常所说的齿轮压力角是指分度圆上的压力角，用 α 表示。我国标准规定分度圆上的压力角为标准压力角，其值为 $\alpha = 20°$。

（4）齿顶高系数 h_a^*、顶隙系数 c^*。这两个系数在国家标准中已规定了标准值，正常齿制：$h_a^* = 1$，$c^* = 0.25$；短齿制：$h_a^* = 0.8$，$c^* = 0.3$。通常不加说明的齿轮均为正常齿制。

顶隙是指一对齿轮啮合时，一个齿轮的齿顶圆到另一个齿轮的齿根圆之间的径向距离。顶隙可存储润滑油，有利于齿轮传动。

标准齿轮是指模数 m、压力角 α、齿顶高系数 h_a^* 和顶隙系数 c^* 均为标准值，且其分度圆上的齿厚等于齿槽宽（$s = e$）的齿轮。

3. 渐开线标准直齿圆柱齿轮的几何尺寸计算

渐开线标准直齿圆柱齿轮的几何尺寸计算见表 3-8。

表3-8　渐开线标准直齿圆柱齿轮的几何尺寸计算

名称	符号	公　式
模数	m	根据轮齿的强度计算或结构条件定出，选标准值
压力角	α	20°
分度圆直径	d	$d = mz$
齿顶高	h_a	$h_a = h_a^* m$
齿根高	h_f	$h_f = (h_a^* + c^*)m$
全齿高	h	$h = h_a + h_f = (2h_a^* + c^*)m$
顶隙	c	$c = c^* m$
齿顶圆直径	d_a	$d_a = d + 2h_a = m(z + 2h_a^*)$
齿根圆直径	d_f	$d_f = d - 2h_f = m(z - 2h_a^* - 2c^*)$
基圆直径	d_b	$d_b = d\cos\alpha$
齿距	p	$p = m\pi$
齿厚、齿槽宽	s、e	$s = e = m\pi/2$
中心距	D_{min}	$a = \frac{1}{2}(d_1 + d_2) = \frac{m}{2}(z_1 + z_2)$

4. 直齿圆柱齿轮的正确啮合条件和传动比

一对渐开线标准直齿圆柱齿轮正确啮合的条件是两轮的模数和压力角应分别相等。

$$\begin{cases} m_1 = m_2 = m \\ \alpha_1 = \alpha_2 = \alpha \end{cases} \tag{3-7}$$

一对齿轮传动的传动比：

$$i = \frac{\omega_1}{\omega_2} = \frac{n_1}{n_2} = \frac{d_2}{d_1} = \frac{z_2}{z_1} \tag{3-8}$$

【例3-1】 在实际维修中有四个标准渐开线直齿圆柱齿轮，$\alpha = 20^\circ$，$h_a^* = 1$，$c^* = 0.25$。且(1) $m_1 = 5$ mm，$z_1 = 20$，(2) $m_2 = 4$ mm，$z_2 = 25$，(3) $m_3 = 4$ mm，$z_3 = 50$，(4) $m_4 = 3$ mm，$z_4 = 60$。

问：(1) 轮2和轮3哪个齿廓较平直？为什么？(2) 哪两个齿轮能正确配对使用？为什么？

解：(1) $d_{b2} = m_2 \times z_2 \times \cos\alpha = 4 \times 25 \times \cos20^\circ = 94$ (mm)

$d_{b3} = m_3 \times z_3 \times \cos\alpha = 4 \times 50 \times \cos20^\circ = 188$ (mm)

$d_{b3} > d_{b2}$，故齿轮3齿廓较平直。

(2) $m_2 = m_3$，$\alpha_2 = \alpha_3$，故2、3两个齿轮能正确配对使用。

3.9.5 斜齿圆柱齿轮传动的识别与选用

1. 斜齿圆柱齿轮传动特点及应用

斜齿圆柱齿轮传动两齿轮啮合时，接触线的长度由短变长，然后又由长变短，直至脱离啮合。由于其啮合过程是逐渐进入和逐渐退出啮合的，故减少了传动的冲击、振动和噪声，提高了传动的平稳性，因而适用于高速传动；又由于轮齿是倾斜的，同时啮合的轮齿对数多，故其重合度较大，承载能力强，因而适用于重载机械。

2. 斜齿轮的主要参数

（1）螺旋角 β。斜齿轮螺旋线和切线与平行于轴线的母线所夹的锐角称为螺旋角。斜齿轮轮齿的倾斜程度通常用分度圆上的螺旋角表示。斜齿轮的螺旋角如图 3－34 所示。故通常所说斜齿轮的螺旋角，如不特别注明，即指分度圆柱面上的螺旋角。β 越大，轮齿越倾斜，传动的平稳性就越好，但工作时产生的轴向 F_a 也越大，故 β 的大小应视工作要求和加工精度而定。一般机械，推荐 $\beta = 8° \sim 25°$；对于噪声有严格要求的齿轮，β 要大一些，可取 $\beta = 35° \sim 37°$。

斜齿轮按其齿廓渐开线螺旋面的旋向，可以分为右旋和左旋两种。斜齿轮的旋向如图 3－35 所示。

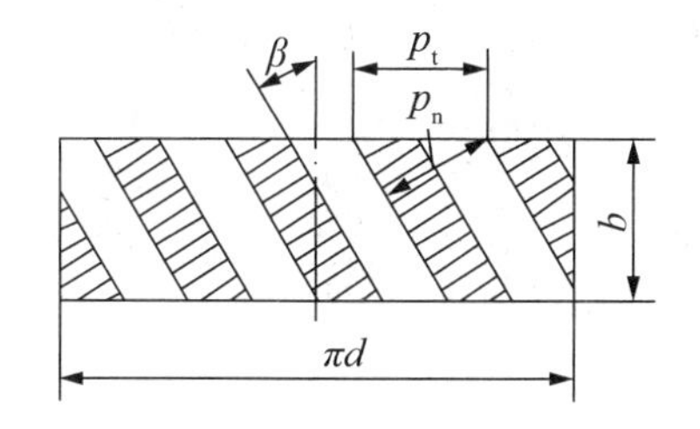

图 3－34 斜齿轮的螺旋角

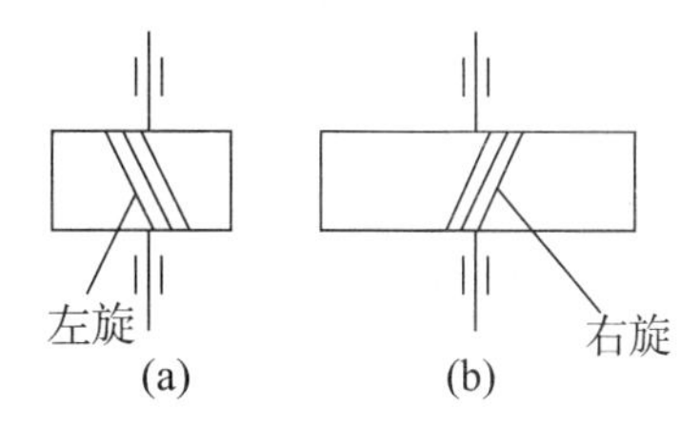

图 3－35 斜齿轮的旋向

（2）端面参数和法面参数。斜齿轮的几何参数有端面和法面之分。垂直于斜齿轮轴线的平面称为端面，其参数用下标 t 表示；与分度圆柱上的螺旋线垂直的平面称为法面，其参数用下标 n 表示。由于无论用滚刀、斜齿轮插刀或仿形铣刀加工斜齿轮，刀具都是沿着轮齿的螺旋齿槽方向运动的，又由于刀具的齿形参数为标准值，所以斜齿轮的法面参数为标准值。设计、加工和测量斜齿轮时，均以法面为基准。

（3）齿顶高系数 h_{an}^* 和 h_{at}^* 及顶隙数 c_n^* 和 c_t^*。无论从法面或从端面来看，轮齿的齿顶高都是相同的，顶隙也是相同的。由于斜齿轮的法向参数为标准值，故 m_n 选取 $\alpha_n = 20°$。正常齿制，$h_{an}^* = 1$，$c_n^* = 0.25$；短齿制，$h_{an}^* = 0.8$，$c_n^* = 0.3$。

3. 斜齿圆柱齿轮传动的正确啮合的条件

斜齿圆柱齿轮传动正确啮合的条件为两个斜齿轮的法面模数和法面压力角分别相等，且等于标准值；两个斜齿轮的螺旋角大小相等，外啮合时两齿轮旋向相反，内啮合时两齿轮旋向相反，即：

$$\begin{cases} m_{n1} = m_{n2} = m \\ \alpha_{n1} = \alpha_{n2} = \alpha \\ \beta_1 = \pm \beta_2 \end{cases} \tag{3-9}$$

3.9.6 圆锥齿轮传动的识别与选用

1. 圆锥齿轮传动的特点及应用

锥齿轮传动用于传递两相交轴之间的运动和动力，如图 3 - 36 所示。

锥齿轮的轮齿均匀分布在一个锥体上，从大端到小端逐渐收缩，其轮齿有直齿、曲齿等形式。直齿锥齿轮易于制造，成本低，但承载能力低，工作时振动和噪声都较大，适用于低速、轻载传动。曲齿锥齿轮传动平稳，承载能力高，常用于高速、重载传动，如汽车、坦克和飞机中的锥齿轮机构，如图 3 - 37 所示为汽车差速器。但曲齿锥齿轮传动设计和制造较复杂。在这里只讨论轴交角 $\sum = 90°$ 的标准直齿锥齿轮传动。

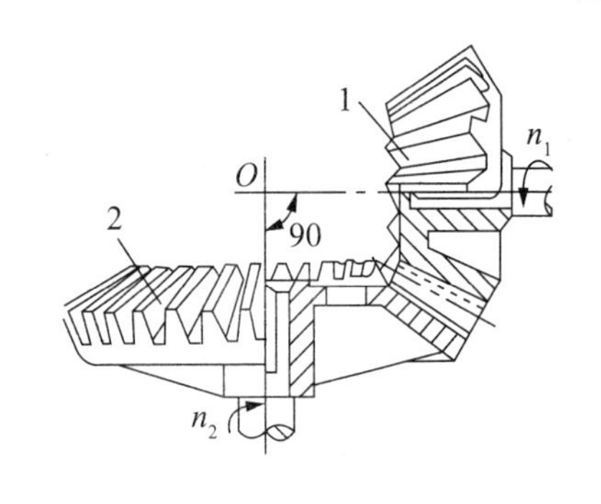

图 3 - 36　锥齿轮传动

图 3 - 37　汽车差速器

2. 直齿锥齿轮传动的主要参数

和圆柱齿轮相似，锥齿轮有分度圆锥、齿顶圆锥、齿根圆锥和基圆锥。标准直齿锥齿轮传动中，节圆锥与分度圆锥重合。

为了制造和测量的方便，直齿锥齿轮的参数和几何尺寸均以大端为标准。主要参数有：大端模数 m 、大端压力角 $\alpha = 20°$、齿顶高系数 $h_a^* = 1$，顶隙系数 c^*（当 $m \leqslant 1$ 时，$c^* = 0.25$；当 $m > 1$ 时，$c^* = 0.2$）。

直齿圆锥齿轮按顶隙不同可分为不等顶隙收缩齿和等顶隙收缩齿两种，前者两齿轮啮合时，顶隙由大端到小端逐渐减小；后者两齿轮啮合时，顶隙在任意位置保持不变，这样，两齿轮在啮合时小端顶隙较大，可以改善润滑条件，提高小端轮齿强度，因此，等顶隙收缩齿圆锥齿轮被广泛使用。

3. 直齿锥齿轮传动的正确啮合条件

一对直齿锥齿轮的正确啮合条件是，两轮大端模数和压力角分别相等且等于标准值，用公式表示为：

$$\begin{cases} m_1 = m_2 = m \\ \alpha_1 = \alpha_2 = \alpha \end{cases} \tag{3-10}$$

3.9.7 齿轮的失效形式、常用材料及结构分析

1. 齿轮常见的失效形式

由于齿轮的主要工作部位是轮齿，故其失效一般发生在轮齿上，其他部位，如齿圈、

轮辐、轮毂等一般情况下很少失效。

(1) 轮齿折断。齿轮在工作时轮齿受弯矩作用，轮齿根部弯曲应力最大，而且有应力集中，故轮齿折断常发生在齿根部分。齿轮的折断有两种情况：一种是由于短时过载或受到冲击载荷而发生的突然折断，称过载折断，脆性材料制成的齿轮常出现这种折断；另一种是由于轮齿反复弯曲，在根部出现疲劳裂纹，裂纹逐渐扩大而发生的疲劳折断，如图 3－38 所示。

轮齿折断会导致停机甚至造成严重事故。为提高轮齿抗疲劳折断能力，可采用提高材料的强度，加大齿根圆角半径，选择合适的模数和齿宽、进行齿面强化处理等方法。

(2) 齿面点蚀。齿轮传动时，轮齿啮合表面在法向力作用下，产生循环变化的接触应力。当应力超过材料的接触疲劳极限时，齿廓表层就会产生细小的疲劳裂纹，裂纹扩展使表层金属微粒脱落而形成不规则的小坑或麻点，这种现象称为疲劳点蚀。通常疲劳点蚀首先出现在靠近齿根一侧的节线附近。齿面点蚀如图 5－39 所示。齿面硬度≤350HBS 的闭式传动中常因齿面点蚀而失效。

为防止出现疲劳点蚀，可采用增大齿轮直径或表面强化处理、提高齿面硬度、降低齿面粗糙度、选用黏度较高的润滑油等方法。

(3) 齿面胶合。在高速重载的齿轮传动中，由于齿面压力很大，工作时产生大量的热，使啮合区温度升高，润滑油黏度迅速降低，引起润滑失效，从而使两齿面在局部接触区因发生高温软化或熔化而相互粘连，当两齿面继续滑动时，较软齿面的材料沿滑动方向被撕下形成胶合沟纹，这种现象称为胶合，如图 3－40 所示。在低速重载齿轮传动中，由于齿面间不易形成油膜，也可能出现胶合现象。

图 3－38　轮齿折断

图 3－39　齿面点蚀

图 3－40　齿面胶合

要提高齿面的抗胶合能力，可以采用胶合能力强的活性润滑油；选用不同的齿轮材料组合；提高齿面硬度和降低表面粗糙度等措施。

(4) 齿面磨损。齿面磨损有两种情况：一种是由于沙粒、铁屑等落入啮合表面而引起的磨粒磨损；另一种是由于两齿面在相对滑动中互相摩擦所引起的跑合性磨损。磨损严重时，齿侧间隙增大，齿根变薄，甚至发生轮齿折断，如图 3－41 所示。在开式传动中，磨粒磨损是主要失效形式，对于闭式传动，为了减轻磨损，要定期更换润滑油。

(5) 塑性变形。未经硬化处理的软齿面齿轮，常因启动频繁或严重过载，造成表层材料沿着摩擦力的方向产生塑性流动而使整个轮齿发生过量的塑性变形，从而破坏了齿面的渐开线齿形，如图 3－42 所示。适当提高齿面硬度和润滑油的黏度，尽量避免频繁启动和过载，可防止塑性变形发生。

图 3－41　齿面磨损

(a)

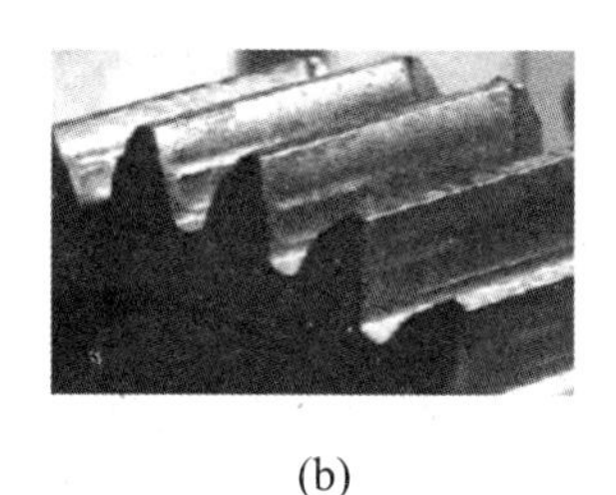

(b)

图 3－42　塑性变形

（a）从动轮；（b）主动轮

2. 齿轮常用材料

根据齿轮传动的主要失效形式，要求齿轮材料应具有足够的硬度和耐磨性；具有足够的抗弯强度和较好的冲击韧性；还应具有良好的加工工艺性。

当齿轮的齿面硬度≤350HBS，锻钢多用于中小功率、精度要求不高的一般传动中；齿轮的齿面硬度>350HBS 时，锻钢多用于高速、重载的精密传动中。当齿轮的尺寸较大、结构复杂时，应采用铸钢；铸铁一般用于低速、轻载的开式传动；非金属材料可用于某些高速、轻载、精度要求不高的齿轮传动。常用的齿轮材料见表 3－9。

表 3－9　常用的齿轮材料

材料牌号	热处理方法	应用范围
45	正火	低速轻载
	调质	低速中载
	表面淬火	高速、中载或低速重载，小冲击
40Cr	调质	中速中载
	表面淬火	高速中载，无剧烈冲击
35SiMn	调质	高速中载，无剧烈冲击
20Cr	渗碳淬火	高速中载，可承受冲击
20CrMnTi	渗碳淬火	高速中载，可承受冲击
40MnB	调质	高速中载，中等冲击
ZG310—570	正火	中速、中载
ZG340—640	正火、调质	
HT300		低速轻载，冲击小
QT600—3	正火	低、中速轻载，小冲击

3. 齿轮结构

常用的齿轮结构形式有齿轮轴、实心式、腹板式和轮辐式等，如图 3－43 所示。当圆柱齿轮的齿根圆到键槽底的距离 $e \leqslant (2 \sim 2.5)\ m$ 时，将齿轮与轴做成一体，称齿轮轴。当齿轮 $d_a \leqslant 200$ mm 时，做成实心式结构；$d_a \leqslant 500$ mm 时，做成腹板式齿轮；$d_a > 500$ mm 时，做成轮辐式齿轮。

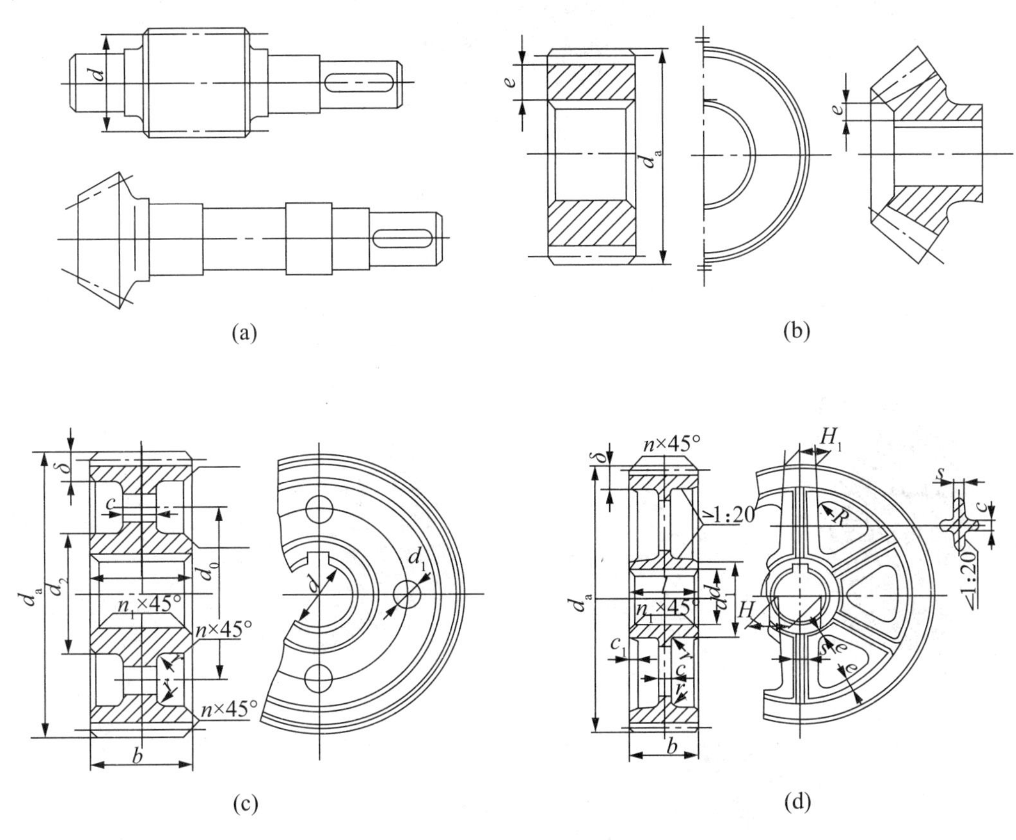

图 3－43　齿轮的结构形式

(a) 齿轮轴；(b) 实心式；(c) 腹板式；(d) 轮辐式

3.9.8　蜗杆传动的识别与选用

1. 蜗杆传动的组成

蜗杆传动主要由蜗杆和蜗轮组成，如图 3－44 所示，用于传递空间两交错轴之间的运动和动力，通常轴交角 $\sum = 90°$。一般蜗杆为主动件，蜗轮为从动件。

2. 蜗杆传动的特点及应用

蜗杆传动的主要优点是传动比大，结构紧凑，传动平稳，噪声低，可以实现自锁；主要缺点是传动效率低，制造成本高。

蜗杆蜗轮传动常用于两轴交错、传动比较大、传递功率不太大或间歇工作的场合。当要求传递较大功率时，为提高传动效率，常取 $z_1 = 2 \sim 4$。由于传动具有自锁性，故常用在卷扬机等起重机械中，起安全保护作用，它还被广泛应用在机床、汽车、仪器、冶金机械及其他机器或设备中，如汽车门锁、阳台晾衣架等。

图 3－44　蜗杆传动

3. 蜗杆传动的类型

根据蜗杆形状的不同，蜗杆传动可分为圆柱蜗杆传动［见图 3－45（a）］、环面蜗杆传动［见图 3－45（b）］和锥蜗杆传动［见图 3－45（c）］。

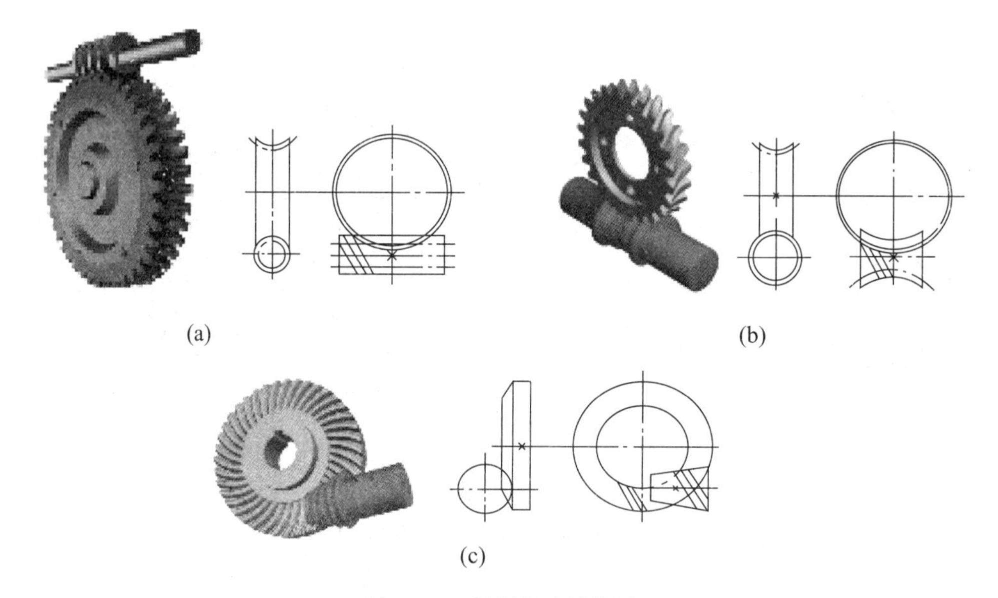

图 3－45　蜗杆传动的类型

（a）圆柱蜗杆传动；（b）环面蜗杆传动；（c）锥蜗杆传动

圆柱蜗杆传动按蜗杆轴向剖面齿形可分为普通圆柱蜗杆传动和圆弧圆柱蜗杆传动，普通圆柱蜗杆传动按蜗杆在垂直于轴线的横截面上齿廓曲线形状的不同，可分为阿基米德蜗杆、渐开线蜗杆和法向直廓蜗杆等。

4. 蜗杆传动的主要参数

（1）模数 m 和压力角 α。蜗杆和蜗轮啮合时，在中间平面上，蜗杆的轴向模数 m_{z1} 和轴向压力角 α_{z1} 分别与蜗轮的端面模数 m_{t2} 和端面压力角 α_{t2} 相等，并把该平面上的模数和压力角同时规定为标准值。标准压力角 $\alpha=20°$。

（2）蜗杆头数 z_1 和蜗轮齿数 z_2。蜗杆头数 z_1 应根据传动比和传动效率选定。常取值为 1、2、4、6。当传动比大或要求自锁时，常取 $z_1=1$，但传动效率较低；在动力传动中，为提高传动效率，常取 $z_1=2$、4、6。蜗轮齿数 $z_2=iz_1$，通常取 $z_2=29\sim80$。z_2 过少时，会使蜗轮发生根切；过多时，会使蜗杆轴的刚度降低，从而影响蜗杆传动的啮合精度。

蜗杆传动的传动比为：

$$i = \frac{\omega_1}{\omega_2} = \frac{n_1}{n_2} = \frac{z_2}{z_1} \tag{3-11}$$

（3）蜗杆分度圆直径 d_1 及直径系数 q。蜗轮通常是用形状和尺寸与蜗杆相同的滚刀在滚齿机上切制而成的。因此，蜗轮的齿形不仅取决于模数，而且与蜗杆分度圆直径 d_1 有关。为了限制滚刀的数目，便于标准化，对于每个模数规定了几个蜗杆分度圆直径 d_1。

蜗杆分度圆直径 d_1 与模数 m 的比值，称蜗杆的直径系数用 q 表示，公式表示为：

$$q = d_1/m \tag{3-12}$$

当模数 m 一定时，q 值增大则蜗杆分度圆直径增大，蜗杆的刚度提高。因此对于小模数蜗杆，规定了较大的 q 值，以保证蜗杆有足够的刚度。

（4）蜗杆导程角 λ。将蜗杆的分度圆柱面展开成平面，如图 3－46 所示。蜗杆的导程角是蜗杆螺旋线的切线与垂直于蜗杆轴线的平面间所夹的锐角。导程角的大小与传动效率有关。导程角越大，传动效率越高，范围一般为 $3°\sim33.5°$。对于动力传动，为提高传动效率，取 $\lambda=15°\sim30°$的多头蜗杆；对于要求具有自锁性能的传动，常取 $\lambda\leqslant3°30'$的单头蜗杆。

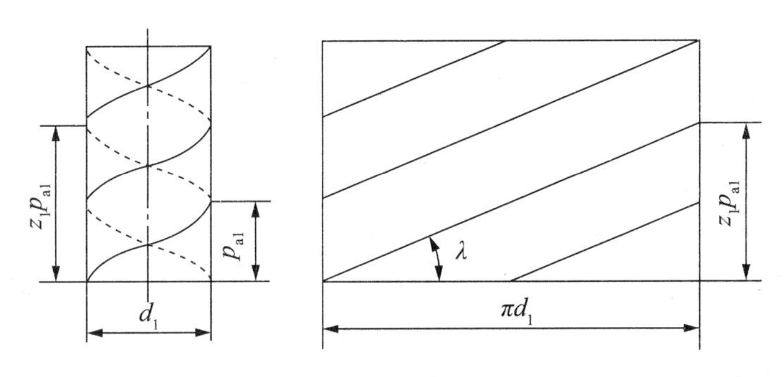

图 3－46　蜗杆分度圆展开图

5. 蜗杆传动的正确啮合条件

通过蜗杆轴线作一平面与蜗轮轴线垂直，把这个平面称为中间平面。在中间平面内蜗杆和蜗轮的啮合相当于齿条与渐开线齿轮的啮合，因此其正确啮合的条件为：在中间平面上，蜗杆的轴向模数 m_{a1} 和轴向压力角 α_{a1} 分别与蜗轮的端面模数 m_{t2} 和端面压力角 α_{t2} 相等，且为标准值；蜗杆的分度圆柱上的升角 γ 应与蜗轮分度圆柱上的螺旋角 β 大小相等，且蜗杆和蜗轮的旋向必须相同。标准压力角 $\alpha=20°$。正确啮合条件公式表述为：

$$\begin{cases} m_{a1} = m_{t2} = m \\ \alpha_{a1} = \alpha_{t2} = \alpha \\ \lambda = \beta_2 \end{cases} \tag{3-13}$$

6. 蜗杆蜗轮的材料和结构

（1）蜗杆蜗轮的材料。蜗杆和蜗轮的材料不仅要有足够的强度，更重要的是应有良好的减磨性、耐磨性和抗胶合能力。一般蜗轮材料多选用锡青铜（ZCuSn10Pb1、ZCuSn5Pb5Zn5）、铝青铜（ZCuAl10Fe3）或黄铜，低速时可采用铸铁（HT150、HT200）等。

（2）蜗杆的结构。蜗杆螺旋部分的直径不大，一般将蜗杆与轴做成一体，称蜗杆轴，如图 3－47 所示。

（3）蜗轮的结构。直径较小的蜗轮可以制成整体式结构，如图3－48（a）所示。对于尺寸较大的蜗轮，为了节省材料，可做成组合式结构，如图3－48（b）、图3－48（c）所示，即将齿圈采用青铜材料，而轮芯采用铸铁或钢，齿圈与轮芯之间的连接常用过盈配合连接或螺栓连接。也可采用青铜齿圈浇铸在铸铁轮芯上，如图3－48（d）所示。

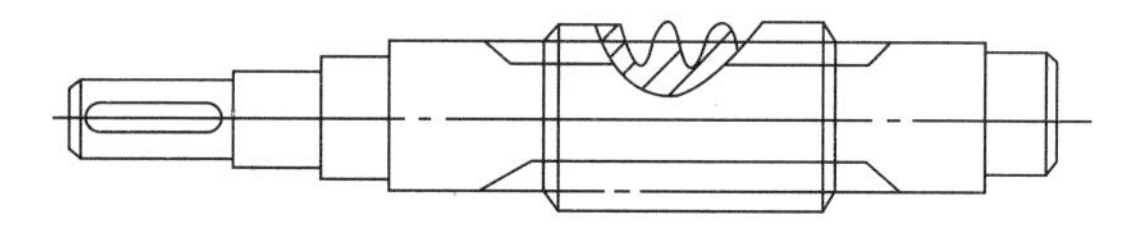

图3－47 蜗杆轴

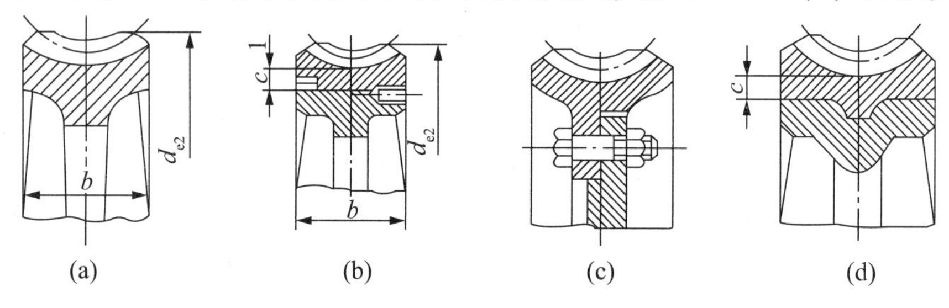

图3－48 蜗轮的结构

（a）整体式；（b）采用螺钉连接组合；（c）采用螺栓连接组合；（d）浇铸式

7. 蜗杆传动的受力分析

在进行蜗杆蜗轮传动的受力分析时，首先要分清主动件和从动件，然后判断出螺旋线是左旋还是右旋，最后确定转动方向。

蜗杆的圆周力 F_{t1} 与蜗轮的轴向力 F_{a2}、蜗杆的轴向力 F_{a1} 与蜗轮的圆周力 F_{t2}、蜗杆的径向力 F_{r1} 与蜗轮的径向力 F_{r2} 分别大小相等，方向相反，即 $F_{t1}=F_{a2}, F_{a1}=F_{t2}, F_{r1}=F_{r2}$，切向力 F_t 和径向力 F_r 方向的判别方法与直齿圆柱齿轮相同。蜗杆传动的受力分析如图3－49所示。

轴向力 F_a 用“左、右手螺旋定则”判断，即左旋蜗杆用左手握其轴线，右旋蜗杆用右手，四指的弯向表示转向，伸直的大拇指的指向即为其轴向力 F_{a1} 的方向；蜗轮轴向力 F_{a2} 的方向与蜗杆圆周力 F_{t1} 的方向相反。螺杆传动受力方向判别如图3－50所示。

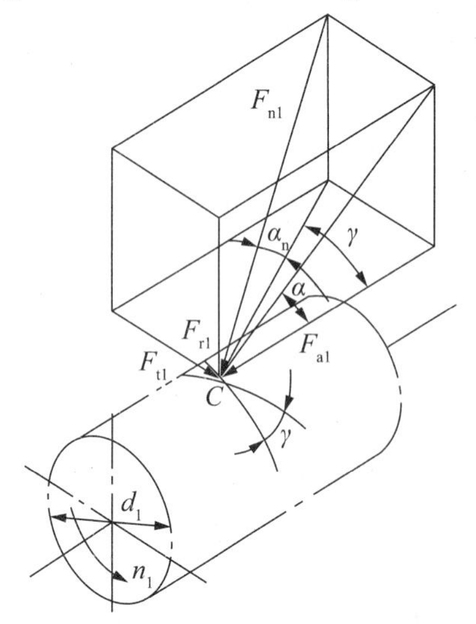

图3－49 蜗杆传动的受力分析

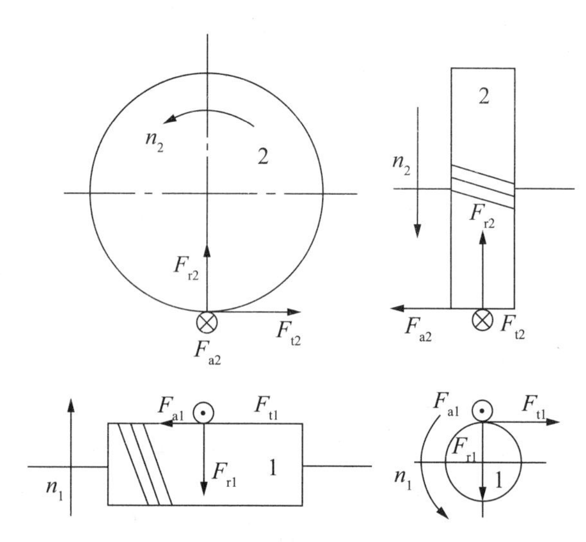

图3－50 蜗杆传动受力方向判别

3.10 齿轮系的识别与计算

由一系列相互啮合的齿轮所组成的用以传递运动和动力的传动系统称为轮系。

3.10.1 轮系的类型识别

按照传动时各齿轮的轴线位置是否固定，轮系可分为定轴轮系和行星轮系两类。

1. 定轴轮系

轮系在传动时，若各齿轮的轴线位置相对于机架均固定不动，则称该轮系为定轴轮系。在定轴轮系中，如果各齿轮的轴线相互平行，则称之为平面定轴轮系，如图3-51所示；如果包含相交轴齿轮传动、交错轴齿轮传动，则称之为空间定轴轮系，如图3-52所示。

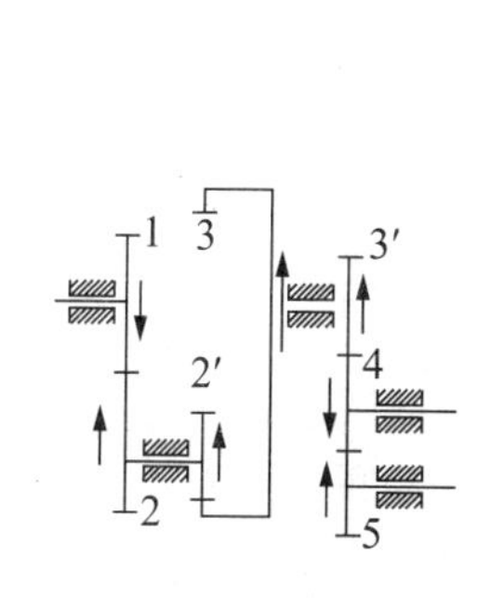

图3-51 平面定轴轮系

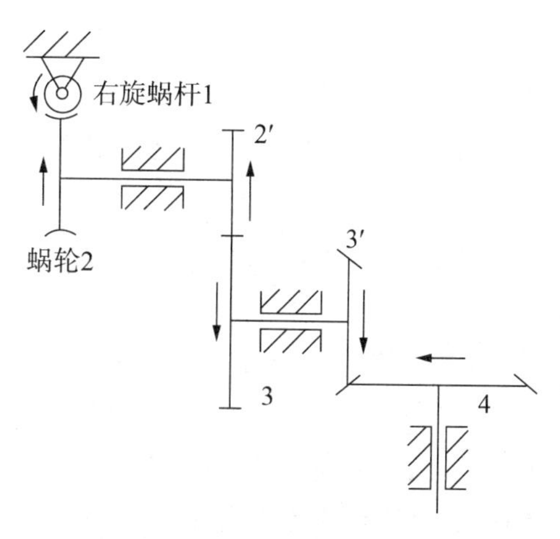

图3-52 空间定轴轮系

2. 行星轮系

轮系在传动时，若轮系中至少有一个齿轮的几何轴线相对于机架的位置是不固定的，是绕另一个齿轮的固定轴线转动，则称该轮系为行星轮系，如图3-53所示。

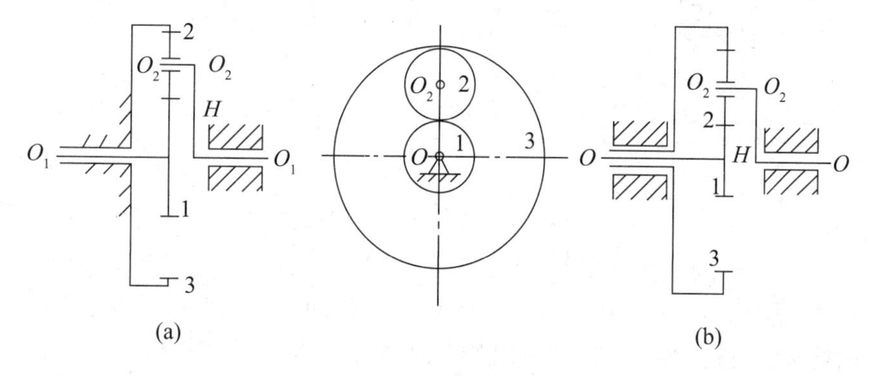

图3-53 行星轮系简图

(a) 简单行星轮系；(b) 差动轮系

1、3—太阳轮；2—行星轮；*H*—行星架

在如图 3－53 所示的轮系中，轴线位固定的齿轮 1、3 称为太阳轮（或中心轮），既绕 O_2 自转，又绕 OH 轴作公转的齿轮 2 称为行星轮；支持行星轮的构件 H 称为行星架（或系杆）。

行星轮系可分为两类：

（1）简单行星轮系。如图 3－53（a）所示，若齿轮 3 固定不动，即 $n_3=0$，则轮系的运动是确定的，这种轮系称为简单行星轮系（若齿轮 1 固定，则也是简单行星轮系）。

（2）差动轮系。如图 3－53（b）所示，若两个太阳轮都能转动，则必须有两个原动件，轮系的运动才能确定，这种轮系称为差动轮系。

3.10.2 轮系的特点分析与选用

轮系可获得很大的传动比，可做较远距离的传动，可实现变速要求，可实现改变从动轴回转方向，可实现运动的合成或分解。

轮系被广泛应用于汽车、机床中的变速、变向传动以及船用航向指示器传动装置、汽车转弯时的差速装置，钟表传动系统，机械式运算机构等。

3.10.3 定轴轮系的传动比计算

1. 一对齿轮传动的传动比

设主动轮 1 的转速和齿数分别为 n_1 和 z_1，从动轮 2 的转速和齿数分别为 n_2 和 z_2，则传动比为：

$$i_{12}=\frac{\omega_1}{\omega_2}=\frac{n_1}{n_2}=\pm\frac{z_2}{z_1} \tag{3-14}$$

式中："＋"号表示一对内啮合圆柱齿轮传动时，从动轮转向与主动轮转向相同，如图 3－54（a）所示；"－"号表示一对外啮合齿轮传动时，从动轮转向与主动轮转向相反，如图 3－54（b）所示。两轮的转向也可以用画箭头的方法在图中表示。

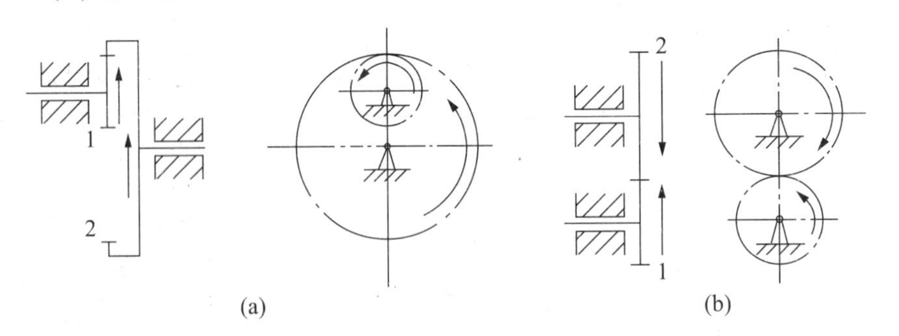

图 3－54 一对平行轴齿轮传动的转向

（a）内啮合；（b）外啮合

对于非平行轴传动（圆锥齿轮传动或蜗杆蜗轮传动），公式（3－14）同样适用，但正负号已无意义，齿轮的转向关系只能用画箭头的方法表示，如图 3－55 所示。一对圆锥齿轮传动在节点具有相同的速度，故二者的转向关系是同时指向节点，或者同时背离节点［图 3－55（a）］。蜗轮蜗杆传动时，若已知蜗杆的转动方向，则蜗轮的转动方向不仅与蜗杆的转动方向有关，还与蜗杆的螺旋线方向有关。可用左、右手定则来判断，如图 3-55（b）所示。

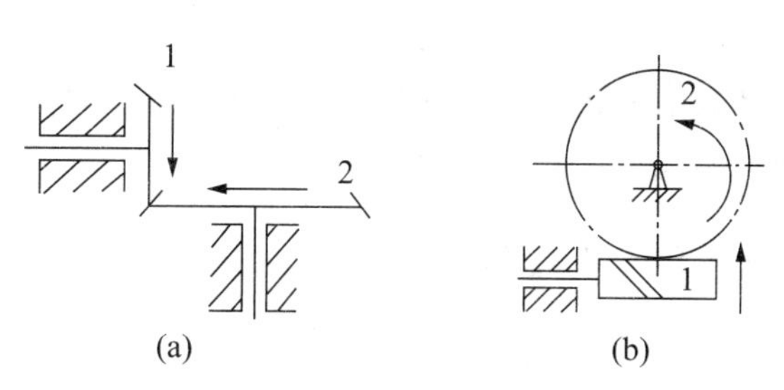

图 3-55　一对非平行轴齿轮传动的转向

（a）圆锥齿轮；（b）蜗轮蜗杆

2. 定轴轮系的传动比

轮系中的首末两轮的角速度之比或转速之比称为轮系的传动比，即：

$$i_{1k}=\frac{\omega_1}{\omega_k}=\frac{n_1}{n_k} \tag{3-15}$$

式中：ω_1 和 ω_k 分别为始端主动轮 1 和末端从动轮 K 的角速度（rad/s），n_1 n_k 分别为始端主动轮 1 和末端从动轮 K 的转速（r/min）。

轮系的传动比计算包括两个内容：一是传动比大小的计算；二是确定首末两轮的相对转动方向。

（1）传动比大小的计算。图 3-51 所示的定轴轮系中，齿轮 1 为首轮（主动轮），齿轮 5 为末轮（从动轮），设轮系中各齿轮的齿数分别为：$z_1, z_2, z_{2'}, z_3, z_{3'}, z_4, z_5$，转速分别为：$n_1$、$n_2$、$n_{2'}$、$n_3$、$n_{3'}$、$n_4$、$n_5$（其中 $n_2=n_{2'}$，$n_3=n_{3'}$），则轮系的传动比为：$i_{15}=\frac{n_1}{n_5}$。

由式（3-15）可得：$i_{12}=\frac{n_1}{n_2}=-\frac{z_2}{z_1}$，$i_{2'3}=\frac{n_{2'}}{n_3}=+\frac{z_3}{z_{2'}}$，$i_{3'4}=\frac{n_{3'}}{n_4}=-\frac{z_4}{z_{3'}}$，$i_{45}=\frac{n_4}{n_5}=-\frac{z_5}{z_4}$。由于 $n_2=n_{2'}$，$n_3=n_{3'}$。由此可得：

$$i_{12}\cdot i_{23}\cdot i_{3'4}\cdot i_{45}=\frac{n_1}{n_2}\cdot\frac{n_{2'}}{n_3}\cdot\frac{n_{3'}}{n_4}\cdot\frac{n_4}{n_5}=(-1)^3\frac{z_2\cdot z_3\cdot z_4\cdot z_5}{z_1\cdot z_{2'}\cdot z_{3'}\cdot z_4}=\frac{n_1}{n_5}$$

即 $i_{15}=\frac{n_1}{n_5}=i_{12}\cdot i_{2'3}\cdot i_{3'4}\cdot i_{45}=-\frac{z_2\cdot z_3\cdot z_4\cdot z_5}{z_1\cdot z_{2'}\cdot z_{3'}\cdot z_4}$。

由此可知，该定轴轮系的传动比等于轮系中各对啮合齿轮的传动比之连乘积；也等于轮系中所有从动齿轮齿数的乘积与所有主动齿轮齿数的乘积之比，传动比的正负号取决于外啮合齿轮的对数，外啮合齿轮为奇数对时取负号，表示首末两齿轮转向相反；偶数对时取正号，表示首末两齿轮转向相同。

对于一般情况，若用 1、K 表示首末两轮，则定轴轮系的传动比为：

$$i_{1k}=\frac{n_1}{n_k}=\pm\frac{\text{所有各对齿轮的从动轮齿数连乘积}}{\text{所有各对齿轮的主动轮齿数连乘积}} \tag{3-16}$$

式中，“+”表示外啮合齿轮对数为偶数，“-”表示外啮合齿轮对数为奇数。

（2）首末轮转向关系的确定。对于平面定轴轮系，首末轮的转向可直接使用公式 3－16 中的“±”确定，“+”表示首末两轮转向相同，“－”表示首末两轮转向相反。还可以用画箭头的方法确定。

由于空间定轴轮系中含有圆锥齿轮或蜗轮蜗杆，用“±”无法表示其相对转向关系，只能用画箭头的方法确定首末轮的相对转向。

3.10.4 行星轮系的传动比计算

1. 反转法

在如图 3－56（a）所示的行星轮系中，由于行星轮的运动不是绕固定轴线转动，故其传动比的计算不能直接应用定轴轮系传动比的公式，根据相对运动原理，若假想给整个行星轮系加上一个与行星架 H 的转速 n_H 大小相等、方向相反的公共转速 $-n_H$，则行星架 H 静止不动，而各构件间的相对运动关系不发生改变。这时，原来的行星轮系就可以转化为定轴轮系。该假想定轴轮系称为原行星轮系的转化轮系，如图 3－56（b）所示。转化轮系中各构件相对行星架 H 的转速分别用 n_1^H、n_2^H、n_3^H、n_H^H 表示，转化前后轮系中各构件的转速见表 3－10。

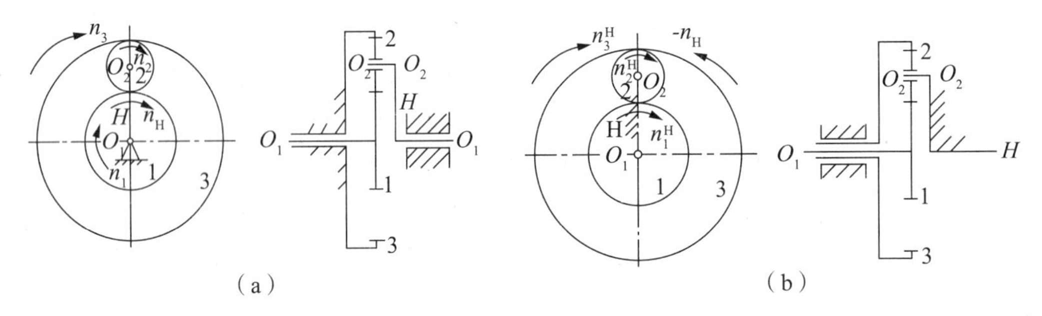

图 3－56 行星轮系及其转化轮系

（a）行星轮系；（b）转化轮系

表 3－10 转化前后轮系中各构件的转速

构件	原轮系中的转速	转化轮系中的转速	构件	原轮系中的转速	转化轮系中的转速
1	n_1	$n_1^H = n_1 - n_H$	3	n_3	$n_3^H = n_3 - n_H$
2	n_2	$n_2^H = n_2 - n_H$	H	n_H	$n_H^H = n_H - n_H$

在转化轮系中，由于行星架是固定的，1、3 两轮的传动比可用定轴轮系计算传动比的方法求得，即：

$$i_{13}^H = \frac{n_1^H}{n_3^H} = \frac{n_1 - n_H}{n_3 - n_H} = -\frac{z_2 z_3}{z_1 z_2} = -\frac{z_3}{z_1}$$

推广到一般情况，用 n_G、n_K 表示行星轮系中任意两齿轮 G、K 的转速，n_H 表示行星架 H 的转速，则有：

$$i_{GK}^H = \frac{n_G^H}{n_K^H} = \frac{n_G - n_H}{n_k - n_h} = \pm\frac{\text{转化轮系中从 } G \text{ 到 } K \text{ 间所有从动轮齿数乘积}}{\text{转化轮系中从 } G \text{ 到 } K \text{ 间所有主动轮齿数乘积}} \quad (3-17)$$

应用公式时，G、K 齿轮的相对转向可用画箭头的方法判定，转向相同时取“+”，转向相反时取“-”。若转化轮系为平面轮系，则也可用查找外啮合齿轮对的方法判定正负号。

2. 公式使用说明

① 齿轮 G、K 与行星架 H 的轴线必须是平行的，两轴的转速才能用代数差表示。

② 将 n_G、n_K、n_H 的已知值代入公式时必须考虑其正、负号。假设其中的一个已知转速为正后，其他转速与之相同取正，相反则取负。

③ $i_{GK}^{H} \neq i_{GK}$。前者为转化轮系中 G、K 齿轮的转速比，后者为行星轮系中 G、K 齿轮的转速比。

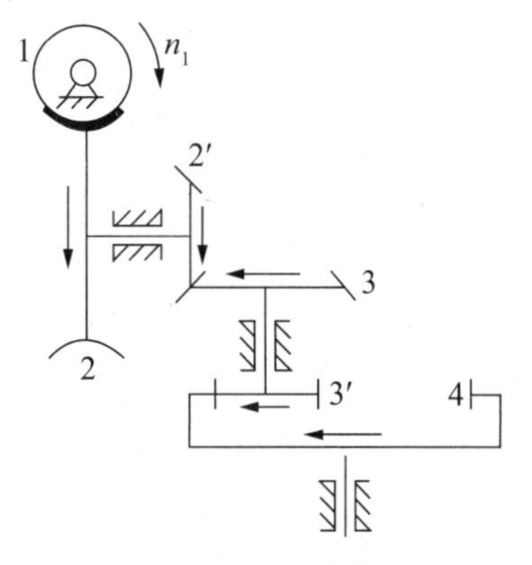

图 3-57　轮系

【例 3-2】　在图 3-57 所示轮系中，已知蜗杆为单头且右旋，转速 $n_1 = 1\,440$ r/min，转动方向如图所示，其余各轮齿数为：$z_2 = 40$，$z_{2'} = 20$，$z_3 = 30$，$z_{3'} = 18$，$z_4 = 54$。求：（1）计算齿轮 4 的转速 n_4；（2）在图中标出齿轮 4 的转动方向。

解：（1）齿轮 4 的转速 n_4：

$$i_{14} = \frac{n_1}{n_4} = \frac{z_2 z_3 z_4}{z_1 z_{2'} z_{3'}}$$

$$n_4 = \frac{z_1 \cdot z_{2'} \cdot z_{3'} \cdot n_1}{z_2 \cdot z_3 \cdot z_4} = \frac{1 \times 20 \times 18}{40 \times 30 \times 54} \times 1\,440 = 8 \text{ (r/min)}$$

（2）齿轮 4 的转动方向如图 3-57 所示。

【例 3-3】　在如图 3-58 所示的行星轮系中，已知 $z_1 = 100$，$z_2 = 101$，$z_{2'} = 100$，$z_3 = 99$，试求传动比 i_{H1}。

解：　$$i_{13}^{H} = \frac{n_1^{H}}{n_3^{H}} = \frac{n_1 - n_H}{n_3 - n_H} = \frac{z_2 z_3}{z_1 z_{2'}}$$

由于轮 3 为固定轮（即 $n_3 = 0$），所以有

$$i_{13}^{H} = \frac{n_1 - n_H}{0 - n_H} = \frac{z_2 z_3}{z_1 z_{2'}}:$$

$$i_{H1} = 1/i_{1H} = 10\,000$$

即当行星架转 10 000 转时，轮 1 才转一转，其转向相同。

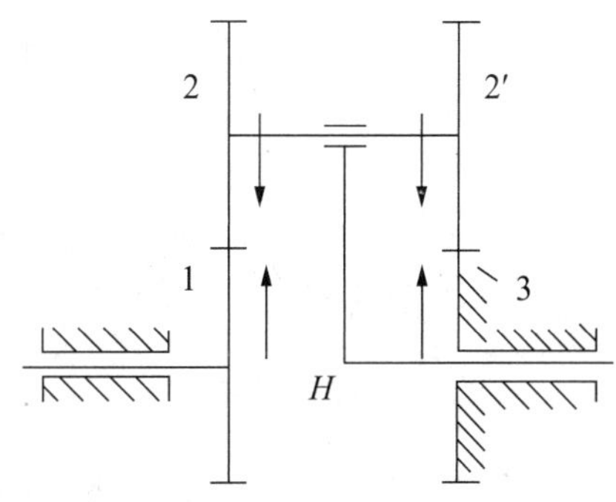

图 3-58　行星轮系

3.11　轴承的识别与选用

轴承是机器中主要用来支撑轴的部件，用以保证轴的旋转精度，并减少轴与支撑物间的摩擦和磨损。根据轴承工作的摩擦性质，轴承可分为滑动轴承和滚动轴承两大类。整体式滑动轴承如图 3-59 所示，滚动轴承如图 3-60 所示。

图 3-59　整体式滑动轴承

图 3-60　滚动轴承（圆锥滚子轴承）

3.11.1　滑动轴承的识别与选用

1. 滑动轴承的类型

滑动轴承按承受载荷的方向可分为径向滑动轴承和推力滑动轴承；按轴系和轴承装拆的需要可分为整体式和剖分式；按轴颈和轴瓦间的摩擦状态可分为液体摩擦滑动轴承和非液体摩擦滑动轴承。

2. 滑动轴承的结构

（1）径向滑动轴承。

① 整体式径向滑动轴承。整体式径向滑动轴承由轴承座 1、轴套 2 和润滑装置等部分组成，如图 3-61 所示。这种轴承结构简单、成本低，但轴套磨损后轴承间隙无法调整，装拆时轴或轴承需轴向移动，故只适用于低速、轻载和间歇工作的场合，如小型齿轮油泵、减速箱等。

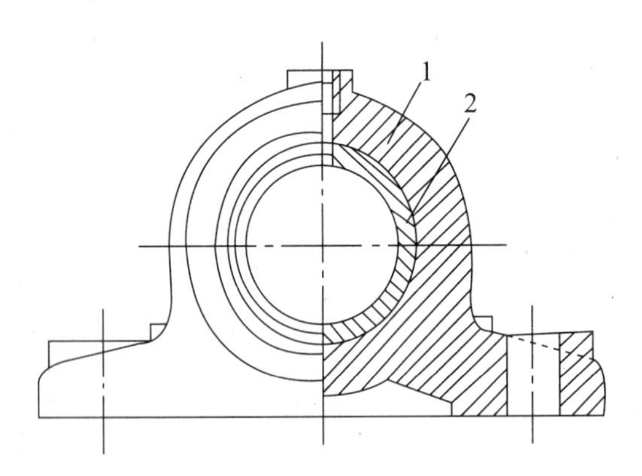

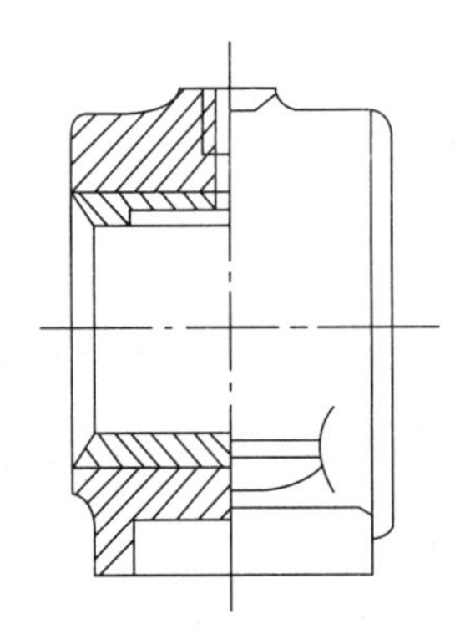

图 3-61　整体式径向滑动轴承结构

1—轴承座；2—轴套

② 剖分式径向滑动轴承。剖分式径向滑动轴承由轴承座 3、轴承盖 2、轴瓦 4 和 5 及双头螺柱 1 等组成，如图 3-62 所示。在轴承座和轴承盖的剖分面上设有阶梯形定位止口，以便定位和防止工作时错动。它的轴瓦磨损以后可以调整，轴瓦磨损后的轴承间隙可用减少剖分面处的金属垫片或将剖面刮掉一层金属的办法调整，并同时配刮轴瓦。剖分式径向滑动轴承由于间隙可以调整及装拆方便，因此这种轴承得到了广泛的应用。

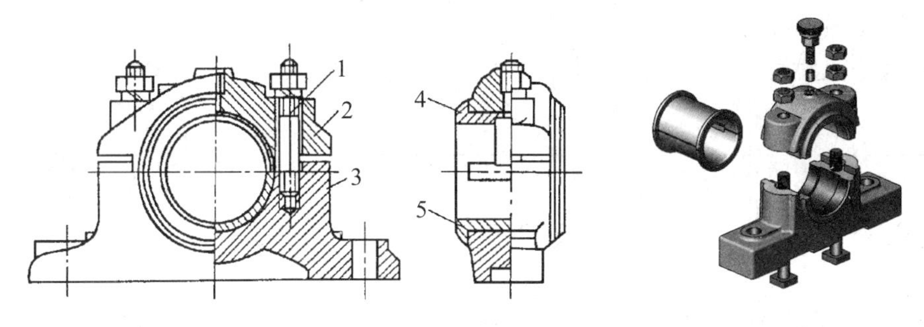

图 3－62 剖分式径向滑动轴承

1—双头螺柱；2—轴承盖；3—轴承座；4、5—轴瓦

③ 调心轴承。调心轴承如图 3－63 所示，其轴瓦外表面做成球面形状，与轴承盖及轴承座的球状内表面相配合，轴瓦可自动调位以适应轴颈在轴弯曲时产生的偏斜，从而可以避免轴颈与轴瓦的局部磨损。轴承的宽度 B 大于轴颈直径 d 的 1.5 倍时，或轴的刚度较小、或两轴难以保证同心时，皆宜采用调心轴承。

（2）推力滑动轴承。推力滑动轴承用来承受轴向载荷，它的结构由轴承座 1、衬套 2、轴瓦 3、推力轴瓦 4 和销钉 5 组成，如图 3－64 所示。推力轴瓦底部为球面，这就使轴瓦工作表面受力均匀。

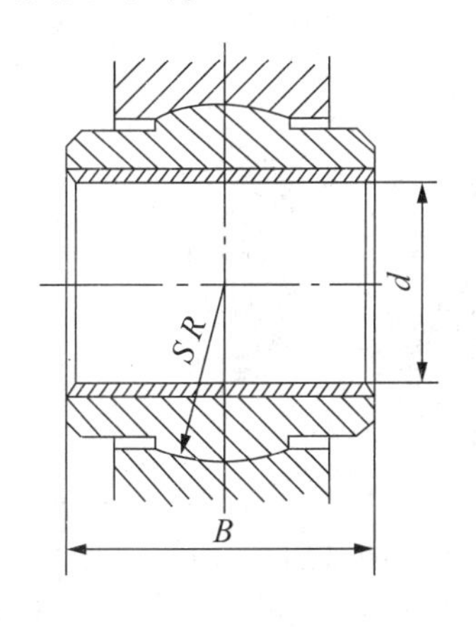

图 3－63 调心轴承

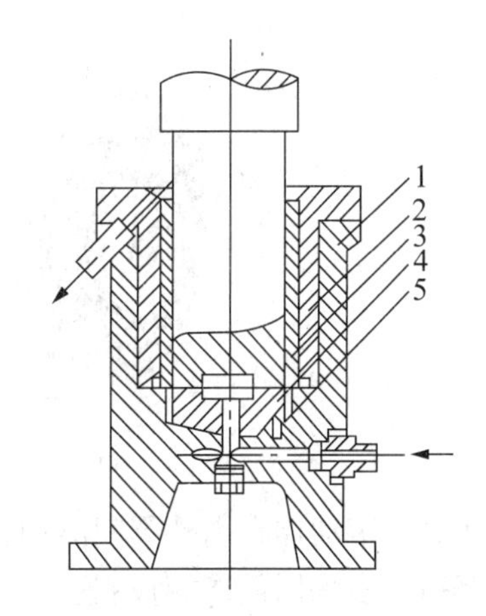

图 3－64 推力滑动轴承

1—轴承座；2—衬套；3—轴瓦；4—推力轴瓦；5—销钉

3. 轴瓦的结构

轴瓦是滑动轴承的重要组成部分。常用轴瓦可分整体式和剖分式两种结构。

整体式轴瓦又称轴套，如图 3－65 所示，用于整体式滑动轴承；剖分式轴瓦如图 3－66 所示，用于剖分式滑动轴承。为了改善轴瓦表面的摩擦性能，可在轴瓦内表面浇铸一层轴承合金等减摩材料（称为轴承衬），厚度为 0.5 ~ 0.6 mm。轴承衬如图 3－67 所示。

常用的轴瓦和轴承衬材料有轴承合金、青铜及粉末冶金材料、塑料、硬木、橡胶和石墨等。

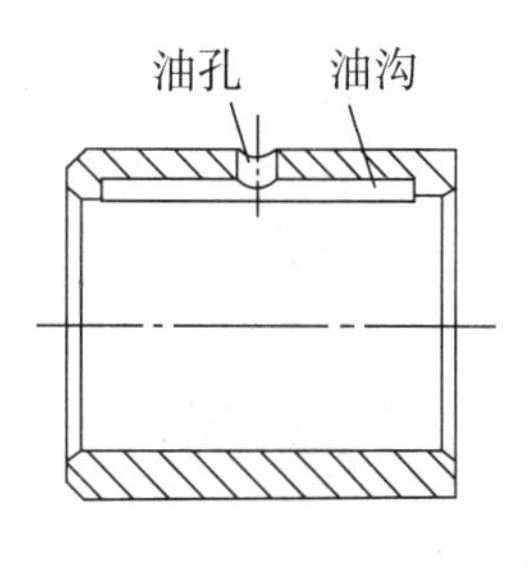

图 3-65　整体式轴瓦

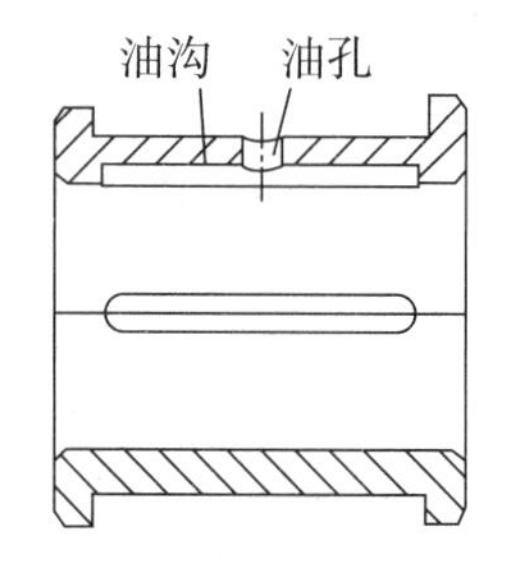

图 3-66　剖分式轴瓦

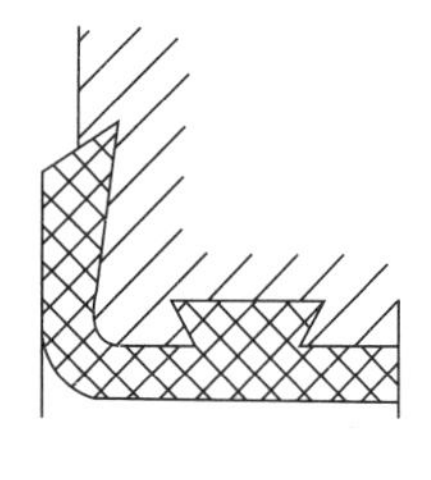

图 3-67　轴承衬

4. 滑动轴承的应用

滑动轴承主要应用在工作转速特别高、承受极大的冲击和振动载荷、要求特别精密、装配工艺要求轴承拆分的场合和径向尺寸受限制等场合。例如，机床、汽轮机、发电机、轧钢机、大型电机、内燃机、铁路机车、仪表和天文望远镜、曲轴的轴承等。

3.11.2　滚动轴承的识别与选用

1. 滚动轴承的结构

滚动轴承的结构如图 3-68 所示。它由外圈 1、内圈 2、滚动体 3 和保持架 4 组成。通常内圈采用过渡配合装在轴颈上与轴一起转动，外圈装在轴承座孔内固定不转动。

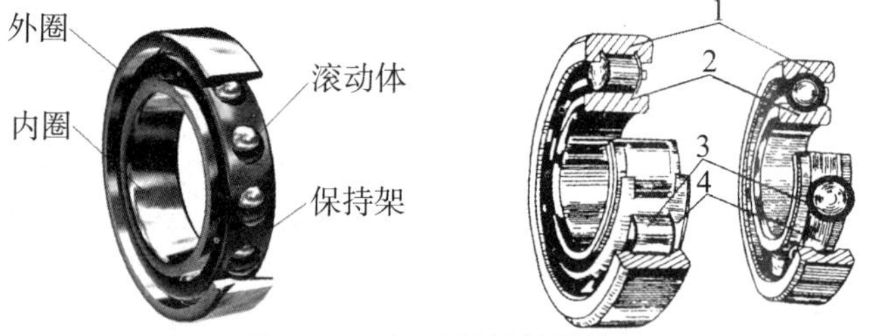

图 3-68　滚动轴承的结构

1—外圈；2—内圈；3—滚动体；4—保持架

工作时，滚动体在内外圈间滚动，保持架将滚动体均匀地隔开，以减少滚动体之间的摩擦和磨损，多采用低碳钢板制造，也可用有色金属或塑料等材料。常见的滚动体形状有球、圆柱滚子、圆锥滚子、鼓形滚子和滚针等。滚动体的形状如图 3-69 所示。

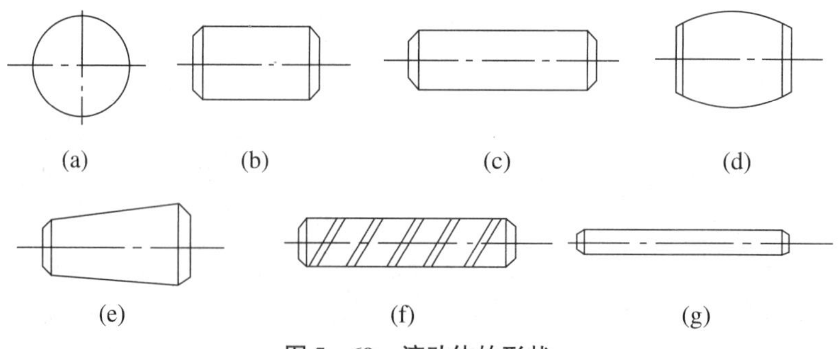

图 5-69　滚动体的形状

(a) 球；(b) 短圆柱滚子；(c) 长圆柱滚子；(d) 鼓形滚子
(e) 圆锥滚子；(f) 螺旋滚子；(g) 针形滚子

2. 滚动轴承的类型和特性

滚动轴承中滚动体与外圈接触处的法线与垂直于轴承轴心线的径向平面之间的夹角 α 称为滚动轴承的公称接触角。它是滚动轴承的一个重要参数，公称接触角 α 越大，轴承承受轴向载荷的能力也越大。滚动轴承的接触角如图3－70 所示。

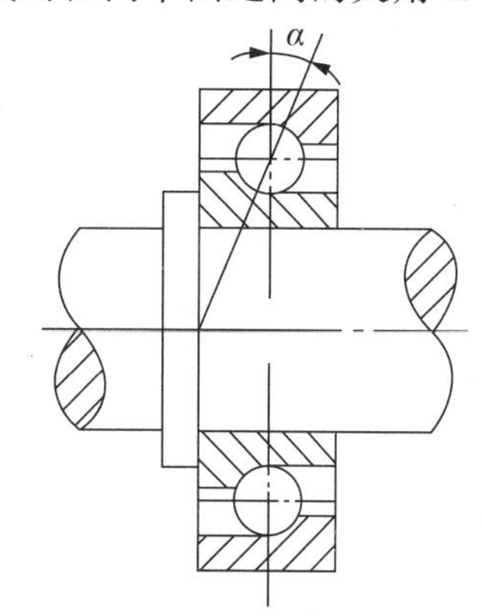

图 3－70　滚动轴承的接触角

（1）按所能承受载荷的方向或公称接触角的不同，滚动轴承可分为向心轴承和推力轴承。

向心轴承主要承受径向载荷，推力轴承主要承受轴向载荷。

向心轴承的公称接触角 $0° \leqslant \alpha \leqslant 45°$，其中 $\alpha = 0°$的称为径向接触轴承，$\alpha > 0°$的称为向心角接触轴承；推力轴承的公称接触角 $45° < \alpha \leqslant 90°$，其中 $\alpha = 90°$的称为轴向接触轴承，$45° < \alpha < 90°$的称为推力角接触轴承。

（2）滚动轴承按滚动体的种类分为球轴承和滚子轴承。

在外廓尺寸相同的情况下，滚子轴承比球轴承的承载能力和抗冲击能力强。

滚动轴承的主要类型、特性及应用见表 3－11。

表 3－11　滚动轴承的主要类型、特性及应用

轴承名称 和类型代号	结构简图及 承载方向	极限 转速	允许角 偏差	特性与应用
调心球轴承 1		中	2°～3°	主要承受径向载荷，也能同时承受较小的轴向载荷。外圈滚道为球面，具有自动调心性能。适用于多支点轴、弯曲刚度小的轴以及难以精确对中的支撑，如木工机械、纺织机械传动轴、立式带座调心轴承
调心滚子轴承 2		低	0. 5°～2°	与 1 类似，但承载能力大，主要用途：造纸机械、减速装置、铁路车辆车轴、轧钢机齿轮箱座、轧钢机辊道子、破碎机、振动筛、印刷机械、木工机械、各类产业用减速机、立式带座调心轴承
圆锥滚子轴承 3	α	中	2′	能承受较大的径向载荷和轴向载荷。因为滚子与内、外圈接触方式为线接触，所以承载能力大，内、外圈可分离。适用于转速不太高，轴的刚性较好的场合，如汽车前后轮、机床主轴、建筑机械、大型农业机械、铁路车辆齿轮减速装置

续表

轴承名称和类型代号	结构简图及承载方向	极限转速	允许角偏差	特性与应用
双列深沟球轴承 4	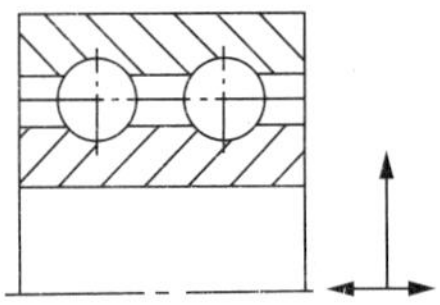	中	2′~10′	主要承受径向载荷，也能承受一定的轴向载荷。它比深沟球轴承具有较大的承载能力，主要用于汽车、内燃机、建筑机械、铁路车辆、装卸搬运机械、农业机械、各种产业机械
推力球轴承 单向 5（1） 双向 5（2）	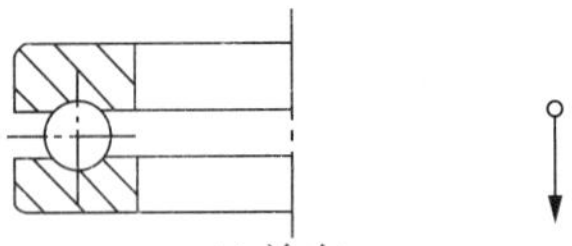 (a)单向 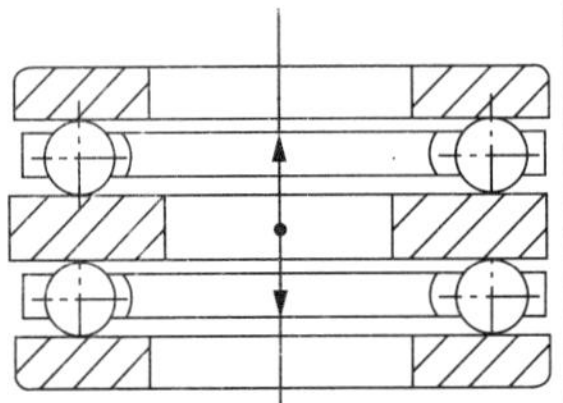 (b)双向	低	不允许	只能承受轴向载荷。单向结构承受单向载荷；双向结构承受双向载荷。适用于轴向载荷较大、转速较低的场合，主要用途：汽车转向销、机床主轴
深沟球轴承 6	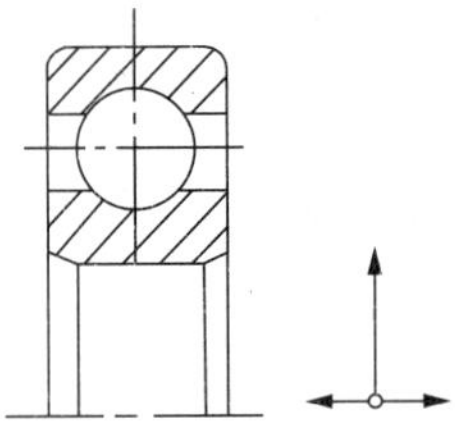	高	8′~16′	主要承受径向载荷，也能同时承受较小的轴向载荷。摩擦阻力小，极限转速高，结构简单，价格便宜，应用最广泛。但承受冲击载荷能力较差，适用于高速场合如汽车的变速器、电气装置部件，电气方面的通用电动机、家用电器
角接触球轴承 7	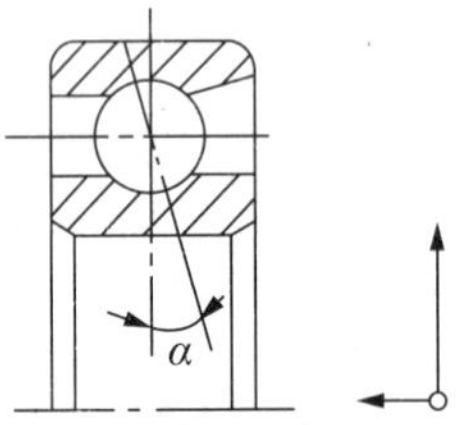 α	较高	2′~10′	能同时承受较大的径向载荷和轴向载荷。公称接触角越大，轴向承载能力越大。适用于转速较高，同时承受径向和轴向载荷的场合。单列用于机床主轴、高频马达、燃汽轮机、离心分离机、小型汽车前轮、差速器小齿轮轴；双列用于油泵、罗茨鼓风机、空气压缩机、各类变速器、燃料喷射泵、印刷机械

续表

轴承名称和类型代号	结构简图及承载方向	极限转速	允许角偏差	特性与应用
推力圆柱滚子轴承 8000		低	不允许	能承受很大的单向径向载荷。它比推力球轴承承载能力要大，极限转速很低，适用于低速重载场合，如石油钻机、制铁制钢机械
圆柱滚子轴承 N		较高	2′～4′	能承受较大的径向载荷，不能承受轴向载荷，主要应用于中型及大型电动机、发电机、内燃机、燃汽轮机、机床主轴、减速装置、装卸搬运机械、各类产业机械
滚针轴承 NA		低	不允许	只能承受径向载荷。径向尺寸小，承载能力大。常用于径向尺寸受限制而径向载荷又较大的装置中，如汽车发动机、变速器、泵、挖土机履带轮、提升机、桥式起重机、压缩机

3. 滚动轴承代号的识读

滚动轴承类型很多，为了便于生产和选用轴承，国家标准《滚动轴承　代号方法》(GB/T 272—1993) 规定了滚动轴承的代号表示方法，见表 3－12。

表 3－12　滚动轴承代号的构成

<table>
<tr><td>前置代号</td><td colspan="5">基本代号</td><td colspan="8">后置代号</td></tr>
<tr><td rowspan="3">轴承分部件代号</td><td>一</td><td>二</td><td>三</td><td>四</td><td>五</td><td rowspan="3">内部结构代号</td><td rowspan="3">密封与防尘结构代号</td><td rowspan="3">保持架及其材料代号</td><td rowspan="3">特殊轴承材料代号</td><td rowspan="3">公差等级代号</td><td rowspan="3">游隙代号</td><td rowspan="3">多轴承配置代号</td><td rowspan="3">其他代号</td></tr>
<tr><td rowspan="2">类型</td><td colspan="2">尺寸系列代号</td><td colspan="2" rowspan="2">内径代号</td></tr>
<tr><td>宽度系列代号</td><td>直径系列代号</td></tr>
</table>

(1) 基本代号。基本代号表示滚动轴承的基本类型、结构和尺寸，是轴承代号的基础。自右向左，代号由内径代号、尺寸系列代号和类型代号三部分组成。

① 内径代号。基本代号中右起第一、二位数字表示轴承的内径，表示方法见表 3－13。

表 3－13　轴承内径代号

内径尺寸/mm	代号表示	举例	
		代号	内径
10 12 15 17	00 01 02 03	6200	10
20～480 （5 的倍数）	内径/5 的商	23208	40
22、28、32 及 500 以上	/内径	230/500 62/22	500 22

② 尺寸系列代号。尺寸系列代号由直径系列代号和宽（高）度系列代号组成。直径系列表示内径相同、外径不同的系列，用右起第三位数字表示。宽度系列表示内外径相同、宽（高）度不同的系列，用右起第四位数字表示。当高（宽）系列代号为 0 时可省略，但对调心轴承和圆锥滚子轴承不可省略。尺寸系列代号的表示方法见表 3－14。

③ 类型代号。轴承类型代号用数字或大写字母表示，见表 3－11。当用字母表示时，则类型代号与右边的数字代号之间空半个汉字的宽度。

表 3－14　尺寸系列代号的表示方法

直径系列代号	向心轴承								推力轴承			
	宽度系列代号								高度系列代号			
	8	0	1	2	3	4	5	6	7	9	1	2
	尺寸系列代号											
7	—	—	17	—	37	—	—	—	—	—	—	—
8	—	08	18	28	38	48	58	68	—	—	—	—
9	—	09	19	29	39	49	59	69	—	—	—	—
0	—	00	10	20	30	40	50	60	70	90	10	—
1	—	01	11	21	31	41	51	61	71	91	11	—
2	82	02	12	22	32	42	52	62	72	92	12	22
3	83	03	13	23	33	43	53	63	73	93	13	23
4	—	04	—	24	—	—	—	—	74	94	14	24
5	—	—	—	—	—	—	—	—	—	95	—	—

（2）前置代号。前置代号用字母表示，用来说明成套轴承部件特点的补充代号，可参阅 GB/T 272—1993。

（3）后置代号。后置代号用字母（或字母加数字）表示，用来说明轴承在结构、公差和材料等方面的特殊要求。下面仅介绍内部结构代号和公差等级代号的含义。

① 内部结构代号。以角接触球轴承的公称接触角变化为例，公称接触角为15°时，代号为C；公称接触角为25°时，代号为AC；公称接触角为40°时，代号为B。

② 公差等级代号。公差等级代号按精度由低到高依次为/P0、/P6、/P5、/P4、/P2。其中/P0为普通级，可省略不标。

③ 游隙组别代号。常用轴承的径向游隙代号共分6个组别，分别为/C1、/C2、/C0、/C3、/C4、/C5。其中/C1组游隙最小，/C5组游隙最大，/C0为常用组，通常在代号中省略不标。

【例3-4】　说明轴承代号62307、7208AC和6308/P63的意义。

解：62307：表示内径 $d=35$ mm，直径系列为3，宽度为2系列，公差等级为0级的深沟球轴承。

7208AC：表示内径 $d=40$ mm，直径为2系列，宽度为0系列（0在代号中省略）的角接触球轴承，公称接触角 $\alpha=25°$，公差等级为0级，游隙为0组。

6308/P63：表示内径 $d=40$ mm，直径系列为3系列，宽度为0系列（0省略）的深沟球轴承，公差等级为6级，径向游隙为3组。

4. 滚动轴承的特点及应用

滚动轴承摩擦阻力小、启动灵活、效率高、润滑简便、易于互换且可以通过预紧提高轴承的刚度和旋转精度。但抗冲击能力较差，高速时有噪声，径向尺寸较大，工作寿命也不及液体摩擦的滑动轴承。滚动轴承主要用于运转精度较高、启动灵敏、对精密度要求不很高的场合，如汽车变速器和转向器等。

5. 滚动轴承的类型选择

（1）载荷条件。当载荷较大时应选用线接触的滚子轴承。球轴承为点接触，适用于轻载及中等载荷。当有冲击载荷时，常选用螺旋滚子或普通滚子轴承。主要承受径向载荷时，应选用深沟球轴承；同时承受径向载荷和轴向载荷时，应选用角接触球轴承；只承受轴向载荷时，应选用推力轴承；承受的轴向载荷比径向载荷大很多时，应选用推力轴承和深沟球轴承的组合结构。

（2）转速条件。转速较高时，宜用点接触的球轴承，一般球轴承有较高的极限转速。对于有更高转速要求时，常选用中空转子，或选用超轻、特轻系列的轴承，以降低滚动体离心力的影响。

（3）刚性及调心性能。当支撑刚度要求较大时，可采用成对的向心推力轴承组合结构或采用预紧轴承的方法。当支撑跨距大，轴的弯曲变形大，刚度较低或两个轴承座孔中心位置有误差时，应考虑轴承内外圈轴线之间的偏斜角，需要选用自动调心轴承，可选用球面球轴承或球面滚子轴承，这类轴承允许有较大的偏位角。

（4）装调性能。为便于安装、拆卸和调整轴承游隙，根据工作要求可选用内、外圈可分离的圆锥（或圆柱）滚子轴承。

（5）经济性。注意经济性，以降低产品价格，一般说单列向心球轴承价格最低，滚子轴承较球轴承高，而轴承精度越高，则价格越高。

6. 滚动轴承的失效形式

（1）疲劳点蚀。滚动轴承工作时，滚动体和内外圈滚道表面受接触变应力作用。在正常工作条件下，由于接触变应力的反复作用，在滚动体和内、外圈滚道表面上会出现疲劳点蚀。疲劳点蚀使轴承产生振动和噪声，运转精度降低，温度升高。

（2）塑性变形。当轴承转速很低或间歇摆动时，一般不会出现疲劳点蚀。但在过大的静载荷或冲击载荷的作用下，滚动体和套圈滚道易产生塑性变形，表面出现凹坑，增加了轴承的摩擦、振动和噪声。

此外，由于使用维护和保养不当或润滑密封不良等因素，还会使轴承出现过度磨损、内外圈和保持架破损等失效；在高速条件下，甚至还会出现胶合失效等。

7. 滚动轴承的组合设计

为了保证滚动轴承在预定期限内正常工作，除了正确选择滚动轴承类型和尺寸外，还要解决轴承的轴向定位，轴承与其他零件的配合、装拆和间隙调整等一系列问题，也就是还要合理地进行轴承的组合设计。

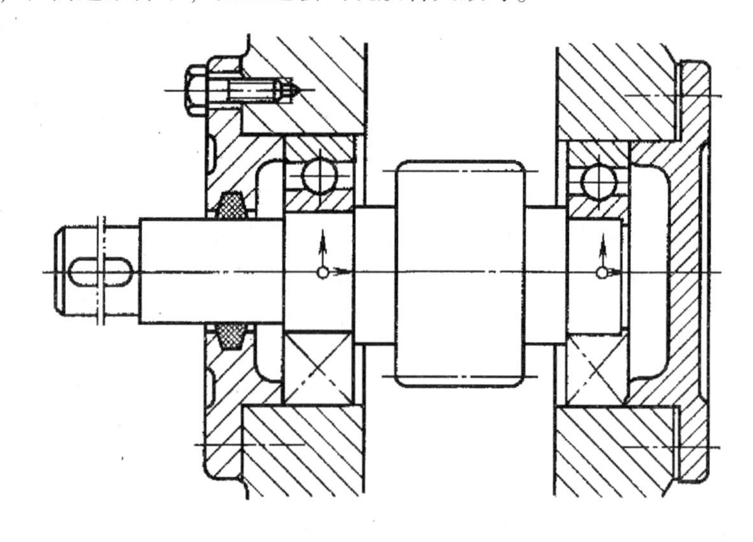

图 3-71　两端固定轴承

根据轴系两端轴承的不同结构，滚动轴承的组合设计可分为以下三类：

（1）两端固定轴承。如图 3-71 所示，两端的支承均能限制一个方向的轴向移动，两个支承合起来就限制了轴的双向移动。这种结构形式简单，适用于普通工作温度下的短轴（跨距≤350 mm）。

（2）一端固定、一端游动轴承。如图 3-72 所示，左端轴承限制轴的双向移动，右端

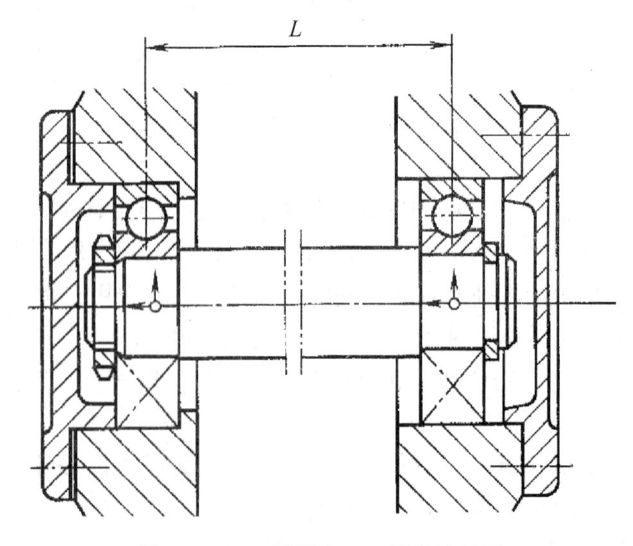

图 3-72　一端固定、一端游动轴承

轴承可做轴向游动。选用深沟球轴承作为游动支撑时，应在轴承外圈与轴承盖间留有间隙；选用圆柱滚子轴承作为游动支撑时，靠其本身内、外圈可分离的特性满足游动要求。这种固定方式适用于跨距较大或工作温度较高的轴。

（3）两端游动轴承。如图 3－73 所示，两端的轴承均不限制轴的轴向移动。例如，人字齿轮轴，由于轮齿两侧螺旋角不易做到完全对称，为了防止轮齿卡死或两侧受力不均匀，应采用轴系左右有微量轴向游动的结构，图中两端都选用圆柱滚子轴承，滚动体与外圈间可轴向移动。与其相啮合的另一轴系则必须两端固定，以使该轴系在箱体中有固定位置。

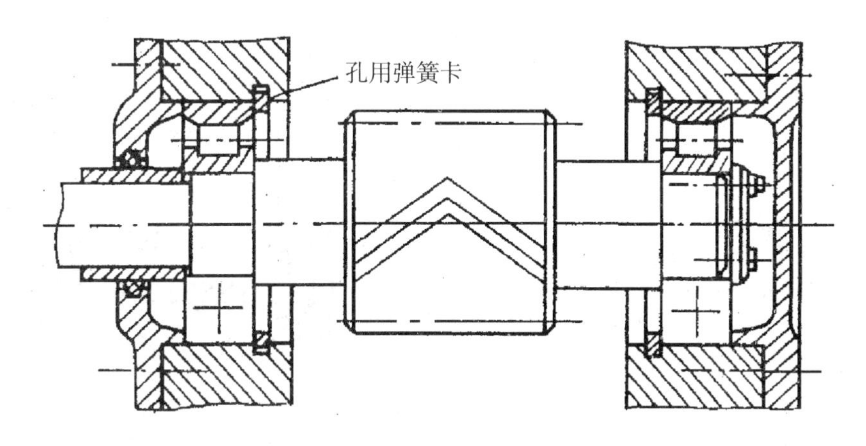

图 3－73　两端游动轴承

8. 轴承组合的调整

（1）轴承间隙的调整。为保证轴承正常运转，常用的轴承间隙的调整方法有以下两种。

① 调整垫片。如图 3－74 所示，靠加减轴承盖与机座间的垫片厚度进行调整。

② 可调压盖。如图 3－75 所示，靠端盖上的螺钉调整轴承外圈可调压盖的位置调整轴承游隙，调整后用螺母锁紧防松。

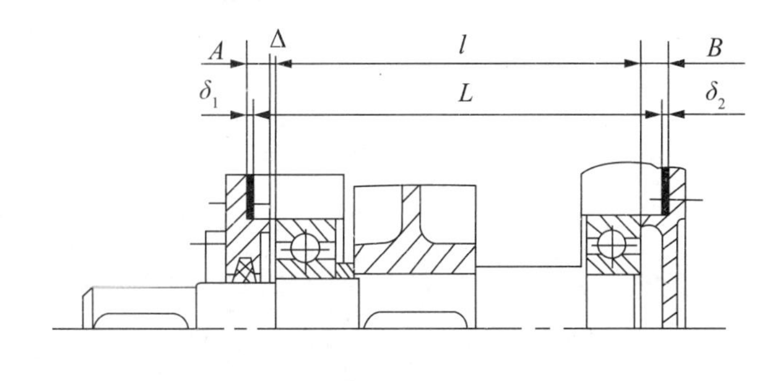

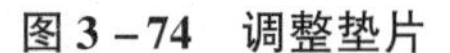

图 3－74　调整垫片

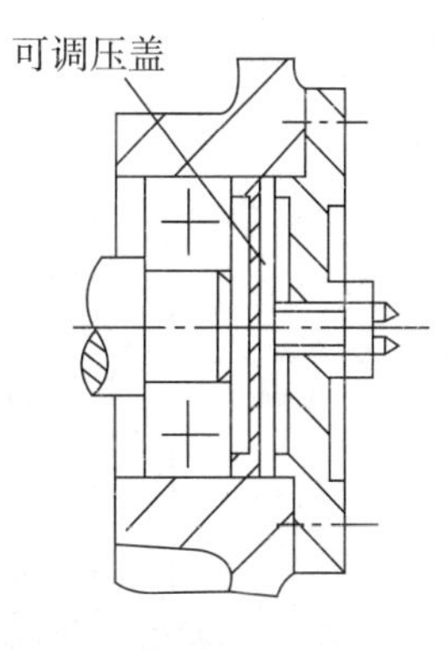

图 3－75　可调压盖

（2）轴承的预紧。对于内部游隙可调的轴承，为了提高轴承的刚度和旋转精度，在安装轴承时使其受到一定的轴向力，消除轴承的游隙并使滚动体和内、外圈接触处产生微小的弹性变形，这种方法称为轴承的预紧。常用的方法有利用金属垫片［见图 3－76（a）］，或磨窄套圈［见图 3-76（b）］。

（3）轴系位置的调整。轴系位置调整的目的是使轴上零件具有准确的工作位置，如圆锥齿轮传动，要求两个节圆锥顶点相重合，方能保证啮合。又如蜗杆传动，则要求蜗轮主平面通过蜗杆轴线等。如图 3-77 所示为圆锥齿轮轴承组合位置的调整方式，可增减套杯与箱体间垫片的厚度使套杯做轴向移动，以调整锥齿轮的轴向位置。增减垫片 2 的厚度可调整轴承游隙。

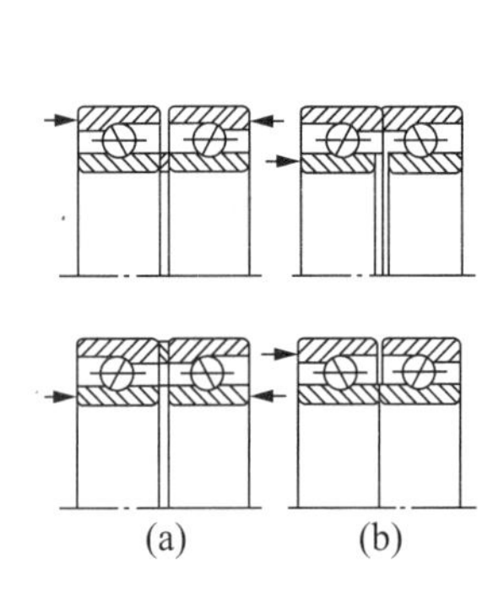

图 3-76　轴承的预紧

（a）利用金属垫片；（b）磨窄套圈

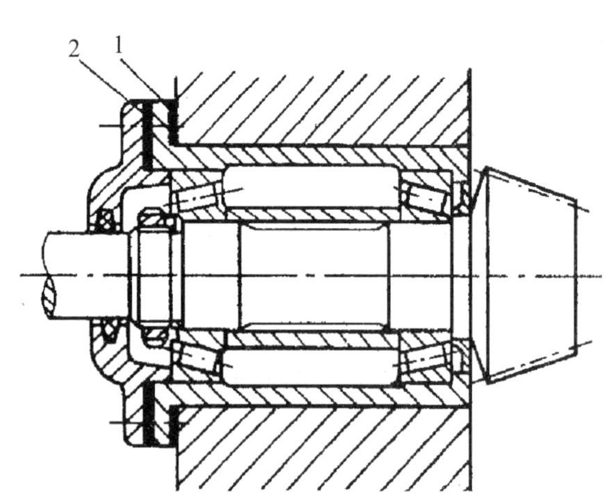

图 3-77　轴系位置的调整

1—调整轴向位置垫片；2—调整游隙垫片

9. 轴承的装拆

轴承的内圈与轴颈的配合一般都较紧，安装时可以用压力机配专用压套在内圈上施加压力，将轴承压套到轴颈上，也可在内圈上加套后用锤子均匀地敲击装入轴颈，如图 3-78 所示，但不允许直接敲击外圈，以防损坏轴承。对于尺寸较大的轴承，可先将轴承放在温度为 80 ℃～100 ℃的热油中预热，然后进行安装。拆卸轴承一般可用压力机或拆卸工具（见图 3-79）。为拆卸方便，设计时应留拆卸高度，或在轴肩上预先开槽，以便安放拆卸工具，使钩爪能钩住内圈。

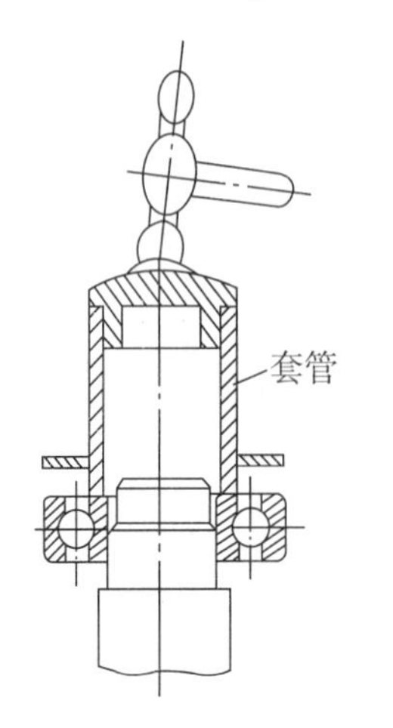

图 3-78　用手锤安装轴承

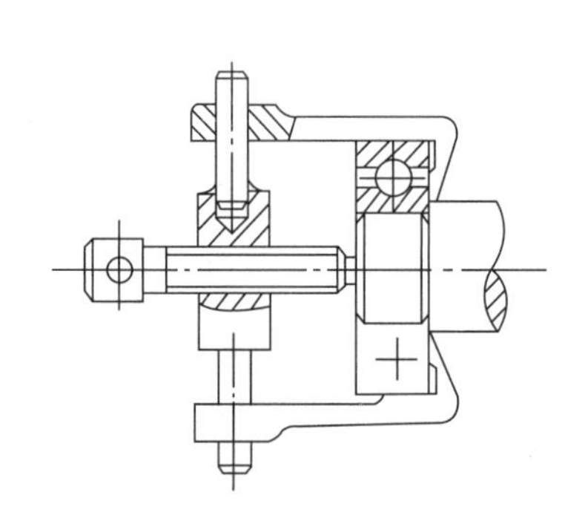

图 3-79　轴承的拆卸

3.12　轴的结构分析

轴的功用就是支撑旋转件，并传递运动和动力。轴一般由轴颈、轴头和轴身三部分组成。轴上支撑的部分称为轴颈，安装轮毂的部分称为轴头，连接轴颈和轴头的非配合部分称为轴身。轴的结构如图3－80所示。

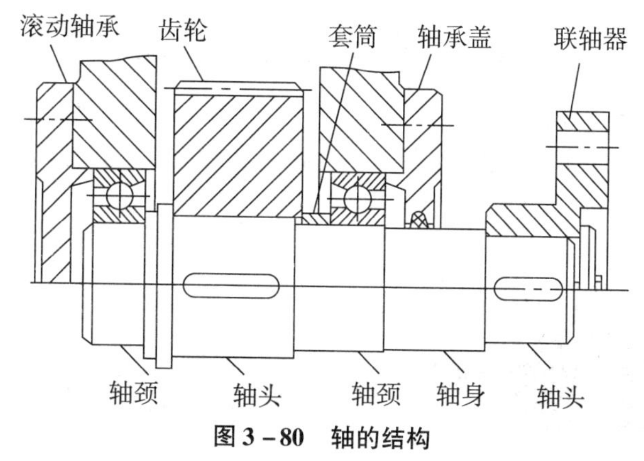

图3－80　轴的结构

3.12.1　轴的用途与类型识别

1. 按轴承受的载荷不同分类

(1) 转轴。工作时既承受弯矩又承受扭矩的轴为转轴，如图3－81所示的减速器中的齿轮轴。

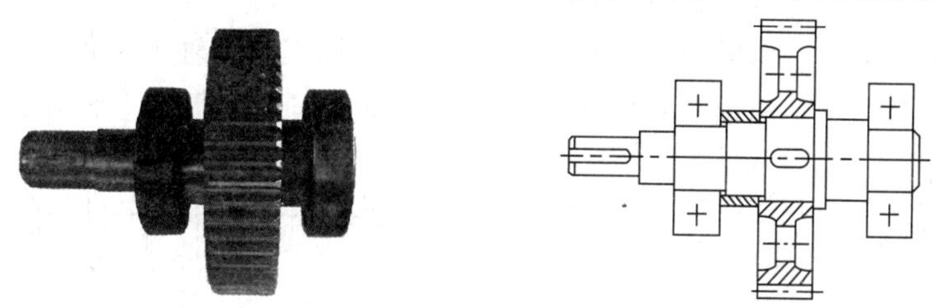

图3－81　减速器中的齿轮轴

(2) 心轴。心轴是工作时仅承受弯矩的轴，如图3－82（a）所示的火车轮轴。按工作时轴是否转动，心轴又可分为固定心轴［工作时轴承受弯矩，且轴固定，如图3－82（b）所示］、转动心轴［工作时轴承受弯矩，且轴转动，如图3－82（c）所示］。

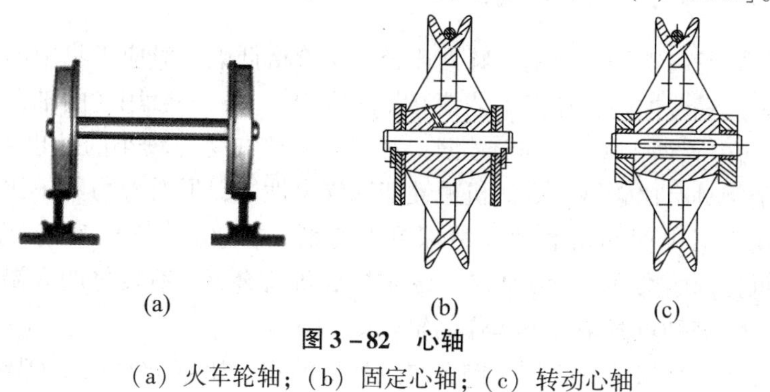

(a)　(b)　(c)

图3－82　心轴

（a）火车轮轴；（b）固定心轴；（c）转动心轴

（3）传动轴。传动轴是工作时仅承受扭矩的轴，如图 3－83 所示为汽车中的传动轴。

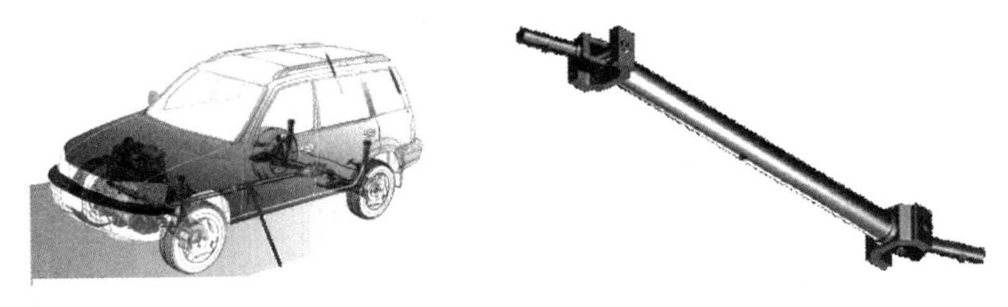

图 3－83　汽车变速箱至后桥的传动轴

2. 按轴线形状的不同分类

（1）曲轴。曲轴的各轴段轴线不在同一直线上，如图 3－84 所示，曲轴主要用于内燃机中。

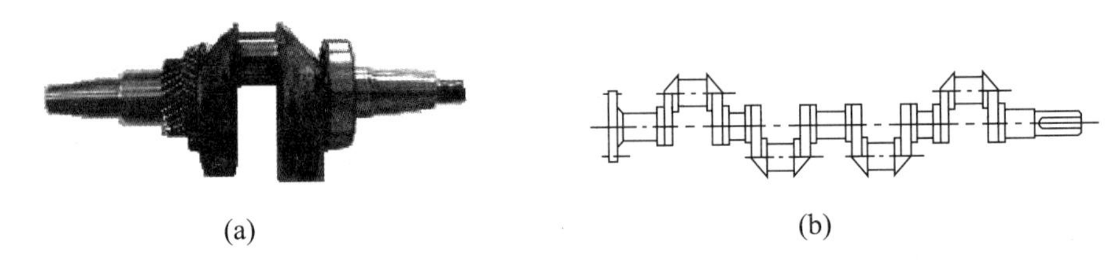

(a)　(b)

图 3－84　曲轴

（a）发电机曲轴；（b）多拐曲轴简图

（2）直轴。直轴的各轴段轴线为同一直线。直轴按外形不同又可分为光轴和阶梯轴。光轴［见图 5－85（a）］形状简单，应力集中少，易加工，但轴上零件不易装配和定位。常用于心轴和传动轴；阶梯轴［见图 5－85（b）］特点与光轴相反，常用于转轴。

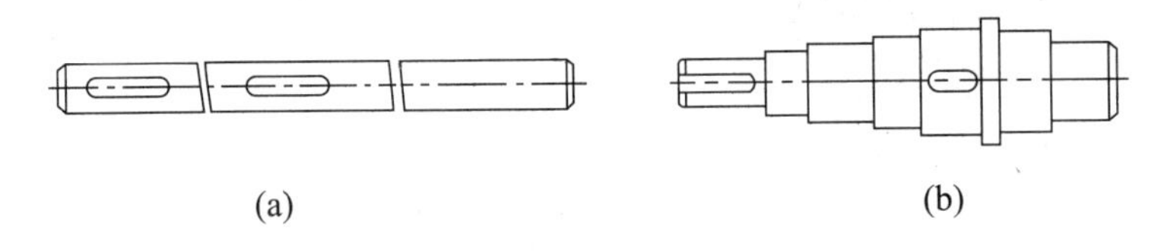

(a)　(b)

图 3－85　直轴

（a）光轴；（b）阶梯轴

3.12.2　轴常用材料的分析与选用

轴的常用材料是碳钢和合金钢。碳钢比合金钢价格低廉，对应力集中的敏感性低，可通过热处理改善其综合性能，加工工艺性好，故应用最广，一般用途的轴，多用含碳量为 0.25%～0.5%的中碳钢，尤其是 45 号钢，对于不重要或受力较小的轴也可用 Q255 等普通碳素钢。合金钢具有比碳钢更好的机械性能和淬火性能，但对应力集中比较敏感，且价格较贵，故多用于对强度和耐磨性有特殊要求的轴。如 20Cr、20CrMnTi 等低碳合金钢，经渗碳处理后可提高耐磨性；20CrMoV、38CrMoAl 等合金钢，有良好的高温机械性能，常用于制成高温、高速和重载条件下工作的轴。

随着科技发展，球墨铸铁也用于制造复杂外形的轴，如 QT600－3、QT800－2。

3.12.3　轴上零件的定位和固定方法的选择

1. 轴上零件的轴向定位和固定方法的选择

为了防止轴上零件的轴向移动，应对轴上零件进行轴向定位和固定。常用轴向定位和固定的方法有轴肩定位、轴环定位、套筒定位、螺母定位及轴端挡圈定位等。轴上零件常用的轴向定位及固定的方式，见表3－15。

表3－15　轴上零件常用的轴向定位及固定的方式

定位及固定方式	结构图	特点及应用
轴肩和轴环	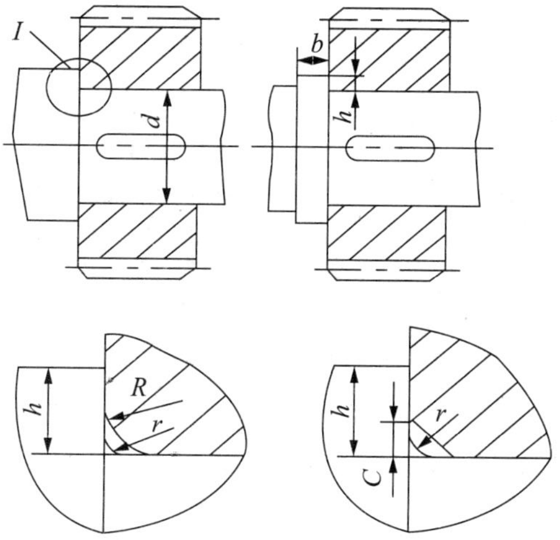 I　b　d　h　R　r　h　C	用轴肩和轴环定位时，为使轴上零件的端面能与轴肩平面贴紧，轴肩和轴环的高度 h 必须大于零件孔端的圆角半径 R 和倒角 C。滚动轴承的定位轴肩高度必须小于轴承内圈高度，以便轴承的拆卸，有关尺寸可查机械设计手册轴肩和轴环定位能承受较大的轴向力，加工方便、定位可靠、应用广泛
套筒	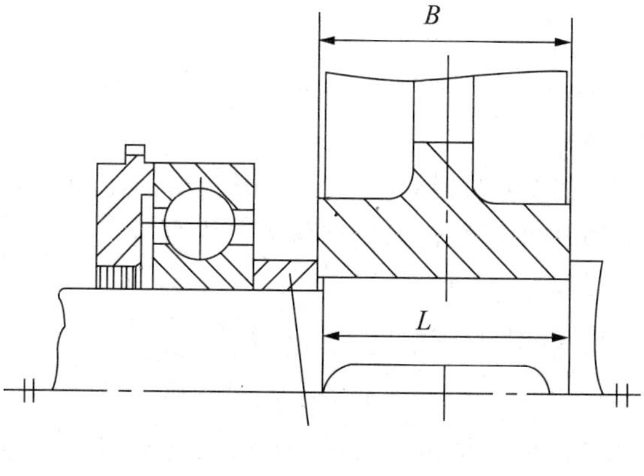 B　L	套筒固定结构简单，定位可靠，轴上不需开槽、钻孔和切制螺纹，因而不影响轴的疲劳强度，一般用于轴上两个零件之间的固定。如两零件的间距较大时，不宜采用套筒固定，以免增大套筒的质量及材料用量。因套筒与轴的配合较松，如轴的转速较高时，也不宜采用套筒固定

续表

定位及固定方式	结构图	特点及应用
圆螺母和止动垫圈	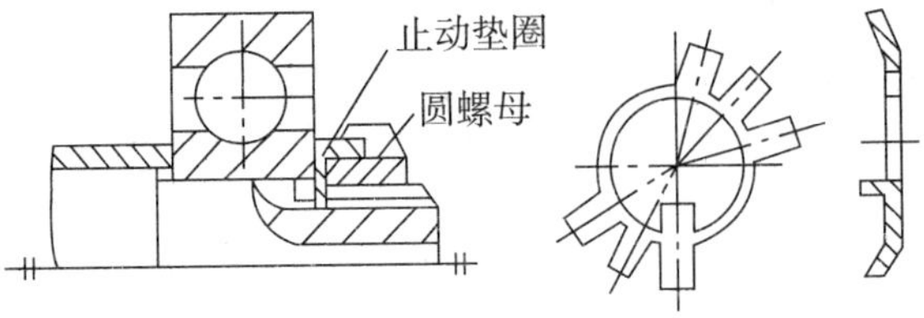 止动垫圈 圆螺母	圆螺母固定可承受大的轴向力，但轴上螺纹处有较大的应力集中，会降低轴的疲劳强度，故一般用于固定轴端的零件，有双圆螺母和圆螺母与止动垫片两种型式。当轴上两零件间距离较大不宜使用套筒固定时，也常采用圆螺母固定
轴端挡圈和圆锥面	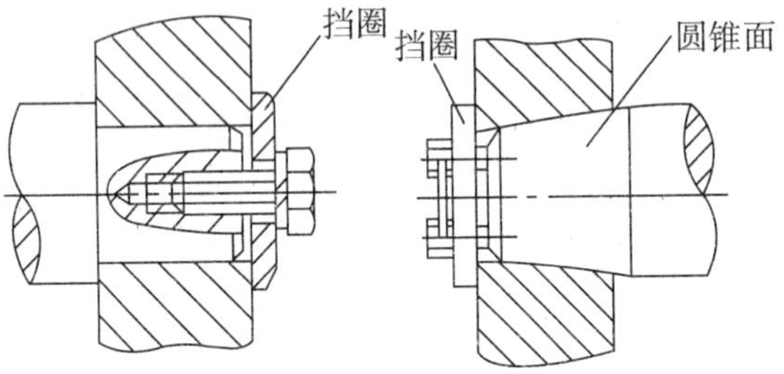 挡圈 挡圈 圆锥面	圆锥面定心精度高，拆卸容易，能承受冲击及振动载荷；常用于轴端零件的固定，可以承受较大的轴向力，与轴端挡圈或螺母联合使用，使零件获得双向轴向固定
弹性挡圈	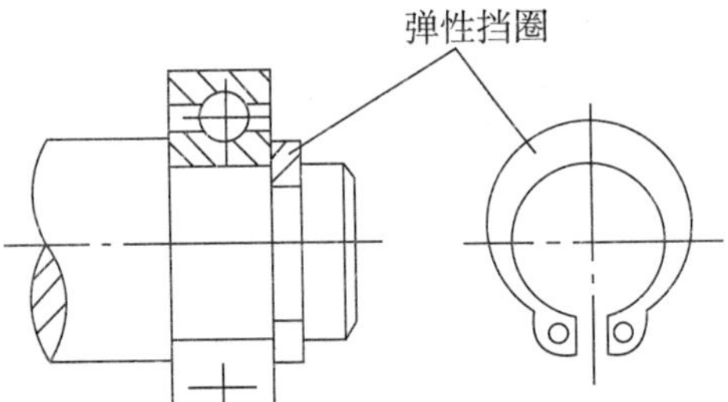 弹性挡圈	结构紧凑、简单，常用于滑移齿轮的限位和滚动轴承的轴向固定，但不能承受轴向力。当位于受载轴段时，轴的强度削弱较大

2. 轴上零件的周向固定方法的选择

周向定位的目的是限制轴上零件与轴发生相对转动。常用的周向定位方式有键、花键、销、紧定螺钉以及过盈配合等，其中紧定螺钉只用在传力不大之处。

3.13 联轴器的识别与选用

如图 3-86 所示，工作机 5 的运动是由电动机 1 通过零件 2 与减速器 3 相连，而减速器又通过零件 4 与工作机相连来传递的。显然，零件 2、4 是将两轴直接连接在一起，使其按同一转速运转的零件，我们称为联轴器。

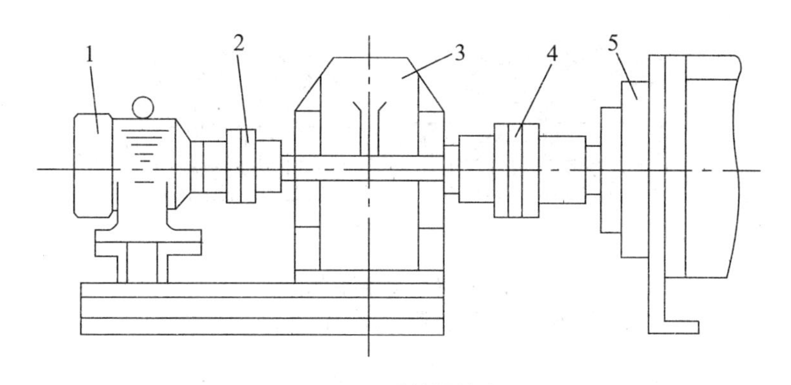

图3－86 联轴器的应用

1—电动机；2、4—联轴器；3—减速器；5—工作机

联轴器分为刚性联轴器和弹性联轴器两大类。

3.13.1 刚性联轴器的识别与选用

刚性联轴器由刚性传力件组成，可分为固定式和可移式两大类。

1. 固定式刚性联轴器

固定式刚性联轴器构造简单，但要求被连接的两轴严格对中，而且在运转时不得有任何的相对移动。

（1）凸缘联轴器。凸缘联轴器是由两个带凸缘的半联轴器组成，两个半联轴器分别用键与两轴连接，并用螺栓将两个半联轴器连成一体。螺栓对中，如图3－87（a）所示，两半联轴器用铰制孔螺栓连接，靠孔与螺栓对中，拆装方便，传递转矩大。凸榫对中，如图3－87（b）所示，两半联轴器靠凸榫对中，用普通螺栓连接，对中精度高，但装拆时，轴必须做轴向移动。

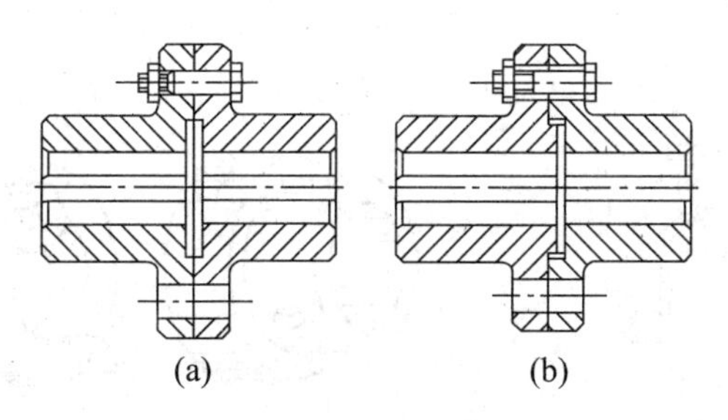

图3－87 凸缘联轴器

（a）螺栓对中；（b）凸榫对中

固定式刚性联轴器在传递载荷时不能缓冲和吸收振动，但它具有结构简单、价格低廉、使用方便等优点，可传递较大转矩，常用于载荷平稳且两轴严格对中的连接。

（2）套筒联轴器。如图3－88所示，套筒联轴器利用套筒将两轴套接，然后用键或销将套筒和轴连接起来以传递转矩。其结构简单，制造容易，径向尺寸小，但两轴线要求严格对中，装拆时必须做轴向移动，适用于两轴直径较小，同心度较高，工作平稳的场合。

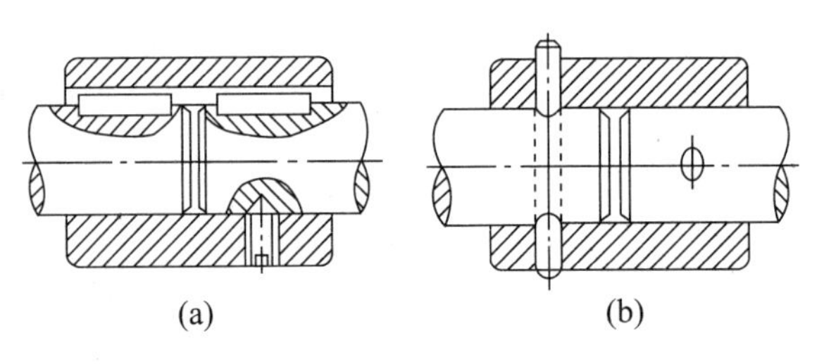

图3-88　套筒联轴器

（a）键连接套筒联轴器；（b）销连接套筒联轴器

2. 可移式刚性联轴器

用联轴器连接的两轴，由于制造安装误差，工作过程中的温度变化和外力产生的变形等因素的影响，使两轴轴线常有同轴度误差，不易保证两轴对中，常有偏移现象。可移式刚性联轴器则可补偿两轴在工作中发生的一定限度的相对移动。

可移式刚性联轴器有齿式联轴器、滑块联轴器和万向联轴器。

（1）齿式联轴器。如图3-89所示，它利用内、外齿啮合以实现两轴偏移的补偿。外齿径向有间隙，可补偿两轴径向偏移；外齿顶部制成球面，球心在轴线上，可补偿两轴之间的角偏移。两内齿凸缘利用螺栓连接。齿式联轴器可在高速重载下可靠地工作，常用于正反转变化多，启动频繁的场合，在起重机、轧钢机等重型机械中得到广泛应用，但制造成本较高。

（2）滑块联轴器。如图3-90所示滑块联轴器由两个带有凹槽的半联轴器1、3和两面带有凸块的中间盘2组成，半联轴器1、3分别与主、从动轴连接成一体，实现两轴的连接，凸块与凹槽相互嵌合并做相对移动可补偿径向偏移。滑块联轴器具有结构简单、制造方便的特点，但由于滑块偏心，工作时会产生较大的离心力，故适用于两轴径向偏移较大、低速无冲击的场合。

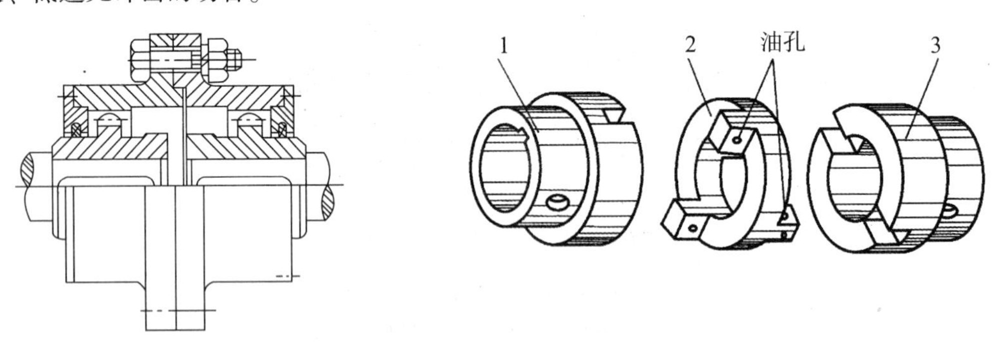

图3-89　齿式联轴器

图3-90　滑块联轴器

1、3—半联轴器；2—中间盘

（3）万向联轴器。万向联轴器由两个具有叉状端部的万向接头和十字销组成，如图3-91所示。万向联轴器用于两轴相交成某一角度的传动，两轴的角度偏移可达35°~45°。这种联轴器有一个缺点，就是当主动轴做等角速转动时，从动轴做变角速转动。如果要使它们相等，则可应用两套万向联轴器，使两次角速度变动的影响相互抵消，从而使主动轴与从动轴同步转动，但各轴相互位置必须满足主动轴、从动轴与中间轴之间的夹角相等，如图 3－92 所示。

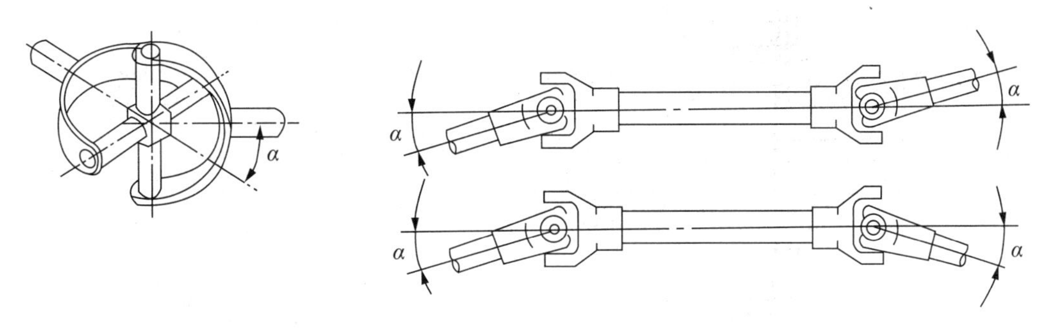

图 3－91 万向联轴器　　图 3－92 两套万向联轴器

3.13.2 弹性联轴器的识别与选用

弹性联轴器中有弹性元件，具有缓冲、吸振的功能和适应轴线偏移的能力。常用的类型有弹性套柱销联轴器、弹性柱销联轴器和轮胎式联轴器等。

1. 弹性套柱销联轴器

弹性套柱销联轴器的构造与凸缘联轴器相似，只是用带有弹性套的柱销代替了螺栓连接，如图 3－93 所示。为了更换弹性套时简便而不必拆卸机器，设计时应注意留出距离 A；为了补偿轴向位移，安装时应注意留出相应大小的间隙 c。这种联轴器制造简单，装拆方便，适用于正反转或启动频繁、载荷平稳、中小转矩的轴连接。

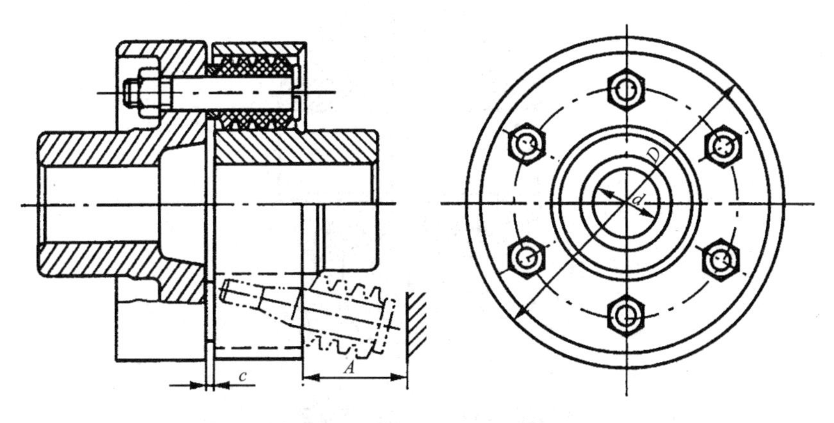

图 3－93 弹性套柱销联轴器

2. 弹性柱销联轴器

如图 3－94 所示，弹性柱销联轴器是用尼龙柱销将两个半联轴器连接起来的。这种联轴器结构简单，更换柱销方便。为了防止柱销滑出，在柱销两端配置挡圈。装配时应注意留出间隙 c。它适用于启动及换向频繁，转矩较大的中、低速轴的连接。

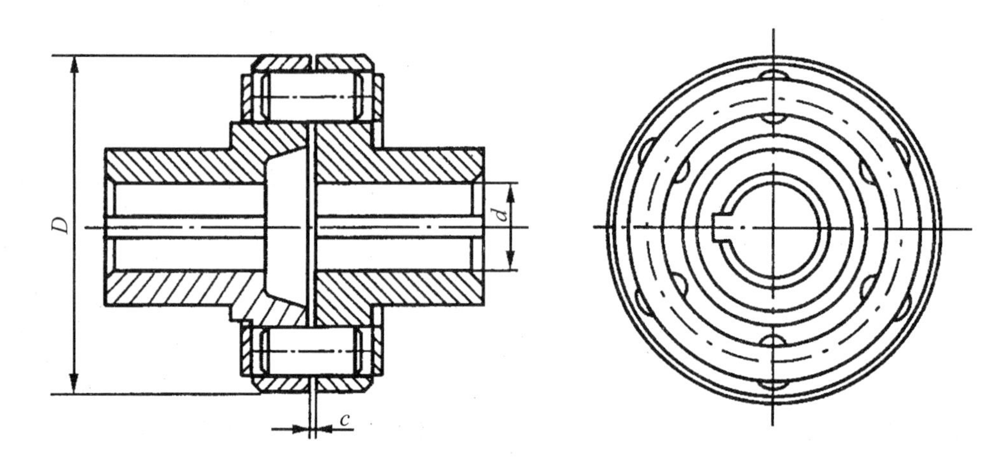

图 3-94　弹性柱销联轴器

3. 轮胎式联轴器

如图 3-95 所示，轮胎式联轴器是由橡胶或橡胶织物制成轮胎形的弹性元件，两半联轴器 3 分别用键与轴相连，1 为橡胶制成的特型轮胎，用压板 2 及螺钉 4 把轮胎 1 紧压在左右两半联轴器上，通过轮胎传递转矩。轮胎式联轴器的结构简单，使用可靠，弹性大，寿命长，缓冲和吸振能力强，不需润滑，但径向尺寸大，适于潮湿多尘、冲击大，启动频繁及经常正反转的场合。

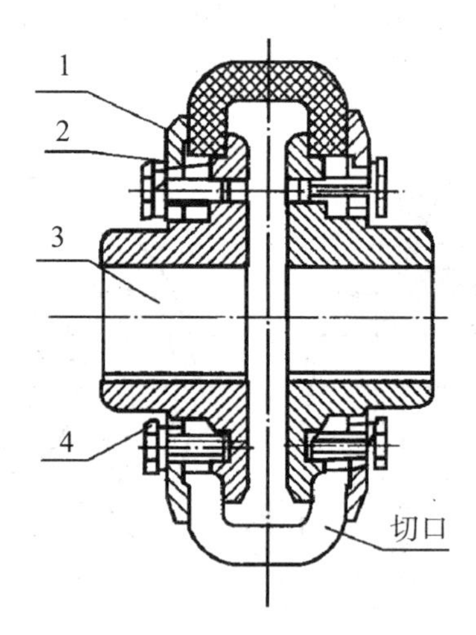

图 3-95　轮胎式联轴器
1—轮胎；2—压板；3—两半联轴器；4—螺钉

3.14　离合器的识别与选用

离合器用于连接两根轴，但其在两轴工作过程中可以进行离合。

3.14.1　对离合器的基本要求

由于离合器是在两轴工作过程中进行离合的，所以对离合器的基本要求是工作可靠，接合与分离迅速而平稳；操纵灵活、省力，调节和维护方便；结构简单，质量轻，尺寸小；有良好的散热能力和耐磨性。

3.14.2　常用离合器的识别与选用

常用的离合器有摩擦离合器、牙嵌式离合器、超越离合器、电磁离合器4种。

1. 摩擦离合器

摩擦离合器依靠摩擦盘接触面间产生的摩擦力传递转矩，其主要特点是在任何转速下都可以结合或脱开，且接合平稳，冲击和振动小，过载时摩擦片之间打滑，起到过载保护作用。但接合时会产生摩擦热和磨损。摩擦离合器种类很多，下面介绍应用较广的两种。

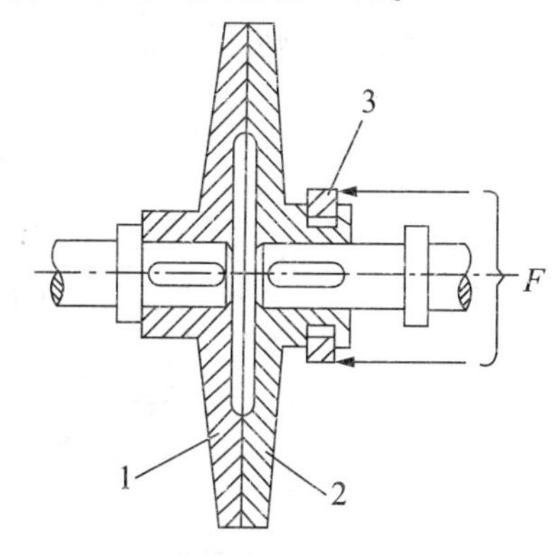

图3-96　单片式圆盘摩擦离合器
1、2—摩擦片；3—滑块

（1）单片式圆盘摩擦离合器。单片式圆盘摩擦离合器如图3-96所示，利用两圆盘面摩擦片1、2压紧或松开，使摩擦力产生或消失，以实现两轴的连接或分离。正向操纵滑块3，使从动盘摩擦片2左移，压力F将使从动盘摩擦片2压在主动盘摩擦片1上，从而使两圆盘结合；反向操纵滑块3，使从动盘摩擦片2右移，则两圆盘分离。单片式圆盘摩擦离合器结构简单，散热性好，但能传递的转矩小，径向尺寸大，常用于轻型机械中。

（2）多片式圆盘摩擦离合器。为了提高摩擦离合器传递扭矩的能力，通常采用多片式圆盘摩擦离合器，如图3-97所示。它由内摩擦片3和外摩擦片2组成。外摩擦片靠外齿与外轮毂1上的凹槽构成类似花键的连接，外轮毂1用平键固连在主动轴Ⅰ上。内摩擦片靠内齿与内轮毂4上的凹槽构成动连接，内轮毂用平键或花键与从动轴Ⅱ连接。借助操纵机构向左移动锥套6，使压板5压紧内外摩擦片使两轴结合；当锥套6向右移动时，压紧力消失，两轴分离。

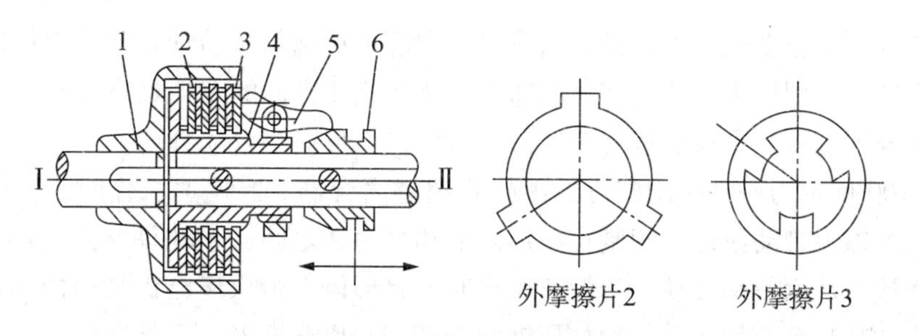

图3-97　多片式圆盘摩擦离合器
1—外轮毂；2—外摩擦片；3—内摩擦片；4—内轮毂；5—压板；6—锥套

2. 牙嵌式离合器

如图3-98所示，牙嵌式离合器由两个端面上有牙的半离合器1、2组成，一个半离合器用平键和主动轴连接，另一个半离合器用导向平键或花键与从动轴相连接，并通过操纵机构使其做轴向移动，从而起到离合作用。为了对中，在主动轴上的半离合器上固定有对中环3，从动轴可在对中环中自由转动。离合器的操纵可以通过手动杠杆、液压、气动或电磁的吸力等方式进行。牙嵌式离合器的牙形如图 3－99 所示。三角形齿接合和分离容易，但齿强度弱，多用于传递小转矩；梯形齿［见图 3－99（a）］，强度高，牙磨损后能自动补偿，冲击小，应用广；锯齿形齿［见图 3－99（b）］，能传递较大转矩，但仅能单向工作；矩形齿［见图 3－99（c）］，制造容易，但接合时较困难，故应用较少。

牙嵌离合器的接合，应在两轴不回转或两轴转速差很小时进行，否则齿与齿会发生很大的冲击，影响齿的寿命。

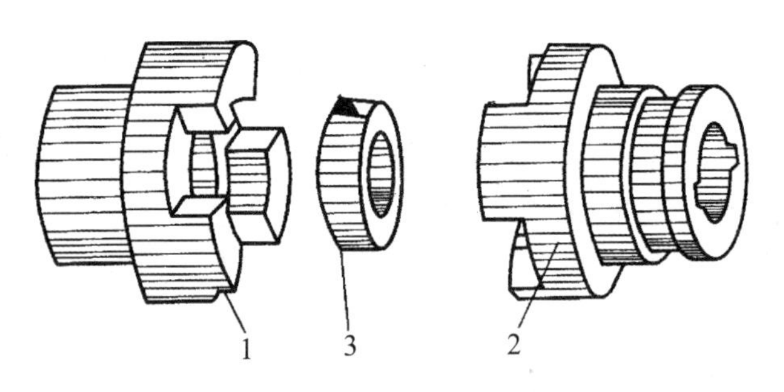

图 3－98　牙嵌式离合器

1—左半联轴器；2—右半联轴器；3—对中环

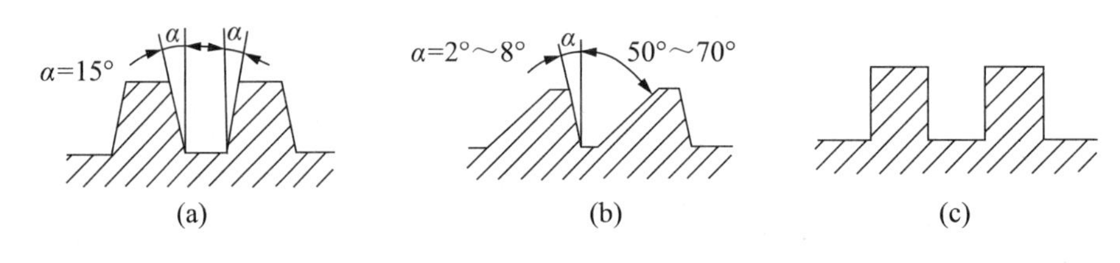

图 3－99　牙嵌式离合器牙形

（a）梯形牙；（b）锯齿形牙；（c）矩形牙

3. 超越离合器

超越离合器是原动机和工作机之间或机器内部主动轴与从动轴之间动力传递与分离功能的重要部件，是利用主、从动部分的速度变化或旋转方向的变换具有自行离合功能的装置。超越离合器的特点是只能按一个转向传递转矩，反向时自动分离。

图 3－100 所示为一种应用广泛的滚柱式超越离合器。当慢速工作时，套筒 2 顺时针转动，依靠摩擦力带动滚柱 3 楔紧在星形体 1 和套筒 2 之间，带动星形体 1 转动，星形体用键与轴连接，从而使轴转动。当快速工作时，星形体 1 由快速电机带动快速转动，由于星形体的运动超越套筒的运动，滚柱压缩弹簧销 4 并离开楔缝，于是套筒和行星体之间的运动联系自动断开。这种离合器工作时没有噪声，可在高速传动时接合，但制造精度要求较高，故被广泛应用在汽车、金属切削机床、摩托车和起重设备中。

4. 电磁离合器

电磁离合器靠线圈的通断电控制离合器的接合与分离。

电磁离合器可分为干式单片电磁离合器、干式多片电磁离合器、湿式多片电磁离合器、磁粉离合器、转差式电磁离合器等。

干式多片电磁离合器如图 3－101 所示，其工作原理是线圈 2 通电时，电磁力使用电枢顶杆 1 压紧摩擦片组 3，离合器处于接合状态；线圈断电时电枢顶杆 1 放松摩擦片组，离合器处于分离状态。

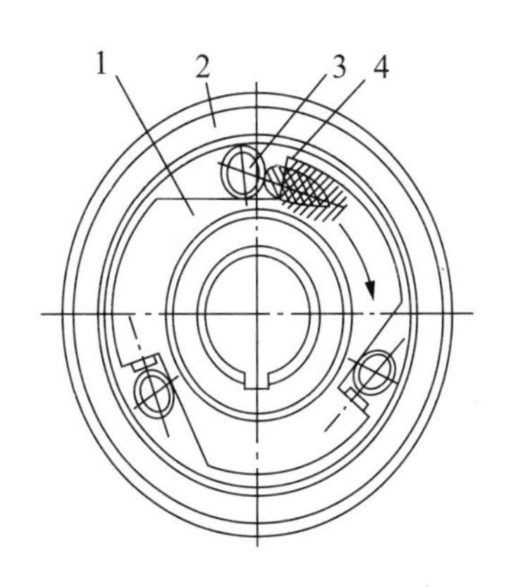

图 3－100　超越离合器

1—星形体；2—套筒；3—滚柱；4—弹簧销

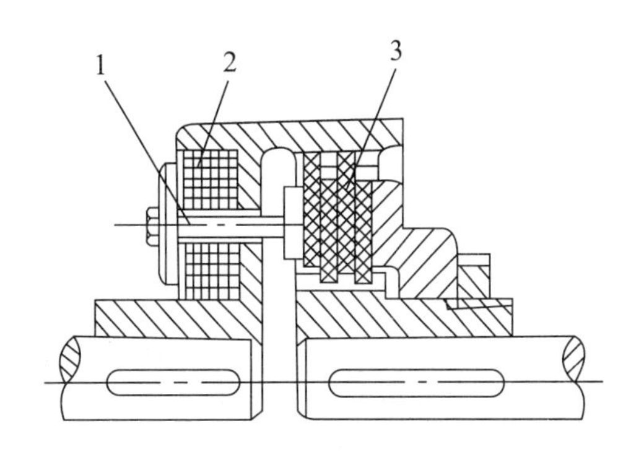

图 3－101　电磁离合器

1—电枢顶杆；2—线圈；3—摩擦片组

3.15　制动器的识别与选用

3.15.1　制动器的功用

制动器是利用摩擦力减低机械运转速度或迫使其停止运转的机械装置。

3.15.2　常用制动器的识别与选用

制动器的种类很多，按制动零件的结构特征分，有带式、块式和内涨式制动器等。

1. 带式制动器

带式制动器的带和制动轮间的压力不均匀，磨损也不均匀，且带易断裂，但其结构简单、尺寸紧凑，可以产生较大的制动力矩。

常见的带式制动器的工作原理如图 3－102 所示。当施加外力时，利用杠杆 3 收紧闸带 2 而抱住制动轮 1，靠带和制动轮间的摩擦力达到制动的目的。

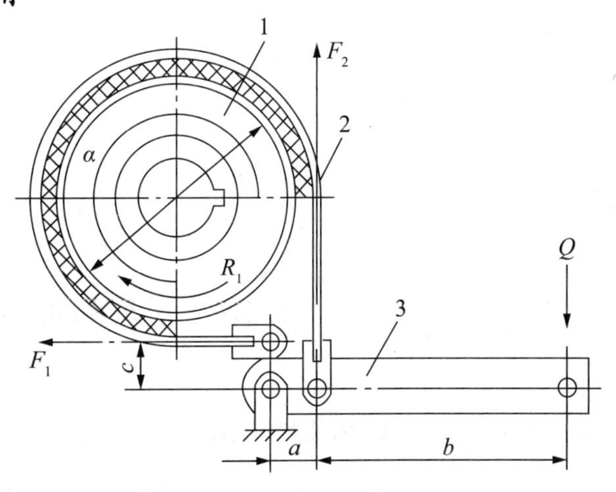

图 3－102　带式制动器

1—制动轮；2—闸带；3—杠杆

2. 块式制动器

块式制动器是靠制动块压紧在制动轮上实现制动的制动器。单个制动块对制动轮轴压力大而不匀，故通常多用一对制动块，使制动轮轴上所受制动块的压力抵消。块式制动器有外抱式和内张式两种。块式制动器制动和开启迅速、尺寸小、质量轻，易于调整瓦块间隙，但制动时冲击力大，电能消耗也大，不宜用于制动力矩大和需要频繁制动的场合。

块式制动器的工作简图如图 3－103 所示，靠瓦块 5 与制动轮 6 间的摩擦力制动。通电时，电磁线圈 1 的吸力吸住衔铁 2，通过杠杆使瓦块 5 松开，机器便能自由运转。当需要制动时，则断开电源，电磁线圈 1 释放衔铁 2，依靠弹簧力通过杠杆使瓦块 5 抱紧制动轮 6 达到制动的目的。

3. 内涨式制动器

图 3－104 所示为内涨式制动器的工作简图。两个制动蹄 2、7 分别通过两个销钉 1、8 与机架铰接，制动蹄表面装有摩擦片 3，制动轮 6 与需要制动的轴固联。当压力油进入液压缸 4 后，推动左右两个活塞克服弹簧 5 的拉力使制动蹄 2、7 分别与制动轮 6 相互压紧，从而达到制动的目的。油路卸压后，弹簧 5 使两制动蹄与制动轮分离松闸。内涨式制动器的特点是结构紧凑，常用于轮式车辆轮毂制动。

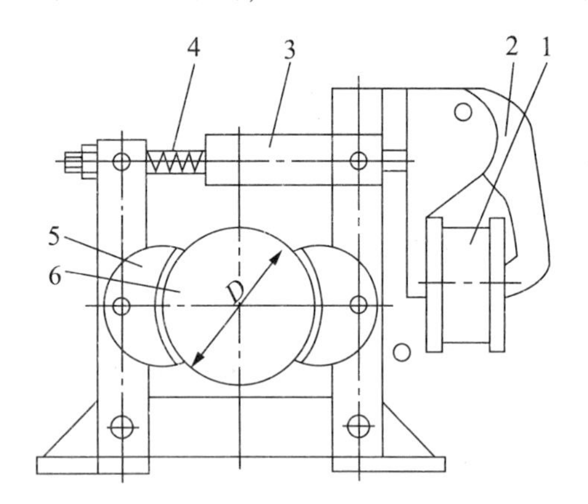

图 3－103　块式制动器

1—电磁线圈；2—衔铁；3—杠杆；4—弹簧；5—瓦块；6—制动轮

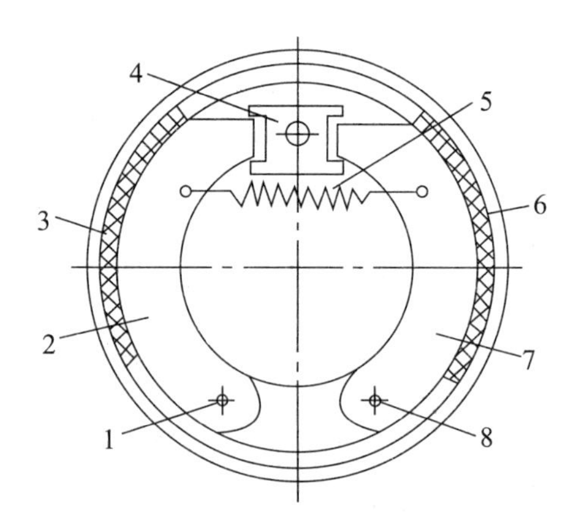

图 3－104　内涨式制动器

1、8—销钉；2、7—制动蹄；3—摩擦片；4—液压缸；5—弹簧；6—制动轮

3.16　常用机构的认识与选用

3.16.1　平面机构的认识

若机构中各构件均在同一平面或相互平行的平面内运动，则称该机构为平面机构。常用机构大多数是平面机构。

1. 运动副

机构中的各构件之间需要相互接触连接，如轴与轴承的连接、活塞与汽缸的连接、车轮与钢轨以及一对齿轮传动中两个齿轮间的连接等。这种两构件直接接触而形成的可动连接称为运动副。

两构件组成的运动副是通过点、线或面的接触实现的。按两构件间的接触情况，平面运动副通常可分为低副和高副两类。

（1）低副。两构件通过面接触组成的运动副称为低副。平面机构中的低副有转动副和移动副两种。由于是面接触，在承受载荷时压强较低，便于润滑，不易磨损。

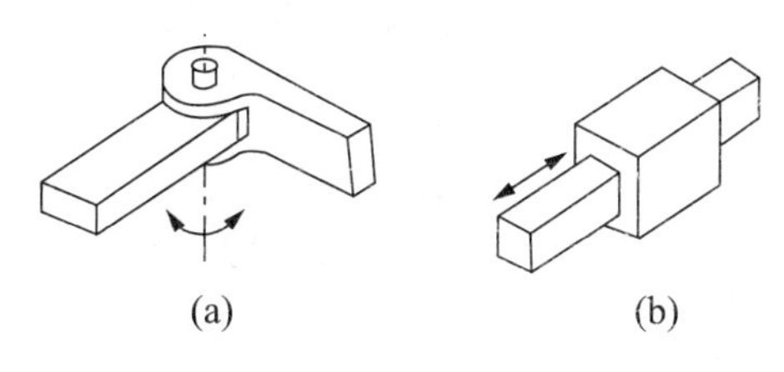

图3-105　低副

（a）转动副；（b）移动副

① 转动副。若组成运动副的两构件只能在一个平面内相对转动，这种运动副称为转动副，或称铰链，如图3-105（a）所示。

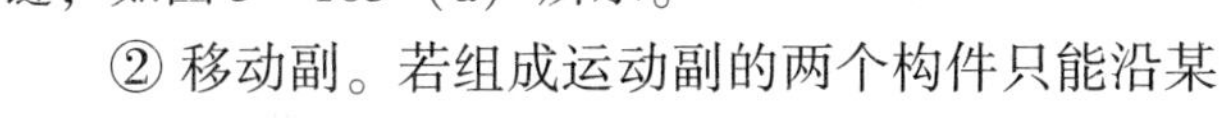

② 移动副。若组成运动副的两个构件只能沿某一轴线相对移动，这种运动副称为移动副，如图3-105（b）所示。

（2）高副。两构件通过点或线接触组成的平面运动副称为平面高副，高副常以组成高副的机构命名，如齿轮机构的高副称齿轮副，凸轮机构的高副称凸轮副，如图3-106所示。组成平面高副二构件间的相对运动是沿接触处切线 $t-t$ 方向的相对移动和绕 A 点的相对转动。高副由于是点、线接触，其接触部分的压强较高，易磨损。但因具有较多自由度，所以比低副易获得复杂的运动规律。

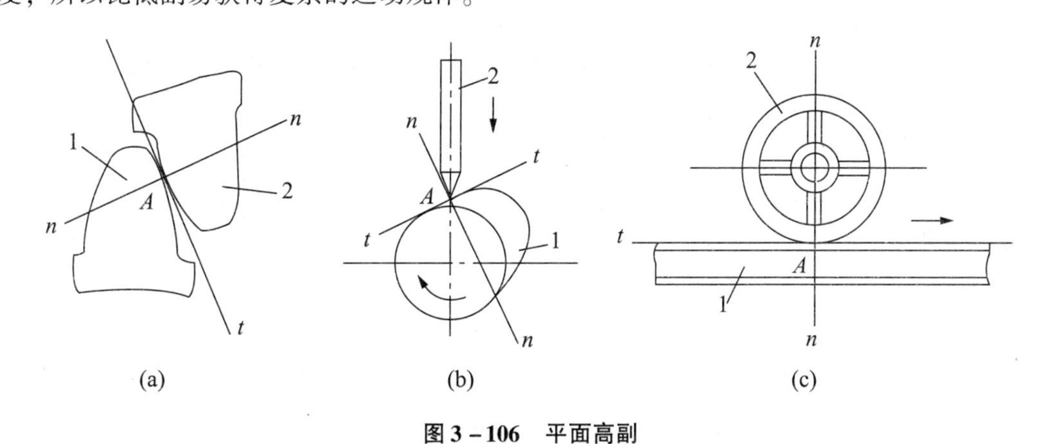

图3-106　平面高副

（a）齿轮副；（b）凸轮副；（c）钢轨副

2. 构件

任何机构都是由若干个构件通过运动副连接而组成的，如图3-107所示的缝纫机踏板机构。机构中的构件可分为以下几类：

（1）固定件（机架）。机构中用来支撑活动构件（运动构件）的构件，任何一个机构中必定有也只能有一个构件为机架。例如，图3-107（b）所示缝纫机踏板机构，图中的数字均表示构件。

（2）原动件（主动件）。机构中作用有驱动力或已知运动规律的构件，它的运动是由外界输入的，一般与机架相连，如图3-107（b）中的踏板就是原动件。

（3）从动件。机构中除原动件以外的所有活动构件，如图3-107（b）中的连杆、曲轴。

(a)

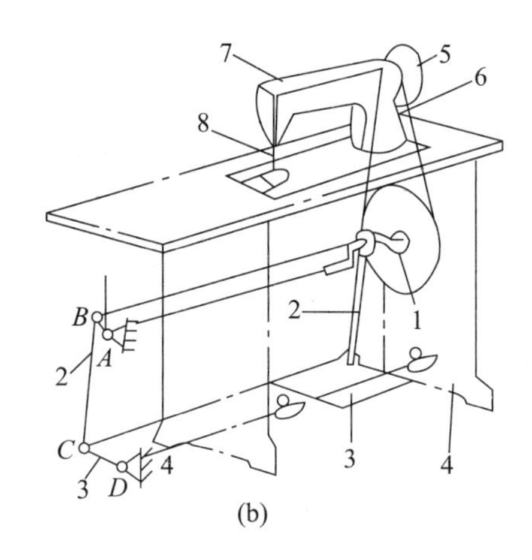

(b)

图 3－107　脚踏缝纫机

（a）脚踏缝纫机实物图（b）脚踏缝纫机简图

1—曲柄；2—连杆；3—摇杆；4—机架；5—小带轮；6—圆带；7—机头；8—针

3.16.2　平面机构运动简图的识读

在研究机构运动时，为了使问题简化，可不考虑构件和运动副的实际结构，只考虑与运动有关的构件数目、运动副类型及相对位置。用简单线条和规定的符号表示构件和运动副，并按一定的比例确定运动副的相对位置及与运动有关的尺寸，这种能够表达机构的组成和各构件间相对真实运动关系的简单图形，称为机构运动简图。

1. 机构运动简图中运动副及构件的表示方法

机构运动简图中运动副及构件的表示方法如图 3－108 所示，图中的数字均表示构件。

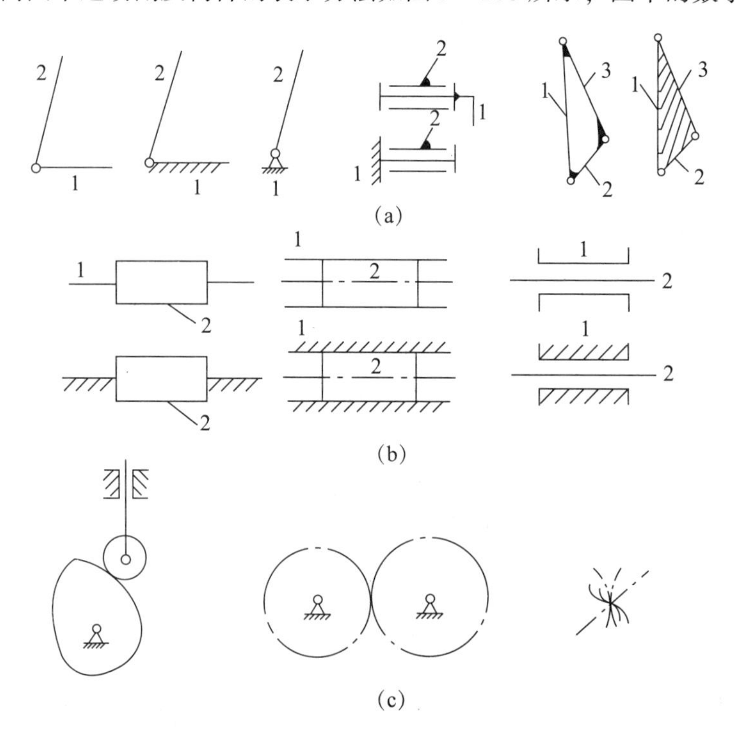

图 3－108　构件和运动副的表示方法

（a）转动副的表示方法；（b）移动副的表示方法；（c）平面高副的表示方法

2. 平面机构运动简图的绘制步骤

① 分析研究机构的组成及动作原理，确定固定件、原动件和从动件。

② 由原动件开始，按照各构件之间运动的传递路线，依次分析构件间的相对运动形式，确定运动副的类型和数目。

③ 选择适当的视图平面和原动件位置，以便清楚地表达各构件间的运动关系。平面机构通常选择与构件运动平行的平面作为投影面。

④ 选择适当的比例尺 $\mu_1=\dfrac{\text{构件度(m)}}{\text{中段度(mm)}}$，确定各运动副间的相对位置，以规定的线条和运动副符号绘图。

【例3-5】 绘制如图3-109（a）所示的颚式破碎机主体机构及其运动简图。

分析：

① 确定构件的数目。颚式破碎机主体机构由机架1、偏心轴2、动颚3、肘板4四个构件组成。机构运动由带轮5输入，而带轮与偏心轴2固连成一体（属同一构件），绕 A 转动，故偏心轴2为原动件，其余为从动件。动颚3通过肘板4与机架相连，并在偏心轴2带动下做平面运动将矿石轧碎。

② 确定运动副的种类和数目。偏心轴2与机架1、偏心轴2与动颚3、动颚3与肘板4、肘板4与机架1均构成转动副，其转动中心分别为 A、B、C、D。

③ 选定适当的比例尺，根据已知运动尺寸 L_{AB}、L_{DA}、L_{BC}、L_{CD} 定出 A、B、C、D 的相对位置，用构件和运动副的规定符号绘出机构运动简图，并在原动件2上标出指示运动方向的箭头，如图3-109（b）所示。

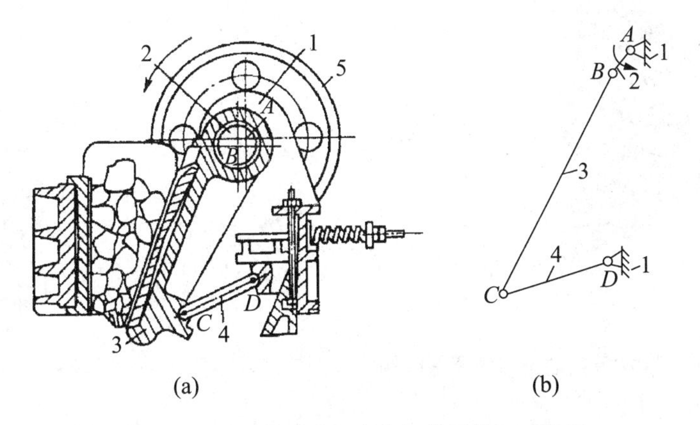

图3-109 颚式破碎机主体机构及其运动简图

（a）结构简图；（b）运动简图

1—机架；2—偏心轴；3—动颚；4—肘板；5—带轮

3.16.3 平面连杆机构的认识与选用

平面连杆机构是一些刚性构件用转动副或移动副相互连接，组成在同一平面内运动的机构。平面连杆机构可以实现多种运动形式和运动轨迹的要求；低副为面接触，压强小，便于润滑，不易磨损，易于加工，能承受较大的载荷；利用连杆机构的杠杆效应，可起增力和扩大行程的作用。但平面连杆机构中构件的惯性力难以平衡，高速时将引起很大的振动和动载荷。因此，该机构不宜用于高速运动的场合。它常与机器的工作部分相连，起执行和控制作用，应用很广泛。常用的平面连杆机构是铰链四杆机构。

1. 铰链四杆机构的类型及应用

当平面四杆机构中的运动副均为转动副时，称为铰链四杆机构，如图 3－110 所示。

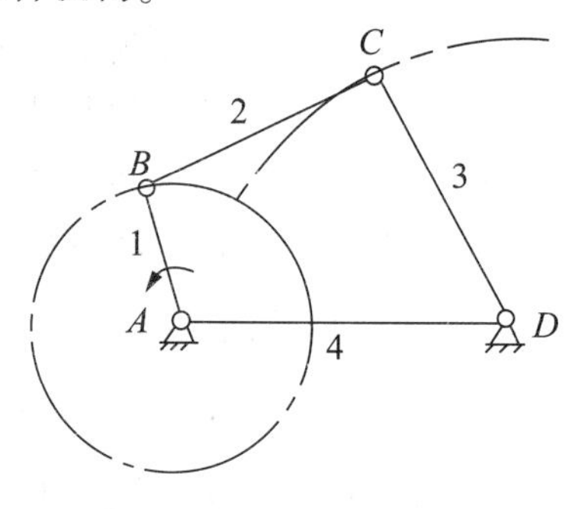

图 3－110　铰链四杆机构

1、3—连架杆；2—连杆；4—机架

机构中与机架相连的构件叫作连架杆，不与机架相连的构件叫作连杆。连架杆中相对于机架能做整周转动的构件称为曲柄，不能做整周转动而只能在一定范围内摆动的构件称为摇杆。

根据两连架杆运动形式的不同，铰链四杆机构分为以下 3 种基本类型。

（1）曲柄摇杆机构。在铰链四杆机构中，两连架杆中一个为曲柄，另一个为摇杆，此四杆机构称为曲柄摇杆机构，可实现连续转动与往复摆动之间的运动形式的变换。

曲柄摇杆机构中，当以曲柄为原动件时，可将匀速转动变成从动件的摆动。如图 3－111 所示调整雷达天线俯仰角的曲柄摇杆机构，曲柄 1 缓慢地匀速转动，通过连杆 2，使摇杆 3 在一定角度范围内摆动，从而调整天线俯仰角的大小。如图 3－112 所示的搅拌机机构也是曲柄摇杆机构的应用。

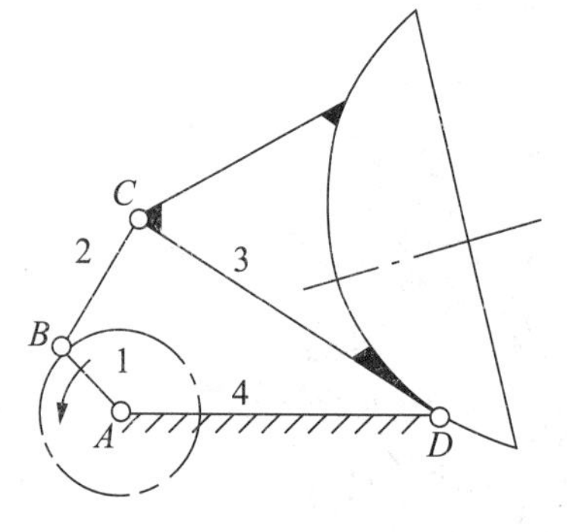

图 3－111　雷达天线的俯仰角调整机构

1—曲柄；2—连杆；3—摇杆；4—机架

图 3－112　搅拌机机构

（2）双曲柄机构。两连架杆均为曲柄的铰链四杆机构称为双曲柄机构。双曲柄机构中，若曲柄长度不等时，通常主动曲柄做匀速转动，从动曲柄做变速转动。如图 3－113 所示的汽车前窗刮雨器，*ABCD* 为双曲柄机构。

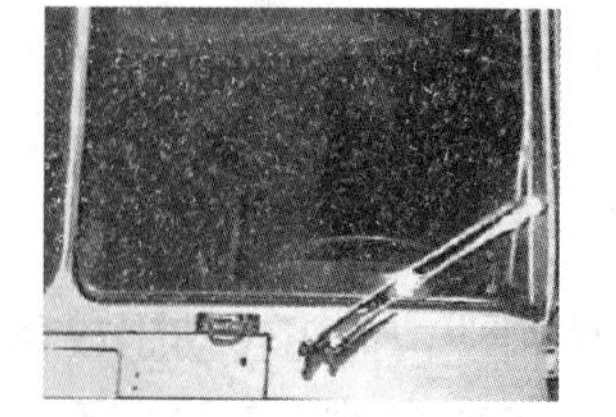
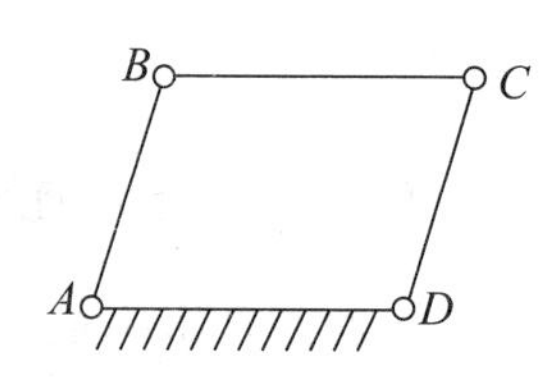

图 3－113　汽车前窗刮雨器

在双曲柄机构中，如果两个曲柄的长度相等、连杆与机架的长度也相等，则称为平行双曲柄机构，如图 3－114 所示。其中3－114（a）中主动曲柄1做等速转动时，从动曲柄3做同向的等速转动，称为正平行双曲柄机构，如火车车轮的联动机构，如图3－115所示。图3－114（b）中主动曲柄1做等速转动时，从动曲柄3做反向的等速转动，称为反平行双曲柄机构，如图3－116中所示的车门对开机构。

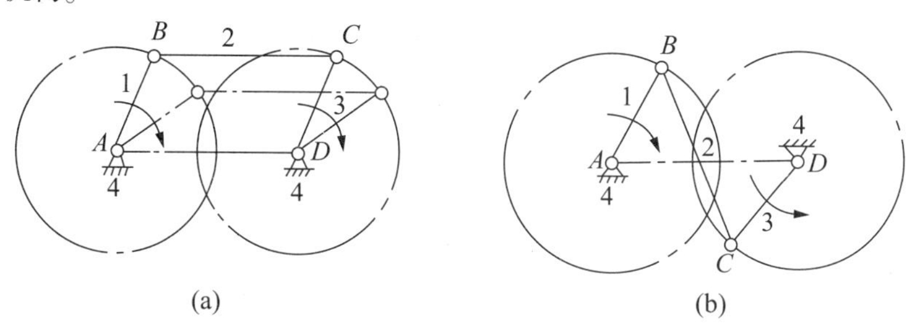

图3－114 平行双曲柄机构

（a）正平行双曲柄机构　（b）反平行双曲柄机构

1—主动曲柄；2—连杆；3—从动曲柄；4—机架

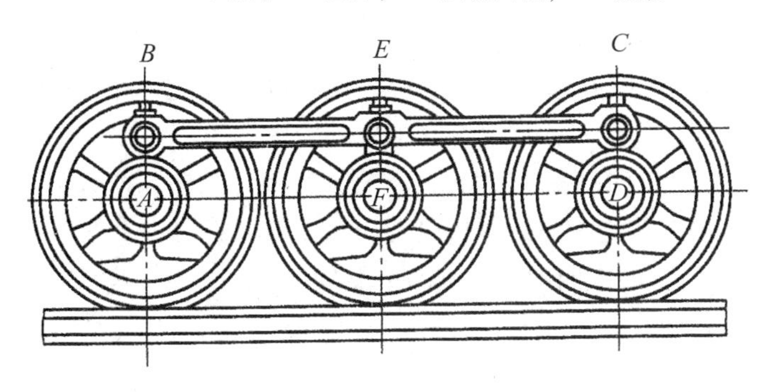

图3－115 火车车轮的联动机构

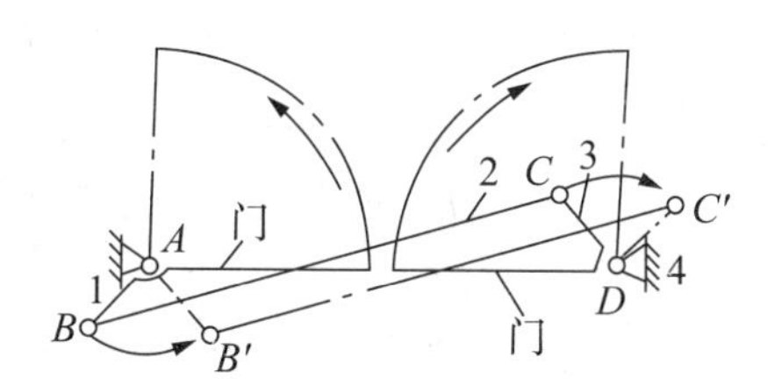

图3－116 车门对开机构

1—曲柄；2—连杆；3—曲柄；4—机架

（3）双摇杆机构。两连架杆均为摇杆的铰链四杆机构称为双摇杆机构。它可实现相同运动规律或不同运动规律往复摆动间的变换，常用于操纵机构、仪表机构等。

如图3－117（a）所示的鸽式起重机中，当CD杆摆动时，连杆CB上悬挂重物的点M在近似水平直线上移动。如图3－117（b）所示的风扇摇头机构中，电动机安装在摇杆座上，铰链A处装有一个与连杆1固接在一起的蜗轮。电动机转动时，电动机轴上的蜗杆带动蜗轮迫使连杆1绕A点做整周转动，从而使连架杆2和4做往复摆动，达到风扇摇头的目的。

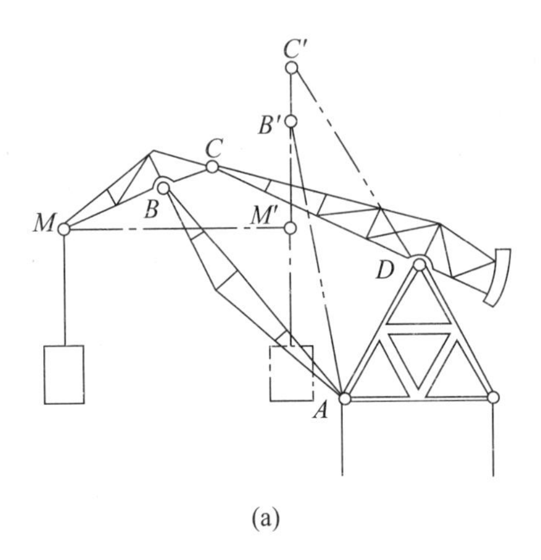

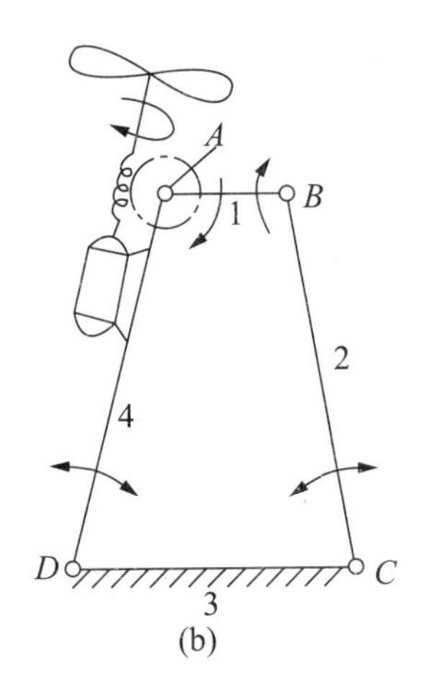

图 3-117 双摇杆机构

（a）鸽式起重机；（b）风扇摇头机构

1—连杆；2、4—连杆架；3—机架

2. 含移动副的四杆机构

通过用移动副取代转动副、变更杆件长度、变更机架和扩大转动副等途径，还可以得到铰链四杆机构的其他演化形式，即含有移动副的四杆机构。

（1）曲柄滑块机构。当曲柄摇杆机构的摇杆无限加长，使其铰链中心处于机构的无穷远处时，曲柄摇杆机构就转化为曲柄滑块机构。曲柄滑块机构用于连续转动与往复移动之间的运动转换，故被广泛应用于内燃机、空压机和自动送料机等机械中。曲柄滑块机构的应用如图 3-118 所示。

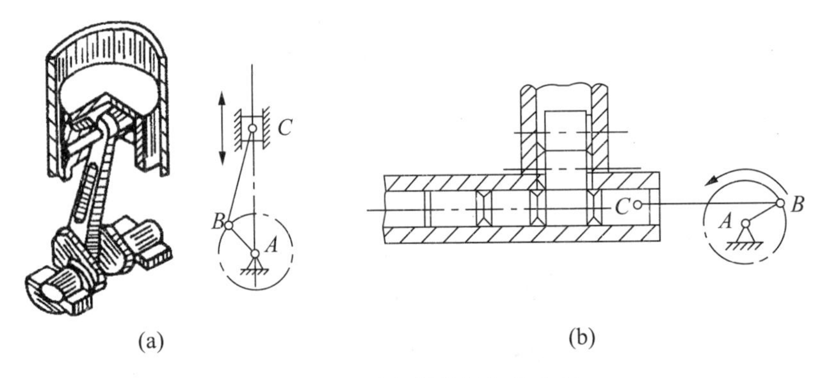

图 3-118 曲柄滑块机构的应用

（a）内燃机；（b）自动送料机构

（2）偏心轮机构。对于图 3-118（a）所示的对心曲柄滑块机构，如果曲柄较短，曲柄结构形式则较难实现，故常采用图 3-119 所示的偏心轮结构形式，称为偏心轮机构。当偏心轮绕转动中心 A 转动时，其几何中心 B 绕转动中心 A 做圆周运动，从而带动套装在偏心轮上的连杆运动，进而使滑块在机架滑槽内往复移动。这种结构增大了转动副的尺寸，提高了偏心轴的强度和刚度，并使结构简化且便于安装，多用于承受较大冲击

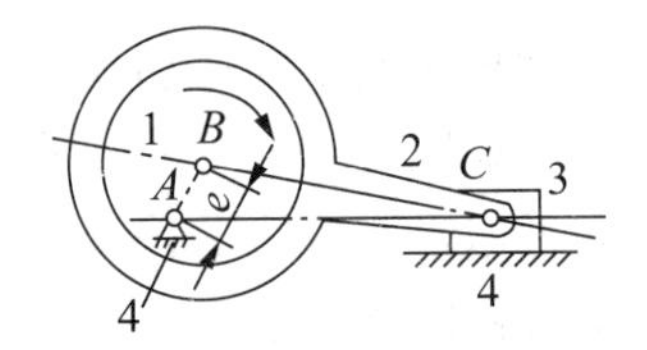

图 3-119 偏心轮机构

1—偏心轮；2—连杆；3—滑块；4—机架

载荷的机械中，如破碎机、剪床及冲床等。

（3）导杆机构。若将图 3－119 所示的曲柄滑块机构的构件 1 作为机架，则曲柄滑块机构就演化为导杆机构，如图 3－120 所示。导杆机构具有很好的传力性能，常用于机床、电器等装置中。

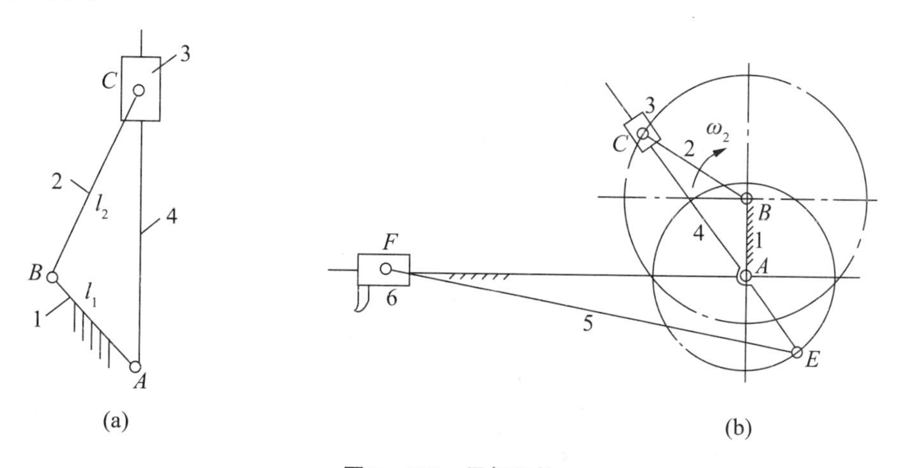

图 3－120　导杆机构

（a）转动导杆机构；（b）小型刨床机构

1—机架；2、4—导杆；3—滑块

（4）摇块机构。若将图 3－119 所示的曲柄滑块机构的构件 2 作为机架，则曲柄滑块机构就演化为如图 3－121（a）所示的摇块机构。构件 1 做整周转动，滑块 3 只能绕机架往复摆动。这种机构常用于摆缸式原动机和气、液压驱动装置中，如图 3－121（b）所示的自动货车翻斗机构。

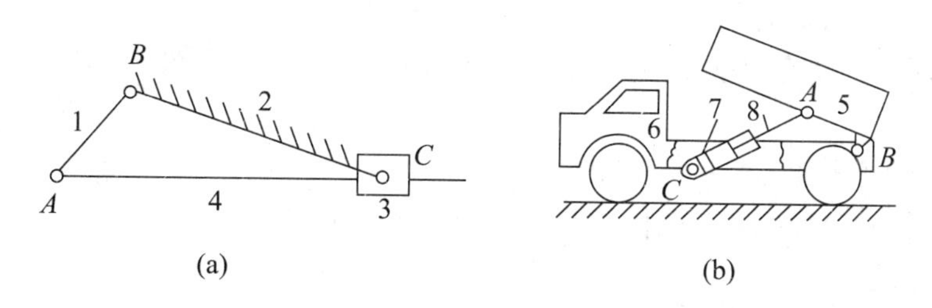

图 3－121　摇块机构及其应用

（a）摇块机构；（b）自动货车翻斗机构

1—曲柄；2—机架；3—摇块；4—连杆；5—车厢；6—车架；7—液压缸；8—活塞

（5）定块机构。若将图 3－119 所示的曲柄滑块机构的滑块 3 作为机架，则曲柄滑块机构就演化为如图 3－122（a）所示的定块机构。这种机构常用于抽油泵和手摇抽筒中，如图 3－122（b）所示。

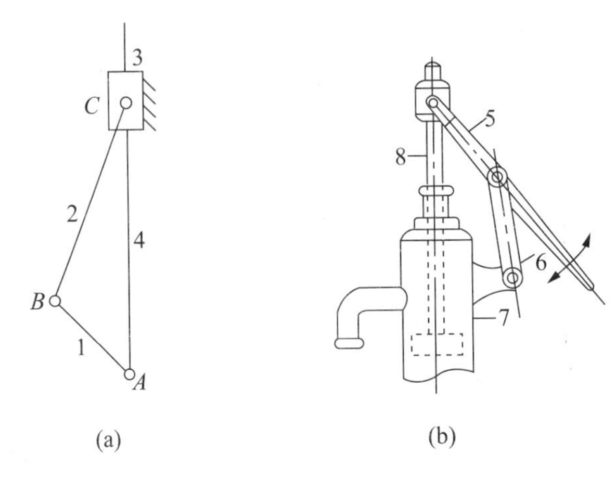

图 3－122　定块机构及其应用

（a）定块机构；（b）手摇抽筒

1—曲柄；2—连杆；3—定块；4—摆杆；5—手柄；6—连杆；7—唧筒；8—活塞杆

3.16.4　凸轮机构的认识与选用

凸轮机构是机械中的一种常用机构，因其能够实现预定的运动规律而在自动化和半自动化机械中得到广泛应用。内燃机配气机构如图 3－123 所示。它是凸轮机构在内燃机配气机构中的应用实例。

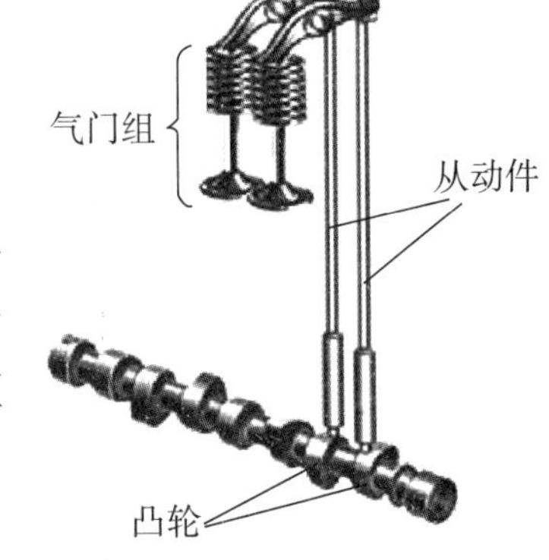

图 3－123　内燃机配气机构

1. 凸轮机构的组成及工作原理

如图 3－124（a）所示，凸轮机构由凸轮 1、从动件 2、机架 3 组成。凸轮是一个具有控制从动件运动规律的曲线轮廓或凹槽的主动件，通常做连续等速转动（也有做往复移动的）；从动件则在凸轮轮廓驱动下按预定运动规律做往复直线运动或摆动。

2. 凸轮机构的基本类型

（1）按凸轮形状分类。凸轮机构可分为盘形凸轮、圆柱凸轮和移动凸轮。

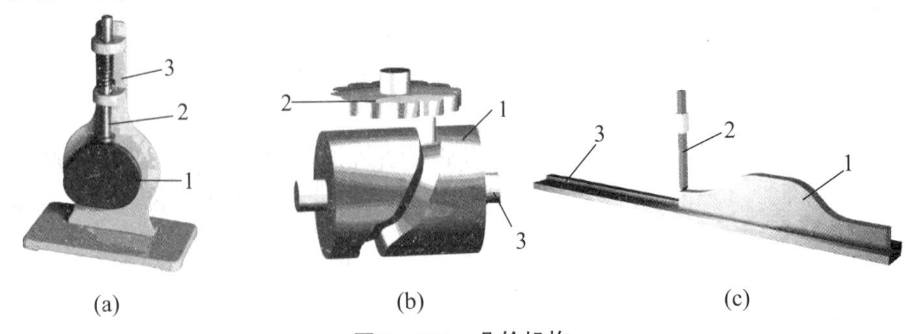

图 3－124　凸轮机构

（a）盘形凸轮；（b）圆柱凸轮；（c）移动凸轮

1—凸轮；2—从动件；3—机架

① 盘形凸轮。如图 3－124（a）所示，盘形凸轮是绕固定轴线转动且有径向变化的盘

形构件。适用于从动件运动行程不大的场合。

② 圆柱凸轮。将移动凸轮卷成圆柱体，即成圆柱凸轮，如图 3－124（b）所示。适用于从动件运动行程较大的场合。

③ 移动凸轮。如图 3－124（c）所示，当盘形凸轮的回转中心趋于无穷大时，绕定轴转动的盘形凸轮便变成为相对于机架做往复运动的移动凸轮，这种凸轮外形通常呈平板状。

（2）按从动件形式分类。

① 尖顶从动件。如图 3－125（a）所示，它是最简单、最基本的形式。它的顶尖与任意轮廓线保持接触，从而实现任意预期的运动。但它是点接触，易磨损，故只适宜受力小、低速和运动精确的场合，如仪器仪表中的凸轮控制机构等。

② 滚子从动件。如图 3－125（b）所示，可视为在尖顶从动件尖顶处安装一个滚子，用滚动代替滑动，从而减少摩擦和磨损，增大承载能力，因而在机械中应用最广。

③ 平底从动件。如图 3－125（c）所示，它可视为尖顶从动件尖顶处安装一个平底，使凸轮对从动件的作用力始终与平底垂直，传动效率高，且接触面间易形成油膜，利于润滑，因而常用于高速传动，但凸轮轮廓线内凹时会因为不能接触而失真。

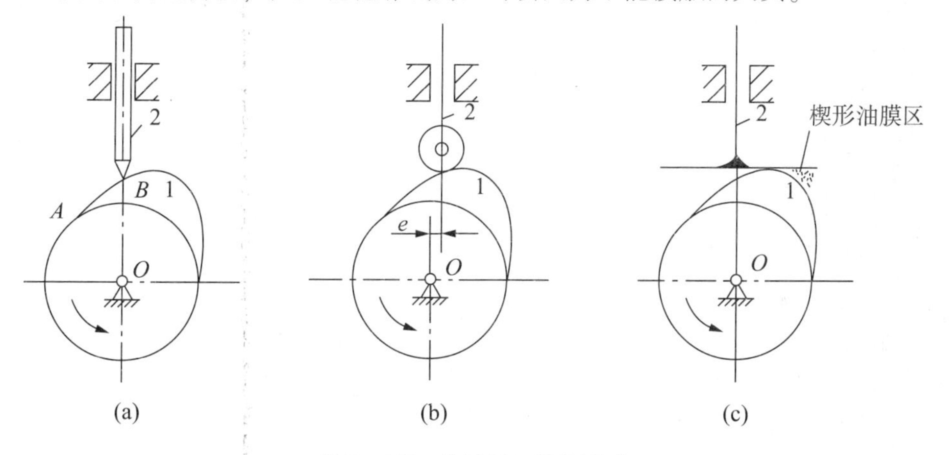

图 3－125　从动件的结构形式

（a）尖顶从动件；（b）滚子从动件；（c）平底从动件

1—凸轮；2—从动件

（3）按从动件的运动形式分类。

① 直动从动件。从动件相对机架做往复直线运动，如图 3－125 所示。

② 摆动从动件。从动件相对机架做往复摆动，如图 3－126 所示。

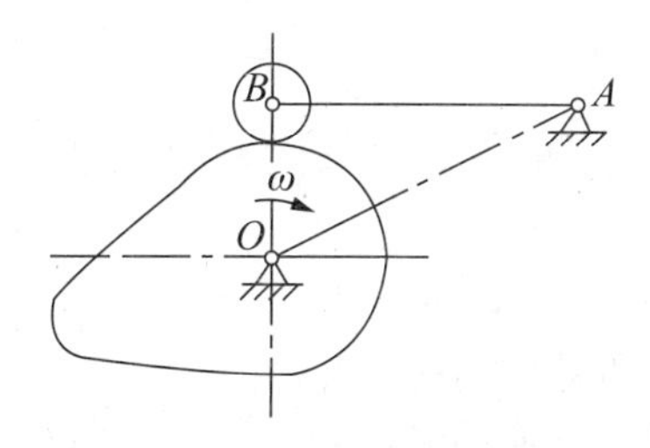

图 3－126　摆动从动件的结构形式

（4）按凸轮与从动件的锁合方式分类。凸轮机构工作时，必须保证凸轮轮廓与从动件始终保持接触，这种作用称为锁合。

① 力锁合。凸轮机构中，采用重力、弹簧力使从动件端部与凸轮始终相接触的方式称为力锁合。如图 3－124（a）所示为利用弹簧力实现力锁合的实例。

② 形锁合。凸轮机构中，采用特殊几何形状实现从动件端部与凸轮相接触的方式称为形锁合。如图 3－124（b）所示圆柱凸轮机构，是利用滚子与凸轮凹槽两侧面的配合来实现形锁合的。

3. 凸轮机构的特点及应用

凸轮机构的优点是选择适当的凸轮轮廓，能使从动件获得任意预期的运动规律；机构简单，结构紧凑，设计方便。其主要缺点是：由于凸轮与从动件间为高副接触，易磨损。

凸轮机构多用于传递动力不大的自动机械、仪表、控制机构及调节机构中，如内燃机配气机构、缝纫机拉线机构、自动车床上控制进刀的凸轮机构和录音机卷带机构等。

如图 3－127 所示内燃机的配气机构。凸轮 1 转动时，推动阀杆 2（从动件）往复移动，按给定的配气要求启闭阀门。

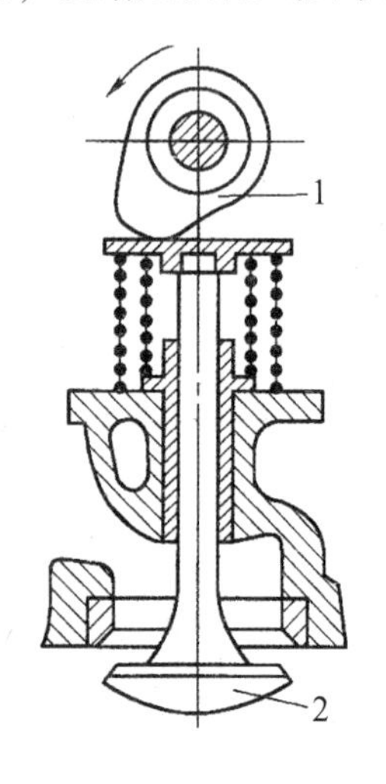

图 3－127　内燃机的配气机构

1—凸轮；2—阀杆

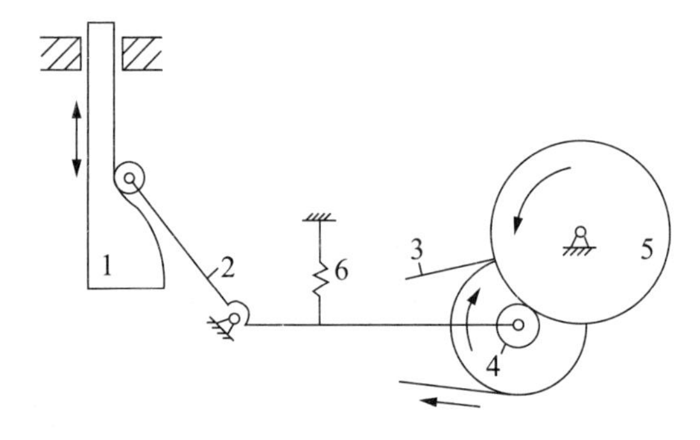

图 3－128　录音机卷带装置

1—凸轮；2—从动件；3—带；4—摩擦轮；5—卷带轮；6—弹簧

如图 3－128 所示录音机卷带装置。凸轮 1 随放音键上下移动。放音时，凸轮 1 处于图示最低位置，在弹簧 6 的作用下，安装于带轮轴上的摩擦轮 4 紧靠卷带轮 5，从而将磁带卷紧。停止放音时，凸轮 1 随按键上移，其轮廓压迫从动件 2 顺时针摆动，使摩擦轮与卷带轮分离，从而停止卷带。

能力训练

1. 什么是机器？写出五个机器的名称。
2. 什么是零件？分别写出三个通用零件和专用零件的名称。

3. 什么是机构？什么是机器？二者有何区别？并举例说明。

4. 什么是构件？什么是零件？二者有何区别？并举例说明。

5. 识读螺纹代号或标记

M10　M24LH　M10—5g6g　M20×2—5g6g　M10—7H—L　M20LH—6H

6. 螺纹连接的基本类型有哪些？试举出三个以上这些连接在实际中的应用实例。

7. 什么是连接？可拆连接和不可拆连接都分别有哪些？

8. 在实际工作中将两个零件连接起来，可以采用哪些连接方法？（四种以上）

9. 在实际工作中，如何区分左旋螺纹和右旋螺纹？

10. 松动是螺纹连接中最常见的失效形式之一。在实际工作中利用机械方法防松可以采用哪些方法？

11. 松动是螺纹连接中最常见的失效形式之一。在实际工作中如果采用破坏螺纹副关系的方法进行防松，可以采用哪些方法？

12. 组装教室中的桌椅采用了哪种类型的螺纹连接？用了哪些螺纹连接件？

13. 键连接有何功用？常用的类型有哪些？

14. 花键连接有何特点？

15. 销连接主要有哪些类型？各应用在什么场合？

16. 带传动有哪些特点？带传动有哪几种类型？每种类型举出一个以上的应用实例。

17. 对 V 带传动进行安装、调整、使用和维护时，应注意哪些问题？

18. 链传动有哪些特点？有哪几种类型？每种类型举出一个以上的应用实例。

19. 普通自行车是采用哪种类型的链条来传递运动和动力的？这种链条由哪些部分组成？

20. 许多汽车采用了齿形链进行动力传递，试说明其优缺点。

21. 螺旋千斤顶是汽车维修中常用的工具之一，试分析它是利用螺旋传动的哪些特性制造的。

22. 什么是齿轮的模数？它的大小对齿轮传动有何影响？

23. 渐开线标准直齿圆柱齿轮传动的正确啮合条件是什么？

24. 什么是轮系？轮系比单对齿轮，在功能方面有哪些扩展？

25. 齿轮传动与带传动、链传动相比，具有哪些优点和缺点？

26. 蜗杆传动有什么特点？适用于什么场合？

27. 轴的功用是什么？按照承载分哪几种？

28. 滑动轴承的特点有哪些？

29. 轴上零件的轴向固定方法主要有哪些？轴上零件的周向固定方法主要有哪些？

30. 选择滚动轴承类型时要考虑哪些因素？

31. 说明下列滚动轴承代号的含义。

6208/P2　51205　N210　7215AC　6005　N209/P5　32310　7207C

32. 片式摩擦离合器具有哪些特点？

33. 联轴器和离合器的功用是什么？它们有什么区别？

34. 制动器的作用是什么？

35. 平面连杆机构的特点是什么？

36. 图 3-129 是剪板机，请回答问题：（1）该机构的名称是什么？（2）分别说出构件 AB、BC、CD、AD 的名称。

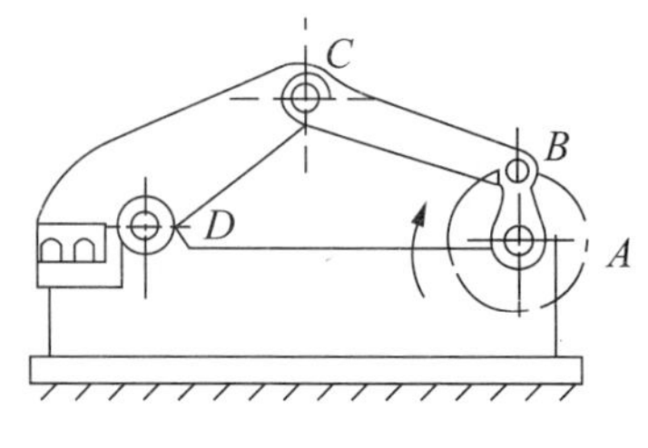

图 3-129

37. 凸轮机构有哪些特点？能实现什么运动形式的转换？

38. 若测得一正常齿制标准直齿圆柱齿轮的齿顶圆直径 $d_a=120$ mm，齿数 $z=22$，求该齿轮的模数 m，分度圆直径 d 和齿根圆直径 d_f。

39. 如图 3-130 所示的定轴轮系中，已知：$z_1=30$，$z_2=45$，$z_3=20$，$z_4=48$，$z_5=24$，$z_6=36$。试求轮系传动比 i_{16}，并用箭头在图上标明各轮齿的回转方向。

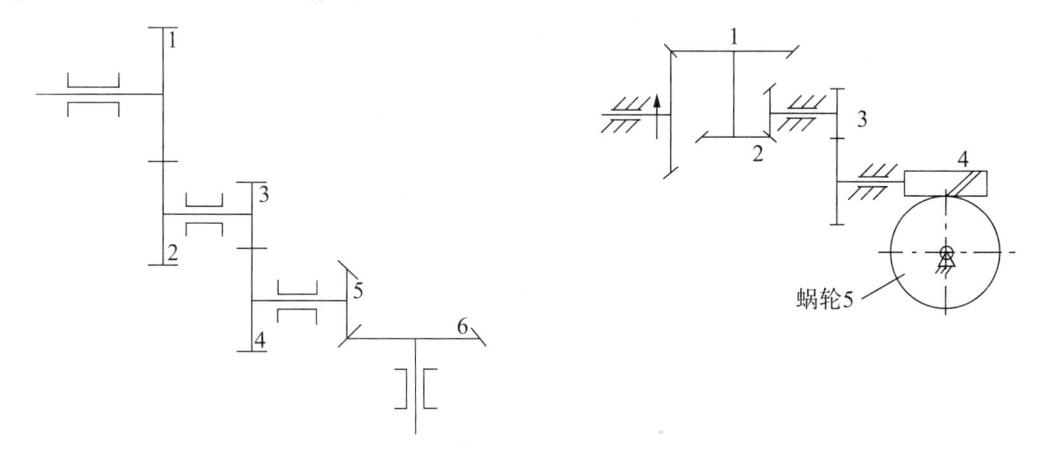

图 3-130　　图 3-131

40. 如图 3-131 所示的轮系中，已知各轮齿数为：$z_1=90$，$z_2=60$，$z_{2'}=30$，$z_3=30$，$z_{3'}=24$，$z_4=40$，$z_{4'}=1$，$z_5=36$，已知 $n_1=100$ r/min，求蜗轮 5 的转速大小及转向。

任务4　构件的受力分析与计算

任务下达

在维修设备时，齿轮与轴通过A型普通平键连接，该键已损坏，轴径 $d=70$ mm，传递转矩 $M=2$ kN·m。现选择一个键，键的尺寸 $b\times h\times L=20$ mm $\times 12$ mm $\times 100$ mm，材料许用应力［σ_{bs}］$=100$ MPa，［τ］$=60$ MPa，请你判断所选择的键能否满足使用要求。

任务要求

熟悉极限与配合、偏差和公差的术语，并会进行相关计算，掌握配合的选择方法；能正确识读几何公差代号并正确选择几何公差值，明确其标注方法；熟悉表面粗糙度的概念、符号表示方法及标注方法；培养踏实认真的学习态度和用于克服学习障碍的意志品质。

知识链接

4.1　静力学基本概念与基本公理

4.1.1　静力学基本概念

1. 力

力是物体间的相互机械作用，力的作用效应是使物体的运动状态发生变化，也可使物体发生变形。力使物体运动状态发生变化的效应称为力的外效应，而力使物体产生变形的效应称为力的内效应，或称为变形效应。实践证明，力对物体的作用效应取决于力的三要素：力的大小、力的方向和力的作用点。在国际单位制中力的单位用牛顿（N），有时也用千牛顿（kN）。

力是矢量。力的三要素可用带箭头的有向线段表示，线段的长度表示力的大小，箭头的指向表示力的方向，线段的起点或终点表示力的作用点。通过力的作用点，沿力的方向所画的直线，称为力的作用线。力的表示法如图4－1所示。

2. 平衡

平衡是指物体相对于地球保持静止或做匀速直线运动状态。

3. 刚体

在力的作用下，大小和形状都保持不变的物体称为刚体。在静力学中，常把研究的物体抽象为刚体。在材料力学中，将物体看成变形体。

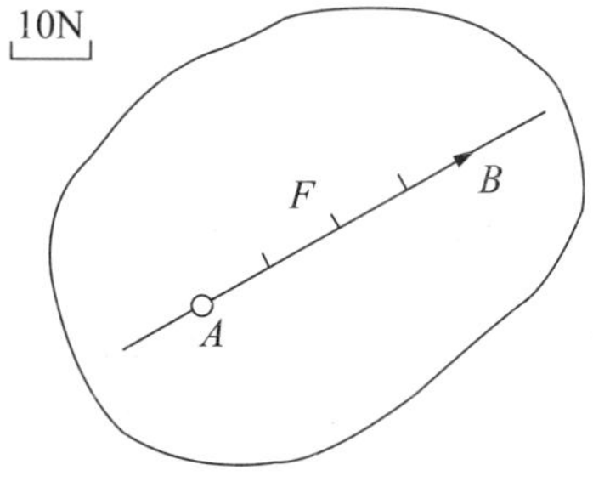

图 4－1　力的表示法

4.1.2　静力学基本公理

公理 1　二力平衡公理

作用于刚体上的两个力使刚体处于平衡状态的必要与充分条件是这两个力大小相等、方向相反，且作用在同一条直线上（见图 4－2）。

只受两个力作用而平衡的构件，称为二力构件，当构件呈杆状时称为二力杆。二力构件的受力特点是两个力必须沿两力作用点的连线，且等值、反向（见图 4－3）。对于非刚体来说，二力平衡的条件只是必要条件而非充分条件。

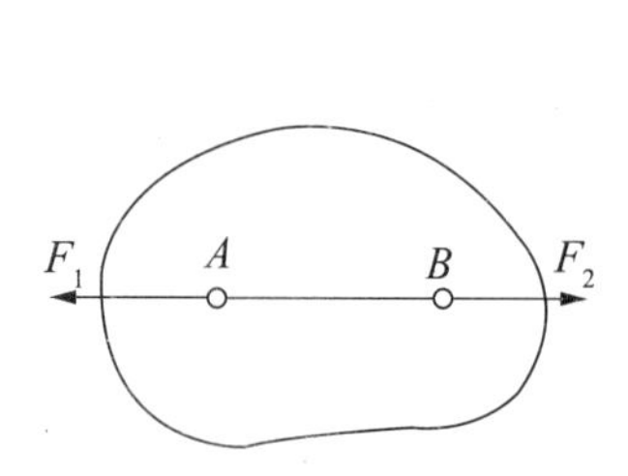

图 4－2　二力平衡公理示意图

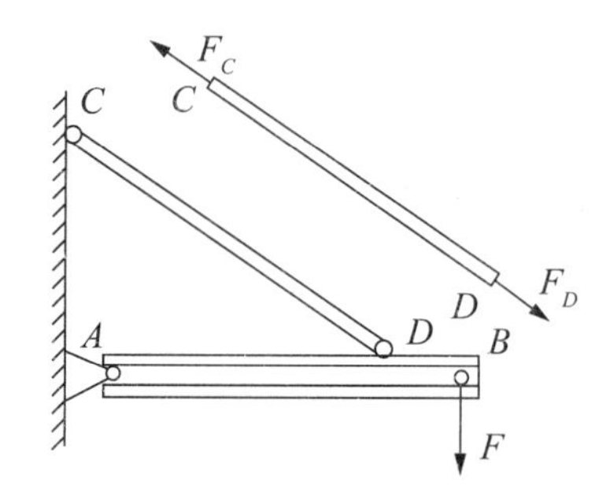

图 4－3　二力构件示意图

公理 2　加减平衡力系公理

在作用于已知力系的刚体上，加上或减去任意的平衡力系，并不改变原力系对刚体的作用效果。

推论：力的可传性原理

作用于刚体上某点的力，可以沿其作用线移到刚体上任意一点，而不会改变原力对刚体的作用效应。

公理 3　平行四边形公理

作用于物体上同一点的两个力，可以合成为一个合力。合力也作用于该点，合力的大小和方向用这两个力为邻边所构成的平行四边形的共点对角线确定（见图 4－4）。

应用力的平行四边形法则或力的三角形法则，也可以将一个力分解为两个力。

推论：三力平衡汇交定理

若作用于物体同一平面上的三个互不平行的力使物体

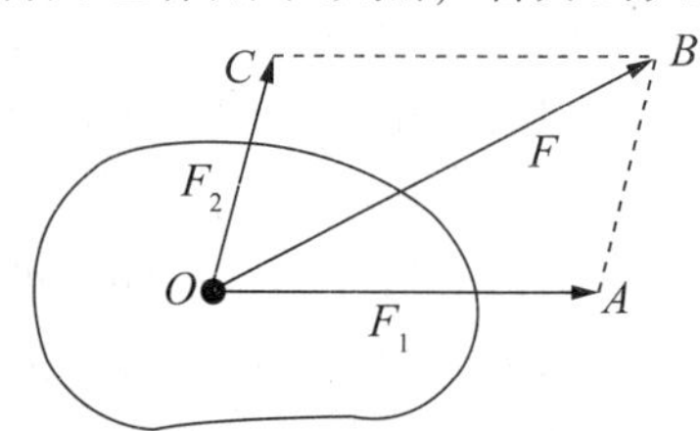

图 4－4　平行四边形公理示意图

平衡，则它们的作用线必汇交于一点（见图4-5）。

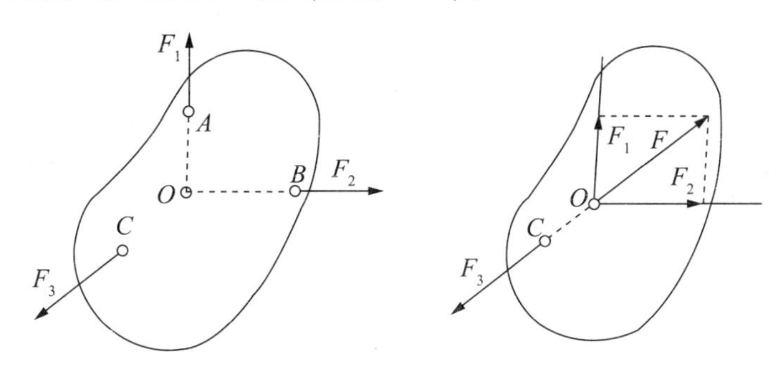

图4-5 三力平衡汇交定理示意图

公理4 作用力与反作用力公理

两物体间的作用力和反作用力总是成对出现，且大小相等，方向相反，沿同一直线分别作用在两个物体上，同时存在，同时消失。

4.2 约束与约束反力的分析

4.2.1 约束与约束反力概念

对非自由体某些方向的运动起限制作用的周围物体称为约束。当物体沿着约束所限制的方向有运动趋势时，约束对物体必产生作用力。约束对被约束物体的作用力称为约束反力或约束力。约束反力总是作用在约束与被约束物体的接触处，其方向与该约束所能限制的运动方向相反。

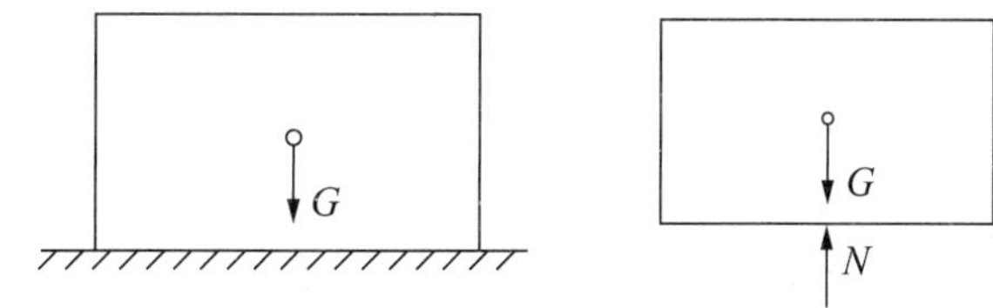

图4-6 光滑接触面约束

4.2.2 工程上常见约束的分析

1. 光滑接触面约束

光滑平面或曲面对物体所构成的约束称为光滑接触面约束（见图4-6）。所谓光滑面，即摩擦力可忽略不计的表面。光滑接触面约束的约束反力必通过接触点，沿接触点处的公法线，并指向被约束物体，它对物体的作用只能是压力。通常这种约束反力称为法向反力，常用字母 N 表示。

2. 柔索约束

由绳索、链条等柔性物体所构成的约束，称为柔索约束。柔索约束只能限制物体沿柔索伸长的方向运动，

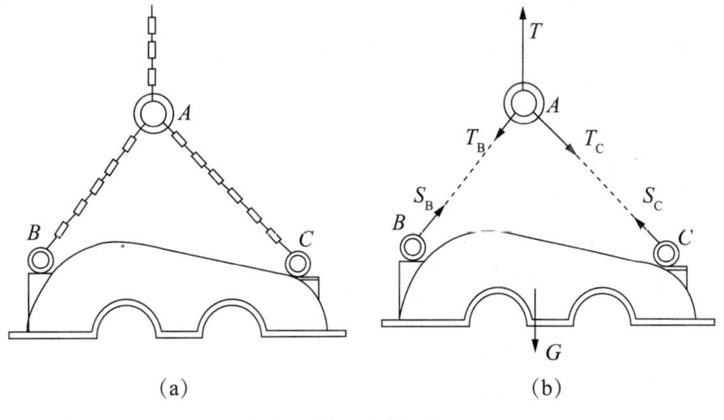

图4-7 柔索约束
（a）柔索约束实例；（b）受力图

而不能限制其他方向的运动，故其约束反力的方向总是沿柔索中心线且背离被约束物体，即为拉力，常用字母 T，S 表示（见图4－7）。

3. 光滑圆柱铰链约束

由铰链构成的约束称为铰链约束，常见的是光滑圆柱铰链约束。工程上常用铰链将桥梁、起重机的起重臂等结构同支撑面或机架等连接起来，这就构成了铰链支座。

（1）中间铰约束。用圆柱销钉将两个构件连接在一起而构成的销钉连接（见图4－8），工程上称为中间铰链。其约束反力的特点是在垂直销钉轴线的平面内，通过销钉中心，方向待定。通常用力 F_R 和位置角 α 或两个正交分力 F_x 和 F_y 来表示。

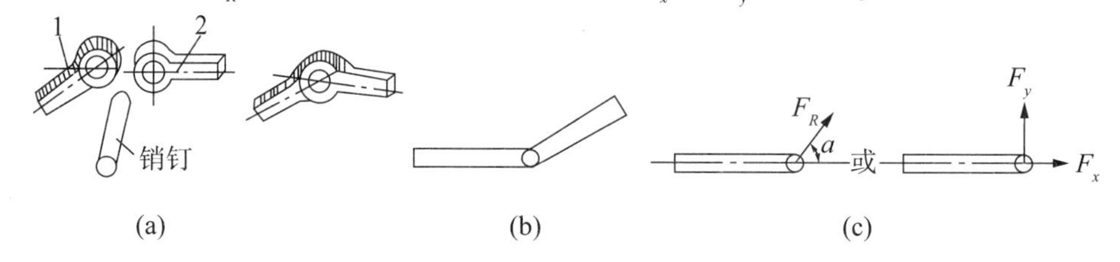

图4－8　中间铰约束及其约束反力

（a）结构示意图；（b）结构简图；（c）约束力表示方法

1—构件；2—构件

（2）固定铰链支座约束。固定铰链支座约束由底座、被连接构件和销钉三个主要部分构成。固定铰链支座的约束反力的作用线必定通过销钉中心，但方向需要根据研究对象的受载情况来确定，一般用两个相互垂直的分力表示，如图4－9所示。

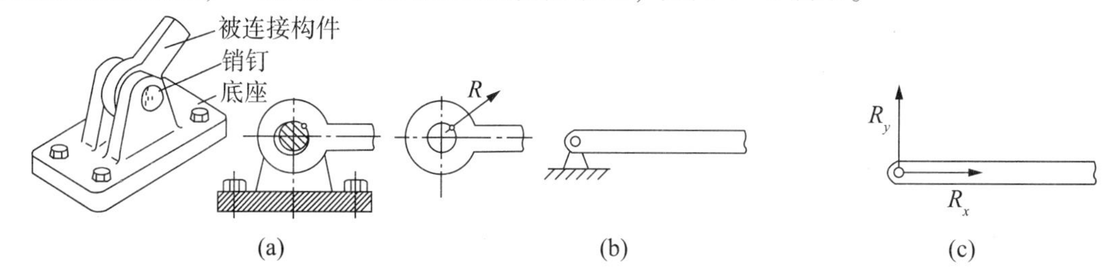

图4－9　固定铰链支座及其约束反力

（a）结构示意图；（b）结构简图；（c）约束力表示方法

（3）活动铰链支座约束。如果固定铰链支座中的底座用辊轴与支撑面接触，便形成了活动铰链支座。活动铰链支座的约束反力的作用线必通过销钉的中心且垂直于支撑面，并指向研究对象，常用 F_R 表示，如图4－10所示。

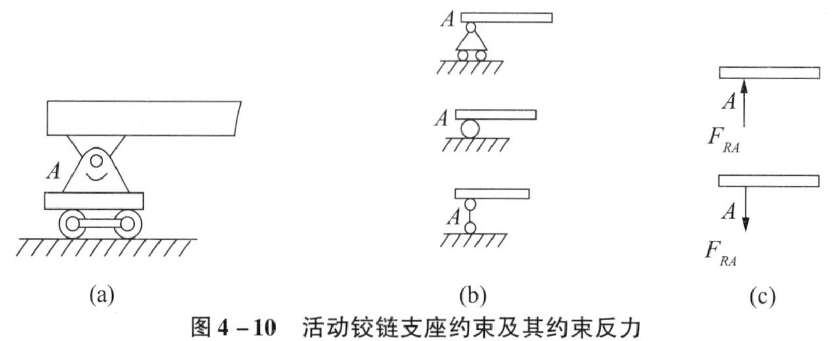

图4－10　活动铰链支座约束及其约束反力

（a）结构示意图；（b）结构简图；（c）约束力表示方法

4. 固定端约束

固定端约束又称为插入端约束，如插入墙体的外伸晾台、固定在车床卡盘上的车刀所受的约束。这种约束的特点是不允许构件与约束之间发生任意移动和随意转动，其约束反力可用一个力 F_N 和力偶 M 表示，也可以用两个正交分力 F_x 、F_y 和力偶 M 来表示，如图 4－11 所示。

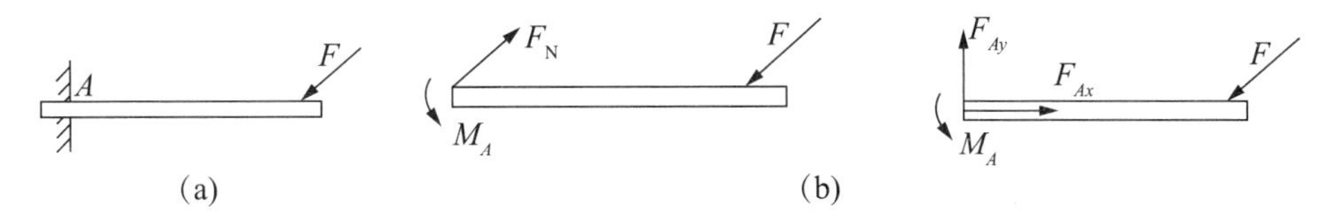

图 4－11　活动铰链支座约束及其约束反力

（a）结构简图；（b）约束力表示方法

4.3　受力图的画法

4.3.1　研究对象与受力图的概念

被解除约束的物体称为分离体。在分离体上画出所受的全部主动力和全部约束反力的简图称为物体的受力图，所研究的物体称为研究对象。

4.3.2　受力图的画法

画受力图的步骤一般为：明确研究对象，取分离体；在分离体上画出全部主动力；在每一个解除约束的位置，根据约束的类型和约束的性质，画出相应的约束反力。

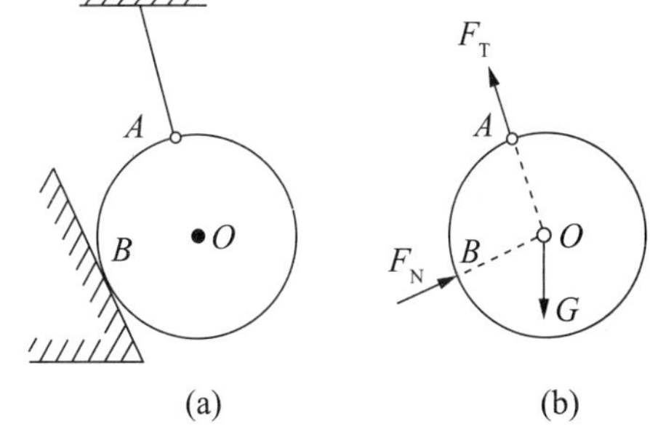

图 4－12　球体的受力分析

（a）结构示意图；（b）受力图

【例 4－1】　一均质球重 G，用绳系住，并靠于光滑的斜面上［见图 4－12（a）］。试分析球的受力情况，并画出受力图。

解：① 确定球为研究对象。

② 作用在球上的力有三个：即球的重力 G 、绳的拉力 F_T 、斜面的约束反力 F_N 。

③ 受力图如图 4－12（b）所示。

4.4　力矩、力偶及力的平移定理的分析与计算

4.4.1　力矩的分析与计算

1. 力矩的概念

当人用扳手拧紧螺母时，施于扳手的力 F 使扳手与螺母一起绕转动中心 O 转动如图

4－13 所示。由经验可知，转动效应的大小不仅与力 F 的大小和方向有关，而且与转动中心点 O 到力 F 作用线的垂直距离有关。在力 F 作用线和转动中心点 O 所在的同一平面内，将点 O 称为矩心，点 O 到力 F 作用线的垂直距离 d 称为力臂，力使物体绕转动中心的转动效应，就用力 F 的大小与力臂 d 的乘积并冠以适当的正负号来度量，这个量称为力对点之矩，简称力矩，计作 $M_O(F)$，即：

$$M_O(F) = \pm Fd \tag{4-1}$$

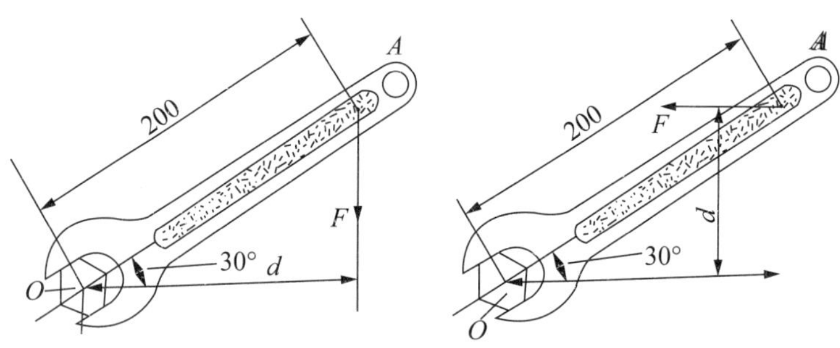

图 4－13　扳手拧螺母

平面内的力对点之矩是代数量，其正负号规定为：若力使物体绕矩心逆时针方向转动，则力矩为正；反之，力矩为负，如图 4－14 所示。

力矩的常用单位为 N · m 或 kN · m。

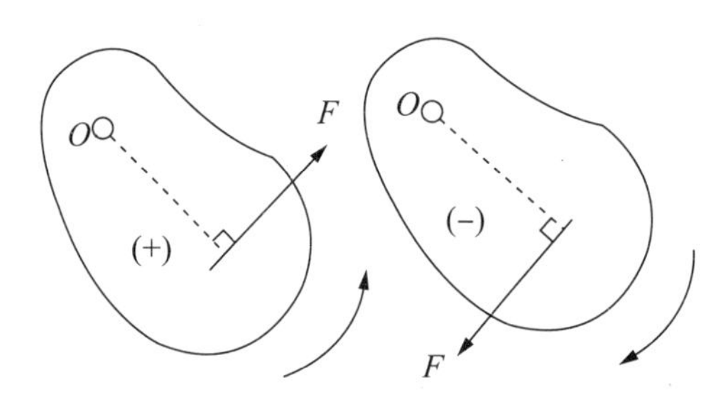

图 4－14　力矩正负号规定示意图

2. 力矩的性质

力对点之矩的大小，不仅取决于力的大小，还与力臂有关；力对任意点之矩的大小，不因该力的作用点沿其作用线移动而改变；力的大小为零或力的作用线通过矩心时，力矩为零；互成平衡二力对同一点之矩的代数和为零。

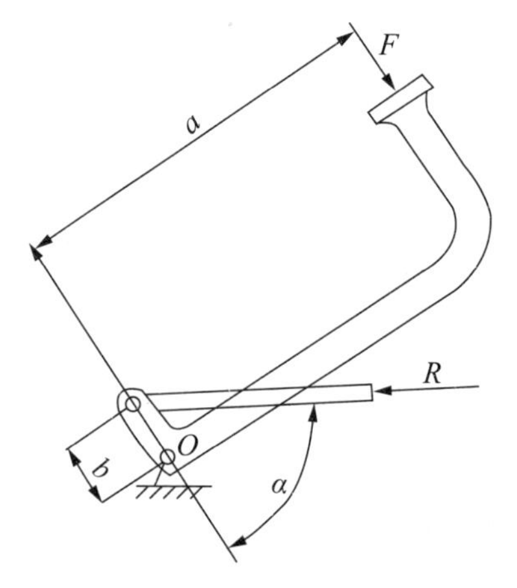

图 4－15　汽车操纵系统的踏板装置

【例 4－2】　汽车操纵系统的踏板装置如图 4－15 所示。已知工作阻力 $R = 1\ 700$ N，驾驶员脚的蹬力 $F = 193.7$ N，尺寸 $a = 380$ mm，$b = 50$ mm，$\alpha = 60°$。试求工作阻力 R 和蹬力 F 对 O 点之矩。

解： 根据公式可求得工作阻力 R 和蹬力 F 对 O 点的力矩分别为：

$M_O(R) = Rb\sin\alpha = 1\ 700 \times 0.05\sin60° = 73.6(\text{N} \cdot \text{m})$

$M_O(F) = -Fa = -193.7 \times 0.38 = -73.6(\text{N} \cdot \text{m})$

3. 合力矩定理

设物体上作用有一个平面汇交力系 F_1，F_2，…，F_n，其合力为 F_R，由于合力与力系等效，所以合力对平面内任意点之矩等于力系中所有分力对同一点之矩的代数和，即：

$$M_O(F_R) = M_O(F_1) + M_O(F_2) + \cdots + M_O(F_n) = \sum M_O(F) \tag{4-2}$$

4.4.2 力偶的分析与计算

1. 力偶的概念

力学上把一对大小相等、方向相反、不共线的平行力组成的特殊力系称为力偶，用符号（F，F'）表示。力偶在生产和生活中的应用如图4－16（a）和4－16（b）所示。力偶中两力作用线之间的垂直距离 d，称为力偶臂。力偶的两力作用线所决定的平面称为力偶作用面，力偶使物体转动的方向称为力偶的转向。力偶对物体的转动效应可用力偶中的力与力偶臂的乘积再冠以适当的正负号来确定，称为力偶矩，计作 $M(F, F')$ 或简写为 M，即：

$$M(F, F') = M = \pm Fd \tag{4-3}$$

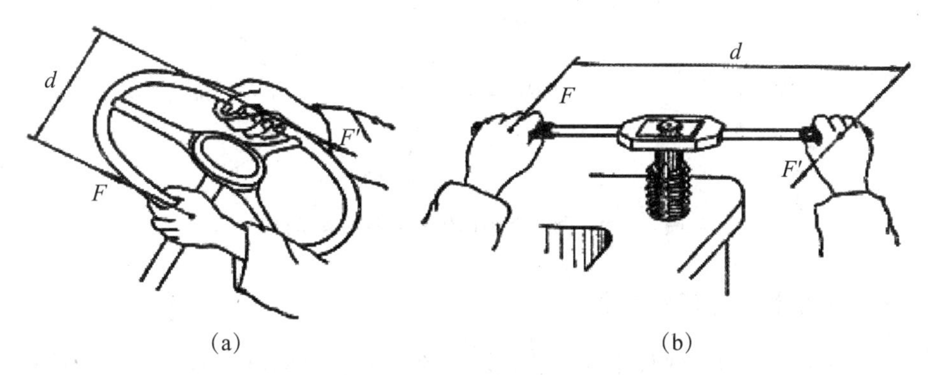

(a)　　　　(b)

图4－16　力偶应用实例及表示方法

（a）手握方向盘；（b）攻丝

力偶的单位是N·m或kN·m，力偶矩是一个代数量。通常规定，力偶使物体逆时针转动时为正，反之为负。力偶矩的大小、力偶转向和力偶作用面称为力偶的三要素，凡三要素相同的力偶彼此等效。

2. 力偶的基本性质

力偶无合力；力偶不能合成为一个力，也不能与一个力等效；力偶对其作用面内任意点之矩，恒等于其力偶矩，而与矩心的位置无关；只要保持力偶的转向和力偶矩的大小不变，力偶就可以在其作用面内任意转动和移动，而不改变它对刚体的作用效应；只要保持力偶矩的大小和力偶矩的转向不变，可以同时改变力偶中力的大小和力偶臂的长短，而不会改变力偶对刚体的作用效应。例如，汽车驾驶员转动方向盘时，无论两手作用于 A、B 两处，还是作用于 C、D 两处（见图4－17），只要作用在方向盘上的力偶矩不变，其转动效果总是相同的。同理，用丝锥攻螺纹时，无论两手作用于 A、B 两处，还是作用于 C、D 两处（见图4－18），只要两手作用在丝锥手柄上的力偶矩不变，丝锥的转动效果也是相同的。

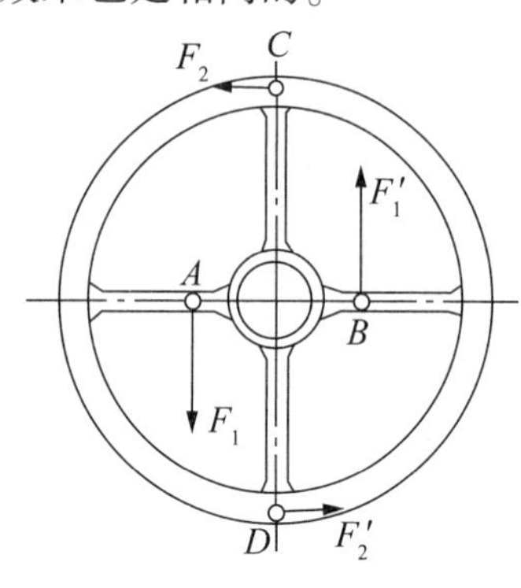

图 4－17　转动方向盘

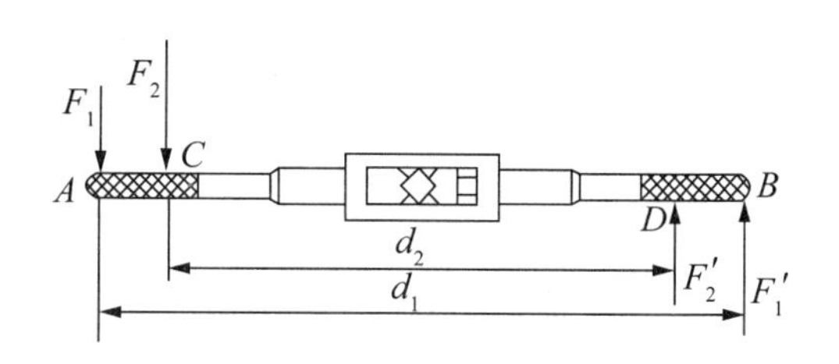

图 4－18　攻螺纹

3. 力偶的表示方法

由于力偶对物体的作用完全决定于力偶矩的大小和转向，因此，力偶也可用一带有箭头的弧线来表示。图 4－19 就是同一个力偶的三种不同表示法。

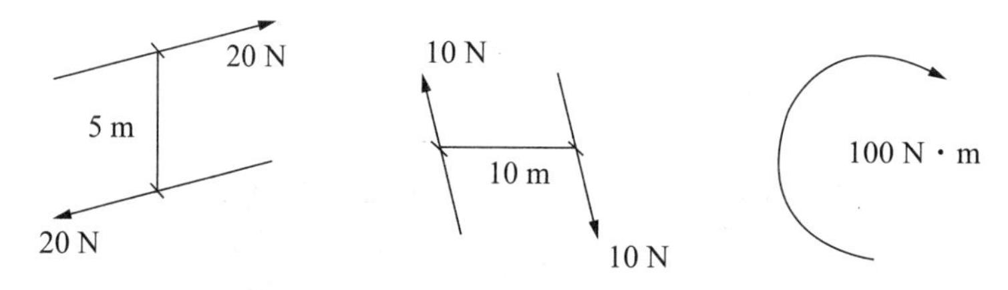

图 4－19　同一个力偶的三种不同表示法

4.4.3　力的平移定理的分析

如图 4－20 所示，设在刚体上 A 点作用有一个力 F，现要将它平行移动到刚体内的任意指定点 B，而不改变它对刚体的效应。为此，可在 B 点加上一对平衡力 F'、F''，并使它们的作用线与力 F 的作用线平行，且 $F = F' = F''$，根据加减平衡力系公理，三个力与原力 F 对刚体的效应相同。力 F、F'' 组成一个力偶，其力偶矩 M 等于原力 F 对 B 点之矩，即：

$$M = M_B(F) = Fd \tag{4-4}$$

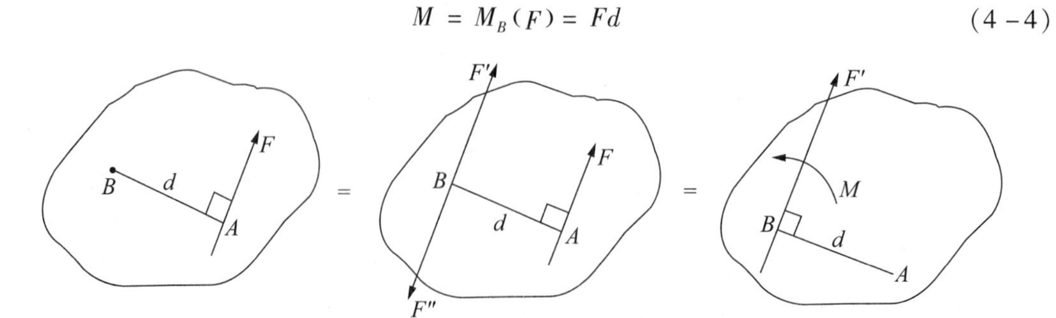

图 4－20　力的平移定理示意图

力的平移定理：作用于刚体上的力可以平行移动到刚体上的任意指定点，但必须同时在该力与指定点所决定的平面内附加一力偶，此力偶矩的大小等于原力 F 对指定点之矩。

4.5 力在直角坐标轴上的投影与分解

4.5.1 力在直角坐标轴上的投影与分解

如图4-21所示，在力F作用的平面内建立直角坐标系xOy，由力F的起点A和终点B分别作x轴的垂线，垂足分别为a、b，线段ab冠以适当的正负号称为力F在x轴上的投影，用F_x表示，即：

$$F_x = \pm ab \tag{4-5}$$

投影的正负号规定如下：若从a到b的方向与x轴正向一致，则取正号；反之取负号。

同样，力F在$\alpha = 20°$轴上的投影为$F_y = \pm a'b'$。 (4-6)

如图4-21所示，若已知力F的大小及F与x轴的夹角α，则力F在x轴和y轴的投影分别为$\begin{cases} F_x = F\cos\alpha \\ F_y = F\sin\alpha \end{cases}$。

图4-22的情况为$\begin{cases} F_x = -F\cos\alpha \\ F_y = -F\sin\alpha \end{cases}$。

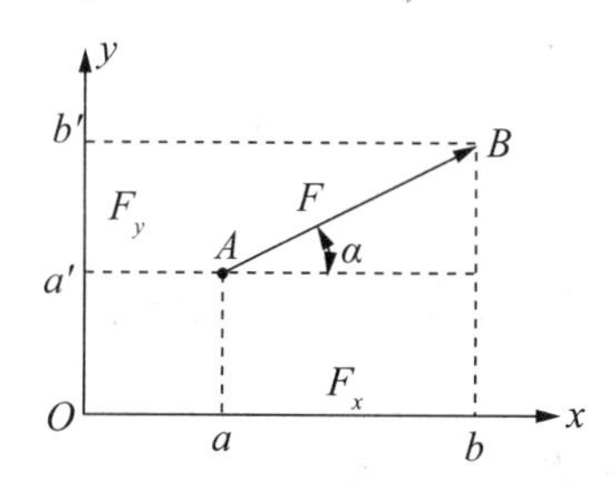

图4-21 力在直角坐标轴上的投影示例(1)

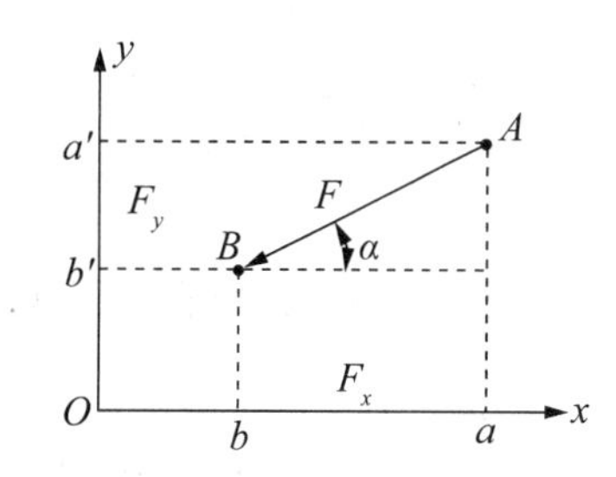

图4-22 力在直角坐标轴上的投影示例(2)

当力与坐标轴垂直时，力在该轴上的投影为零；力与坐标轴平行时，其投影的绝对值就等于该力的大小。

若已知力F在平面直角坐标轴上投影为F_x和F_y，则该力的大小和方向为：

$$F = \sqrt{F_x^2 + F_y^2},\ \tan\alpha = |F_y/F_x| \tag{4-7}$$

式中：α——力F与x轴所夹的锐角。

注意：力在直角坐标轴上的投影是代数量，而分力是作用点确定的矢量。

【例4-3】 已知$F=100$ N，$P=200$ N，$Q=250$ N，$S=150$ N，各力方向如图4-23所示，其中P平行于y轴，试求上述四力在x、y轴上的投影。

解： F力：$F_x = -F\cos30° = -100\cos30° = -86.6$ (N)

$F_y = -F\sin30° = -100\sin30° = -50$ (N)

P力：$P_x = 0$

$P_y = -P = -200$ (N)

Q力：$Q_x = Q\cos45° = 250\cos45° = 176.8$ (N)

$Q_y = Q\sin45° = 250\sin45° = 176.8$（N）

S 力：$S_x = S\sin30° = 150\sin30° = 75$（N）

$Sy = -S\cos30° = -150\cos30° = -129.9$（N）

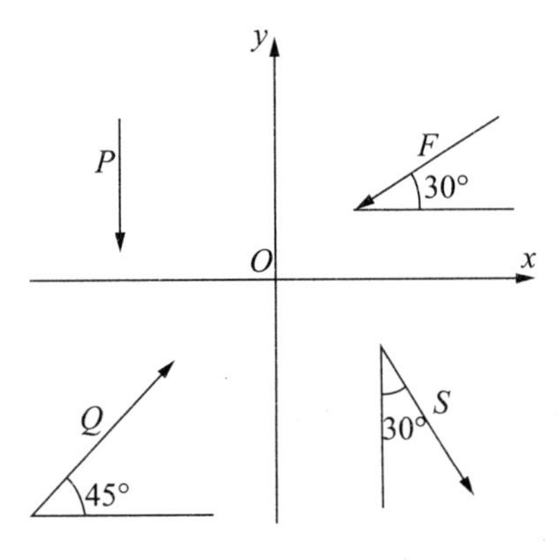

图 4－23　各力方向示意图

4.5.2　合力投影定理

设一刚体受平面汇交力系 F_1，F_2，…，F_n 作用，此力系可合成为一个合力 F_R，此合力应为：

$$F_R = F_1 + F_2 + \cdots + F_n = \sum F \qquad (4-8)$$

即平面汇交力系的合力矢量等于力系各分力的矢量和。

将各力分别向 x、y 轴投影，则有：

$$\left.\begin{aligned} F_{Rx} &= F_{1x} + F_{2x} + \cdots + F_{nx} = \sum F_x \\ F_{Ry} &= F_{1y} + F_{2y} + \cdots + F_{ny} = \sum F_y \end{aligned}\right\} \qquad (4-9)$$

该式表明，合力在某一轴上的投影等于各分力在同一坐标轴上投影的代数和。此即为合力投影定理。

合力的大小和方向为：

$$F_R = \sqrt{(F_{Rx})^2 + (F_{Ry})^2} = \sqrt{\left(\sum F_x\right)^2 + \left(\sum F_y\right)^2},\ \tan\alpha = \left|\sum F_y / \sum F_x\right| \qquad (4-10)$$

式中：α——力 F_R 与 x 轴所夹的锐角，F_R 的指向由 $\sum F_x$ 和 $\sum F_y$ 的正负确定。

4.6　平面力系平衡的分析与计算

各力作用线都在同一平面内的力系，称为平面力系。静力学研究物体在力系作用下的平衡规律，建立各种力系的平衡条件。

4.6.1　平面汇交力系平衡的分析与计算

在平面力系中，各力作用线汇交于一点的力系称为平面汇交力系。

由于平面汇交力系中各力的作用线汇交于一点，$\sum M_O(F) \equiv 0$ 自然满足，故：

$$\begin{cases} \sum F_x = 0 \\ \sum F_y = 0 \end{cases} \qquad (4-11)$$

平面汇交力系平衡的解析条件是力系中各力在平面内任选两个坐标轴上的投影的代数和分别为零。

4.6.2　平面平行力系平衡的分析与计算

各力作用线互相平行的力系称为平面平行力系。

在平面平行力系中，若选择直角坐标轴的 y（或 x）轴与力系各力作用线平行，则每个力在 x（或 y）轴上的投影均为零，故：

$$\begin{cases}\sum F_x = 0(\text{或}\sum F_y = 0) \\ \sum M_O(F) = 0\end{cases} \tag{4-12}$$

或二力矩式：

$$\begin{cases}\sum M_A(F) = 0 \\ \sum M_B(F) = 0\end{cases} \tag{4-13}$$

其中 A、B 两点连线不能与各力平行。

平面平行力系平衡的解析条件是力系中各力在平面内任何一个坐标轴上的投影的代数和为零以及各力对平面内任意一点之矩的代数和也等于零或力系中各力在平面内任何两个坐标轴上的投影的代数和为零。

4.6.3　平面力偶系平衡的分析与计算

全部由力偶组成的力系称为平面力偶系。

因平面力偶系中的每个力偶在任意坐标轴上的投影恒等于零，$\sum F_x = 0$，$\sum F_y = 0$，又知力偶对作用面内任意点之矩恒等于力偶矩，故：

$$\sum M_i = 0 \tag{4-14}$$

它说明平面力偶系平衡的解析条件是：力系中各力偶矩的代数和为零，一个力矩方程只能求解一个未知量。

4.6.4　平面任意力系平衡的分析与计算

各力作用线任意分布的力系称为平面任意力系。

$$\begin{cases}\sum F_x = 0 \\ \sum F_y = 0 \\ \sum M_O(F) = 0\end{cases} \tag{4-15}$$

该式是平面任意力系平衡方程的基本形式，也称为一力矩式方程。它说明平面任意力系平衡的解析条件是力系中各力在平面内任选两个坐标轴上的投影的代数和分别为零，以及各力对平面内任意一点之矩的代数和也等于零。

二力矩式方程为：

$$\begin{cases}\sum F_x = 0(\text{或}\sum F_y = 0) \\ \sum M_A(F) = 0 \\ \sum M_B(F) = 0\end{cases} \tag{4-16}$$

其中 A、B 两点的连线不能与 x 轴（或 y 轴）垂直。

三力矩式方程为：

$$\begin{cases}\sum M_A(F)=0\\ \sum M_B(F)=0\\ \sum M_C(F)=0\end{cases} \tag{4-17}$$

其中 A、B、C 三点不能共线。

【例 4-4】 如图 4-2-4（a）所示的三角支架，A、B、C 处均为光滑铰链，在销钉 B 上悬挂一重物，已知重物的重量 $G=10$ kN，杆件自重不计，试求杆件 AB、BC 所受的力。

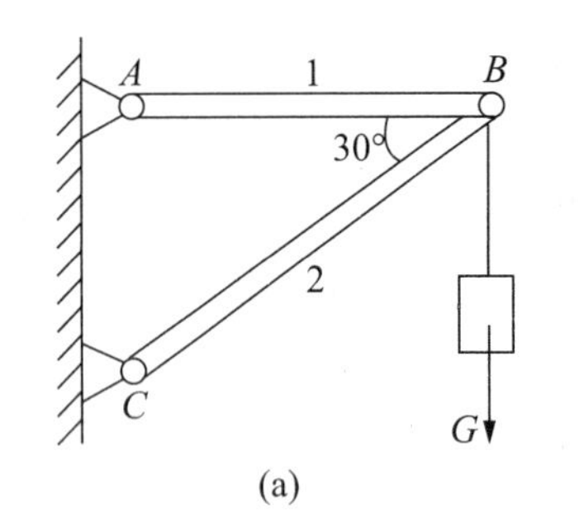

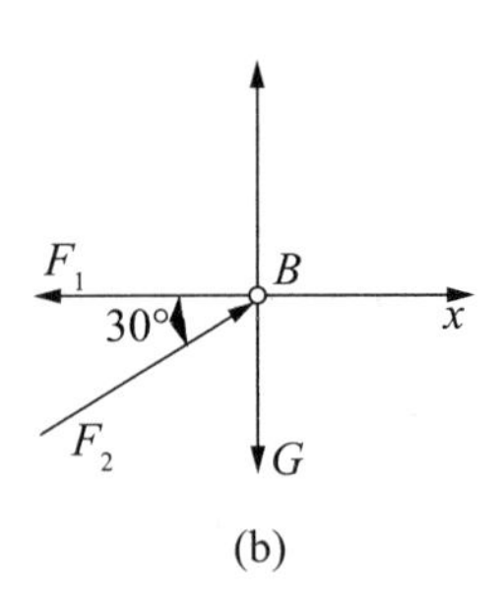

图 4-24 三角支架

（a）结构示意图；（b）销钉受力图

解： 取销钉 B 为研究对象，画销钉受力图如图 4-24（b）所示。建立直角坐标系 xBy，列平衡方程并求解。

$\sum F_x=0$；$F_2\cos30°-F_1=0$；$F_1=17.32(\text{kN})$

$\sum F_y=0$；$F_2\sin30°-G=0$；$F_2=20(\text{kN})$

F_1、F_2 为正值，表示力的实际方向与假设方向相同。根据作用力与反作用力公理，杆件 AB 所受的力为 17.32 kN，拉力；BC 所受的力为 20 kN，压力。

【例 4-5】 用多轴钻床在水平放置的工件上加工四个直径相同的孔，钻孔时每个钻头的主切削力组成一力偶，各力偶矩的大小 $M_1=M_2=M_3=M_4=15$ N·m，两个固定螺栓 A、B 之间的距离为 200 mm［见图 4-25（a）］，试求加工时两个固定螺栓 A、B 所受的力。

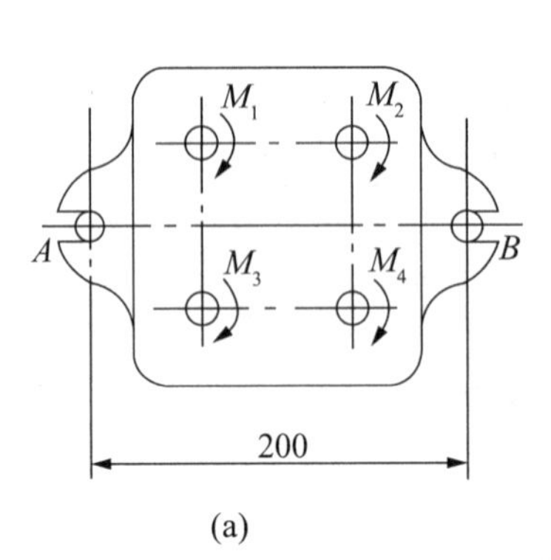

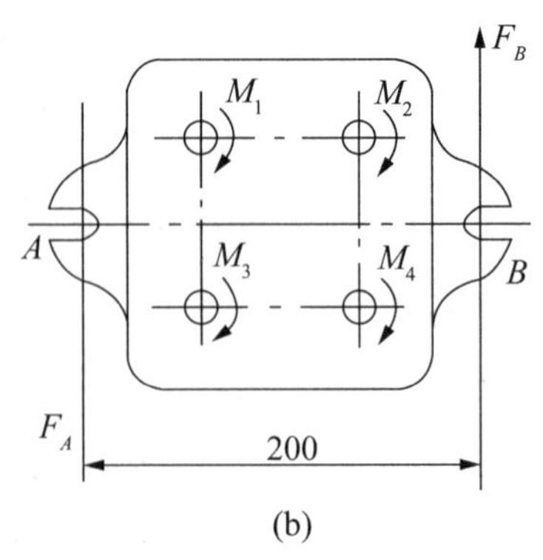

图 4-25 钻孔

（a）钻孔示意图；（b）工件受力图

解：取工件为研究对象，画受力图［见图4-25（b）］。列平衡方程并求解。

$$\sum M = 0\,,\ -4M_1 + M(F_A, F_B) = 0$$

$$F_A = F_B = \frac{M(F_A, F_B)}{d} = \frac{4M_1}{d} = \frac{4 \times 15 \times 10^3}{200} = 300\ (\text{N})$$

根据作用力与反作用力公理，两个固定螺栓 A、B 所受的力分别为 $F_A = F_B = 300$ N，方向与图示方向相反。

【例4-6】　一车刀刀杆夹持在刀架上，形成固定端约束［见图4-26（a）］。车刀伸出长度 $l = 60$ mm，已知车刀所受的切削力 $F = 5.2$ kN。$\alpha = 25°$，试求固定端的约束反力。

解：取车刀为研究对象，其约束可简化为图4-26（b）所示情况。其上所受的力有主动力 F，固定端的约束反力 F_a 和 F_{Ay} 及约束反力偶 M_A（暂假设为逆时针方向）。取坐标轴如图所示，列出平衡方程如下：

由 $\sum F_{ix} = 0$，得：

$$-F\sin 25° + F_{Ax} = 0 \tag{1}$$

由 $\sum F_{iy} = 0$，得：

$$-F\cos 25° + F_{Ay} = 0 \tag{2}$$

由 $\sum M_A(F_i) = 0$，得：

$$M_A - Fl\cos 25° = 0 \tag{3}$$

由式（1）得：

$$F_{Ax} = F\sin 25° = 5.2 \times 0.423 = 2.2\ (\text{kN})$$

由式（2）得：

$$F_{Ay} = F\cos 25° = 5.2 \times 0.906 = 4.7\ (\text{kN})$$

由式（3）得：

$$M_A = Fl\cos 25° = 5.2 \times 0.06 \times 0.906 = 283\ \text{N}\cdot\text{m}。$$

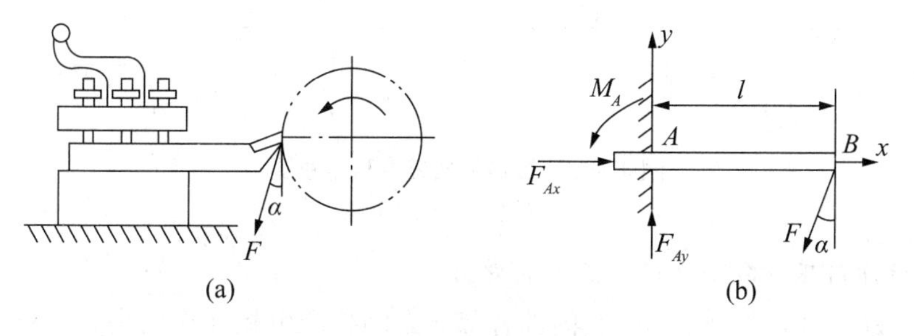

图4-26　车削

（a）车削示意图；（b）件受力图

4.7 构件基本变形的分析与计算

4.7.1 拉伸与压缩变形的分析与计算

1. 拉伸和压缩的概念和实例

工程中有很多构件在工作时是承受拉伸或压缩的。如图 4－27 所示的吊车，在载荷 G 作用下，AB 杆和钢丝绳受到拉伸，而 BC 杆受到压缩。受拉伸或压缩的构件大多是等截面直杆（统称为杆件），其受力情况可以简化如图 4－28 所示。

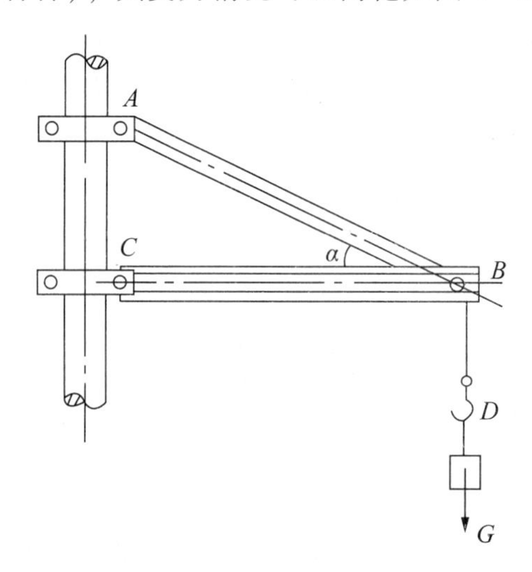

图 4－27 拉伸和压缩变形实例

它们受力的特点是：作用在杆端的两外力（或外力的合力）大小相等，方向相反，力的作用线与杆件的轴线重合。其变形特点是杆件沿轴线方向伸长或缩短。

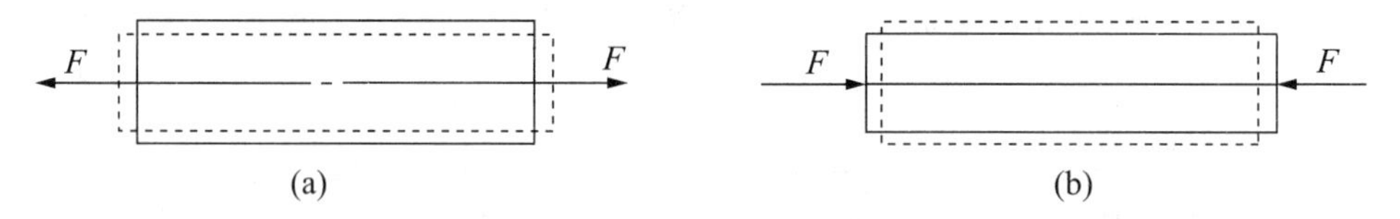

图 4－28 拉伸和压缩变形示意图

（a）拉伸；（b）压缩

2. 轴向拉伸与压缩时构件横截面上的内力

构件在外力作用下产生变形，其内部各部分之间将产生相互作用力，这种由外力引起的构件内部的相互作用力称为内力。内力的大小随外力的增加而加大。当加到极限时，零件就会被破坏。研究构件的内力通常采用截面法。

（1）截面法。截面法是假想地用一平面将构件切开，根据平衡条件确定内力的方法。

如图 4－29 所示构件受外力 F_P 作用，用假想截面 $n-n$ 将杆件截开，如图 4－29（a）所示。取左段（或右段）研究，画出分离体的受力图，如图 4－29（b）所示。

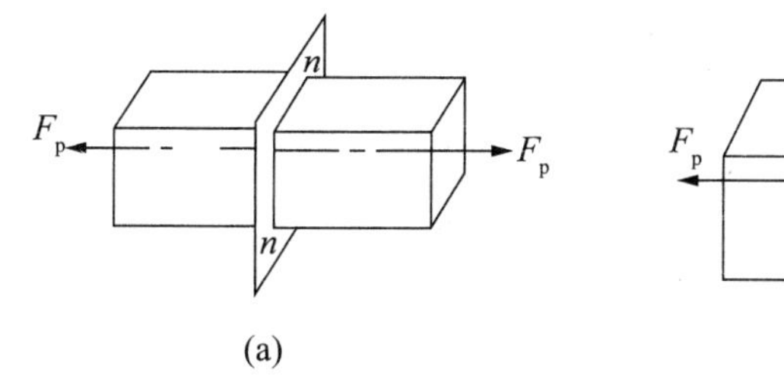

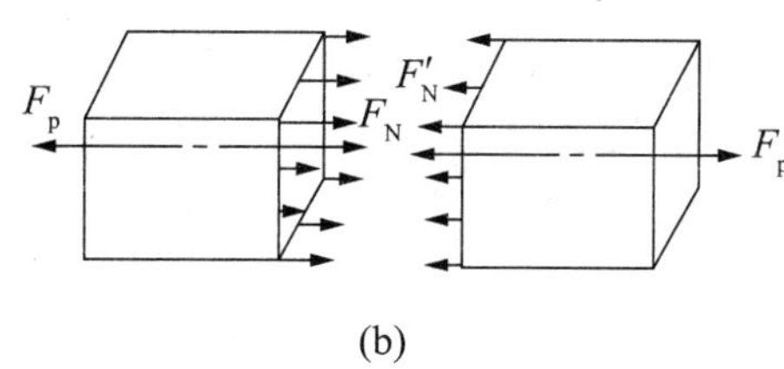

图 4-29　截面法求轴力

(a) 截取示意图；(b) 分离体的受力图

列平衡方程：

$$\sum F_x = 0$$

可得：

$$F_N - F_p = 0$$

则：

$$F_N = F_p$$

该截面的内力是一个与构件轴线重合、大小等于外力的轴向力。

构件受拉或受压时，横截面上内力的数值等于截面任意一侧所有外力的代数和。

(2) 轴力。由于轴向拉伸或压缩时构件横截面上的内力应与构件轴线重合，故称为轴力。一般用 F_N 表示。轴力的正负号根据构件的变形情况确定，通常规定拉伸时轴力为正（轴力的方向离开截面），压缩时轴力为负（轴力的方向指向截面），未知轴力均按正方向假设。

【例 4-7】　如图 4-30 (a) 所示，等直杆各段受力为 $P_1 = 18$ kN，$P_2 = 8$ kN，$P_3 = 4$ kN。求构件各段截面上的内力。

解：(1) 求约束反力［见图 4-30 (a)］。

列平衡方程：

$$\sum F_x = 0$$

$$P_1 - P_2 - P_3 - R = 0$$

得 $R = P_1 - P_2 - P_3 = 18 - 8 - 4 = 6$ kN。

(2) 求各段轴力［见图 4-30 (b)］。

AB 段：取截面 1-1 左段为分离体，列平衡方程：

$$\sum F_x = 0$$

$$N_1 - R = 0$$

得：$N_1 = R = 6$ kN。

N_1 为正，则 *AB* 段受拉。

BC 段：取截面 2-2 左段为分离体，列平衡方程：

$$\sum F_x = 0$$

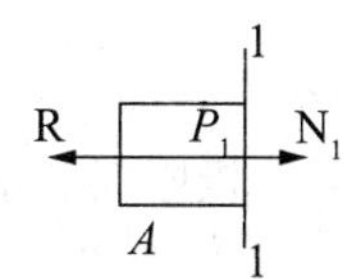

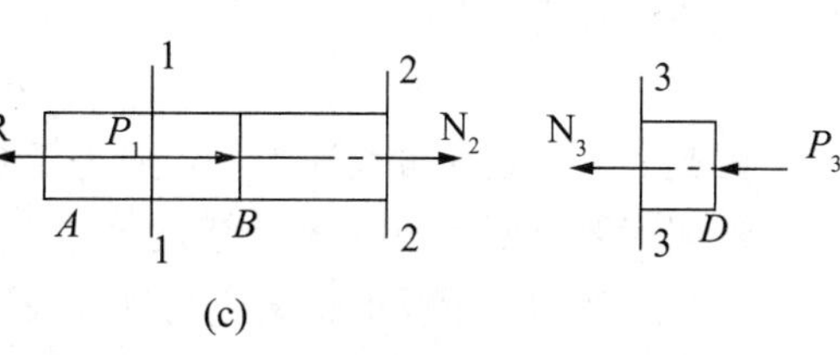

图 4-30　截面法求轴力

(a) 直杆受力；(b) 截取；(c) 分离体受力图

$$N_2 - R + P = 0$$

得：$N_2 = R - P = 6 - 18 = -12$ kN。

N_2 为负，则 BC 段受压。

CD 段：取截面 3－3 右段为分离体，列平衡方程：

$$\sum F_x = 0$$

$$N_3 + P_3 = 0$$

得：$N_3 = -P_3 = -4$ kN。

N_3 为负，则 CD 段受压。

3. 拉伸和压缩时的应力

两根同一材料不同截面积的杆，在相同拉力的作用下，杆内的轴力相同，但随着拉力的增大，细处会先被拉断。这说明单凭轴力并不能判断杆件的强度是否足够，杆件受破坏还与内力在横截面上分布的密集程度有关。单位面积上的内力称为应力，用 σ 表示。在我国的法定计量单位中，应力的单位为 Pa（帕），工程上常用 MPa（兆帕）。

内力在横截面上的分布是均匀的，即各点处的应力大小相等，且方向垂直于横截面，故称为正应力。

$$\sigma = \frac{F_N}{A} \tag{4-18}$$

式中：F_N ——所求截面上的轴力，N；

A——所求截面的横截面面积，mm^2。

正应力的正负号与轴力的正、负号相对应，即拉应力为正，压应力为负。

4. 拉压时的变形

实验表明，轴向拉伸或压缩的杆件，当应力不超过某一限度时，轴线变形 Δl 与轴向载荷 F_N 及杆长 l 成正比，与杆的横截面面积成反比。这一关系称为胡克定律，即：

$$\Delta l = \frac{F_N l}{EA} \tag{4-19}$$

式中：E——比例系数，称为材料的抗拉（压）弹性模量，GPa（$1GPa = 10^9 Pa$），其值随材料不同而异，可通过实验测定。

由于轴向变形 Δl 与构件的原有尺寸有关，为消除原尺寸的影响，通常用单位长度的变形来表示构件变形的程度，称为纵向线应变，以 ε 表示，即 $\varepsilon = \frac{\Delta l}{l}$。则可得虎克定律的另一表达形式为：

$$\sigma = E\varepsilon \tag{4-20}$$

因此，虎克定律可表述为：当应力不超过某一极限时，应力与应变成正比。

5. 构件受拉伸与压缩时的强度计算

材料断裂前能承受的最大应力称为极限应力。零件由于变形和破坏而失去正常工作的能力，称为失效。零件在失效前，允许零件材料承受的最大应力称为许用应力，常用 $[\sigma]$ 表示。为了保证零件能安全地工作，还须将其工作应力限制在比极限应力更低的范围内，为此用极限应力除以一个安全系数 n，作为零件材料的许用应力 $[\sigma]$。

为了保证零件有足够的强度，必须使其最大工作应力不超过零件材料的许用应力。轴向拉伸和压缩时的强度条件为：

$$\sigma = \frac{F_N}{A} \leqslant [\sigma] \tag{4-21}$$

式中：σ ——零件横截面上的工作应力；

F_N ——横截面上的轴力；

A ——横截面面积；

$[\sigma]$——零件材料的许用应力。

依据强度条件公式，可解决校核强度、设计截面和确定许用载荷问题。

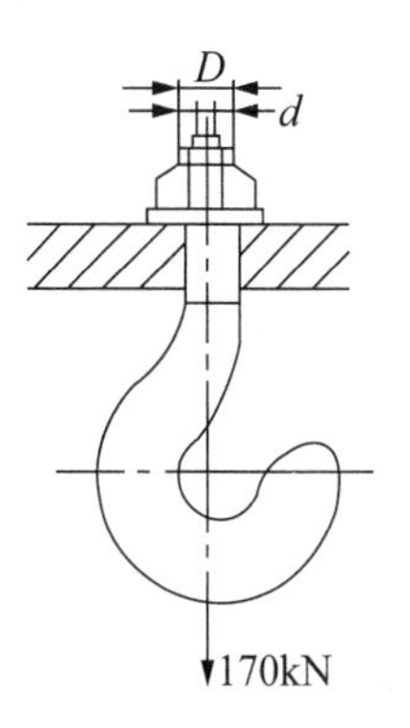

图 4－31 吊钩受力简图

【例 4－8】 起重吊钩如图 3－31 所示，吊钩螺栓螺纹内径 d = 55 mm，外径 D =63.5 mm。材料的许用应力 $[\sigma]$ = 80 MPa，载荷 F = 170 kN，试校核吊钩螺纹部分的强度。

解：（1）计算吊钩螺纹部分所受内力。

$$F = 170(\text{kN})$$

（2）计算危险截面面积

$$A_{\min} = \frac{\pi}{4}d^2 = \frac{\pi}{4} \times 55^2 = 2\ 376(\text{mm}^2)$$

（3）校核吊钩螺纹部分的强度 $\sigma = F_N/A_{\min} = (170 \times 10^3)/2\ 376 = 71.6\ (\text{MPa}) \leqslant [\sigma]$

所以强度足够。

4.7.2 剪切和挤压变形的分析与计算

1. 剪切变形

（1）剪切的受力特点和变形特点。剪切变形是工程中常见的一种基本变形，如键连接（见图 4－32）等。剪切变形的受力特点是作用在构件两侧面上外力的合力大小相等，方向相反，作用线平行且相距很近。其变形特点是介于两作用力之间的各截面，有沿作用力方向发生相对错动的趋势。

（2）剪力和切应力。由于连接件发生剪切，故在剪切面上产生切应力。工程实际中通常假定剪切面上的切应力是均匀分布的，因此剪切面上的切应力的计算公式为：

$$\tau = F_S/A \tag{4-22}$$

式中：F_S ——作用在剪切面上的剪力，N；

A ——剪切面的面积，mm^2。

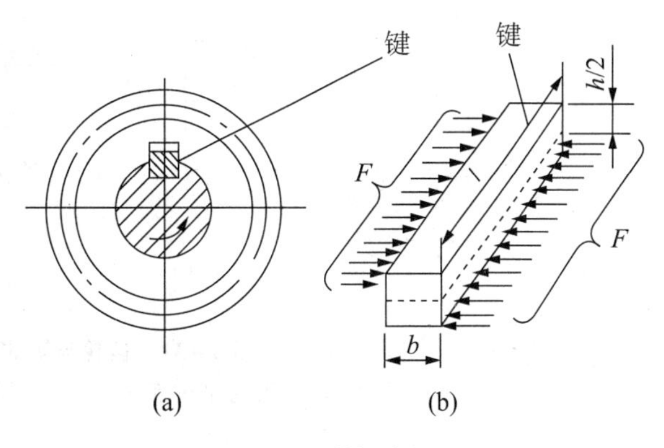

图 4－32 剪切变形

（a）剪切变形实例；（b）剪切变形示意图

2. 剪切强度计算

为了使受剪切螺栓能安全可靠地工作，必须保证切应力不超过材料的许用切应力$[\tau]$，表达式为：

$$\tau = F_S/A \leqslant [\tau] \tag{4-23}$$

式中：F_S ——作用在剪切面上的剪力，N；

$[\tau]$——螺栓材料的许用切应力，MPa。

3. 挤压变形

机械中承受剪切作用的连接件，在传力的接触面上，由于局部承受较大的压力，会出现塑性变形，这种作用称为挤压。挤压变形的受力特点是外力与接触面垂直，其变形特点是接触面产生局部塑性变形，如图 4－33 所示。

构件上产生挤压变形的表面称为挤压面，挤压作用引起的应力称为挤压应力，用符号 σ_{jy} 表示。

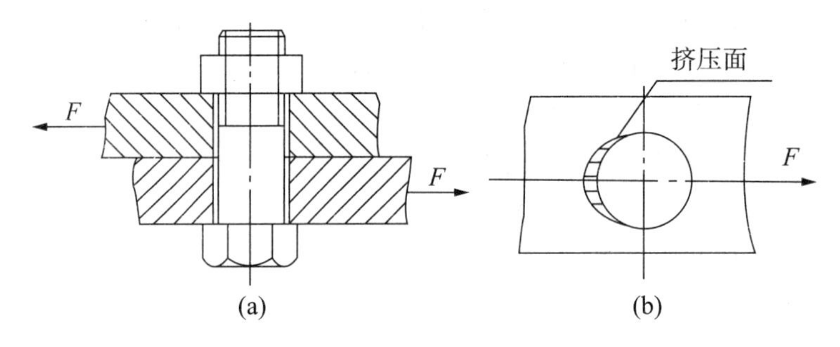

图 4－33　挤压变形

（a）挤压变形实例；（b）挤压变形示意图

用 F_{jy} 表示挤压面上的作用力，A_{jy} 表示挤压面面积，则：

$$\sigma_{jy} = F_{jy}/A_{jy} \tag{4-24}$$

【例 4－9】　如图 4－34 所示齿轮与轴通过普通平键连接。已知轴径 $d=70$ mm，键的尺寸：$b \times h \times l = 20\ \text{mm} \times 12\ \text{mm} \times 100\ \text{mm}$，传递转矩 $T=2\ \text{kN}\cdot\text{m}$，材料许用应力$[\sigma_{bs}]=100$ MPa，$[\tau]=60$ MPa，试校核此键的强度。

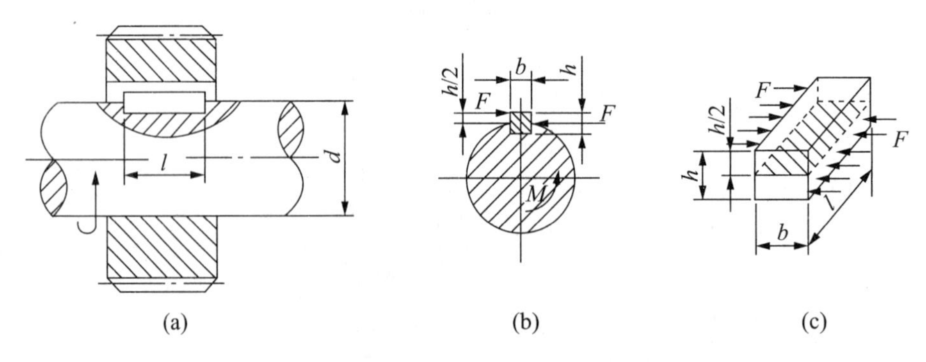

图 4－34　齿轮与轴的普通平键连接

（a）齿轮与轴的普通平键连接；（b）键的剪切变形；（c）键的挤压变形

解：（1）校核键的剪切强度。

$$F = \frac{2T}{d} = \frac{2 \times 2 \times 10^6}{70} = 57\ 142.86\ (\text{N})$$

剪力为 $F_S = F = 57142.86$ N。

$$\tau = \frac{F_S}{A} = \frac{F_S}{b \times l} = \frac{57\ 142.86}{20 \times 100} = 28.57\ (\text{MPa}) \leqslant [\tau]$$

剪切强度够。

(2) 校核键的挤压强度。

挤压力 $F_{jy} = F$，则：

$$\sigma_{jy} = \frac{F_{jy}}{A_{jy}} = \frac{F_{jy}}{\frac{h}{2} \times l} = \frac{57\ 142.86}{6 \times 100} = 95.24\ (\text{MPa}) \leqslant [\sigma_{jy}]$$

挤压强度够。

根据以上结果，得出键的强度足够。

4.7.3 扭转变形的分析与计算

1. 扭转变形的特点

机械中的轴类零件往往承受扭转作用，如汽车传动轴［见图4-35 (a)］。从实例可以看出，杆件产生扭转变形的受力特点是：在垂直于杆件轴线的平面内，作用着一对大小相等、方向相反的力偶［见图4-35 (b)］。杆件的变形特点是：各横截面绕轴线发生相对转动。

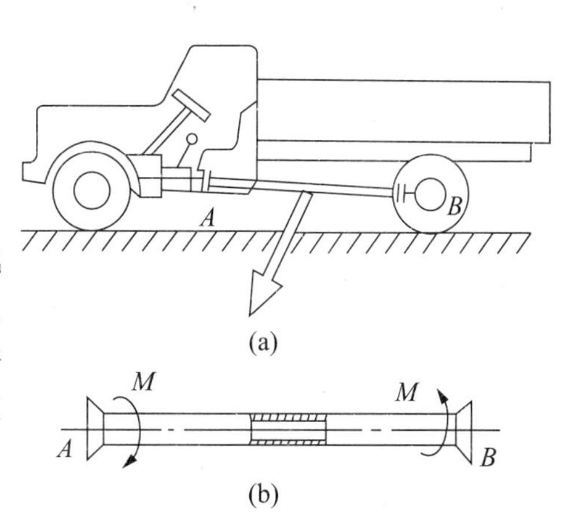

图4-35 扭转变形实例

(a) 汽车传动轴；(b) 示意图

2. 扭转变形时外力偶矩的计算

在工程实际中，通常给出轴的转速和所传递的功率，而作用在轴上的外力偶矩并不直接给出，外力偶矩的计算公式为：

$$M = 9\ 550 \times \frac{P}{n} \tag{4-25}$$

式中：M——作用在轴上的外力偶矩，N·m；

P——轴所传递的功率，kW；

n——轴的转速，r/min。

3. 圆轴扭转时的内力和切应力

扭转横截面上内力称为内力偶矩，或称扭矩，用符号 T 表示，T 的单位为 N·m。

圆轴扭转时横截面上没有正应力，只存在切应力，其方向与半径垂直。

圆周扭转时横截面上各点切应力的计算公式为：

$$\tau_P = T\rho / I_P \tag{4-26}$$

式中：τ_P——横截面上距圆心 ρ 处的切应力，MPa；

T——该截面上的扭矩，N·mm；

ρ——所求应力点到圆心的距离；

I_P——横截面对圆心的极惯性矩，mm^4，它是一个仅与截面几何形状与尺寸有关的几何量。

实心圆截面：$I_P = \pi d^4/32$。

空心圆截面：$I_P = \dfrac{\pi d^4}{32}(1-\alpha^4)$，$\alpha = \dfrac{d}{D}$。

由式（4－26）可知，横截面上的任意一点的切应力与该点到轴心的距离成正比，当 $\rho = 0$ 时，$\tau^P = 0$；当 $\rho = R$ 时，即圆横截面边缘上点的切应力为最大值 τ_{max}，同一圆轴上各点切应力相等。其切应力的最大值为：

$$\tau_{max} = T/W_P \tag{4-27}$$

式中：W_P——抗扭截面系数，mm^3，W_P 越大，τ_{max} 就越小，因此，W_P 是表示横截面抵抗扭转的截面几何量。

还应该注意，上述公式只适用于圆截面，且截面上的最大切应力不得超过材料的剪切比例极限。

对于实心圆轴，其抗扭截面系数 $W_P = \pi d^3/16$；对于空心圆轴，其抗扭截面系数 $W_P = \dfrac{\pi D^3}{16}(1-\alpha^4)$，$\alpha = \dfrac{d}{D}$。

3. 传动轴扭转时的强度计算

圆轴扭转时，为了保证轴能正常工作，应限制轴上危险截面的最大切应力不超过材料的许用切应力，即：

$$\tau_{max} = \frac{T}{W_P} \leqslant [\tau] \tag{4-28}$$

式中：$[\tau]$——材料的许用切应力。

【例4－10】 一阶梯圆轴如图4－36所示，轴上受到外力偶矩 $M_1 = 6$ kN·m，$M_2 = 4$ kN·m，$M_3 = 2$ kN·m 作用，轴材料的许用切应力 $[\tau] = 60$ MPa，试校核此轴的强度。

解：绘制扭矩图。

（1）校核 AB 段的强度。

$$\tau_{max} = \frac{6\ 000}{\dfrac{\pi \times (0.12)^3}{16}} = 17.69(\text{MPa}) \leqslant [\tau]$$

AB 段的强度足够。

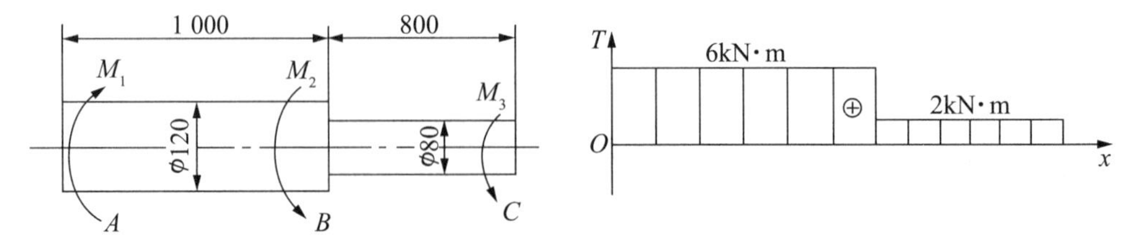

图4－36　扭转变形实例及示意图

（2）校核 BC 段强度。

$$\tau_{max} = \frac{2\ 000}{\dfrac{\pi \times (0.08)^3}{16}} = 19.90(\text{MPa}) \leqslant [\tau]$$

BC 段的强度足够。

根据以上结果，得出轴的强度足够。

4.7.4　弯曲变形的分析与计算

1. 弯曲变形特点

如图 4－37 所示的自行车大梁就是弯曲变形的实例。其受力特点是在通过构件轴线的平面内，受到力偶或垂直与轴线的外力作用，变形特点是构件的轴线被弯曲成一条曲线，这种变形成为弯曲变形。在外力作用下产生弯曲变形或以弯曲变形为主的构件，习惯上称为梁。

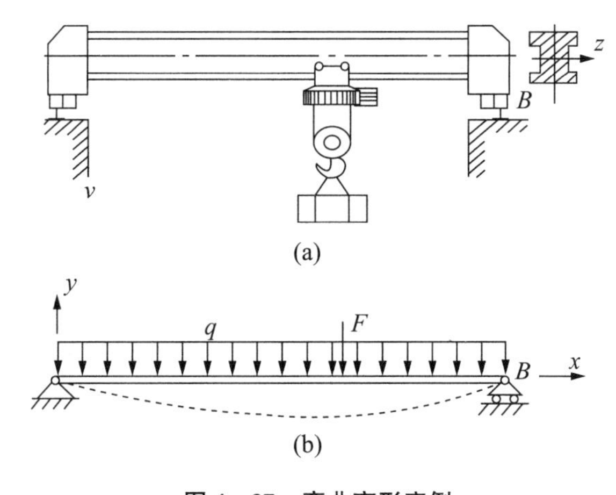

图 4－37　弯曲变形实例

（a）行车大梁；（b）示意图

2. 梁的分类

（1）简支梁。一端是活动铰链支座、另一端为固定铰链支座的梁，如图 4－38（a）所示。

（2）外伸梁。一端或两端伸出支座之外的简支梁，如图 4－38（b）所示。

（3）悬臂梁。一端为固定端支座，另一端自由的梁，如图 4－38（c）所示。

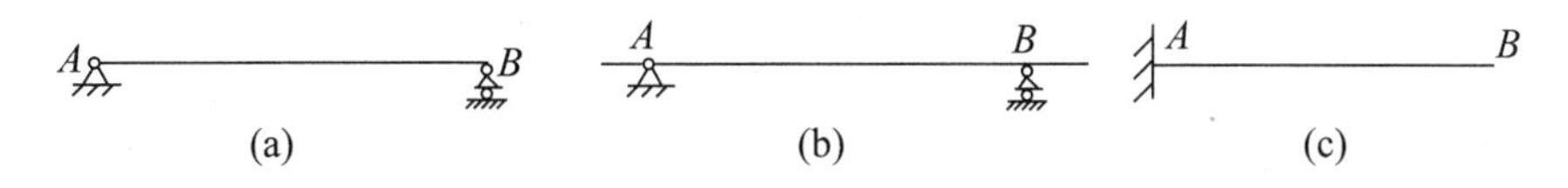

图 1－38　梁的类型

（a）简支梁；（b）外伸梁；（c）悬臂梁

3. 平面弯曲内力和应力

梁弯曲时横截面上的内力一般包含剪力 F_S 和弯矩 M_W 两个分量。

在梁的纵向对称面内只作用一对力偶，这种弯曲称为纯弯曲。纯弯曲时横截面上各点正应力的大小与该点到中性轴的距离成正比。正应力沿横截面高度按直线规律分布，在中性轴处正应力为零，离中性轴最远处正应力最大。

梁弯曲横截面上最大正应力的计算公式为：

$$\sigma_{max} = M_W/W_Z \tag{4-29}$$

式中：W_Z——横截面对中性轴 Z 的抗弯截面系数，mm^3。

4. 弯曲强度计算

轴弯曲变形时，产生最大应力的截面为危险截面。轴的弯曲强度条件为最大弯曲正应力不超过轴材料的许用应力，即：

$$\sigma_{max} = \frac{M}{W_Z} \leqslant [\sigma] \tag{4-30}$$

式中：M——危险截面上的弯矩，N·m；

W_Z——危险截面的抗弯截面模量，mm^3；

$[\sigma]$——轴材料的许用正应力，MPa。

【例 4-11】 悬臂梁 AB 如图 4-39 所示，型号为 No18 号工字钢。已知许用应力 $[\sigma]=170$ MPa，$L=1.2$ m，不计梁的自重，试计算自由端集中力 F 的最大许可值 $[F]$（工字钢抗弯截面系数 $W_Z=185\ cm^3$）。

解：最大弯矩靠近固定端 B，$M_{max}=FL=1.2F$（N·m）。

由强度条件 $\sigma_{max}=\frac{M_{max}}{W_Z}\leqslant[\sigma]$，得 $M_{max}\leqslant W_Z[\sigma]$。

图 4-39　悬臂梁 AB 示意图

即：

$$1.2F \leqslant 185\times10^{-6}\times170\times10^{6}$$

$$[F]=\frac{185\times10^{-6}\times170\times10^{6}}{1.2}=26.2\times10^{3}=26.2(\text{kN})$$

能力训练

1. 什么是力矩？试举出三个以上其在生产生活中的应用实例。

2. 什么是力偶？试举出三个以上其在生产生活中的应用实例。

3. 什么是平衡？试举出三个以上其在生产生活中的应用实例。

4. 汽车传动轴用于将变速器的动力传给后桥差速器，工作中产生了扭转变形，请分析该轴的受力特点和变形特点，试举出两个扭转变形在生产和生活中的应用实例。

5. 在实际工作中，常用螺栓将两个件连接起来，螺栓产生了轴向拉伸压缩变形。请分析螺栓的受力特点和变形特点，试举出两个轴向拉伸压缩变形在实际中的应用实例。

6. 实际工作中，常常用键将轴和齿轮连接起来传递转矩。键在工作时产生了挤压变形，请分析其受力特点和变形特点，试举出两个挤压变形在生产和生活中的应用实例。

7. 实际工作中，常常用剪切机剪切钢板，钢板产生了剪切变形，请分析其受力特点和变形特点，试举出两个剪切变形在生产和生活中的应用实例。

8. 在生活实际中，提高梁的弯曲强度可以从哪些方面考虑？举例说明可以采取哪些

措施提高梁的弯曲强度？（至少五个以上）

9. 画受力图

（1）请画出图4－40中球体的受力图。

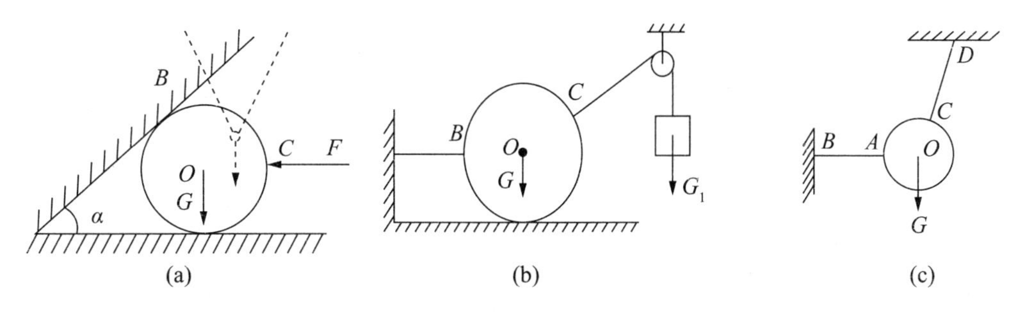

图4－40　球体的受力示意图

（2）画出图4－41中各杆的受力图（如图中未画重力，则重力忽略不计）。

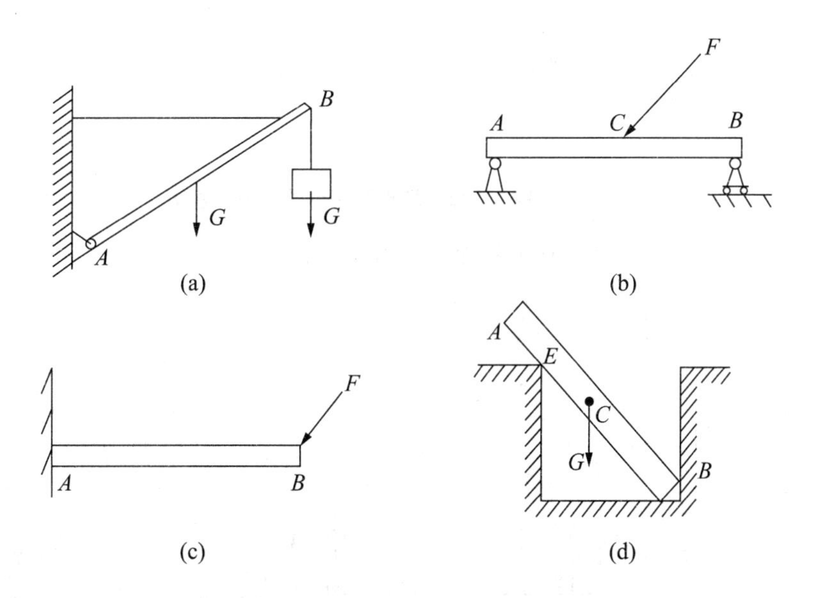

图4－41　杆件的受力示意图

（3）如图4－42所示，*AB*杆、*BC*杆自重不计，画出*AB*杆、*BC*杆及销钉*B*的受力图。

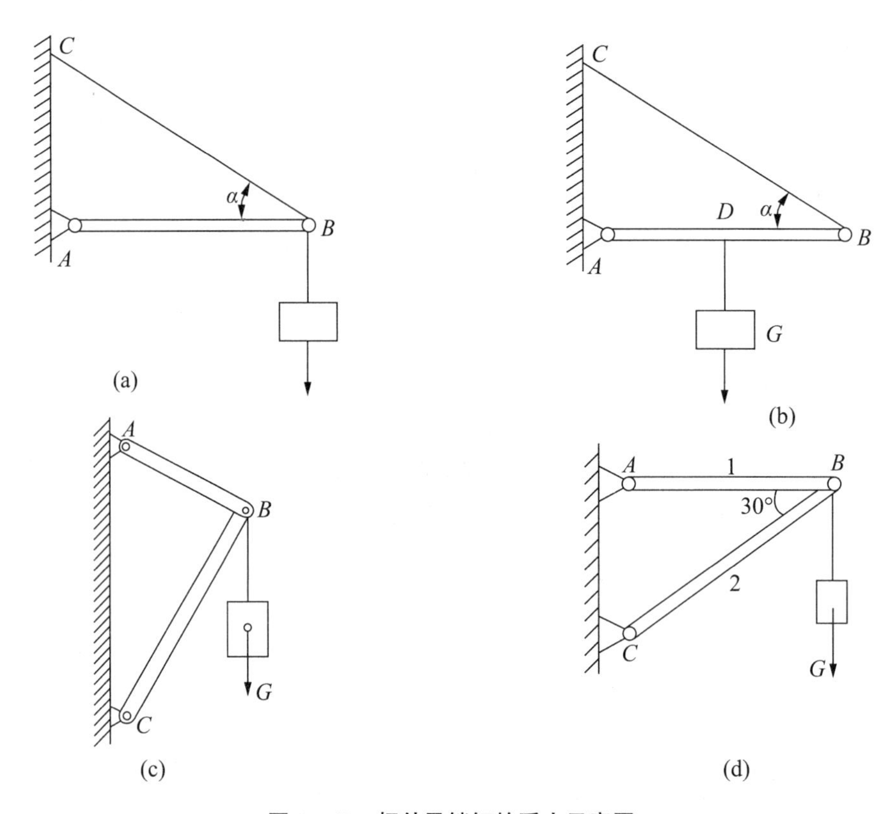

图 4-42 杆件及销钉的受力示意图

10. 试求图 4-43 中各力 F 对固定端 B 的力矩。

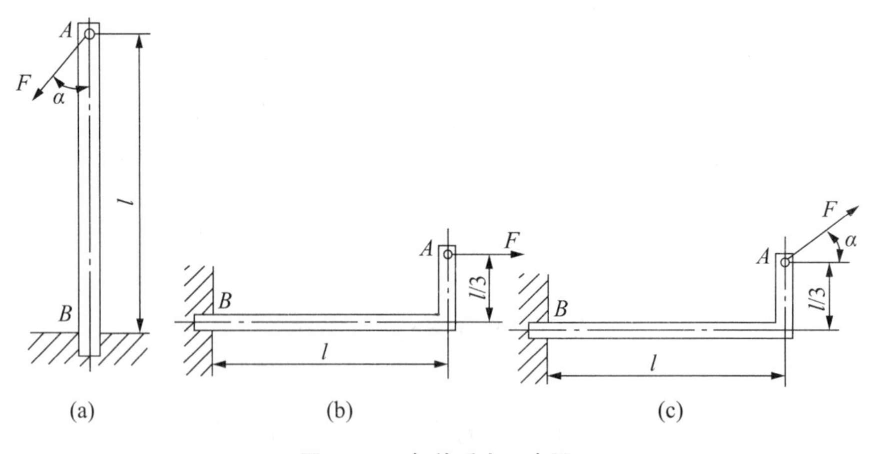

图 4-43 杆件受力示意图

11. 如图 4-44 所示，梁 AB 上作用一力偶，力偶矩 $M=12\ \mathrm{N\cdot m}$，$L=300\ \mathrm{mm}$，梁的自重不计。试求在图中所示情况下支座 A 和 B 的约束反力（图中 $\alpha=30°$）。

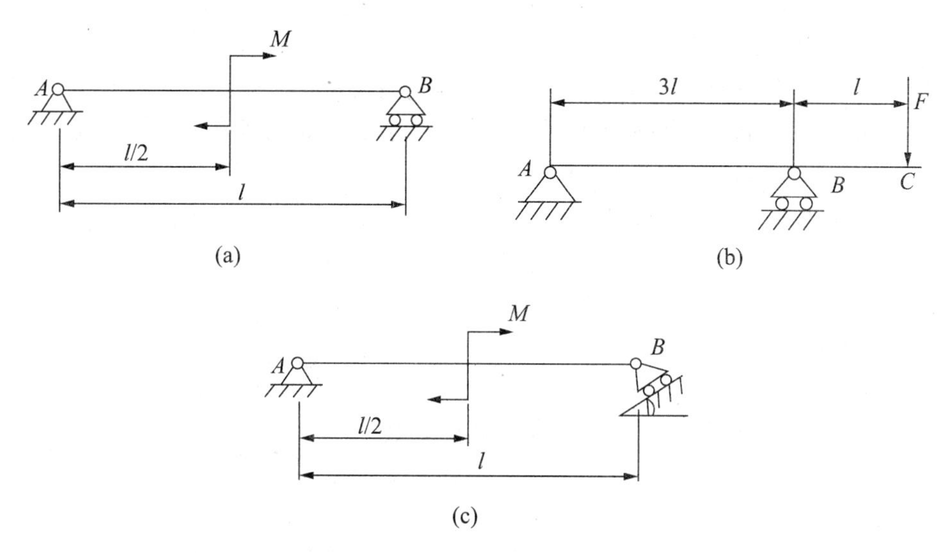

图 4－44　杆件受力示意图

12. 如图 4－45 所示，起重机起吊一重 $G=1\ 000$ N 的重物，已知 $\alpha=30°$，梁 AB 的长度为 L，其自重不计，试求钢索 BC 所受的拉力和铰链 A 的约束反力（D 为梁 AB 的中点）。

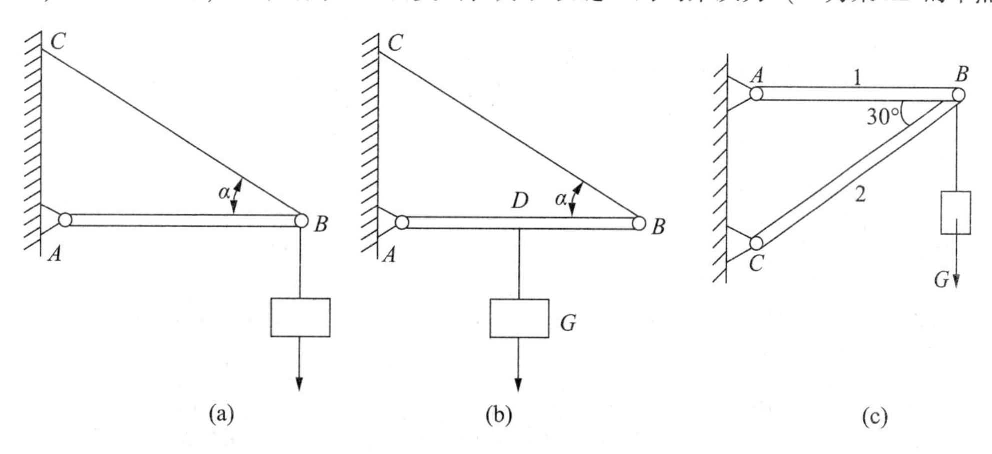

图 4－45　杆件受力示意图

13. 如图 4－46 所示，水平杆 AB 被绳子系在墙上，已知绳子与杆 AB 的夹角为 30°，$P=100$ N，杆的自重不计。求铰链 A 的约束反力和绳子的拉力。

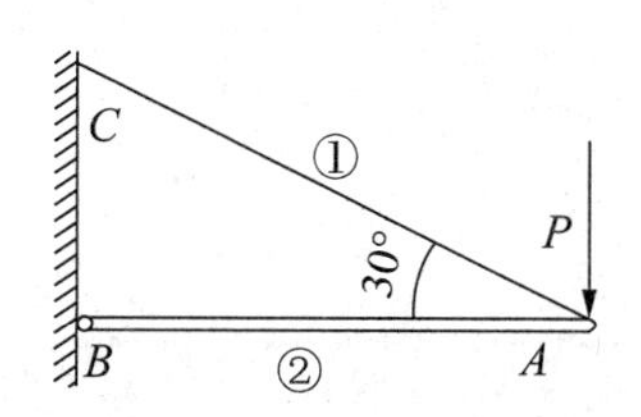

图 4－46　杆件受力示意图

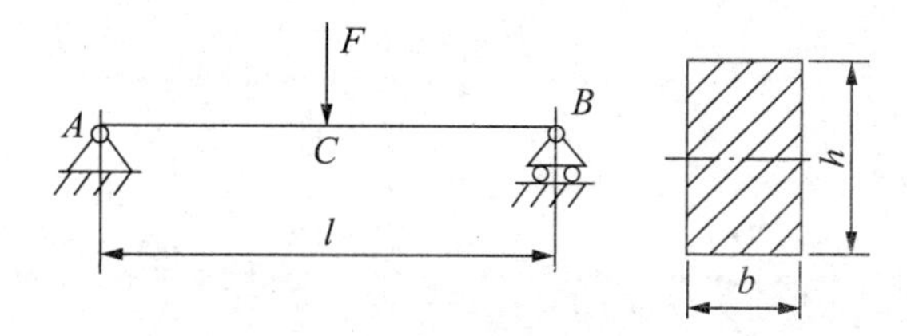

图 4－47　悬臂梁受力示意图

14. 如图 4－47 所示悬臂梁 AB，其横截面为矩形 $2b=h$，已知 $P=10$ kN，$a=2$ m。材料的许用应力 $[\sigma]=100$ MPa，梁的自重不计。试根据正应力强度条件计算梁的最小截面尺寸。

15. 某机构的圆形连杆，直径 $d = 240$ mm，承受最大轴向外力 $F = 3\ 780$ kN，连杆材料的许用应力 $[\sigma] = 90$ MPa。试校核连杆的强度；若连杆由圆形截面改成矩形截面，高与宽之比 $h/d = 1.4$，试设计连杆的尺寸 h 和 b。

16. 汽车传动轴 AB 如图4－48 所示，已知其上传递的功率 $P = 30$ kW，转速为 955 r/min，直径为 60 mm，材料的许用切应力 $[\tau] = 50$ MPa，试校核该轴的强度。

17. 汽车传动轴 AB 如图 4－48 所示，已知汽车传动轴的直径 $d = 100$ mm，转速 $n = 955$ r/min，材料的许用切应力 $[\tau] = 80$ Mpa，求该轴传递的功率是多少千瓦？

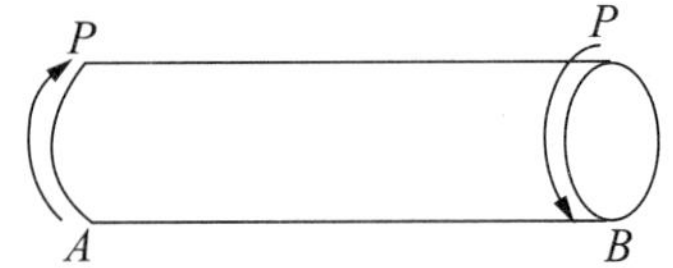

图 4－48　汽车传动轴受力示意图

18. 某机器传动轴传递功率 $P = 20$ kW，轴的转速 $n = 478$ r/min，轴的材料 $[\tau] = 40$ MPa。试按轴的强度设计轴的直径。

19. 如图 4－49 所示，齿轮与轴由平键（$b = 16$ mm，$h = 10$ mm，）连接，它传递的转矩 $M = 1\ 600$ N·m，轴的直径 $d = 50$ mm，键的许用切应力为 $[\tau] = 80$ MPa，许用挤压应力为 $[\sigma_{bs}] = 240$ MPa，试设计键的长度。

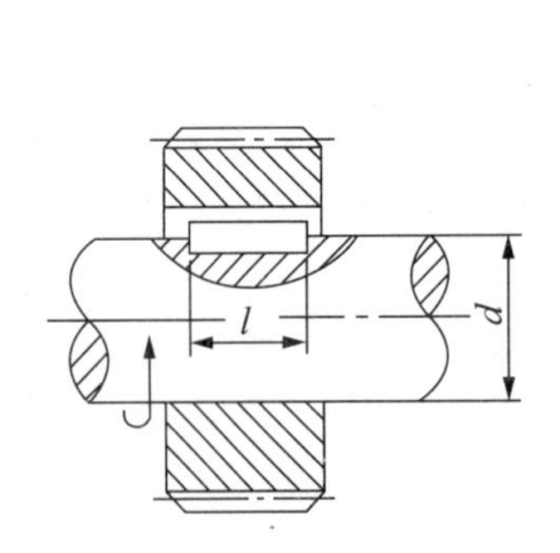

图 4－49　键连接受力示意图

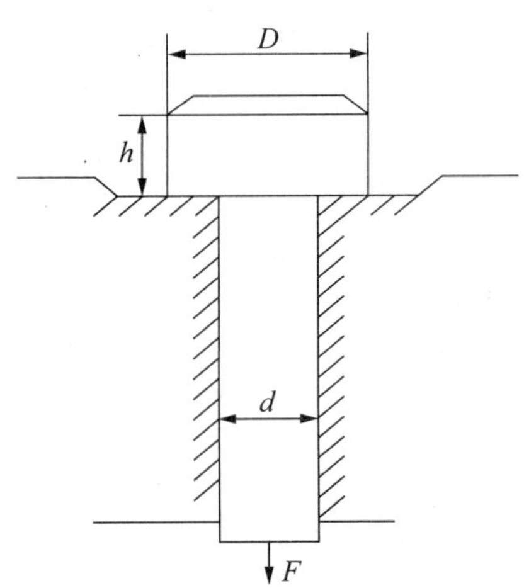

图 4－50　拉杆受力示意图

20. 如图 4－50 所示，已知 $D = 40$ mm，$d = 20$ mm，$h = 20$ mm，拉杆的许用应力 $[\sigma] = 120$ MPa，$[\sigma_{bs}] = 180$ MPa，$[\tau] = 80$ MPa，求拉杆的许可载荷。

任务5　液压传动的元件识别及回路分析

任务下达

现有一个液压回路如图5－1所示，请说出该回路的组成元件序号1、2、3、4、5、6、7的名称及其在系统中的作用及该回路主要实现的功能，并对该回路进行工作分析。

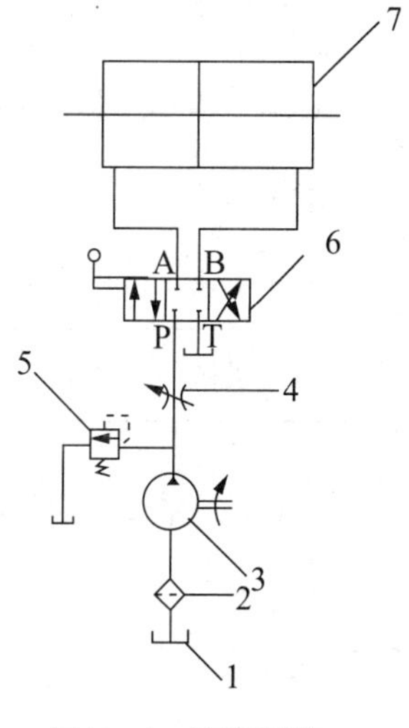

图5－1　液压回路

任务要求

熟悉金属使用性能的概念及其相应的符号、判据和其对零件的影响，在此基础上能根据实际要求分析零件的使用性能和正确选择材料，并养成良好的职业道德和具有自信心。

知识链接

5.1　液压传动的特点及工作原理

5.1.1　液压传动的特点分析

液压传动是以液体（通常是油液）作为工作介质，利用液体压力传递动力和进行控制的一种传动方式。

1. 液压传动特点

液压传动与机械传动、电气传动相比较，优点是体积小、质量小、能容量大；调速范围大，可方便地实现无级调速；可灵活的布置传动机构；与微电子技术结合，易于实现自动控制；可实现过载保护。主要缺点是传动效率低，且有泄漏；工作时受温度变化的影响大；噪声较大；液压元件对污染敏感；价格较贵，对操作人员技术水平要求较高。

2. 液压传动的应用

由于液压传动有许多优点，从民用到国防，由一般传动到精确度很高的控制系统，都得到了广泛的应用。表 5－1 列举了液压传动技术在各类机械中的应用。

表 5－1　液压传动技术在各类机械中的应用

行业名称	应用举例
制造机械	磨床、车床、铣床、刨床、冲床、组合机床、加工中心等
工程机械	挖掘机、装载机、推土机、压路机等
起重运输机械	起重机、叉车、带式输送机等
矿山机械	凿岩机、开掘机、开采机、破碎机、提升机、液压支架等
建筑机械	打桩机、液压千斤顶、平地机、压路机、铲运机等
农业机械	联合收割机、拖拉机、农具悬挂系统等
冶金机械	弯管机、轧钢机、压力机等
轻工机械	打包机、注塑机、校直机、橡胶硫化机、造纸机等
汽车工业	自卸式汽车、高空作业车、汽车中的转向器、减震器等
智能机械	折臂式小汽车装卸器、数字式体育锻炼机、模拟驾驶舱、机器人等

5.1.2　液压传动的工作原理

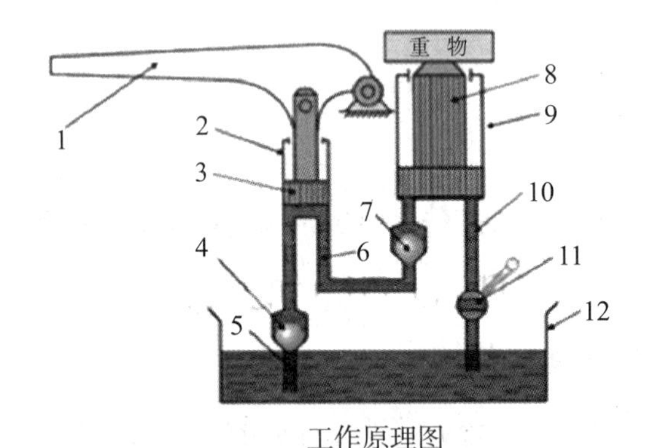

工作原理图

图 5－2　液压千斤顶工作原理

1—杠杆手柄；2—小液压缸；3—小活塞；4、7—单向阀；5、6、10—管道；8—大活塞；9—大液压缸；11—放油阀；12—油箱

图 5－2 所示为液压千斤顶的工作原理图。液压千斤顶工作过程如下：工作时关闭放油阀 11，提起杠杆手柄 1 使小活塞 3 向上移动，小活塞下端油腔容积逐渐增大，形成真空，于是油箱 12 中的油液在大气压力的作用下推开单向阀 4，油箱中的油液通过管道 5 进入小液压缸 2 的下腔内；再用力下压杠杆手柄，小活塞下移，单向阀 4 关闭，放油阀 11 关闭，小活塞下腔压力升高，当升高到可以顶起重物的压力时，单向阀 7 打开，油液经管

路6输入大液压缸9的下腔，使大活塞8向上移动，顶起重物。再次提起手柄时，单向阀7自动关闭，使油液不能倒流，从而保证了重物不会自行下落。这样不断地往复扳动杠杆手柄，就能使重物逐渐升起。当工作结束后打开截止阀（旋转90°），大液压缸在重物的作用下，将下腔油液通过管路10、放油阀11压回油箱，重物被放下。

从液压千斤顶的工作过程可以看出，液压传动的工作原理是以油液作为工作介质，依靠密封容积的变化来传递运动，依靠油液内部的压力来传递动力的。液压传动装置实质上是一种能量转换装置，它先将机械能转换为液压能，然后又将液压能转换为机械能，以驱动工作机构完成所要求的各种动作。

5.1.3 液压传动系统组成的分析

液压系统的组成和各部分作用见表5－2。

表5－2 液压系统的组成和各部分作用

组成		图5－2中相应元件	作用
部分动力	液压泵	由1、2、3、4、7组成的手动柱塞泵	将机械能转换为液压能，用以推动油缸等执行元件运动
部分执行	液压缸及液压马达	由元件8、9组成的液压缸	将液压能转换为机械能并分别输出直线运动和旋转运动
部分控制	控制阀	放油阀11	控制液压油压力、流量和流动方向
辅助部分	管路和接头 油箱 滤油器 密封件 蓄能器 冷却器	管道5、6、10 油箱12	输送液体 储存液体 对液体进行过滤 密封 节能、补偿压力、缓和冲击和提供应急动力等 散热，调节油温
工作介质	液压油	元件8、9组成的液压缸、油箱12和管道中的液体	传递运动和动力 润滑、冷却、密封

5.1.4 液压传动图形符号的识别

在图5－2中以结构简图的形式表达了千斤顶的工作原理，它直观性强，容易理解，但难以绘制。尤其是对于较为复杂的液压系统更是难以实现。因此在实际使用中，除少数特殊情况外，我国规定在液压原理图中采用规定的图形符号表达元件和连接管路，并将《流体传动系统及元件图形符号和回路图　第1部分：用于常规用途和数据处理的图形符号》（GB/T 786.1—2009）以国家标准形式颁布。在5－3（a）中以结构式表达液压系统图，在图5－3（b）中以图形符号表达液压原理图。

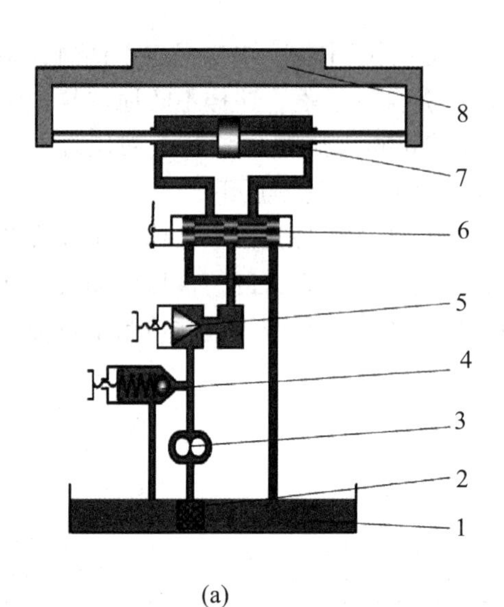

(a)

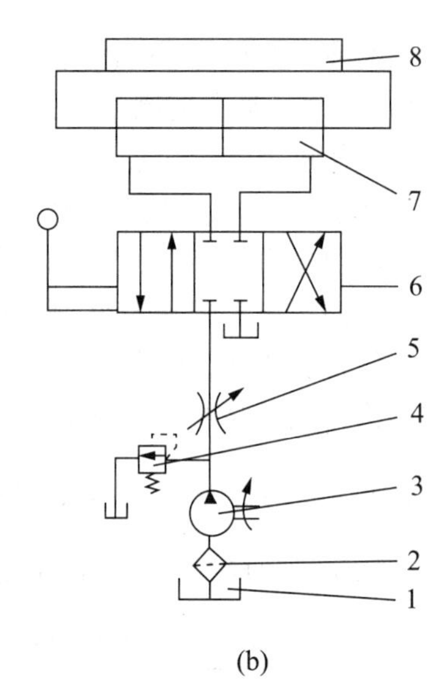

(b)

图 5－3　液压传动系统回路图

（a）结构简图；（b）液压原理图

1—油箱；2—过滤器；3—液压泵；4—溢流阀；5—节流阀；6—换向阀；7—液压缸；8—工作台

在使用图形符号时应注意以下事项：

① 图形符号表示元件的功能，而不能表示元件的具体结构和参数。

② 反映各元件在油路上的相互关系，不反映其空间安装位置。

③ 反映静止位置或初始位置的工作状态，不反映其过渡过程。

5.1.5　液压传动的主要参数分析

1. 压力 p

压力是液体在静止状态下单位面积上所受到的法向作用力（物理学中的压强）。公式为：

$$p = \frac{F}{A} \tag{5-1}$$

式中：p ——压力，N/m^2；

F ——作用力，N；

A ——作用面积，m^2。

静压力的传递（帕斯卡定理）　加在密闭液体上的压力，能够大小不变地被液体向各个方向传递，这个规律叫帕斯卡定理，如图 5－4（a）所示。

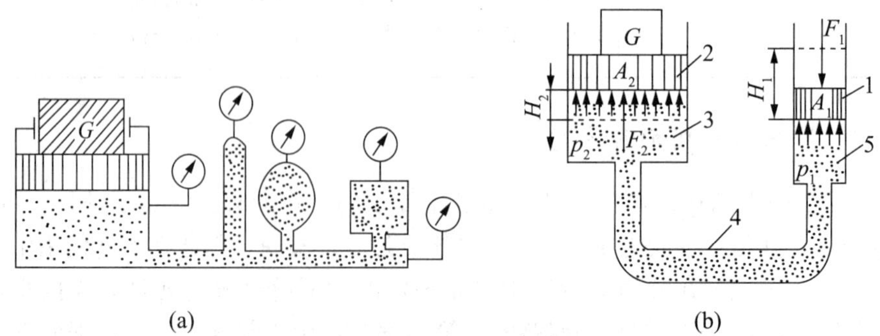

图 5－4　帕斯卡定理示意图及应用

（a）帕斯卡定理示意图；（b）帕斯卡定理应用

1—小活塞；2—大活塞；3—大油腔；4—油管；5—小油腔

根据帕斯卡原理，在密闭容器内，施加于静止液体内的压力可以等值地传递到液体各点。在图5-4（b）图中，若小活塞1在外力 F_1 的作用下，使密闭容积中的油液产生了压力 X_{max}，此压力将通过油液传递，以等值 D_{max} 作用在大活塞2上，因此大活塞2上所受到的作用力 F_2 为：

$$F_2 = p_2 \cdot A_2 = p_1 \cdot A_2 = \frac{F_1}{A_1} \cdot A_2 = \frac{A_2}{A_1} \cdot F_1 \qquad (5-2)$$

式（5-2）表明，活塞所受的液压作用力与活塞的有效作用面积成正比。这就是液压千斤顶用很小的力却能顶起很重物体的道理。

2. 流量的概念

流量是指单位时间内流过管道或液压缸某一截面的油液体积，通常用 Q 表示。若在时间 t 内，流过管道或液压缸某一截面的油液体积为 V，则流量为：

$$Q = V/t = vA \qquad (5-3)$$

式中：Q ——流量，m_2/s，工程中流量以 L/min 为单位，$1m^3/s = 6 \times 10^4 L/min$；

V ——液体的体积，m^3；

t ——时间，s；

v ——液体的流速，m/s；

A ——通流截面的面积，m^2。

液流连续性原理 根据质量守恒定律，油液流动是既不能增多，也不会减少，而且油液又被认为是几乎不可压缩的。因此，油液流经无分支管道时，每一横截面上通过的流量一定是相等的。如图5-5所示，流经横截面1和2的流量分别是 Q_1 和 Q_2，二者关系为：

$$Q_1 = Q_2 \qquad (5-4)$$

用式（5-3）代入得：

$$A_1 \cdot v_1 = A_2 \cdot v_2 \qquad (5-5)$$

由此可见，油液在无分支管道中流动时，通过管道不同截面的平均流速与其截面积大小成反比，即管径细的地方流速大，管径粗的地方流速小。

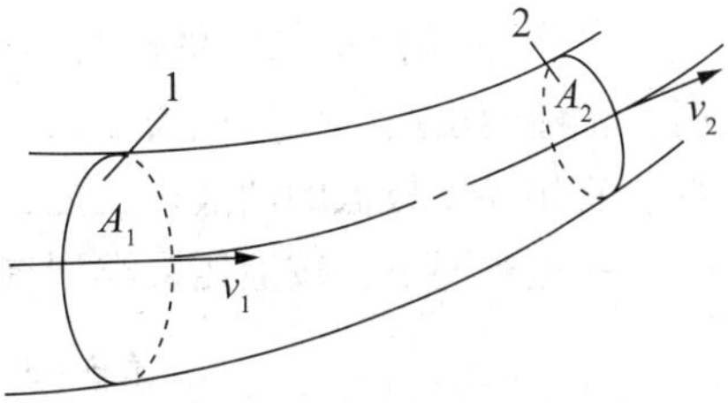

图5-5 液流连续性原理

5.1.6 流体流动时的压力损失分析

1. 沿程损失

液体在直径相同的直管中时的压力损失，称为沿程压力损失。主要由液体流动时的摩擦引起，管道越长、直径越小、流速越快、沿程压力损失越大。

2. 局部损失

由于管道截面形状的突然变化（如突然扩大、收缩、分流、集流等）和液流方向突然改变引起的压力损失，称为局部损失。主要发生在管道的弯头、直头、突变截面以及阀口等处的压力损失。在额定流量下一般中低压液压阀的局部压力损失为0.1~0.3 MPa，高压阀局部压力损失为0.4~0.5 MPa。低压传动中的压力损失，绝大部分转变为热能，造成油温升高，泄漏增多，使液压传动效率降低，因而影响液压系统的工作性能。

减少压力损失的主要措施有适当降低流速，缩短管道长度，减少管道弯头，增大通流面积，提高管道内壁的表面质量等。

5.1.7 液压油的选用

液压油是用来传递能量的工作介质，起着滋润运动部件和保护金属不被锈蚀的作用。

1. 液压油的使用要求

适宜的黏度和良好的黏温性能，润滑性能好，稳定性好，消泡性好，凝固点低，流动性好，闪点高，要求油液的质地纯净，杂质含量少。

2. 液压油的物理性质

（1）密度。单位体积所具有的质量称为密度，用 ρ 表示。单位为 kg/m^3。石油基液压油的密度一般为 $9\times10^2\ kg/m^3$。

（2）黏度。液体在外力作用下流动时，液体内部各流层之间产生内剪切摩擦阻力，这种现象称为液体的黏性。表示黏性大小程度的物理量，称为黏度。

（3）压缩性。一般情况下油的可压缩性可以不计，但在精确计算时，尤其在考虑系统的动态过程时，油的可压缩性是一个很重要的因素。当油中混入空气时，其可压缩性将显著增加，常使液压系统产生的噪声增加，降低系统的传动刚性和工作可靠性。

3. 液压油的选用

在选用液压油时，应首先考虑液压系统的工作条件，周围环境，同时还应按照泵、阀等元件产品所规定的许可采用液压油。

① 液压系统的工作条件。工作压力高，宜选用黏度较高的油液，因高压的液压系统泄漏较突出，工作压力较低时，宜选用黏度较低的油液。

② 液压系统的环境条件。液压系统油温高或环境温度高，宜用黏度较高的油液；反之，宜用黏度较低的油液。

③ 液压系统中工作机构的速度（转速）。当液压系统中工作机构的速度（转速）高时，油流速度高，压力损失亦大，系统效率低，还可能导致进油不畅，甚至卡住零件。因此，宜用黏度较低的油液。反之，宜用黏度较高的油液。

一般情况下，按液压泵类型选择液压传动用油见表 5－3。

表 5－3　按液压泵类型选择液压传动用油

液压泵类型		环境温度 14 ℃～38 ℃	环境温度 38 ℃～80 ℃
		推荐通用液压油/黏度（mm^2/s）	推荐通用液压油/黏度（mm^2/s）
叶片泵	中压	20	30～40
	高压	20～30	40～60
齿轮泵		20～30	60～80
柱塞泵		20～30	80

4. 高水基液压油

高水基液压油是一种以水为主要成分的抗燃液压油，它的油含量只有5%左右，目前广泛应用于采煤坑道等对防火有较高要求的液压系统中。它不仅是安全的工作介质，而且价格便宜，对周围环境污染小。

高水基液压油包括可溶性油、合成溶液和微乳化液三种类型。可溶性油含有质量分数5%～10%的油和添加剂，它实际上是一种油的乳化液，如目前在矿山机械液压系统中使用的水包油型液压油就属于这种可溶性油。合成溶液不含油，而是含有质量分数5%左右的化学添加剂。微乳化液含有质量分数5%左右的添加剂和精细扩散的油。

高水基液压油的优点是价格低、抗燃性好、工作温度低（因为水的传热性好，所以工作温度比矿物油时低）、黏度变化小、体积弹性模量大、运输和保存均较方便（因为质量分数95%的水是应用时临时加进去的）。缺点是润滑性差、黏度低、使用条件受局限（因为黏度低，工作温度范围窄，所以只能用于室内性能要求不高的设备）、对金属的腐蚀性大。

由于高水基液压油的黏度低，润滑性差，对于高速、高压液压泵不适用，对于中低压系统可以使用，但存在如下问题：黏度低但泄漏量大，对齿轮泵和叶片泵使用高水基液压油后性能和使用寿命都比适用矿物油时低。干式电磁阀及电液伺服阀的电器部分遇到高水基液压油时会产生误动作。

5.2 常用液压动力元件的识别

5.2.1 液压动力元件的识别

液压动力元件是液压系统的动力源，它将原动机（电动机或内燃机）的机械能转换成液体的压力能，因此是液压系统的核心部件。液压动力元件是液压泵。

1. 液压泵的工作原理

如图5－6所示为单柱塞泵的结构示意图，图中可见泵体3和柱塞2构成一个密封油腔，柱塞内的弹簧4使柱塞顶紧偏心轮1。偏心轮1由原动机带动沿箭头方向旋转，由图示位置旋转半周时，柱塞在弹簧4的作用下向右移动，密封油腔的容积逐渐增大，形成局部真空，油箱内的油液在大气压的作用下，顶开吸油单向阀6进入密封油腔中，实现吸油；当偏心轮继续再旋转半周时，推动柱塞向左移动，密封容积逐渐减小，油液受柱塞挤压使吸油单向阀6关闭，顶开排油单向阀5而输入系统，这就是排油过程。

液压泵是通过密封容积的变化来完成吸油和排油的，其排油量的大小取决于密封油腔的容积变化值，因而这种液压泵又称容积泵。液压泵要实现吸油、压油的工作过程，必备的条件是：应具备密封容积，密封容积能交替变化，油箱必须和大气相通，应有配流装置。它保证在吸油过程中密封容积与油箱相通，同时关闭供油通路；压油时，与供油管路相通而与油箱切断。图5－6中单向阀5、6就是配流装置，它随着泵的结构不同而采取不同的形式。

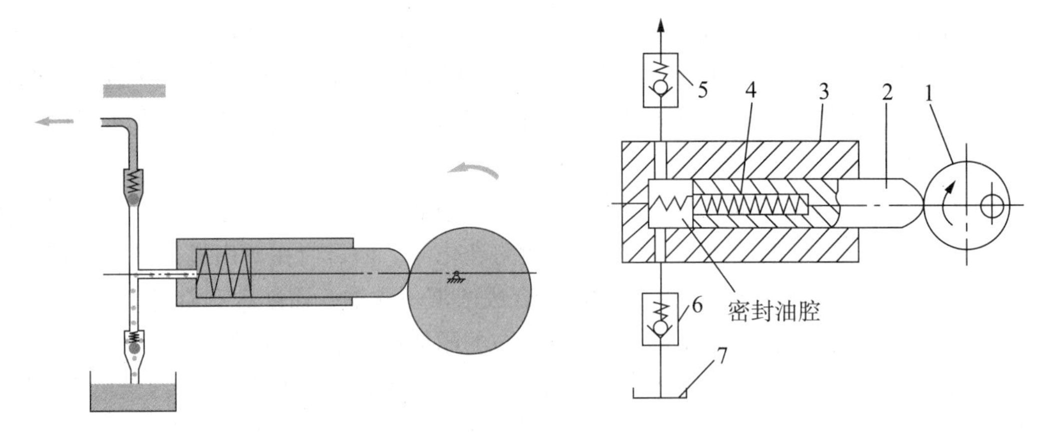

图 5－6　单柱塞泵的工作原理

1—偏心轮；2—柱塞；3—泵体；4—弹簧；5—排油单向阀；6—吸油单向阀；7—油箱

2. 液压泵的种类及图形符号识别

液压泵按其结构形式不同，可分为齿轮泵、叶片泵和柱塞泵等；按其排量是否可以调节，可分为定量泵和变量泵；按其输出、输入液流的方向是否可调，可分为单向泵和双向泵。图 5－7 所示为各种液压泵的图形符号。

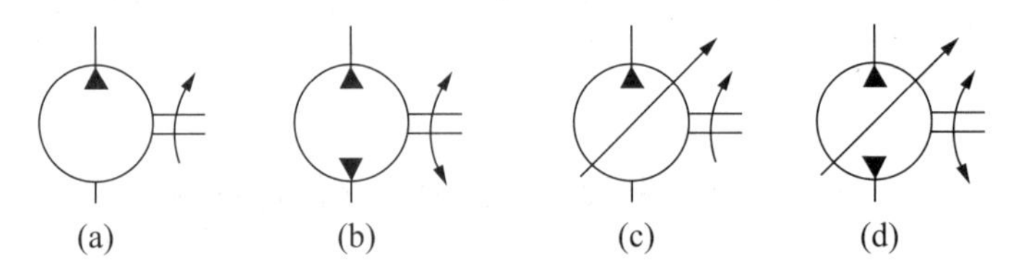

图 5－7　液压泵的图形符号

（a）单向定量泵；（b）双向定量泵；（c）单向变量泵；（d）双向变量泵

3. 常用齿轮泵的识别

齿轮泵分外啮合式和内啮合式两种。

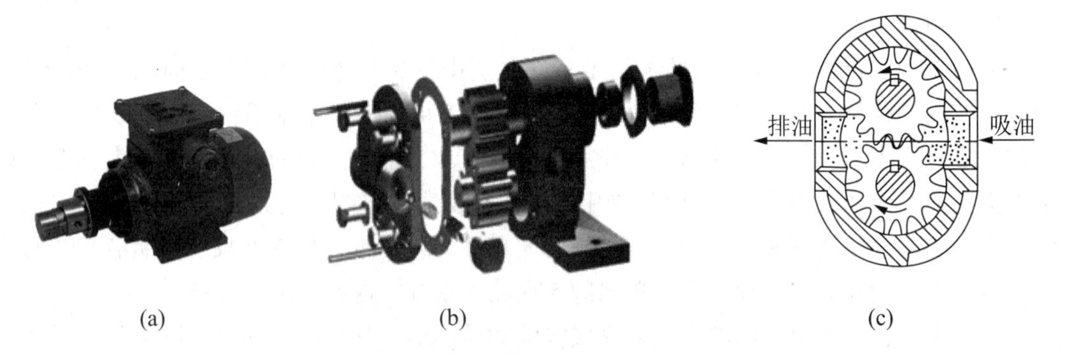

图 5－8　外啮合齿轮泵

（a）齿轮泵；（b）外啮合齿轮泵；（c）外啮合齿轮泵工作原理

外啮合齿轮泵泵体内装有一对外啮合齿轮，齿轮两侧靠端盖密封，如图 5－8（a）所示。泵体、端盖和齿轮的轮齿间组成密封容积，一侧与吸油管相连，另一侧与排油管相连。当原动机通过主动轴将动力传递给主动齿轮时，主动齿轮按图 5－8（b）所示方向顺时针转动，使与其相啮合的从动齿轮按逆时针方向转动。齿轮泵右侧由于齿轮脱离啮合，齿间槽使密封容积增大，形成局部真空，油箱中的油液在外界大气压的作用下，经吸油管路、吸油口进入吸油腔充满齿间。随着齿轮的旋转，吸入齿间的油液被带到泵的左侧，而左侧油腔由于轮齿逐渐进入啮合，使密封容积不断减小，齿间的油液被压出泵外，形成了齿轮泵的排油过程。轮齿啮合时齿向接触线把吸油腔和排油腔分开，当齿轮泵在原动机带动下不断旋转时，实现了齿轮泵连续吸、排油过程。

齿轮泵结构简单，尺寸小，质量轻，制造方便，价格低廉，工作可靠，自吸能力强，对油液污染不敏感，维护容易，适用于低压或不重要的场合。

4. 液压泵的选择

在液压系统中，应根据液压设备的工作压力、流量、工作性能、工作环境等条件，合理选用泵的类型和规格，还应考虑设备的使用成本与制造成本。

一般轻载小功率的液压设备，可选用齿轮泵、双作用叶片泵；精度较高的机械设备（如磨床），可用双作用叶片泵；负载较大，并有快、慢速进给的机械设备（如组合机床），可选用限压式变量叶片泵；负载大、功率大的设备（如刨床、拉床、压力机），可用柱塞泵；机械设备的辅助装置，如送料、夹紧等不重要场合，可选用价格低廉的齿轮泵。

5.2.2 液压执行元件的识别

液压执行元件是将液体压力能转变为机械能，驱动工作装置运动的能量转换装置。液压执行元件有液压缸和液压马达两大类。

1. 液压缸的识别

液压缸是将液压能转变为往复式的机械运动，它与杠杆、连杆、齿轮、齿条等机械配合使用能实现多重机械运动。

根据液压缸的结构特点不同可分为活塞式、柱塞式、伸缩式液压缸等；按作用方式不同可分为单作用缸和双作用缸；按用途不同可分为普通液压缸、串联缸、增压液压油缸、增速液压油缸、步进液压油缸等。

（1）液压缸工作原理。

① 活塞式液压缸。活塞式液压缸根据其使用要求不同分为单出杆和双出杆液压缸两种。

a. 单出杆液压缸。单出杆液压缸无论是缸体固定还是活塞杆固定，工作装置的运动范围都等于缸有效行程的2倍，故结构紧凑，应用广泛。单出杆活塞液压缸及图形符号，如图5－9所示。

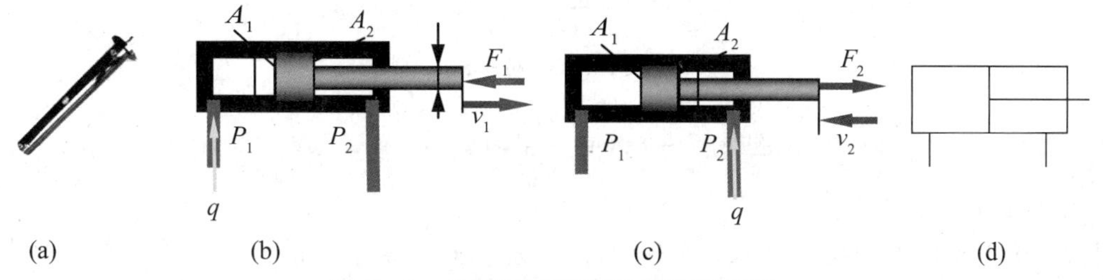

图5－9 单出杆活塞液压缸及图形符号

(a) 液压缸实物图；(b) 无杆腔进油；(c) 有感强进油；(d) 图形符号

由于活塞一侧有杆，所以两腔的有效工作面积不同，当向缸两腔分别供油，且供油压力和流量相同时，活塞（或缸体）在两个方向产生的推力和运动速度均不相等。因此，可以实现工作装置的慢速进给和快速返回工作。单出杆液压缸还可以两腔同时通入液压油实现差动连接。差动液压缸，如图 5－10 所示。

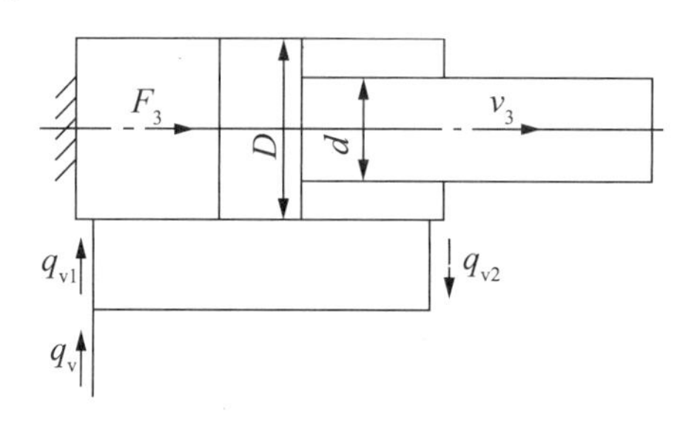

图 5－10　差动液压缸

b. 双出杆液压缸。一般情况下，双出杆液压缸两活塞杆直径相同，活塞两端的有效面积相同，如图 5－11 所示。当供油压力和流量不变时，活塞往复运动的推力和运动速度均相等。

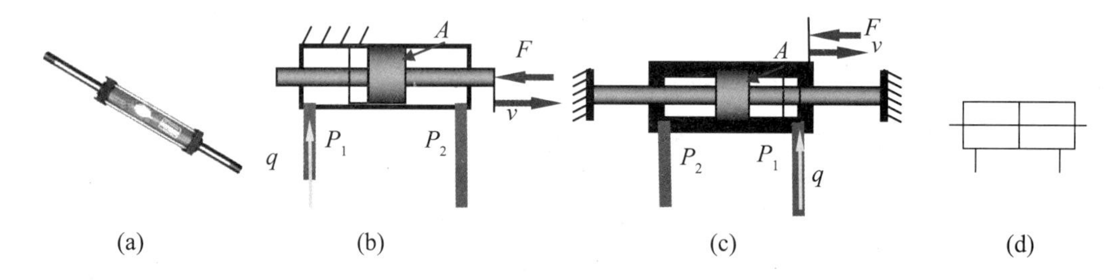

图 5－11　双出杆液压缸及图形符号

（a）液压缸实物图；（b）缸体固定；（c）活塞杆固定；（d）图形符号

双出杆液压缸的缸体固定和活塞杆固定，工作装置的运动范围不同。双出杆液压缸常用于要求往复运动速度和负载大小相同的场合。

② 柱塞缸。如图 5－12 所示，柱塞缸内壁不与柱塞接触，缸体内壁可以粗加工或不加工，只要求柱塞精加工即可。柱塞缸由缸体 1、柱塞 2、导向套 3、弹簧卡圈 4 等组成。

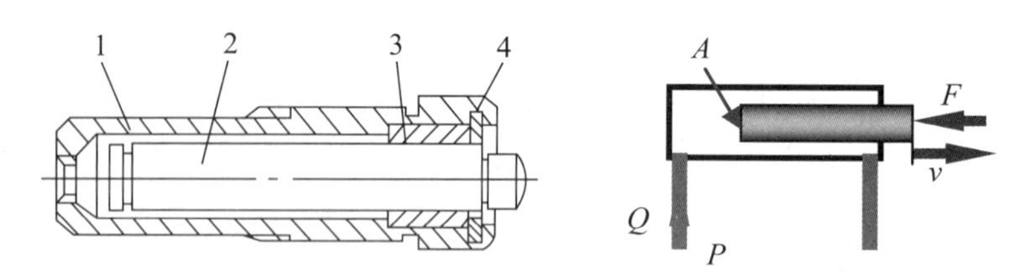

图 5－12　柱塞缸

（a）结构示意图；（b）工作原理图

1—缸体；2—柱塞；3—导向套；4—弹簧卡圈

柱塞缸的特点如下：

a. 柱塞和缸体内壁不接触，具有加工工艺性好、成本低的优点，用于行程较长的场合。

b. 柱塞缸是单作用缸，即只能实现一个方向的运动，回程要靠外力或成对使用。

c. 柱塞工作时总是受压，因而要有足够的刚度。

d. 柱塞重力较大（有时做成中空结构），水平安置时因自重会下垂，使导向套单边磨损，故多垂直使用。

（2）液压缸的典型结构。不同应用场合的液压缸的结构各有不同，双出杆活塞式液压缸的结构如图 5－13 所示。

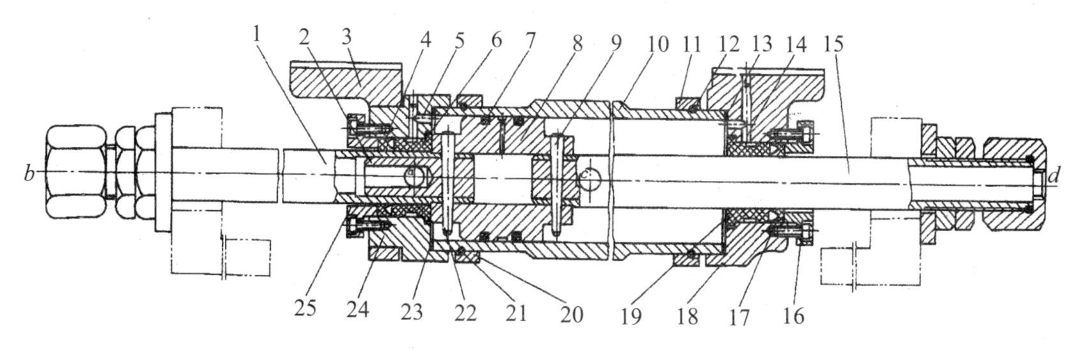

图 5－13　双出杆活塞式液压缸结构

1—活塞缸；2—堵头；3—托架；4—密封圈；5—排气孔；6—导向套；7—密封圈；8—活塞；9—锥销；10—缸筒；11—压板；12—钢丝环；13—纸垫；14—排气孔；15—活塞杆；16—压盖；17—密封圈；18—缸盖；19—导向套；20—压板；21—钢丝环；22—锥销；23—纸垫；24—缸盖；25—压盖

（3）液压缸的密封、缓冲与排气。

① 液压缸的密封。液压缸的密封主要是指活塞与缸体、活塞杆与端盖之间的动密封及缸体与端盖之间的静密封，常用的密封方法有间隙密封和密封圈密封。间隙密封是依靠运动件之间的配合间隙保证密封的，它结构简单、摩擦阻力小，但密封性能差，零件加工精度要求较高，适用于低压、小直径、快速运动的液压缸。密封圈根据断面形状不同，有 O 形、Y 形和 V 形之分。O 形密封圈应用广泛，Y 形和 V 形密封圈装配时需注意唇边朝向。

② 缓冲。液压缸的缓冲是指在大型、高速或高精度液压设备中，为避免活塞在行程两端与缸盖发生机械碰撞，产生冲击和噪声影响设备的工作精度，以至于损坏零件而设置的装置。缓冲装置的原理是利用活塞或缸筒行进行程终了时，强迫油液从小孔或很窄的缝隙中挤出，产生回油阻力使工作部件受到制动而逐渐减慢速度，达到缓冲目的。

③ 排气。液压系统混入空气后会使其工作不稳定，产生振动、噪声、爬行和启动时突然前冲等现象。因此，对于速度稳定性要求较高的液压缸和大型液压缸，常在液压缸的最高部位设置专门的排气装置。排气装置有两种形式：一种是排气孔；另一种是缸盖上直接安装排气塞、排气阀等。在液压系统正式工作前打开排气装置，让液压缸全行程空载往复运动数次排气，排气完毕后关闭排气装置，液压缸便可正常工作。

2. *液压马达的识别*

液压马达输出旋转运动，通过马达输出轴直接或经减速装置驱动负载转动。液压马达按其结构分为齿轮式、叶片式和柱塞式等几大类；按是否可以改变排量分为定量马达和变量马达；按其额定转速分为高速马达和低速大转矩马达两大类，额定转速高于 500 r/min 的属于高速马达，额定转速低于 500 r/min 的属于低速马达。

高速液压马达主要有齿轮式、叶片式和轴向柱塞式等，它们的主要特点是转速较高，便于启动和制动，调速和换向灵敏度高，但通常输出转矩小。低速液压马达的基本形式是径向柱塞式，如单作用曲轴连杆式、液压平衡式和多作用内曲线式等。

液压马达的图形符号如图 5－14 所示。

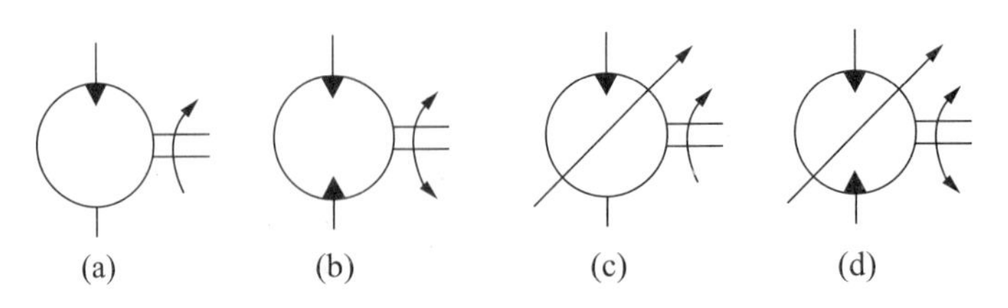

图 5－14　液压马达图形符号

（a）单向定量马达；（b）双向定量马达；（c）单向变量马达；（d）双向变量马达

下面分别以齿轮马达和叶片马达为例介绍液压马达的工作原理。

（1）齿轮马达工作原理。外啮合齿轮马达的工作原理如图 5－15 所示。当压力为 p 的高压油进入马达时，处于进油腔的所有轮齿均受到高压油的作用，如 h 区，而相互啮合的轮齿只有露在高压区的部分齿面受高压油作用，如图 5－15 中的 a 区和 b 区，这样处在进油腔的各齿面所受液压力不平衡，图中上面齿轮上 h 的区域大于 b 的区域，在齿轮轴上形成相对于 O_1 点的逆时针方向转矩，而下面齿轮则受到了相对 O_2 的顺时针方向的转矩，从而使齿轮带动输出轴旋转。轮齿脱开啮合，将油液经齿间槽带至排油区。油液不断输入，马达轴连续转动，改变输入油的方向，马达便可反向旋转。齿轮马达需要适应正反两方向运转的工作条件，两主油口对称，而且具有外泄漏油口，另外在可动侧板型齿轮马达上，具有背压自动转换机构。

齿轮液压马达密封性较差，容积效率、工作压力较低，输出转矩较小，转速和转矩随啮合点的位置而变化，脉动较大。

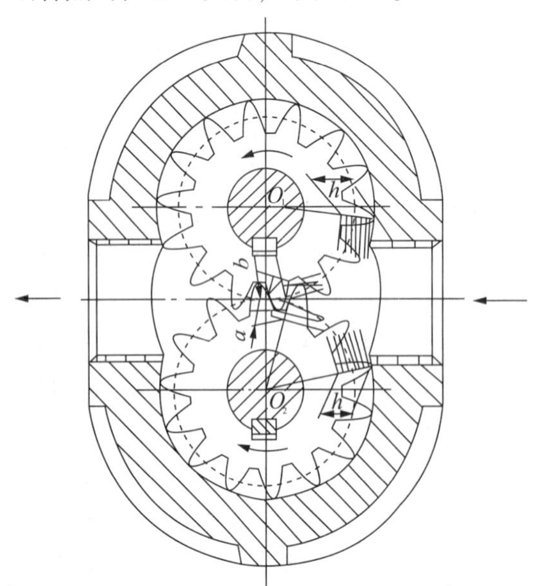

图 5－15　齿轮马达工作原理

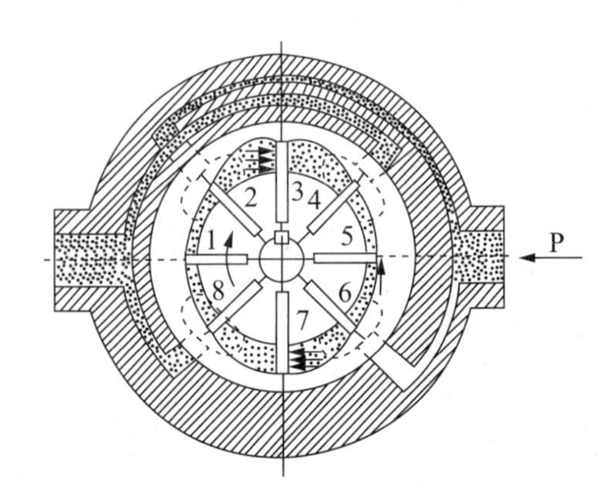

图 5－16　双作用式叶片马达工作原理

（2）叶片马达工作原理。双作用式叶片马达工作原理如图 5-16 所示。叶片马达停止或启动时，必须使叶片的端部紧压在定子的内表面上，一般用弹簧或其他的方法来推压叶片。

当压力为 p 的油液从进油口经配油窗进入叶片 1 和 3 之间时，叶片 2 因两面均受高压油的作用所以不产生转矩。在叶片 1、3 上，一面作用有高压油，另一面为低压油，由于叶片 3 伸出的面积大于叶片 1 伸出的面积，因此作用于叶片 3 上的总液体压力大于作用于叶片 1 上的总液体压力，使转子产生顺时针的转矩。同样道理，压力油进入叶片 5 和 7 之间时，叶片 7 伸出的面积大于叶片 5 伸出的面积，也产生顺时针转矩，把油液的压力能转变成了机械能。当输油方向改变时，液压马达反向旋转。

当定子的长短径差值越大，转子的直径越大，以及输入的压力越高时，叶片马达输出的转矩也越大。叶片马达的体积小，转动惯量小，因此动作灵敏，可适应的换向频率较高。但泄漏较大，不能在很低的转速下工作，因此，叶片马达一般用于转速高、转矩小和动作灵敏的场合。

5.2.3 液压控制元件的识别

在液压传动系统中液压控制元件是各种液压控制阀，用来控制执行元件的运动方向、输出的力和力矩、运动速度和动作顺序，以及限制和调节液压系统的工作压力，防止过载等。从而保证执行元件能按设计要求安全可靠地完成预定工作。

按其用途和工作特点不同，控制阀主要分为方向控制阀、压力控制阀和流量控制阀三大类。液压控制阀的分类及外形图见表 5-4。

表 5-4 液压控制阀的分类及外形

名称	种类	外形图
方向控制阀	单向阀	
	换向阀	
压力控制阀	溢流阀	
	减压阀	
	顺序阀	

续表

名称	种类	外形图
流量控制阀	节流阀	
	调速阀	

1. 方向控制阀的识别

控制油液流动方向的阀称为方向控制阀，分为单向阀和换向阀。

（1）单向阀的识别。单向阀的作用是只允许油液按一个方向流动，不能双向流动。有普通单向阀和液控单向阀两种。

①普通单向阀。普通单向阀的工作原理及图形符号如图 5－17 所示。当压力油由左侧进油口流入时，克服弹簧力使阀芯右移，阀口开启，油液经阀口、阀芯上的径向孔 a 和轴向孔 b，从出油口流出。若油液从出油口流入时，在油液压力和弹簧力作用下，阀芯锥面紧压在阀座上，阀口关闭，使油液不能通过。单向阀中的弹簧刚度较小，一般单向阀的开启压力为 0.03～0.05 MPa。

普通单向阀的性能参数主要有正向最小开启压力、正向流动时的压力损失和反向泄漏量。

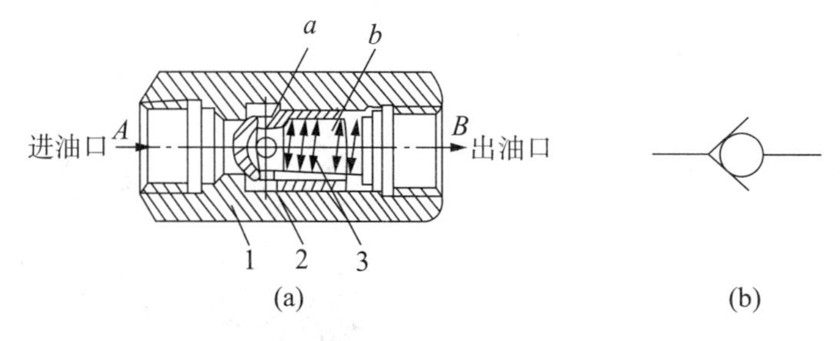

图 5－17　普通单向阀工作原理及图形符号

（a）结构图；（b）图形符号

1—阀体；2—阀芯；3—弹簧

②液控单向阀。如图 5－18（a）是液控单向阀的工作原理图。当控制油口 K 处无压力油流入时，它与普通单向阀一样，压力油只能从油口 P_1 流向油口 P_2。当控制油口 K 中有控制压力油时，因控制活塞 1 右侧 a 腔通泄油口 L，活塞 1 右移，推动顶杆 2 顶开阀芯 3，使油口 P_1 和 P_2 接通，使 P_2 油口的油液可以向 P_1 油口流动，阀在两个方向通流。

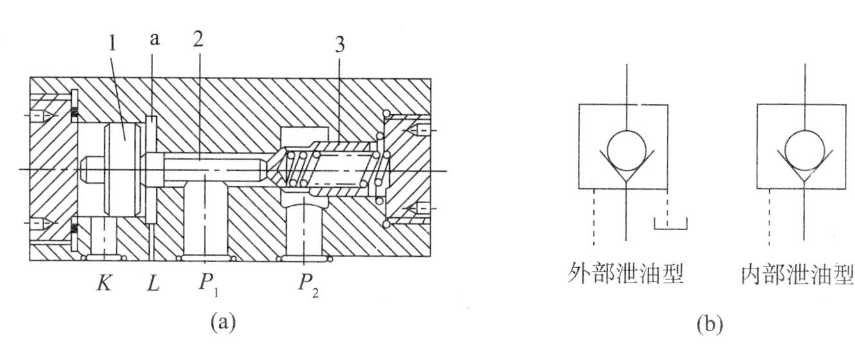

图 5 - 18　液控单向阀工作原理及图形符号

（a）工作原理图；（b）图形符号

1—活塞；2—顶杆；3—阀芯

液控单向阀可以按需要控制其油液单向或双向通过，*K* 口的液流用来控制阀的工作，成为控制油液。*a* 腔压力的大小对控制压力有一定的影响，液控单向阀有内部泄油型和外部泄油型。外部泄油口 *L* 与油箱相通，使活塞无背压阻力。

液压单向阀单向密封性好，常用于执行元件需要长时间保压、锁紧的系统。也常用于防止立式液压缸因自重而下滑而停止运动的回路中。

（2）换向阀的识别。

① 换向阀的工作原理。换向阀是利用阀芯和阀体间相对位置的改变，来控制油液流动方向，接通或关闭油路，从而改变液压系统的工作状态。下面以滑阀式换向阀为例说明换向阀是如何实现换向的，如图 5 - 19 所示。

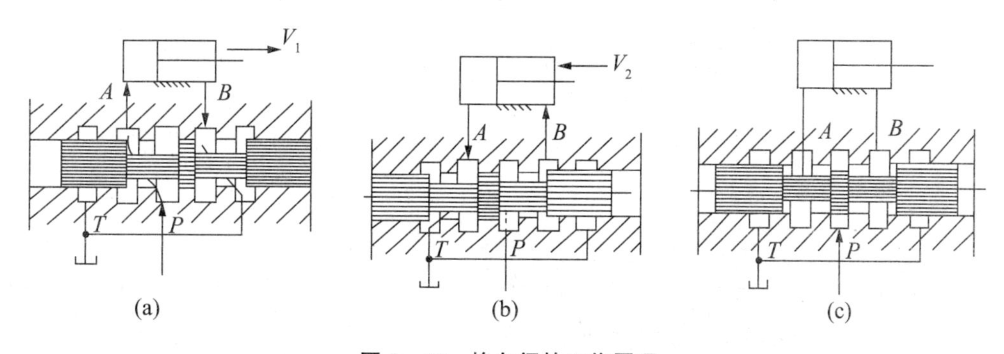

图 5 - 19　换向阀的工作原理

（a）换向阀移到右端；（b）换向阀移到左端；（c）换向阀处于中位

该阀主要由阀体和阀芯组成。阀体上有多级沉割槽的圆柱孔，每条沉割槽都通过相应的孔道与外部相通，其中 *P* 为进油口，*T* 为回油口，*A* 和 *B* 通液压元件的工作油腔。阀芯是一个多段环形槽的圆柱体。如图 5 - 19 中的滑阀有三个工作位置，即滑阀移到左、右两端和滑阀在中间，滑阀式换向阀是通过改变滑阀的位置来改变各油口的连接关系，从而使液压缸的运动方向改变。

② 换向阀的图形符号和滑阀机能。如图 5 - 20 所示是三位四通滑阀式换向阀的图形符号。一个完整的换向阀图形符号应表示出工作位置数、油口数和在各工作位置上油口的连通关系、操纵（控制）方式、复位方式和定位方式等内容。表 5 - 5 列出了几种常用的滑阀式换向阀的结构图及图形符号，现对图形符号作如下说明：

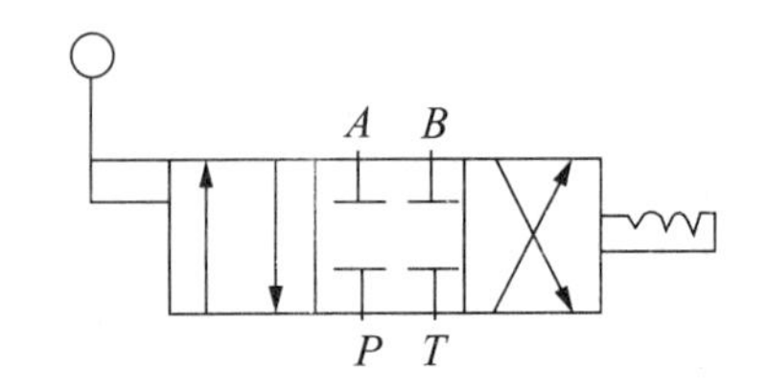

图 5-20　三位四通滑阀式换向阀的图形符号

表 5-5　滑阀式换向阀结构原理图及其图形符号

名称	结构原理图	图形符号
二位二通	A P	A P
二位三通	A P B	A B P
二位四通	B P A T	A B P T
三位四通	A P B T	A B P T

a. 方框表示阀的工作位置，方框数即为阀的“位”数。

b. 箭头表示两油口连通，但不表示其真实流向；“┴”或“┬”表示此油口不通流。

c. 在一个方框内，箭头或“┴”符号与方框的交点数为油口的通路数，即“通”数。

d. 三位阀的中位及二位阀侧面有弹簧的那一方框为常态位。在液压原理图中，换向阀的油口连接一般应画在常态位上。

e. 换向阀的操纵（控制）方式可分为手动控制、机动控制、电磁铁控制、液动控制、电液动控制等。各种控制方式的图形符号见表 5-6。

表 5 - 6 换向阀常用操纵方式与图形符号

操纵方式	图形符号	操纵方式	图形符号
手动	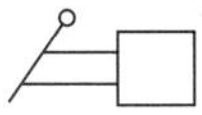	液动	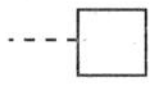
顶杆式机械控制	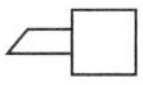	电液动	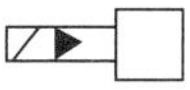
电磁动	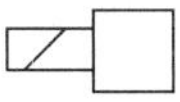	弹簧控制	

三位换向阀在中间位置时油口的连接关系称为中位滑阀机能。不同中位滑阀机能的控制阀对系统的影响，主要通过泵与缸工作状态体现，三位四通换向阀的滑阀机能，见表 5 - 7。

表 5 - 7 三位四通换向阀的滑阀机能

形式	名称	结构简图	图形符号	特点及应用
O	中间封闭	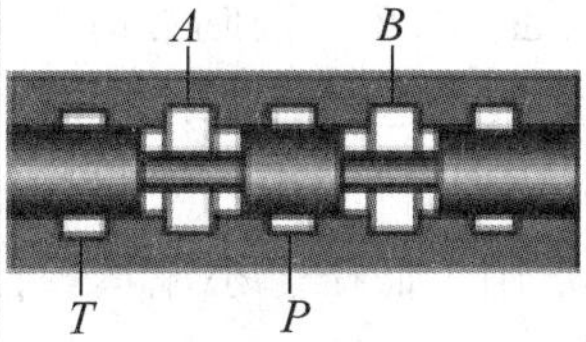 A B T P	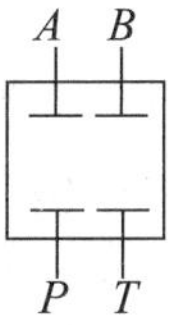 A B P T	各油口全部封闭，缸两腔封闭，系统不卸荷，液压缸充满油，从静止到启动平稳，制动时运动惯性引起液压冲击较大，换向位置粘度高
H	中间开启	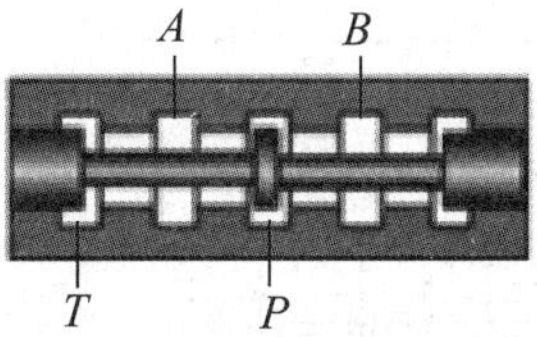 A B T P	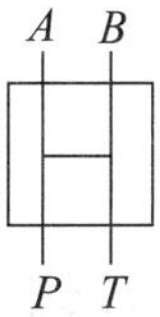 A B P T	各油口全部连通，系统卸荷，缸成浮动状态。液压缸两腔接油箱，从静止到启动有冲击，制动时油口互通，故制动较 O 形平稳，但换向位置变动大
Y	ABT 连接	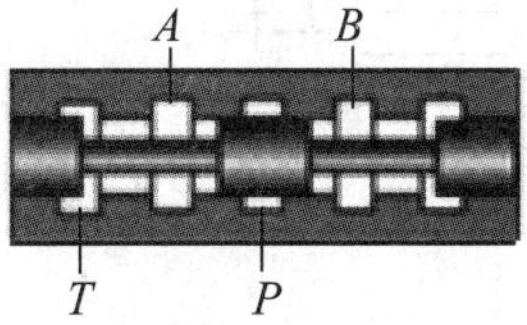 A B T P	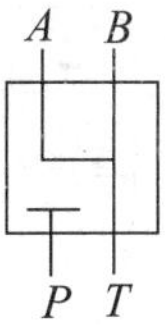 A B P T	油泵不卸荷，缸两腔通回油，缸成浮动状态。由于缸两腔接油箱，从静止到启动有冲击，制动性能介于 O 形与 H 形之间
P	PAB 连接	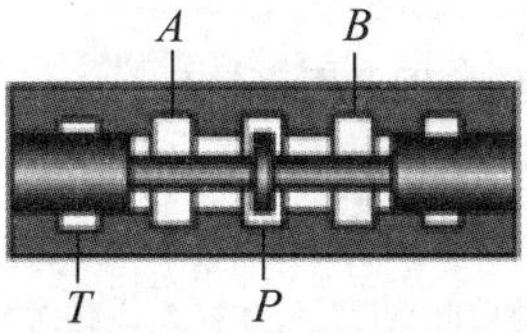 A B T P	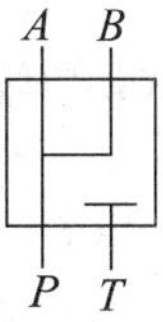 A B P T	压力油 P 与缸的两腔连通，可形成差动回路，回油口封闭。从静止到启动较平稳制动时缸两腔均通压力油，故制动平稳，换向位置变化比 H 形小，应用广泛
M	PT 连接	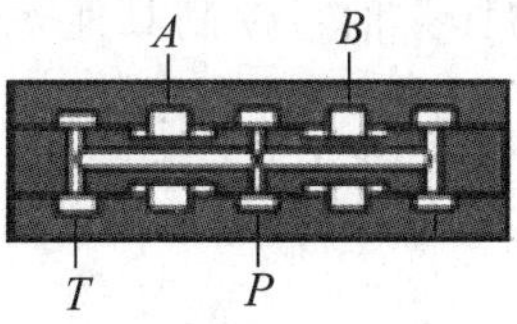 A B T P	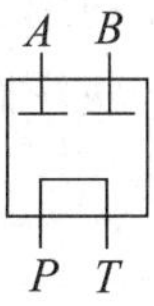 A B P T	油泵卸荷，缸两腔封闭，从静止到启动较平稳，制动性能与 O 形相同，可用于油泵卸荷液压缸锁紧的液压回路中

③ 常用换向阀及应用特点。

a. 手动换向阀。如图 5－21（a）所示为自动复位式，该阀适用于动作频繁、工作持续时间短的场合，如工程机械；如图 5－21（b）所示为钢球定位式，该阀适用于压力机、船舶等某一动作需要保持一定时间的场合。

b. 机动换向阀。如图 5－22 所示为机动换向阀，又称行程阀。通常利用安装在工作台的一侧行程挡块推压阀芯实现油路的切换。

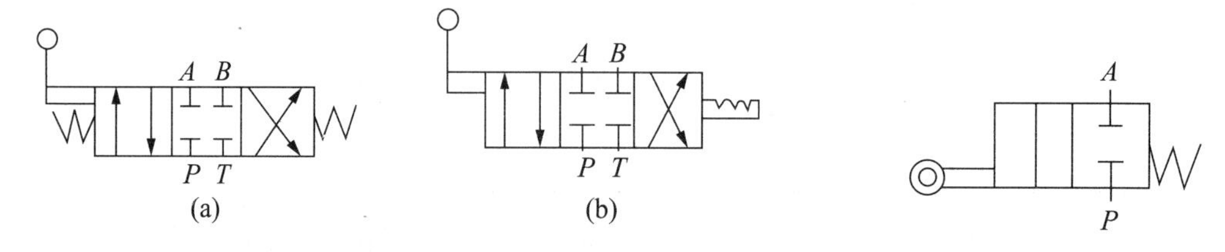

图 5－21　手动换向阀

(a) 自动复位式；(b) 钢球定位式

图 5－22　机动换向阀

c. 电磁换向阀。如图 5－23 所示为三位四通电磁换向阀的结构图及图形符号。当两侧电磁铁都不通电时，阀芯 3 在对中弹簧 4 的作用下处于中位，*P*、*T*、*A*、*B* 油口都不相通；当右侧电磁铁通电时，通过电磁铁的吸力吸住衔铁，推杆将阀芯 3 推向左侧，使 *P* 与 *A* 接通，*T* 与 *B* 接通；当左侧电磁铁通电时，使 *P* 与 *B* 接通，*T* 与 *A* 接通。电磁换向阀可借助按钮开关、行程开关、限位开关、压力继电器等发出的信号通过控制电路进行控制，从而实现对油液流动方向的控制。控制布局方便、灵活，易于实现动作转换的自动化。因此，电磁换向阀在液压系统中应用广泛。但电磁力产生的推力有限，故常用于低压、小流量且自动化程度要求较高的场合。

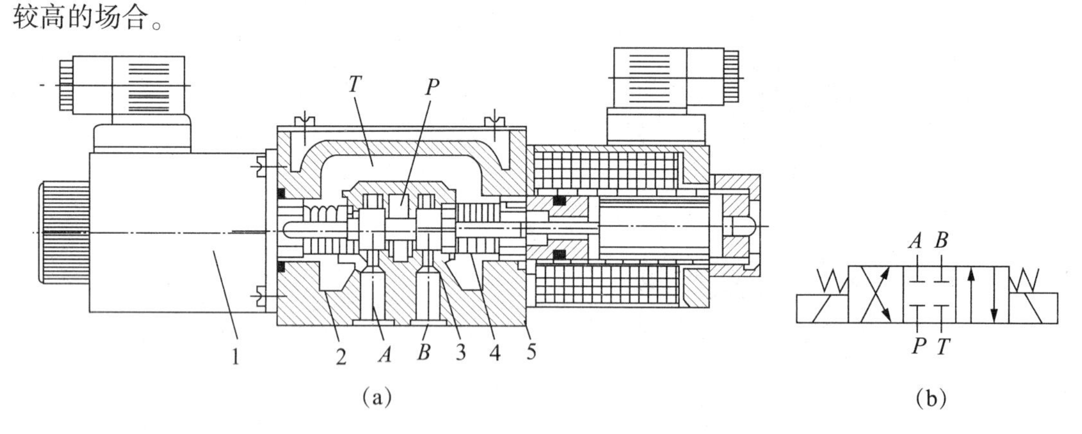

图 5－23　三位四通电磁换向阀的结构图及图形符号

(a) 结构图；(b) 图形符号

1—电磁铁；2—推杆；3—阀芯；4—对中弹簧；5—挡圈

2. 压力控制阀的识别

在液压系统中，控制和调节油液压力或利用压力作为信号控制其他元件动作的阀称为压力控制阀。常用的压力控制阀有溢流阀、减压阀、顺序阀和压力继电器。

直动式溢流阀是使作用在阀芯上的进油压力直接与弹簧力相平衡，来控制阀芯的开启和关闭动作的。如图 5－24 所示为直动式溢流阀的结构原理图和图形符号。由图可知，当作用于阀芯 3 底面的液压作用力小于弹簧 2 的作用力时，阀芯 3 在弹簧力作用下往下移并关闭回油口，没有油液流回油箱。当系统压力大于弹簧作用力时，弹簧被压缩，阀芯上移，打开回油口，部分油液流回油箱。溢流阀的开启压力值是通过调节螺母 1 的弹簧压缩量来改变的。直动式溢流阀的滑动阻力大（弹簧较硬），特别是当流量较大时，阀的开口大，使弹簧有较大的变形量，这样，阀所控制的压力随着溢流流量的变化而有较大的变化，故只适用于低压系统中。

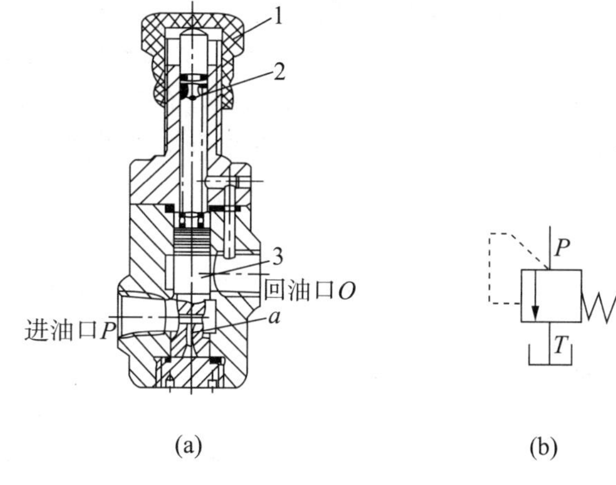

图 5－24 直动式溢流阀

（a）结构图；（b）图形符号

1—调压螺母；2—弹簧；3—阀芯

溢流阀的主要作用一是溢流和稳压，二是限压保护。溢流阀又称安全阀，一般接在液压泵出口的油路上。

3. 流量控制阀的识别

流量控制阀是靠改变阀口通流截面积的大小或通流通道的长短来改变通过阀口的流量，从而达到调节执行元件运动速度的液压元件，简称流量阀。常用的流量控制阀有节流阀、调速阀、温度补偿调速阀，以及这些阀和单向阀、行程阀的各种组合阀。

（1）普通节流阀的识别。如图 5－25 所示为普通节流阀的结构图和职能符号，这种节流阀节流口的形式是轴向三角槽式。油从进油口 P_1 流入，经孔道 b 和阀芯 1 右端的节流槽进入孔 a，再从出油口 P_2 流出。调节手柄 3，即可利用推杆 2 使阀芯 1 做轴向移动，以改变节流口面积，从而达到调节流量的目的。弹簧 4 的作用是使阀芯 1 始终向右压紧推杆 2。

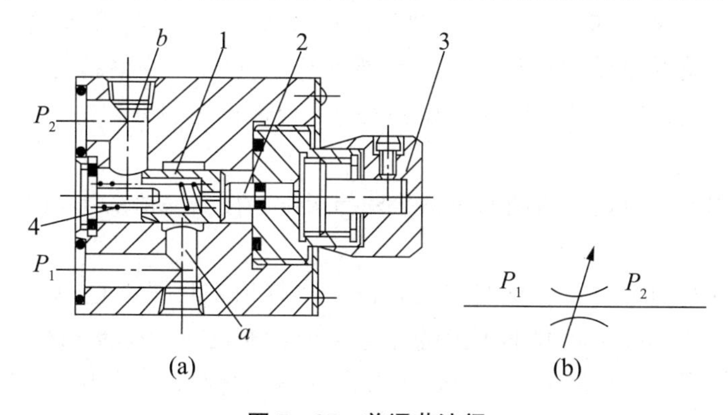

图 5－25 普通节流阀

（a）结构图；（b）图形符号

1—阀芯；2—推杆；3—手柄；4—弹簧

节流阀的应用如下：

① 与定量泵、溢流阀一起组成节流调速回路。由于节流阀的流量不仅取决于节流口面积的大小，还与节流口前后压差有关，负载对阀的流量稳定性影响较大，故只适用于执行元件负载变化较小、速度稳定性要求不高的场合。

② 建立背压。利用节流阀能够产生较大压力损失的特点，可用作液压加载器、缓冲器等。

（2）调速阀的识别。因为节流阀前后的压力差随负载变化，输出油量将会受到压力差变化的影响。在速度稳定性要求高的场合，一般节流阀是不能满足工作要求的。因此，采用将减压阀（定差减压阀）和节流阀串联组合的形式，用减压阀来保证节流阀前后压力差不受负载的影响，使通过节流阀的流量为定值。

将定差减压阀与节流阀串联、将定差溢流阀与节流阀并联而形成的不同形式的阀，称为调速阀。

如图 5-26 所示为由一个定差减压阀和一个节流阀串联而成的调速阀。调速阀的进口压力为 P_1，出口压力为 P_2，进口压力 P_1 由阀的前级溢流阀调定，而出口压力 P_2 为负载压力。节流阀的进口压力为 P_m、出口压力 P_2 分别经通道 e、f 和 a 传送至定差减压阀阀芯 2 的两侧，二者的作用力差值与减压弹簧力平衡。当负载压力 P_2增加时，减压阀芯 2 下移，减压口 X_R开大，压降减小，P_m增大；反之，当负载压力 P_2 减小时，减压口 X_R 关小，压降增大，P_m减小，从而保证节流口两端压力差基本保持不变，最终保证了通过节流阀阀口的流量稳定。

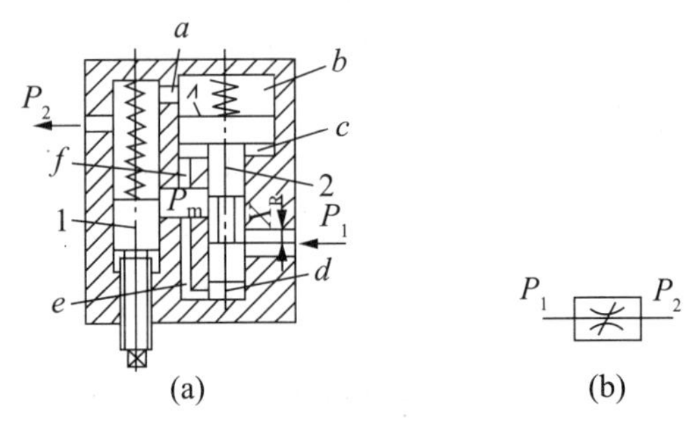

图 5-26 普通调速阀

（a）结构图；（b）图形符号

1—节流阀的阀芯；2—减压阀的阀芯

5.2.4 液压辅助元件的识别

液压传动系统的辅件包括密封件、油管、管接头、过滤器、蓄能器、油箱和压力计等。它们是液压系统的重要组成部分，对系统工作稳定性、效率和使用寿命等有直接影响。除油箱外，其他辅助元件已标准化和系列化，合理选用即可。

1. 密封件的识别

密封件的功用在于防止液压油的泄漏、外部灰尘的侵入，避免影响液压系统的工作性能及污染环境。

常用的密封件有间隙密封［见图 5-27（a）］、O 形密封圈［见图 5-27（b）］、Y 形密封圈［见图 5-27（c）］和 V 形密封圈［见图 5-27（d）］及活塞环、密封垫圈等。间隙密封用于尺寸较小、压力较低、运动速度较高的活塞与缸体内孔间的密封。O 形密封圈应用最广泛，不仅用于运动件的密封，也可用于固定件的密封。Y 形密封圈则用于相对运动速度较高液压缸的密封。V 形密封圈由三个环组成，多用于相对运动速度不高的液压缸和活塞杆等处的密封。

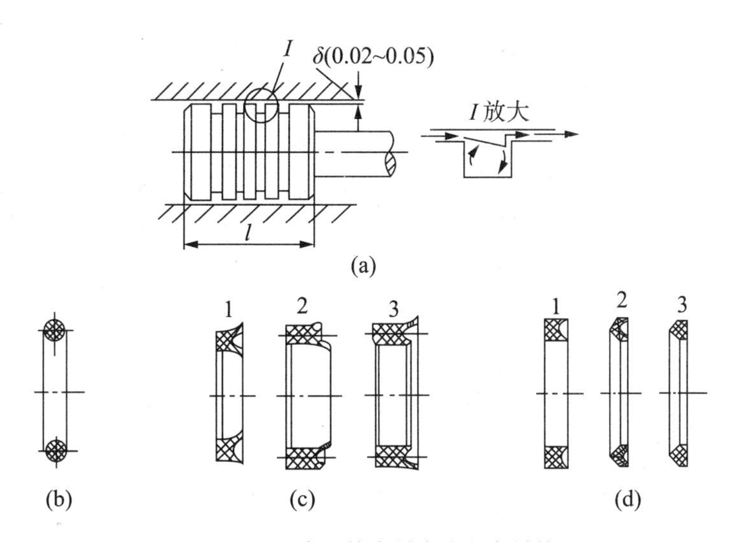

图 5－27 常用的密封方法和密封件

（a）间隙密封；（b）O 形密封圈；（c）Y 形密封圈；（d）V 形密封圈

2. 油管和管接头的识别

（1）油管的识别。油管是用来连接液压元件和输送液压油。对油管的要求是尽可能减少输油过程中的能量损失，应有足够的通油截面、最短的路程、光滑的管壁等。对管接头的要求是连接牢固可靠、密封性能好。在液压系统中，常用的油管有钢管、铜管、塑料管、尼龙管、橡胶软管等。使用时须按照工作位置、工作环境和工作压力进行正确的选用。

（2）管接头的识别。管接头是油管和油管、油管与液压元件间的拆卸连接件。管接头按照接头的通路分为直通、直角、三通等形式；按油管和管接头连接方式不同有焊接式、卡套式、管端扩口式和扣压式等形式。焊接式管接头适应于连接管壁较厚的油管，用于压力较高的系统中；扩口式薄壁管接头适用于铜管和薄壁铜管，也可用于连接尼龙管和塑料管；卡套式管接头当旋紧管接头的螺帽时，利用卡套两端的锥面使卡套产生弹性变形来夹紧油管。

3. 过滤器的识别

过滤器的作用是从油液中清除固体污染物。液压系统中所有故障的 80% 左右都是由污染的油液引起的，保持油液清洁是液压系统可靠工作的关键，使用过滤器则是主要手段。

过滤器可以安装在液压系统的不同部位去完成不同的任务，也决定了过滤器的不同类型，如图 5－28 所示为滤油器在液压系统中的安装位置。

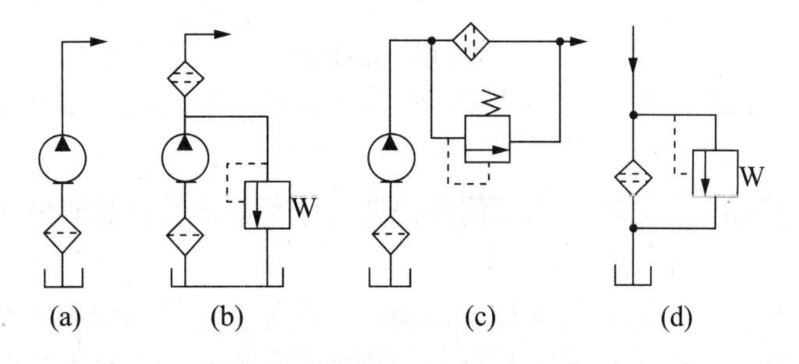

图 5－28 滤油器的安装位置

（a）安装在进油油路；（b）安装在溢流阀的分支油路；（c）与压力阀并联；（d）与安全阀并联

为了保护液压泵，在液压泵吸油管路上，一般都安装过滤精度较低的网式滤油器，滤油器的安装位置，如图5－28（a）所示；为了保护系统的控制元件，在压力油路上，安装各种形式的精滤油器，如图5－28（b）、图5－28（c）所示；为了防止滤油器因负荷过大或堵塞引起液压泵过载，精滤油器应安装在溢流阀的分支油路之后，如图5－28（b）所示，或采用与溢流阀并联，如图5－28（c）所示；在低压回路上，为了保护系统中的液压元件，可以与安全阀并联安装一个强度较低、体积较小的滤油器，如图5－28（d）所示。

4. 蓄能器的识别

蓄能器的功用是储存和释放压力能的装置，以活塞式蓄能器和气囊式蓄能器应用最为广泛。蓄能器在液压系统中的主要用途如下：

（1）储存能量。蓄能器可存储一定容积的压力油，在需要时释放出来，供液压系统使用。

① 提高液压缸的运动速度。液压缸在慢速运动时，需要的流量较小，可用小流量泵供油，并且把液压泵输出多余的压力油存储在蓄能器里。当液压缸快速运动时，需要的流量大，这时系统压力较低，于是蓄能器将压力油排出，与液压泵输出的压力油同时供给液压缸，使液压缸实现快速运动。

② 做应急能源。液压装置在工作中突然停电、阀或泵发生故障时，蓄能器可作为应急能源供给液压系统油液、或保持系统压力、或将某一动作完成，从而避免发生事故。

③ 实现停泵保压。如图5－29（d）所示是用于夹紧系统的停泵保压回路。当液压缸夹紧时，系统压力上升，蓄能器充液；当达到压力继电器开起压力时，发出电信号，使液压泵停止转动，夹紧液压缸的压力依靠蓄能器的压力油保持，从而减少液压系统的功率消耗。

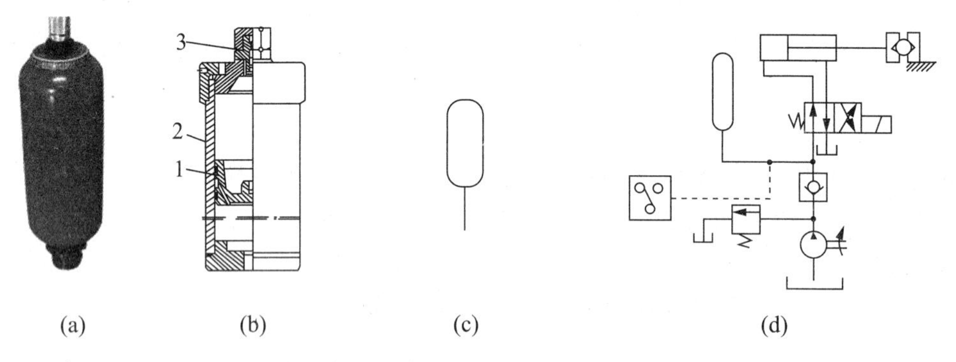

图5－29　蓄能器

（a）实物图；（b）活塞式蓄能器结构简图；（c）图形符号；（d）蓄能器的工作原理

1—活塞；2—缸筒；3—气门

（2）吸收压力脉动。一般在液压泵附近设置一个蓄能器，以吸收液压泵输出油的压力脉动。

（3）缓和压力冲击。执行元件的往复运动或突然停止、控制阀的突然切换或关闭、液压泵的突然起动或停止，往往产生压力冲击，引起机械振动。将蓄能器设置在易产生压力冲击的部位，可缓和压力冲击，从而提高液压系统的工作性能。

5. 油箱的识别

油箱的作用是储油、散热、分离油中的空气和沉淀油液中的污垢等作用。油箱中安装有很多辅件，如冷却器、加热器、空气过滤器和液位计等。油箱可分为开式油箱和闭式油箱两种。开式油箱，箱中液面与大气相通，在油箱盖上装有空气过滤器。开式油箱结构简单，安装维护方便，在液压系统中普遍采用这种形式；闭式油箱一般用于压力油箱，内充一定压力的惰性气体，充气压力可大0.05MPa。如图5－30所示为油箱结构。

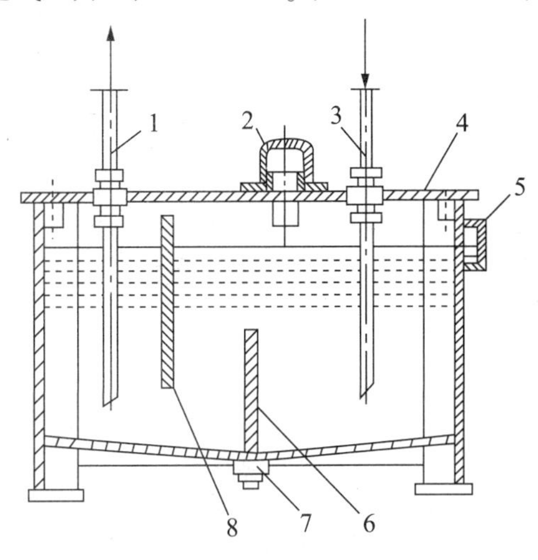

图5－30　油箱结构

1—吸油管；2—空气过滤器；3—回油管；4—盖板；5—液位计；6、8—隔板；7—放油阀

6. 流量计、压力计及其开关的识别

（1）流量计的识别。流量计用以观测系统的流量。常用的有涡轮流量计和椭圆齿轮流量计。如图5－31（a）所示为涡轮流量计，导磁的不锈钢涡轮装在不导磁壳体中心的轴承上，它有4~8片螺旋形叶片。当液体流过流量计时，涡轮即以一定的转速旋转，这时装在壳体外的非接触式磁电转速传感器则输出脉动信号，信号频率与涡轮的转速成正比，即与通过的流量成正比，因此可测定液体的流量。如图5－31（b）所示为涡轮流量计的结构示意图，如图5－31所示的为涡轮流量计的图形符号。

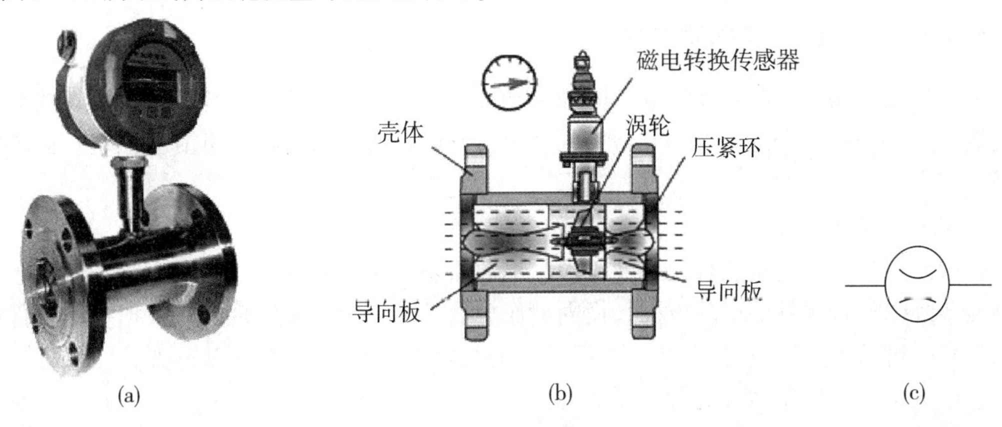

图5－31　涡轮流量计

（a）涡轮流量计实物图；（b）涡轮流量计结构示意图；（c）流量计的图形符号

（2）压力计的识别。液压系统各部分的压力可通过压力计来观测，以便调整和控制压力。压力计的种类很多，最常用的是弹簧管式压力计。如图5－32（a）、图5－32（b）所示，压力油进入扁截面弹簧弯管1，弯管变形使其曲率半径加大，端部的位移通过杠杆4使扇齿5摆动。这时与齿扇5啮合的小齿轮6带动指针2转动，即可由刻度盘上读出压力值。如图5－32（c）所示为压力计图形符号。用压力计测量压力时，被测压力不应超过压力计量程的3/4，压力计必须直立安装。

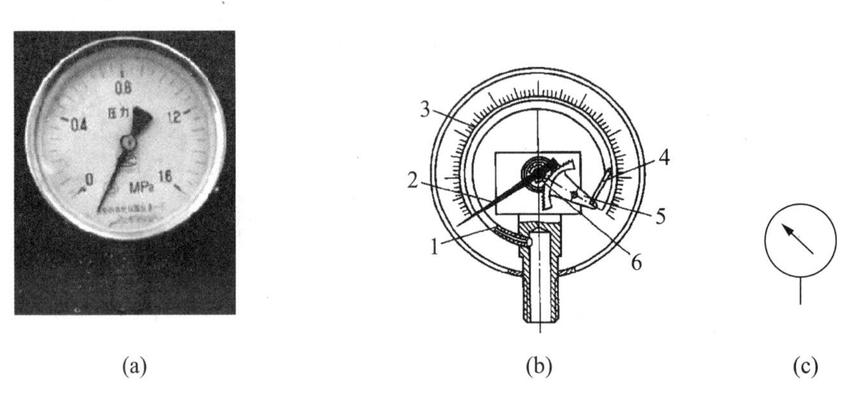

(a) (b) (c)

图5－32 压力计

（a）压力计实物图；（b）弹簧管式压力计结构示意图；（c）压力计的图形符号

1—弹簧弯管；2—指针；3—刻度盘；4—杠杆；5—齿扇；6—小齿轮

（3）压力计开关的识别。压力油与压力计之间必须安装有压力计开关，在正常工作状态时，使压力计与系统油路断开，以保护压力计并延长其使用寿命。压力计开关实际上是一个小型的截止阀，用以接通或断开压力计与油路的通道。

5.3 常用液压基本回路的分析

常用的液压基本回路按其功能可以分为方向控制回路、压力控制回路、速度控制回路和顺序动作回路等4大类。

5.3.1 方向控制回路的分析

方向控制回路是控制液流的通、断和流动方向的回路。在液压系统中用于实现执行元件的启动、停止和改变运动方向。常用的方向控制回路有换向回路、闭锁（锁紧）回路和制动回路。

1. 换向回路的分析

换向回路是通过变换执行元件油口进、出油状态，来改变油液流动的方向，从而改变在液压系统中执行元件的运动方向。换向动作多数是由换向阀来实现的。根据执行元件换向的要求，可采用二位（或三位）四通或五通控制阀，控制方式可以是人力、机械、电气、直接压力和间接压力（先导）等。

如图5－33所示为二位四通电磁换向阀的换向回路。电磁铁通电时，阀芯右移，压力油进入液压缸左腔，推动活塞杆向右移动（工作进给）；电磁铁断电时，弹簧力使阀芯左移复位，压力油进入液压缸右腔，推动活塞杆向左移动（快速退回）。

2. 锁紧回路的分析

为了使工作部件能在任意位置上停留，并防止在外力的作用下发生移动，需采用闭锁回路。最简单锁紧回路是采用 O 形或 M 形机能的三位换向阀，还可采用液控单向阀等构成执行元件的闭锁回路。如图 5－34 所示为使用 O 形换向阀的锁紧回路。当电磁铁 YA_1、YA_2 都断电时，滑阀处于中间位置，由于将液压缸的进出油口都关死，缸两腔都有油液，活塞被锁紧。因此，只要调节行程开关的位置，就可使活塞锁紧在任意位置上。

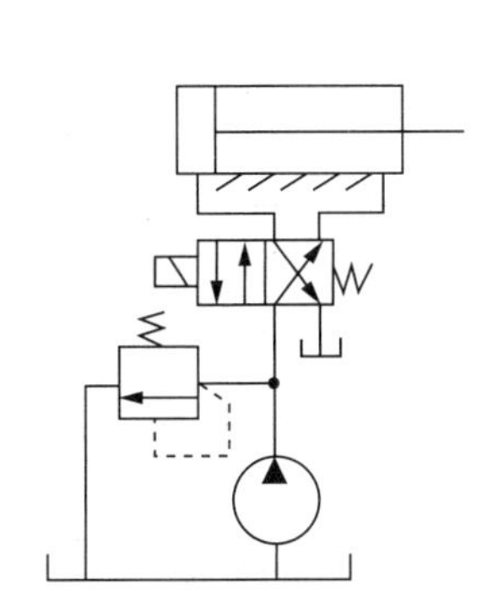

图 5－33　二位四通电磁换向阀的换向回路

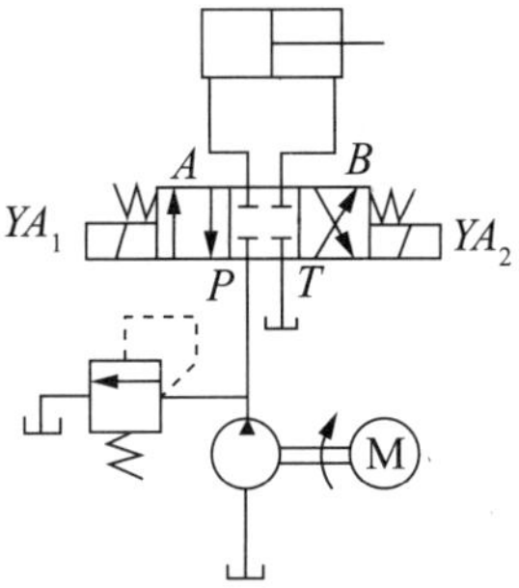

图 5－34　用O 形换向阀的锁紧回路

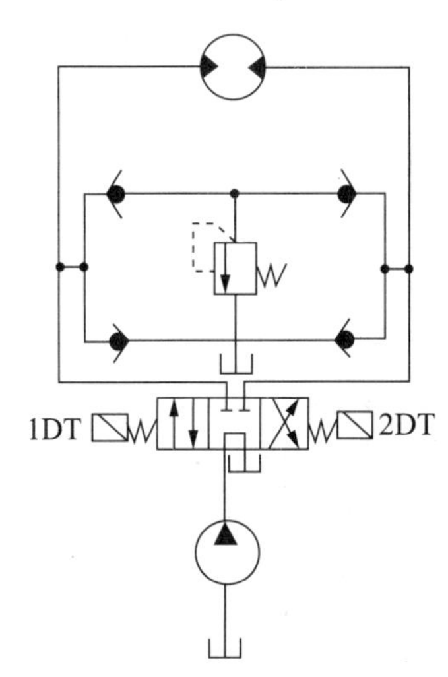

图 5－35　溢流阀制动回路

3. 制动回路的分析

当工作部件停止工作时，由于液压马达的旋转惯性，液压马达还要继续旋转。为使液压马达迅速停止转动，需要采用制动回路。

如图 5－35 所示为在液压马达两腔通过桥路安装溢流阀回路。当阀从工作位置回到中位时，由于惯性作用，液压马达有继续运动的趋势，排油腔压力升高，通过单向阀和溢流阀排油，既实现限压又使马达平稳制动。而马达的另一腔则通过单向阀从油箱补充油液。

5.3.2　压力控制回路的分析

压力控制回路是利用各种压力阀控制系统或系统某一部分油液压力的回路，用来实现调压、减压、增压、卸荷和多级压力等控制，满足执行元件对力或转矩的要求。

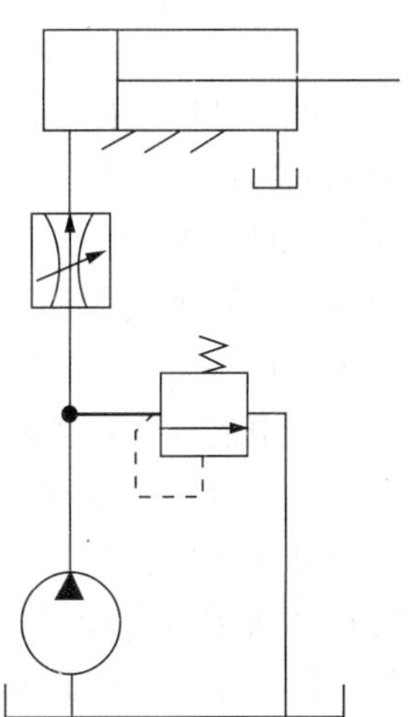

图 5－36　压力调定回路

如图 5－36 所示为压力调定回路。调压回路是根据系统负载的大小来调节系统工作压力的回路，主要由溢流阀组成，为了使系统压力基于恒定，液压泵输出油液的流量除满足系统工作油量和补偿系统泄漏外，还必须保证有油液经溢流阀流回油箱。所以，这种回路效率较低，一般用于流量不大的场合。

5.3.3 速度控制回路的分析

速度控制回路是用来控制执行元件运动速度的回路。速度控制回路包括调节执行元件工作行程速度的调速回路和使不同速度相互转换的速度换接回路。

调速回路的调速方法有定量泵的节流阀调速、变量泵的容积调速和容积节流复合调速回路，以达到对执行机构不同的运动速度要求。在定量泵的节流调速回路中，采用节流阀、调速阀或溢流阀来调节进入液压缸（或液压电动机）的流量，根据阀在回路中的安装位置，分进油节流调速回路、回油节流调速回路和旁路节流调速回路三种，节流调速回路，如图 5－37 所示。

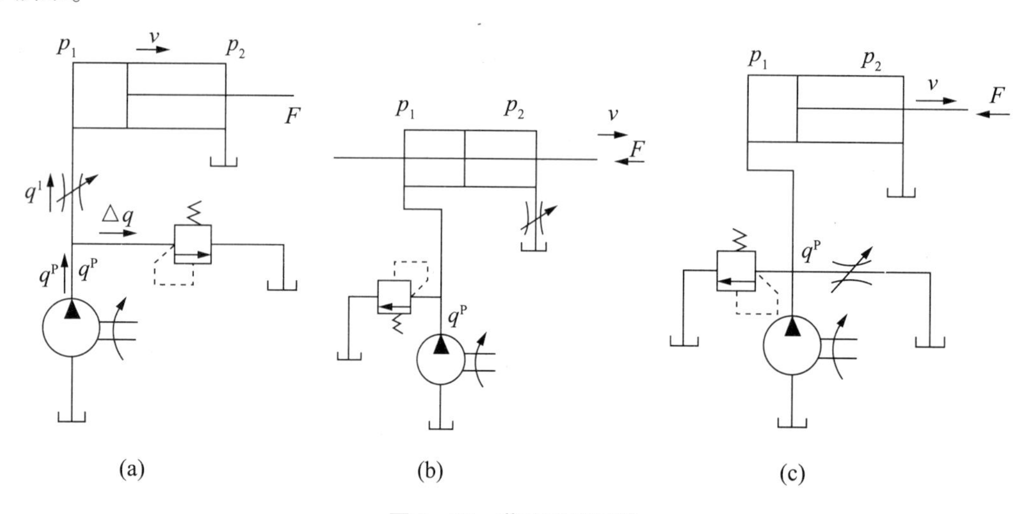

图 5－37 节流调速回路

（a）进油节流调速回路；（b）回油节流调速回路；（c）旁路节流调速回路

5.3.4 顺序动作回路的分析

顺序动作回路是控制液压系统中执行元件动作的先后次序的回路。例如液压传动的机床常要求先夹紧工件，然后使工作台移动进行切削加工，在液压系统中则采用顺序动作回路来实现。如图 5－38 所示为用压力控制的顺序动作回路。

当电磁铁 YA_1 通电时，压力油推动液压缸 G_1 的活塞向右运动，至终点位置时，系统压力升高，则可打开顺序阀，使压力油经顺序阀进入液压缸 G_2，推动其活塞向右运动，这样，就实现了两个液压缸的顺序动作。顺序阀的调节压力应高于液压缸 G_1 所需的最大压力。这种顺序动作回路适用于液压缸数量不多，而且负载变化不大的场合。

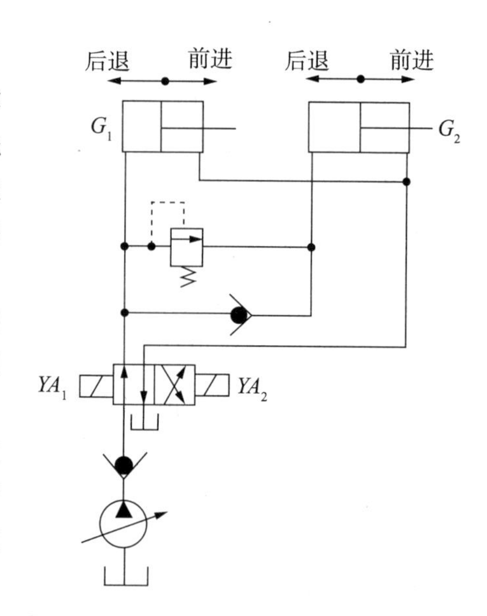

图 5－38 用压力控制的顺序动作回路

能力训练

1. 静压传递定律的主要内容是什么？根据静压传递定律可得出哪些结论？
2. 一般液压系统分为几部分？各部分的主要元件是什么？各有什么作用？
3. 液压传动有何优点和缺点？
4. 齿轮泵具有哪些特点？一般应用于何种场合？
5. 根据用途和工作特点的不同，液压控制阀分为哪几种？各具有哪些典型种类？
6. 对使用的液压油有什么要求？
7. 怎样选用液压油？
8. 液压系统的辅助元件有哪些？各起什么作用？
9. 液压系统常见故障有哪些？
10. 蓄能器的主要功用有哪些？

11. 试说出图5－39所示液压基本回路的组成元件序号1、2、3、4、5的名称及1、2、3的作用，并指出该回路的功能。

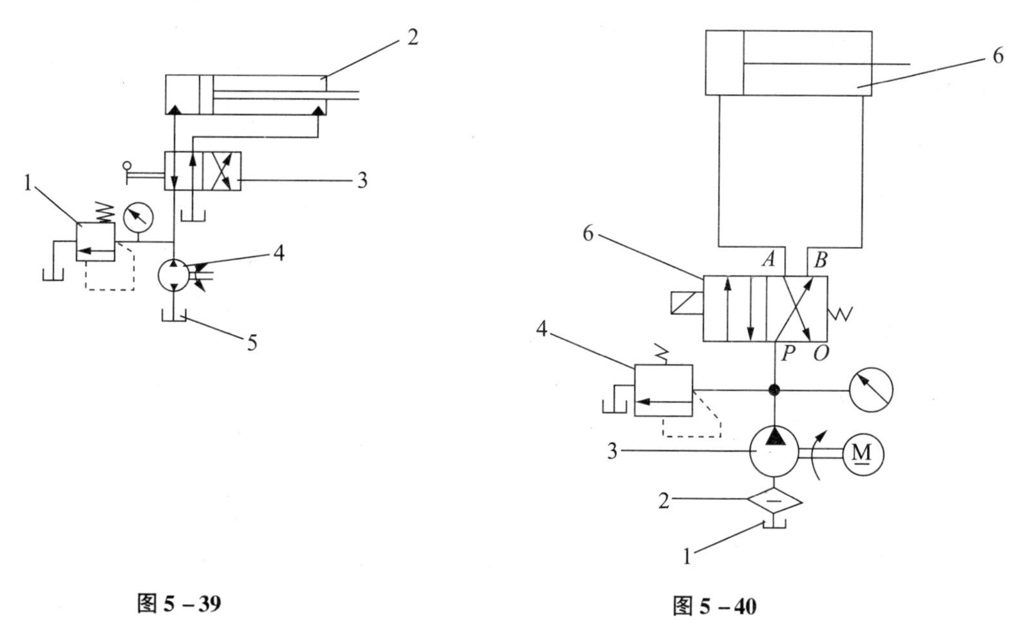

图5－39　　图5－40

12. 试说出图5－40所示液压基本回路的组成元件序号1、2、3、4、5、6的名称及4、5、6的作用，并指出该回路的功能。

参考文献

［1］王德洪，何成才，袁森．机械设计基础［M］．北京：北京邮电大学出版社，2010.

［2］金禧德. 金工实习［M］.2 版．北京：高等教育出版社，2001.

［3］司乃钧．机械加工工艺基础［M］.2 版．北京：高等教育出版社，2001.

［4］张群生，韩莉．机械设计基础［M］．重庆：重庆大学出版社，2004.

［5］闵小琪，万春芬．机械设计基础［M］．北京：机械工业出版社，2010.

［6］林宗良．机械设计基础［M］．北京：人民邮电出版社，2009.

［7］李云程．模具制造工艺学［M］．北京：机械工业出版社，2001.

［8］金属机械加工工艺人员手册．修订组．金属机械加工工艺人员手册［M］.2 版．上海：上海科学技术出版社，1981.

［9］陈立德．机械设计基础［M］．北京：高等教育出版社，2000.

［10］杨家军．机械系统创新设计［M］．武汉：华中理工大学出版社，1999.

［11］孙建东，李春书．机械设计基础［M］．北京：清华大学出版社，2007.

［12］马晓丽，肖俊建．机械设计基础［M］．北京：机械工业出版社，2008.

［13］李力，向敬忠．机械设计基础（近机、非机类）［M］．北京：清华大学出版社，2007.

［14］涂序斌．模具制造技术［M］．北京：北京理工大学出版社，2007.

［15］陈立德．机械制造技术［M］．上海：上海交通大学出版社，2000.

［16］金燕鸣，费修莹．金工实习［M］．北京：机械工业出版社，2008.

［17］沈剑标．金工实习［M］．北京：机械工业出版社，1999.

［18］恽达明．金属切削机床［M］．北京：机械工业出版社，2005.